商业设计与应用深度剖析

CDRX5

CORELDRAW X5
平面设计案例圣典

GR Design 编著

中国铁道出版社
CHINA RAILWAY PUBLISHING HOUSE

内 容 简 介

本书主要从商业应用的角度出发，讲解平面软件CorelDRAW X5在商业设计中的应用方法和技巧，以及该软件在平面广告设计中的应用领域、涉及项目，和相关的行业知识。对商业项目从设计思路到制作完成，进行深度探讨和解析。

本书可作为相关专业在职人员进行自我能力提升的专业书籍，也可作为在校学生进行培训的教材。

图书在版编目（CIP）数据

CorelDRAW X5平面设计案例圣典 / GR Design编著
. -- 北京 : 中国铁道出版社, 2011.10
ISBN 978-7-113-13455-6

Ⅰ. ①C… Ⅱ. ①G… Ⅲ. ①图形软件，CorelDRAW X5 Ⅳ. ①TP391.41

中国版本图书馆CIP数据核字（2011）第172022号

书　　名： CorelDRAW X5 平面设计案例圣典
作　　者： GR Design 编著

责任编辑： 苏　茜　　　**编辑部电话：** 010-63560056
编辑助理： 刘建玮
封面设计： 付　巍　　　**封面制作：** 郑少云
责任印制： 李　佳

出版发行： 中国铁道出版社（北京市宣武区右安门西街8号　　邮政编码：100054）
印　　刷： 北京米开朗优威印刷有限责任公司
版　　次： 2011年10月第1版　　2011年10月第1次印刷
开　　本： 850mm×1 092mm　1/16　**印张：** 22.5　**字数：** 547千
书　　号： ISBN 978-7-113-13455-6
定　　价： 69.00元（附赠光盘）

前言

• Foreword

一、写作目的

在现代科技飞速发展的今天，我们面对的是一个竞争激烈的产品市场。身处这种大环境中的IT从业者，综合性的专业素质、过硬的专业技能、知识的拓展能力，都将成为市场考核的要素，而由此达成的创意能力已经成为21 世纪最为有价值的能力。

从这个角度出发，我们出版了《商业设计与应用深度剖析》系列丛书。本套图书出版的目的是给希望或已经从业于设计行业的广大读者提供一个全新的、能动的学习方式。不仅仅是单一的技术讲解，而是根据市场的需要，从行业知识、专业技能，到综合素质的全面展示，由此激发读者的创造力——商业的最终价值。

二、套书介绍

任何一套书都不可能涵盖整个设计行业的知识。对于每一位专业人员，除了要掌握专业知识，更重要的是培养学习知识的能力。而这种能力的培养，正是《商业设计与应用深度剖析》系列丛书的特点。

《商业设计与应用深度剖析》系列丛书的写作摒弃了传统IT图书任务式的单一写作方式。从最根本的行业需求出发，了解案例的项目背景，引发读者对案例的设计和制作细节进行深入思考，从而同步进行思维方式和软件技能的培训。每个案例完成后，本书会进一步补充相关行业的设计知识，使读者形成立体式的学习模式。

三、本书特点

1．设计领域的全面掌握

将平面设计的各个行业进行细分，每个章节深入一个平面设计领域，提供丰富的商业设计实例（其中实例中所选素材和文字只是为了让实例更加完美，并无特定含义，在此加以说明）。每个章节都会首先讲解相应的行业知识，作为进入本章的学习指导。

2．设计流程的完整体验

在每个商业项目中，读者会跟随作者从项目初期的市场分析、设计构思直至一步步完成制作，完整地体验整个项目的工作流程。

3．设计思维模式的引导

每个项目制作前，进行详细的产品定位、行业现状分析，由此引出产品的宣传点，并以此作为设计的指导思想，进行画面构思。读者在具体操作中，通过举一反三的练习，能逐渐形成商业设计的思维模式。

4．软件技术的详细讲解

本书对每个案例的软件操作过程进行了详细讲解，并结合设计师的实战经验，以最合理的方式将制作过程分为几个部分，并对每个部分的方法进行描述。案例中主要运用的功能会在案例结束后详细介绍。

5. 轻松便捷的版式

本书采用双栏的明快版式，图文并茂。可以通过阅读文字的方式了解操作方法，也可以单独阅读效果图和图中的标注，对操作进行大致了解，从而方便读者的各种阅读习惯。此外，读者也可以在文字叙述部分的少量空白处做读书笔记。

6. 实例效果图及素材

本书随书附赠光盘中提供了所有实例的效果图及素材。考虑到部分读者使用的版本是CorelDRAW X4，配盘中的案例文件采取X4版本，在X5版本中完全兼容，读者可以参照配盘中的视频文件进行学习。鉴于X4、X5操作界面未作大的改动，视频文件同样适合X5版的读者。

四、本书结构

《CorelDRAW X5 平面设计案例圣典》由10个章节组成。

第一部分（第1～2章）：标志设计和VI设计，涉及的行业有家具企业、咖啡连锁店和房地产。读者可以通过这部分内容了解标志设计的特点和要素，相关行业的视觉表现方式，软件的相关功能，以及造型和色彩搭配的基础知识。

第二部分（第3～6章）：媒体广告，包括海报、报纸广告、杂志广告、户外广告。涉及的行业有大型卖场、百货大楼、珠宝店、房地产、医院、家用电器、手机、香水、笔记本电脑、汽车。读者可以从这部分学习到各种媒体的自身特点，以及各种媒体在广告宣传中侧重的点、画面的构图、色彩、制作等要素上的不同要求。

第三部分（第7～8章）：宣传册的设计，包括DM单和画册。涉及的行业有电视台、企业、美容院、房地产、快销品、数码产品。读者可以从这部分学习到折页和画册广告宣传的作用、设计要点，以及制作上需要注意的事项，同时还能掌握相应的软件知识。

第四部分（第9～10章）：包装设计，包括书籍装帧和商品包装。涉及的种类有社会科学类书籍、酒店类书籍、礼品袋、饮料瓶贴。读者可以从这部分内容学习到装帧设计和商品外包装的基本知识及设计要点，相关行业在画面表现方式上的不同要求，以及相关的软件知识。

本书可作为相关专业在职人员进行自我能力提升的专业书籍，也可作为在校学生进行培训的教材。同时，广大平面设计爱好者也可以通过本书学习CorelDRAW X5的操作技能和平面设计知识。

五、写作团队

本书由GR Design团队编写，由于编者水平有限，书中疏漏和不足之处在所难免，恳请广大读者及专家不吝赐教。

编　者

2011年6月

目录

• Contents

Chapter 01 标志设计（1）

Chapter 02 VI设计（45）

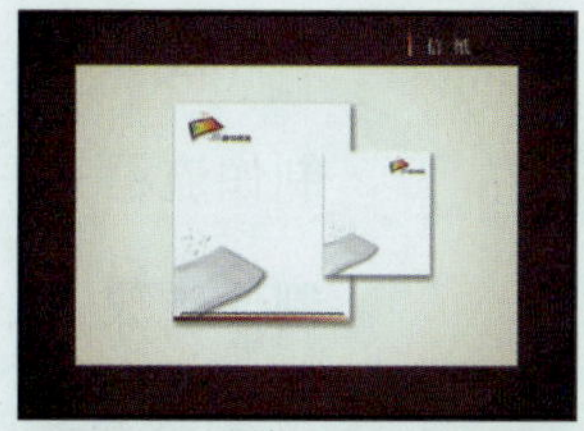
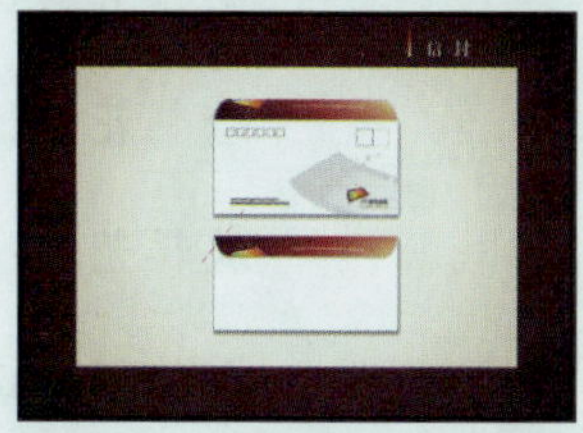

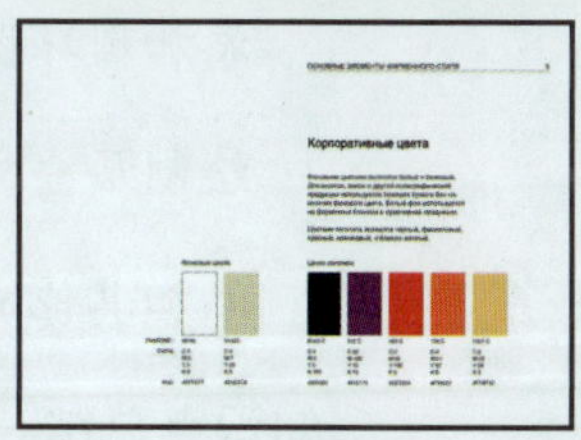
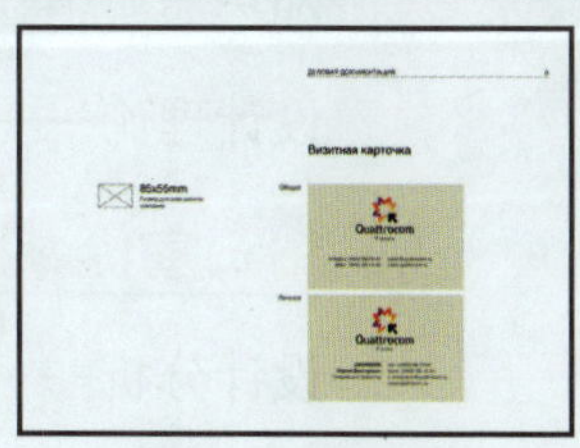

四季欢歌
激爽e夏
Summer

"淘金大行动"
6
周年庆典
行动
无限感恩
真情互动
缤纷共享
满
500送
200
元
百万好礼
真情馈赠

Diamond

CERISE
RED
STILETTO
EVERY SATURDAY AT MASH

Chapter 04 报纸广告设计（131）

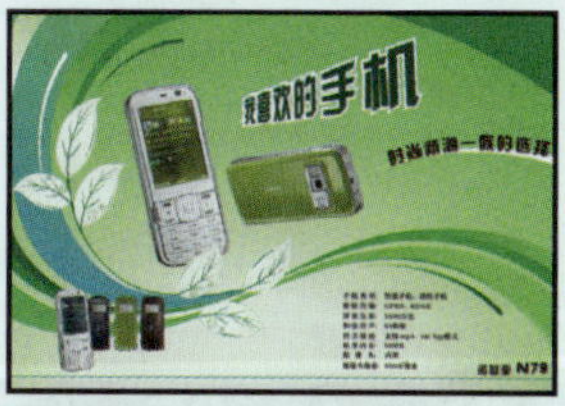

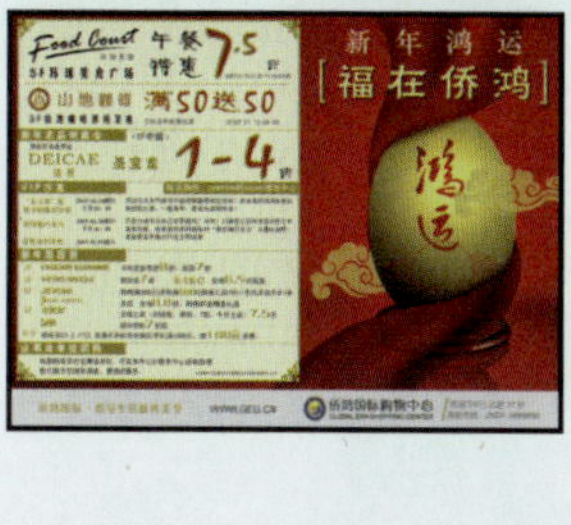

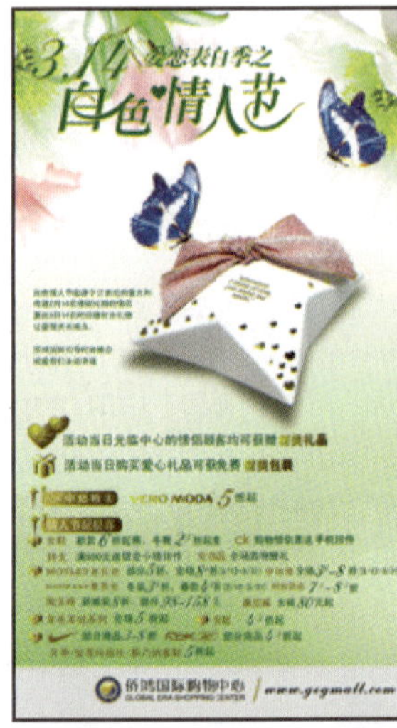

Chapter 05 杂志广告设计（163）

Levi's
TIME

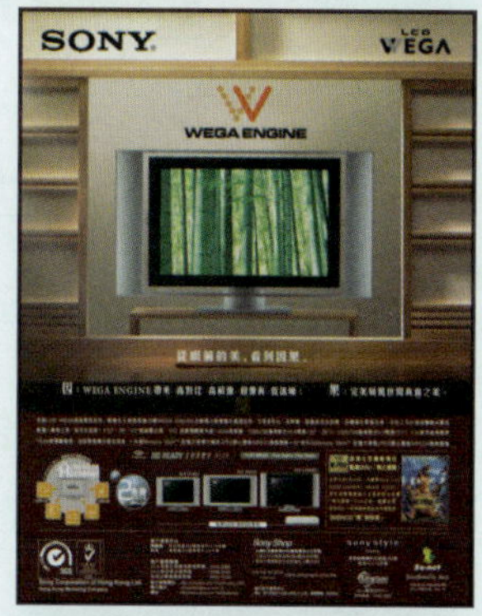

SONY
WEGA
WEGA ENGINE

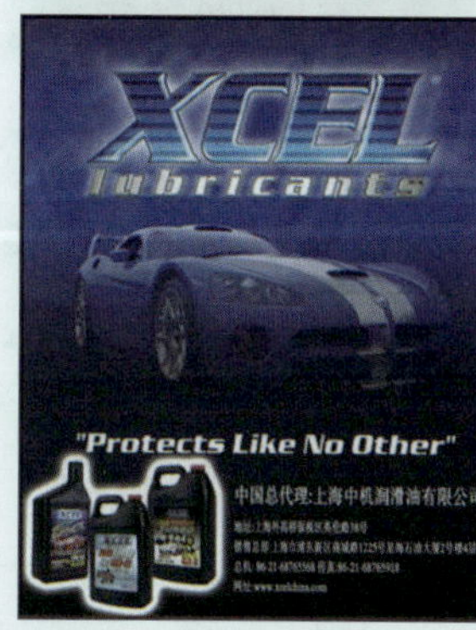

XCEL
lubricants
"Protects Like No Other"
中国总代理:上海中机润滑油有限公司

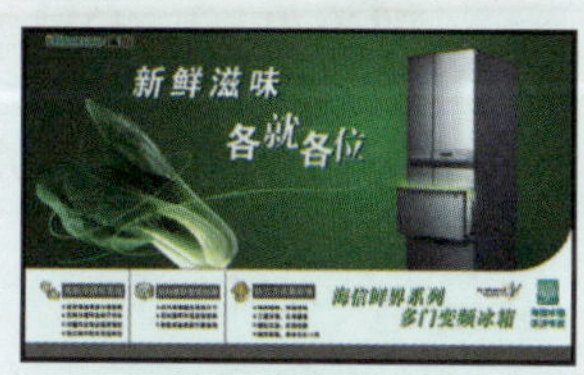

新鲜滋味
各就各位

心灵居所 清幽典雅
TEL:62154841 62154455

健康基金C计划

Chapter 07 DM单设计（219）

Chapter 08 画册设计（249）

Chapter 09 装帧设计（283）

Chapter 10 包装设计（307）

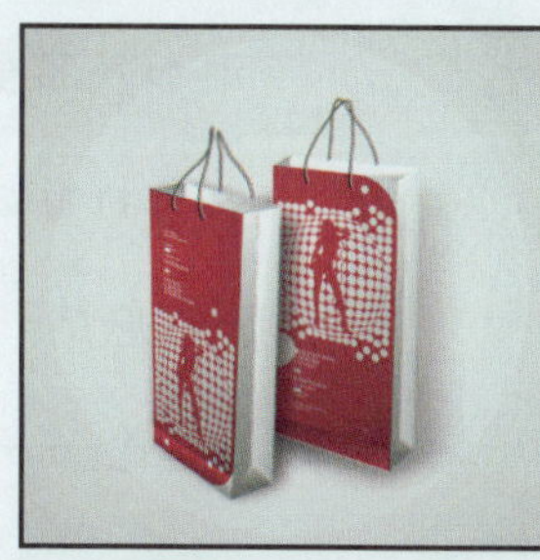

east
glam
tropic

COLOURS IN MOTION

evian 2005

CINEMA

Chapter 01

标志设计

标志是能代表企业或产品形象的视觉符号，因此标志的设计具有重要的战略意义和市场价值。本章将制作三个不同行业的标志，包括家具企业标志、咖啡店标志、房地产标志。行业不同，标志的表现形式也不同。通过这三个标志的制作，读者可以学习标志的设计思路、设计原则和要点，以及不同类型标志的设计特点。在软件技法上，读者能够学习CorelDRAW X5强大的图形编辑功能。

01 企业标志

知识点： CorelDRAW X5操作窗口

设计理论： 正负形在图形设计中的运用

02 咖啡店标志

知识点： 1. 绘图页面的设置
2. 工具箱的基础操作

设计理论： 相反色相的配色

03 房地产标志

知识点： 1. 椭圆形工具
2. 3点椭圆形工具

设计理论： 明暗对比的画面表现

理论知识：标志设计

一、标志概述

标志又称商标或标徽，是为了让消费者尽快识别商品和企业形象而设计的视觉图形。标志应该简洁、单纯，造型和表现形式独特，识别性强，引人联想，并能反应行业特征。设计时可以是文字的变形、字母的组合，也可以是某个抽象或具体图形。

矿泉水标志

二、标志设计的准则

成功的标志设计应该具有三个原则：识别性、象征性、冲击性。

1. 识别性

在标志的图形、文字设计上，首先要遵循容易识别的原则，做到图形简练，色彩单纯。一个易被识别和记忆的标志必须是：视觉形象清晰明了，造型风格简洁概括，意义明确生动，富有特点。

2. 象征性

标志一经使用，就必须是一个能充分体现产品、企业或机构的声誉和形象的标记，是一个能充分表达出产品或企业、机构影响力的不可分割的组成部分。

3. 冲击性

标志设计应该富有强烈的视觉冲击力，让人在心理上产生强烈共鸣。

搜索公司标志

三、标志设计的表现方法

标志设计的表现方法大致可分为五种：象形、象征、抽象概括、文字变形、综合构成。

象形是一种直接的表现方式，它将各种生活形态作为设计元素，从中提炼并概括出新的形态和思维，表达一定的含义和信息。

象征是指将具体事物赋予一种思想，是一种间接表现事物的方法，即利用事物与事物之间的关联性和人们对某物普遍认同的一种意义，来表达一个事物的特点。

西餐厅标志

抽象概括是指通过夸张、变形等方法高度提炼具体事物，保留并突出其本质特征，或利用点、线、面等各种几何形式，对其以重复、渐变、对称、修剪、分割等形式排列，引起人们联想，表达一定意境。

文字是标志的重要视觉元素，利用文字变形可以使标志同时具有视觉特征和语言特征。目前，以汉字和拉丁字母为设计元素的标志较多。在设计过程中，通常利用文字的笔画进行变化，采用放大、缩小、变形、添加、删减等方法，以及重复、近似、渐变等形式使之图案化。

综合构成主要是指将图标和文字结合起来共同构成一个整体，文字可以是公司、品牌的缩写或简称，也可以是公司理念或产品广告口号及其他，使用时图标和文字应以一种为主，另一种起装饰和丰富内涵的作用。

房地产标志

► 01 企业标志

Chapter 01	标志设计	企业标志

技法表现 运用文字工具和形状工具，编辑标志形状。再运用渐变填充和阴影的表现力，制作出折叠的效果。

包含知识 文字工具、形状样式、渐变填充、矩形工具等。

文件路径 Reader\Chapter01\01\complete\企业标志.cdr

► 设计分析——抓住企业核心理念

本案是一个家具企业——福安折叠家私标志。该企业成立不久，专门生产折叠家具，是家具行业细分出来的新兴行业。根据现在的社会特点：1.房屋紧缺；2.中青年对时尚环保家具的偏爱；3.多功能的折叠家具的市场潜力。福安折叠家私将消费群锁定为中青年的城市居民，专门生产时尚环保的多功能折叠家具。

在标志的设计中，需要涉及三个方面：1. 家具行业特点；2. 折叠家具的不同之处；3. 福安折叠家私的企业文化。由于消费群锁定为中青年的城市居民，并且产品被冠以时尚的概念，因此采用其英文名字Fold-i的首字母作为装饰。同时将P和i灵活组合，并运用i制作一个巧妙的折叠造型。字母i的弯曲折叠，暗示出家具的舒适和品质。而蓝色和白色的运用，简洁明朗，则暗示折叠家具带来的居家感受。

► 制作流程——先制作图形，再制作文字

绘制主体图形

结合图形和背景

绘制辅助图形

填充图形

制作阴影效果

制作企业文字

► 制作步骤

制作主体图形

主体图形以企业的首字母P为基础进行变换，因此首先输入文字P，再将其转换为曲线，对文字造型进行变换。

1 新建文件

❶ 运行CorelDRAW X5，单击工具栏中的“新建”按钮，打开“创建新文档”对话框，单击“确定”按钮，新建“未命名-1”文件。

❷ 单击属性栏中的“横向”按钮，将页面转换为横向。

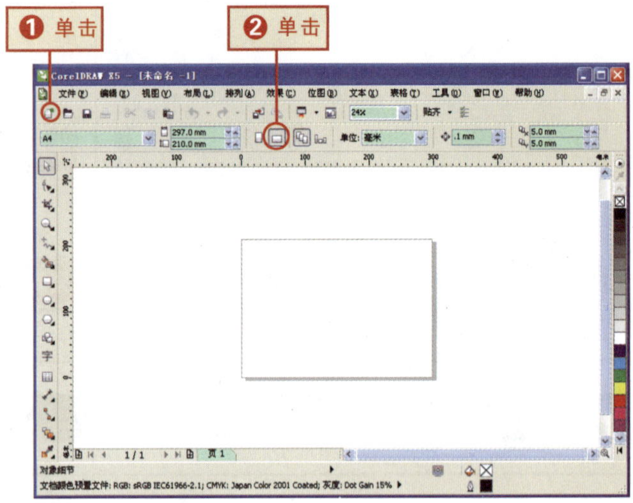

2 输入文字

❶ 单击文本工具，在页面上单击，出现光标后输入文字P。

❷ 在属性栏中设置字体和字号，调整文字效果。

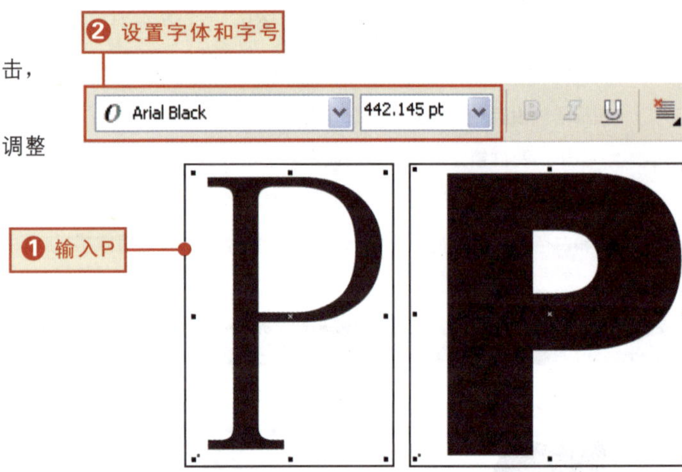

3 减小文字宽度

❶ 单击选择工具，向左拖动字母右边的控制点，缩小文字宽度。

❷ 按【Ctrl+Q】组合键，或单击属性栏中的“转换为曲线”按钮，将文字转换为曲线。

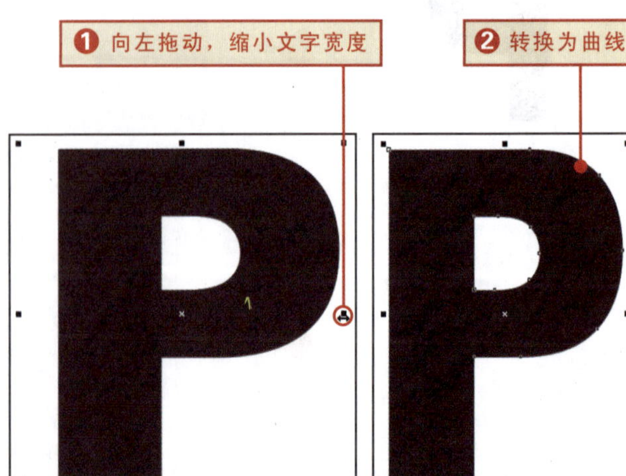

4

调整文字形状

❶ 单击形状工具，拖动鼠标，同时选择文字右边的三个节点。

❷ 按【Delete】键，删除三个节点。

技巧点拨

删除节点，首先运用形状工具选择节点，然后单击属性栏中的“删除”按钮，或按【Delete】键。

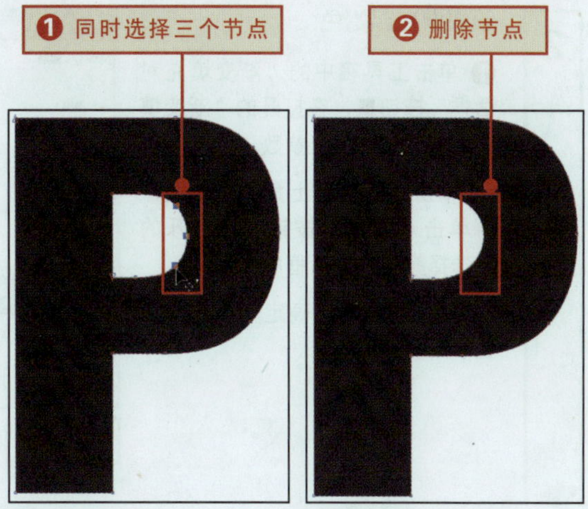

5

添加节点

❶ 单击文字左上方边缘，确定需要添加节点的位置。

❷ 单击属性栏中的“添加”按钮，在单击处添加一个节点，便于对形状进行调整。

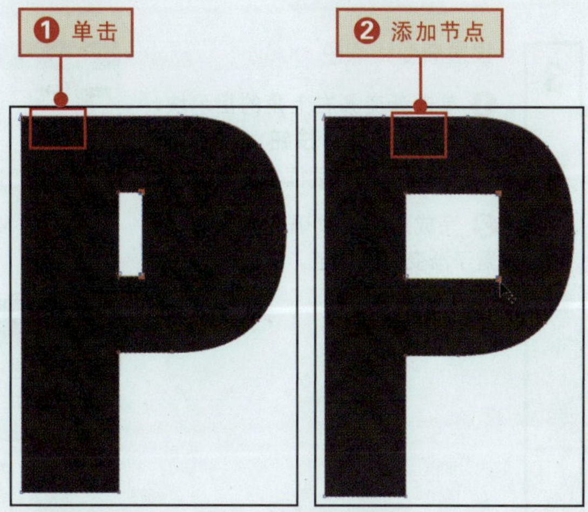

结合图形和背景

编辑完主体图形造型后，应该继续绘制辅助图形。但是按照构思，标志造型为白色，因此先确定标志展示的背景色，在背景上对图形进行填充和效果的制作更加直观。

1

绘制矩形

❶ 双击矩形工具，绘制一个和页面同样大小的矩形。

技巧点拨

双击矩形工具，可以绘制和页面同样大小的矩形；选择矩形工具后，在窗口中随意拖动，可以创建任意大小的矩形。

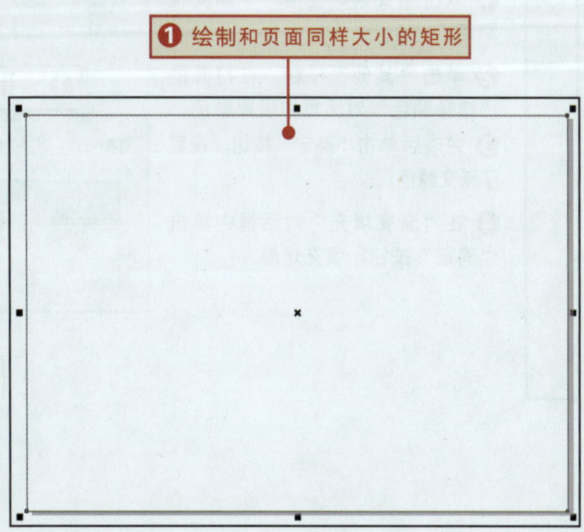

2

设置渐变起始色

❶ 单击工具箱中的“渐变填充对话框”按钮■，在打开的“渐变填充”对话框中设置参数。

❷ 单击渐变条左上角的指示块，再单击“其他”按钮。在打开的“选择颜色”对话框中设置颜色。

❸ 完成后单击“确定”按钮，设置了渐变起始颜色。

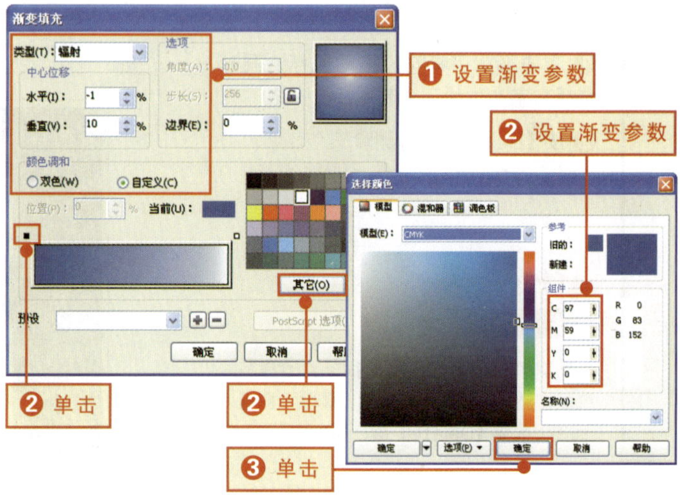

3

设置渐变终点色

❶ 单击渐变条右上角的指示块，再单击“其他”按钮。在打开的“选择颜色”对话框中设置颜色。

❷ 完成后单击“确定”按钮，设置了渐变终点颜色。

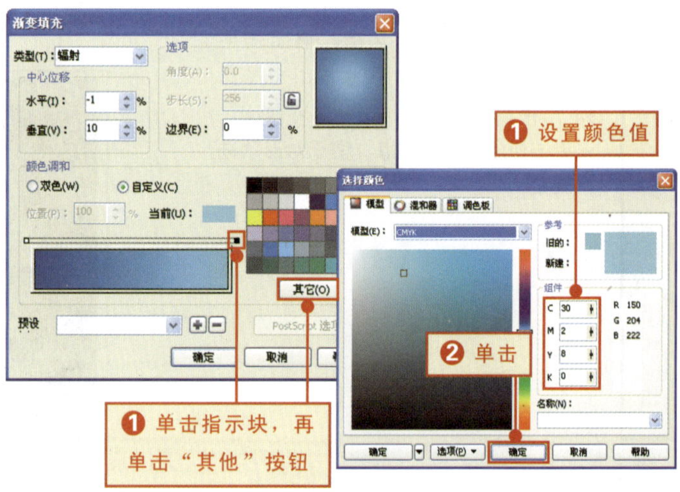

4

添加渐变色并应用渐变填充

❶ 双击渐变条，创建一个渐变控制点。

❷ 单击“其他”按钮。在打开的“选择颜色”对话框中设置颜色。

❸ 完成后单击“确定”按钮，设置了渐变颜色。

❹ 在“渐变填充”对话框中单击“确定”按钮，填充矩形。

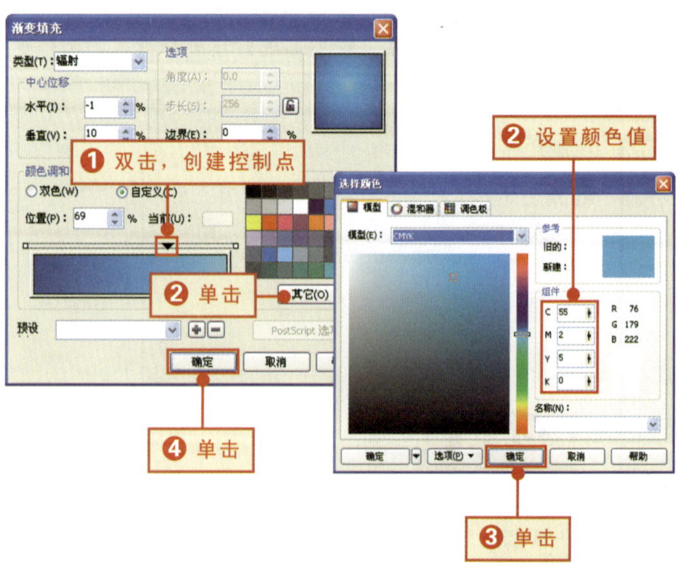

5

填充文字并移至背景中

❶ 右击调色板中顶部的“无填充”图标☒，取消矩形轮廓色。

❷ 选择调整好的文字P，单击调色板中的白色图标，填充文字，再将其移至矩形中。

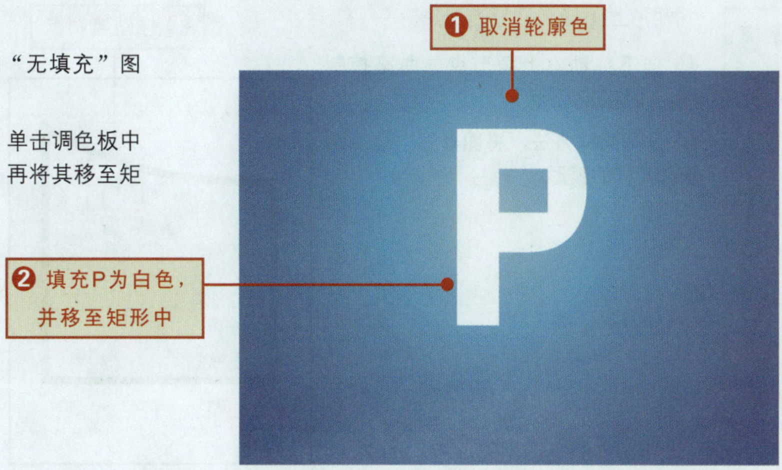

绘制辅助图形

制作完背景后，标志效果立竿见影地呈现出来。接着完善标志的辅助图形。辅助图形是将字母i灵活地和P结合，并运用编辑形状的方法，制作出折叠效果。

1

绘制矩形

❶ 单击矩形工具□，在字母上拖动鼠标。

❷ 放开鼠标，绘制出一个矩形。

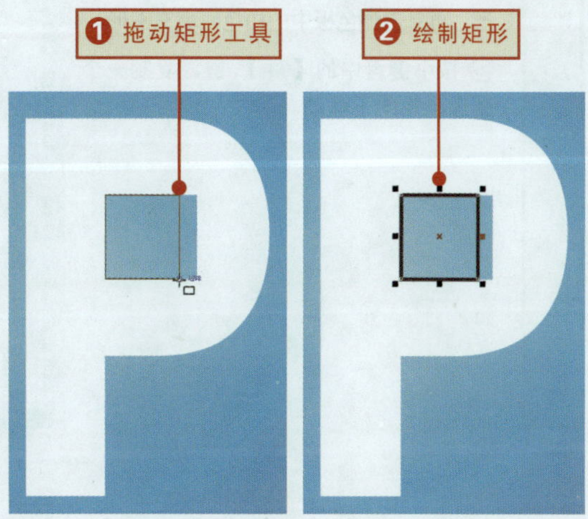

2

拖动节点调整形状

❶ 按【Ctrl+Q】组合键，转换矩形为曲线。单击形状工具，选择矩形上方节点，再单击属性栏中的“转换直线为曲线”按钮，转换为曲线节点。

❷ 向上拖动矩形右上角的节点，调整形状。

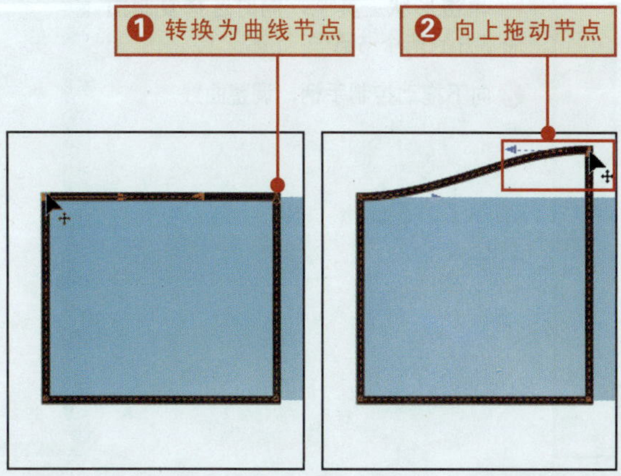

3 将矩形上下边缘调整为弧形

❶ 向下拖动右上角节点的曲率控制点，调整图形形状。

❷ 运用同样方法，将图形下方边缘调整为同样的弧形。

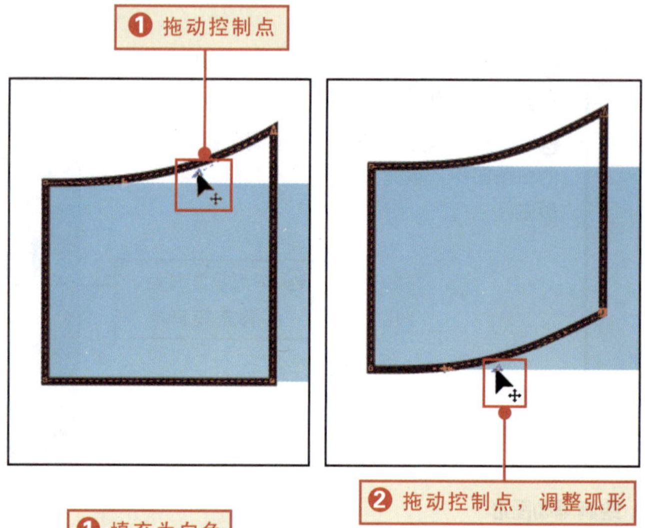

4 填充并复制图形

❶ 单击选择工具，选择调整好的图形。再单击调色板中的白色，填充图形。

❷ 按小键盘中的【 +】 键，复制一个图形，并向下移动。

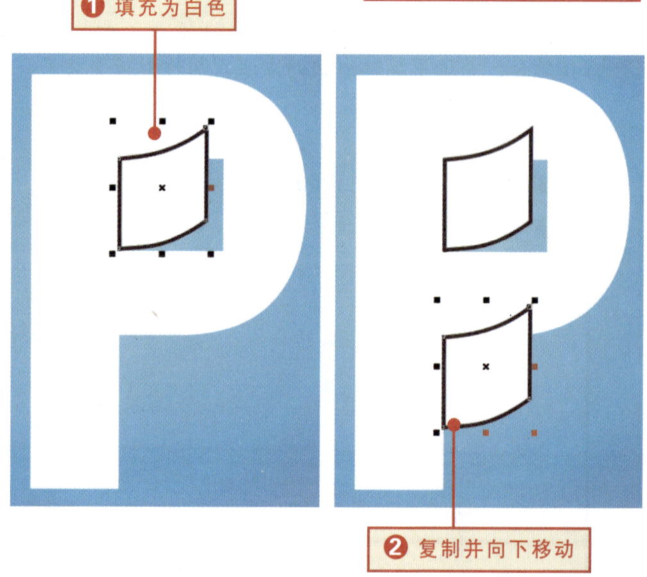

5 增加图形高度

❶ 单击形状工具，同时选择复制图形下方的两个节点。

❷ 向下拖动控制手柄，调整曲线。

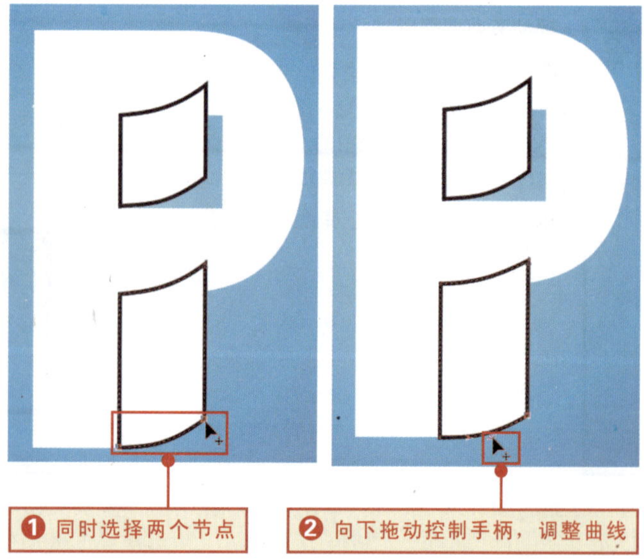

填充图形

完成了图形的绘制，紧接着对图形进行填充。标志的主要颜色为白色，但图形的折叠效果需要运用渐变填充的方式来表现，因此采用较淡的灰色和白色的渐变。

1

设置渐变起始色

❶ 选择字母P，单击工具箱中的“渐变填充对话框”按钮■，在打开的“渐变填充”对话框中单击“从”下拉按钮，在打开的下拉列表中单击“其他”按钮。

❷ 打开“选择颜色”对话框。在其中设置颜色，完成后单击“确定”按钮。设置渐变起始色。

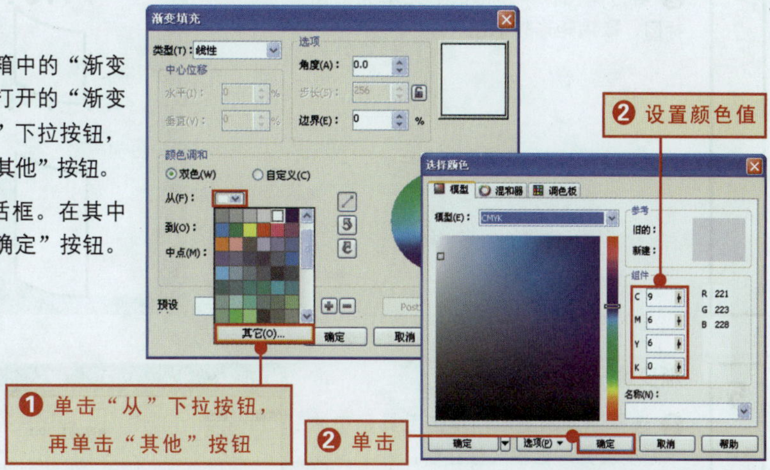

2

渐变填充字母P

❶ 继续在“渐变填充”对话框中设置其他参数，调整渐变效果。

❷ 单击“确定”按钮，对字母P应用渐变填充。

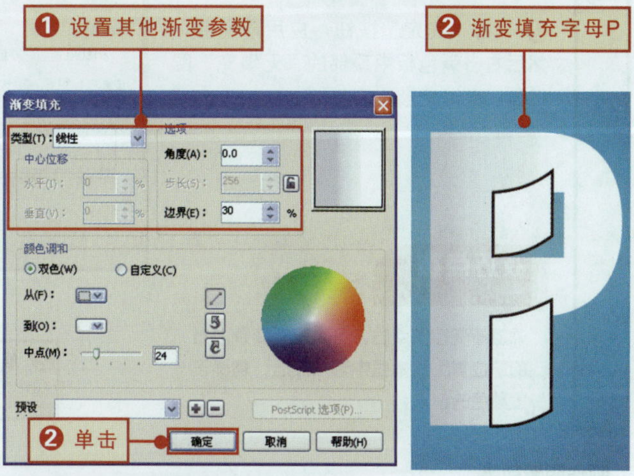

3

设置渐变起始色

❶ 选择调整好的较小的图形。单击工具箱中的“渐变填充对话框”按钮■，运用同样方法，设置渐变起始色。

❷ 在“渐变填充”对话框中设置其他参数。

技巧点拨

CorelDRAW的渐变填充分为双色和自定义两种。双色即两种颜色进行渐变。在对话框中设置渐变色后，可以在右上角的渐变预览中拖动鼠标，调整渐变角度。

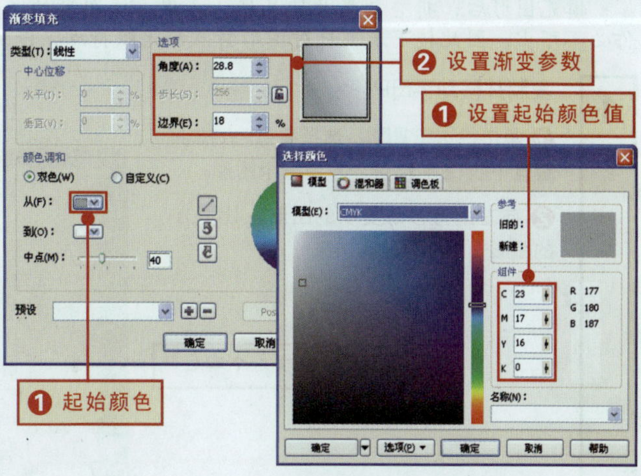

4

渐变填充较小的图形

❶ 在“渐变填充”对话框中单击“确定”按钮，对图形应用设置的渐变色。

❷ 右击调色板中顶部的“无填充”图标☒，取消矩形轮廓色。

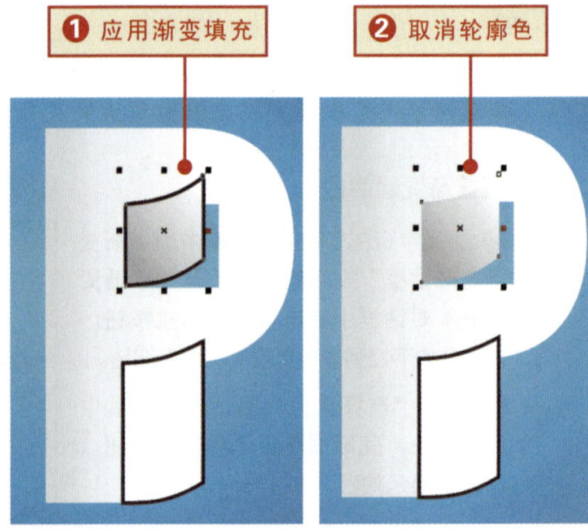

5

渐变填充较大的图形

❶ 选择下方的图形，单击工具箱中的“渐变填充对话框”按钮■，在“渐变填充”对话框中设置渐变参数。

❷ 单击“确定”按钮，应用渐变色。然后右击调色板中顶部的“无填充”图标☒，取消矩形轮廓色。

技巧点拨

添加渐变控制点后，可以在渐变条上方的“位置”文本框中输入数值，精确设置颜色的位置。

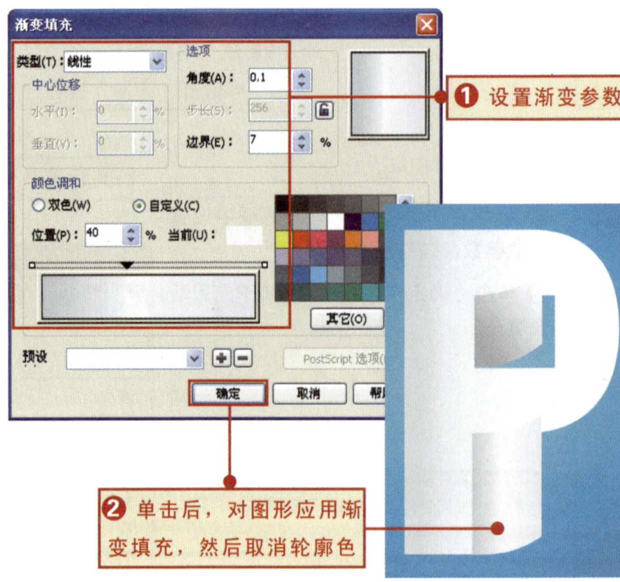

制作阴影效果

填充图形后，折叠效果开始呈现。表现立体图形的关键点，除了填充渐变的色彩，阴影效果的制作必不可少。因此接下来，针对图形特点和光照特点，仔细地为图形制作阴影。

1

复制并移动字母P

❶ 单击挑选工具，选择字母P。按小键盘中的【+】键，复制一个图形。

❷ 向左上方移动复制的图形，让下方的图形一小部分显露出来。

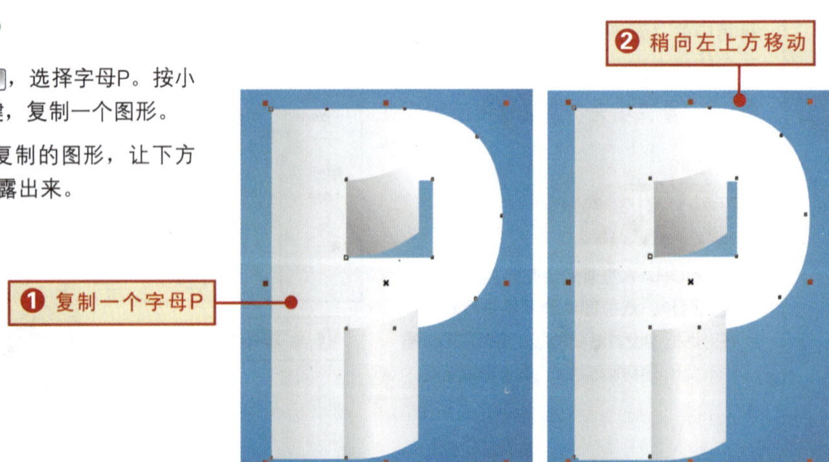

2 制作字母P的阴影效果

❶ 选择下方的图形，单击工具箱中的"填充对话框"按钮■，在打开的"均匀填充"对话框中设置颜色。

❷ 单击"确定"按钮，填充下方图形，形成阴影效果。

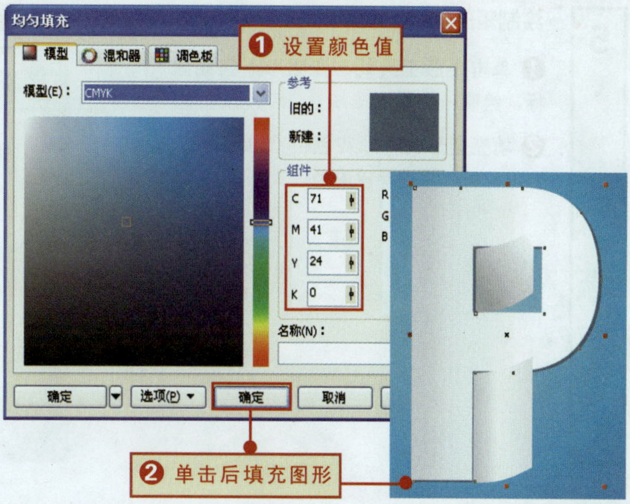

3 制作较小图形的阴影效果

❶ 运用同样方法，复制一个较小的图形，并向左上方移动。

❷ 对下方的图形填充同样的颜色，形成阴影效果。

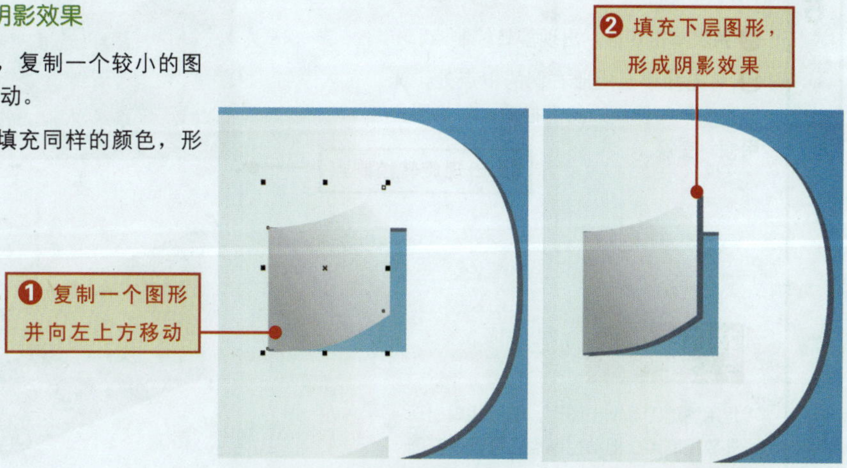

4 制作较大图形的阴影效果

❶ 运用同样方法，复制一个较大的图形，并向左上方移动。

❷ 对下方的图形填充同样的颜色，形成阴影效果。

技巧点拨

制作阴影效果时，可以运用缩放工具🔍，在需要放大的图形上拖动鼠标，放大图形，进行细致的制作和调整。

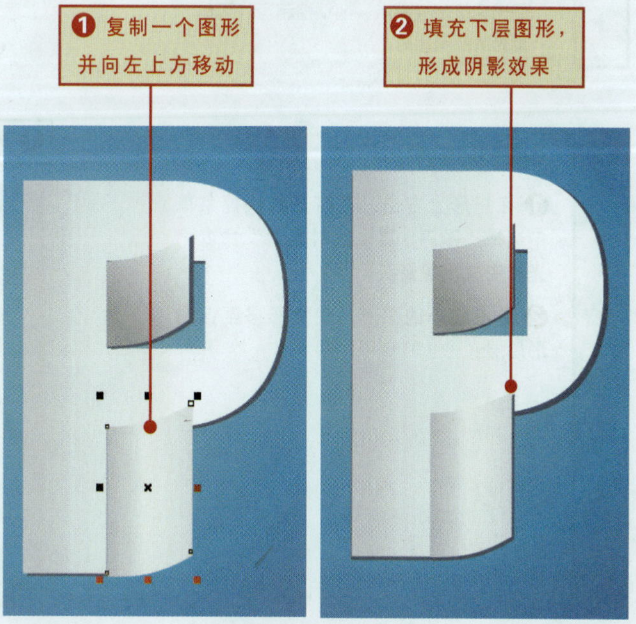

5 绘制矩形

❶ 单击矩形工具，在图形上拖动鼠标，绘制一个矩形。

❷ 填充矩形为“深灰色”(C:82,M:62,Y:49,K:9)，并去掉轮廓色。

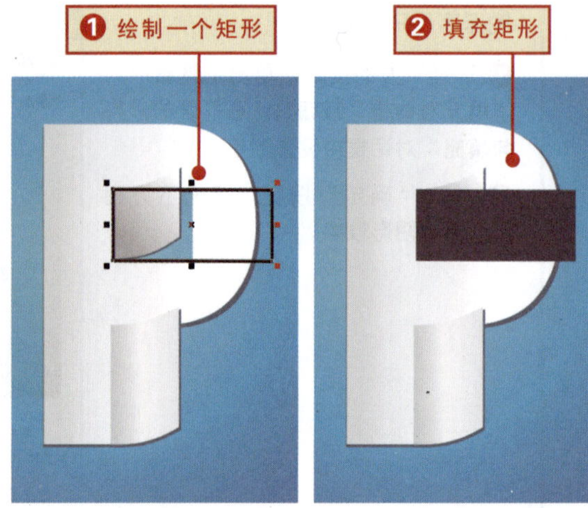

6 倾斜矩形

❶ 两次单击矩形，出现旋转控制点。

❷ 将光标移至矩形右侧的中点处，光标变成双向箭头。向下拖动，对矩形应用倾斜变换。

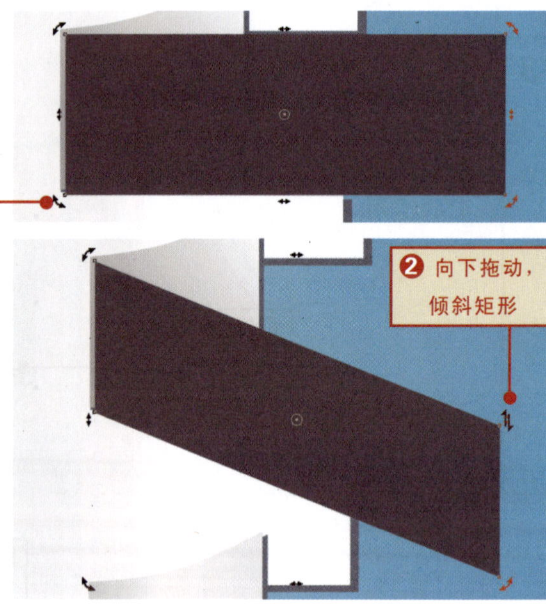

技巧点拨

运用挑选工具单击图形，图形四周出现缩放控制点。拖动控制点，可以改变图形大小和比例。两次单击图形，图形四周出现旋转控制点。拖动控制点，可以旋转或倾斜图形。

7 调整图层顺序

❶ 在矩形上右击，在打开的快捷菜单中选择“顺序>置于此对象后”命令。光标变成粗黑箭头。

❷ 单击较小的图形，使矩形移至该图形后层。

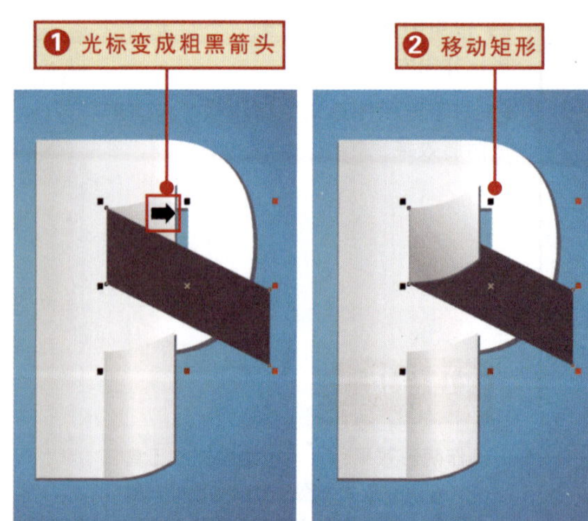

8

制作较小图形的投影

❶ 单击工具箱中的透明度工具，在矩形上拖动鼠标，对其应用线性交互式透明。

❷ 在属性栏中设置参数，调整透明效果，制作出折叠图形的投影。

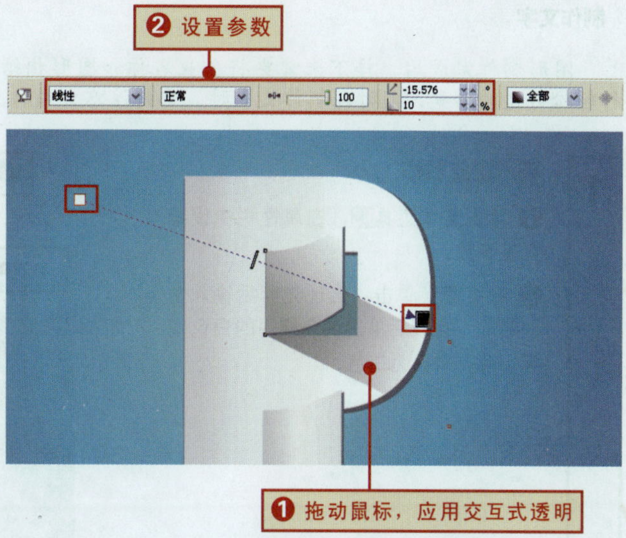

9

绘制并倾斜矩形

❶ 单击矩形工具，绘制一个矩形，填充为“深蓝色”(C:96,M:72,Y:20,K:1)，并取消轮廓色。

❷ 运用同样方法，两次单击矩形，对其应用倾斜变换。

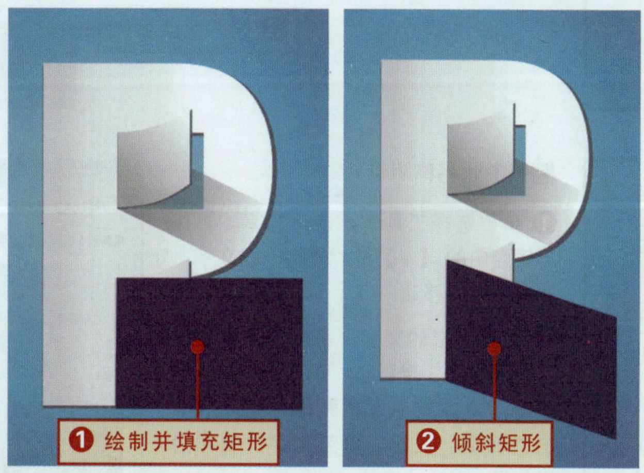

10

制作较大图形的投影

❶ 运用同样方法，将矩形置于较大的图形后。

❷ 单击工具箱中的透明度工具，在矩形上拖动鼠标，并在属性栏中设置参数，对其应用线性交互式透明，制作出较大折叠图形的投影效果。

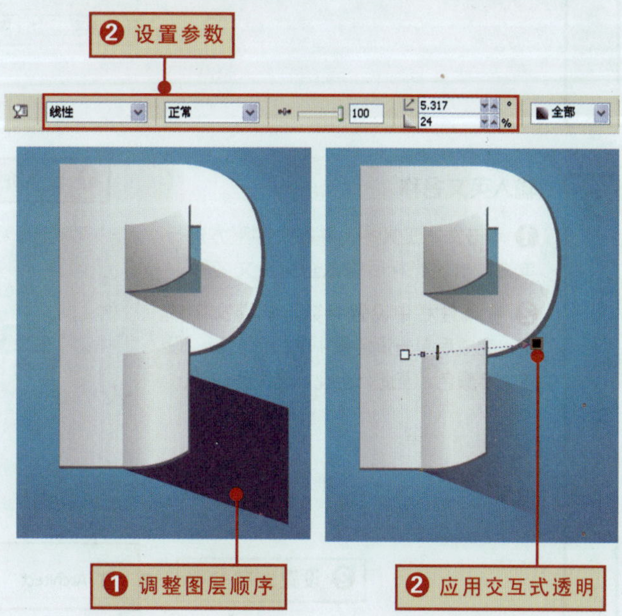

制作文字

图形制作完成后，接下来需要将企业名称和图形相结合。图形整体简洁明朗，且弧形的边缘有一种轻松舒适的感觉，同时在制作文字时，需要注意文字特点和图形相协调。

1 输入企业名称

❶ 单击文本工具，在属性栏中设置文字参数。

❷ 在页面上单击，出现光标后输入企业名称。完成后单击调色板中的白色图标，填充文字为白色。

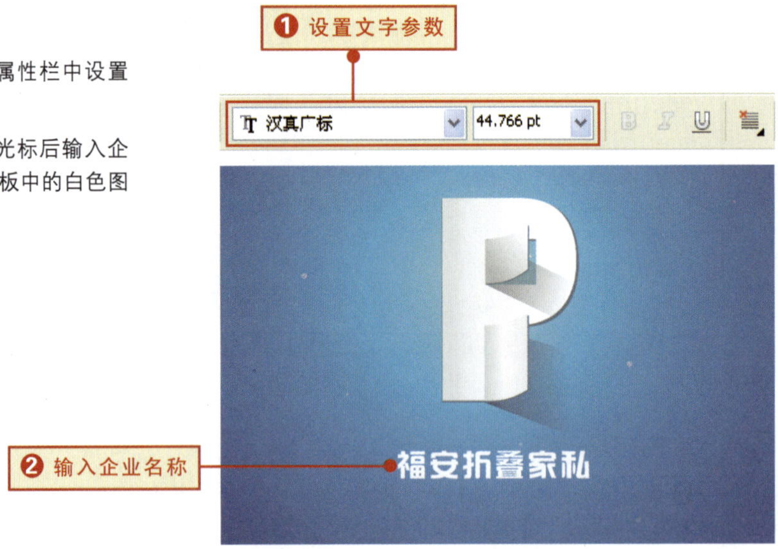

2 制作企业名称阴影

❶ 单击选择工具，选择文字。再按小键盘中的【+】键，复制一组文字，并向左上方移动。

❷ 选择下层的文字，单击工具箱中的“均匀填充”按钮，在打开的“均匀填充”对话框中设置颜色。完成后单击“确定”按钮，填充文字，制作阴影效果。

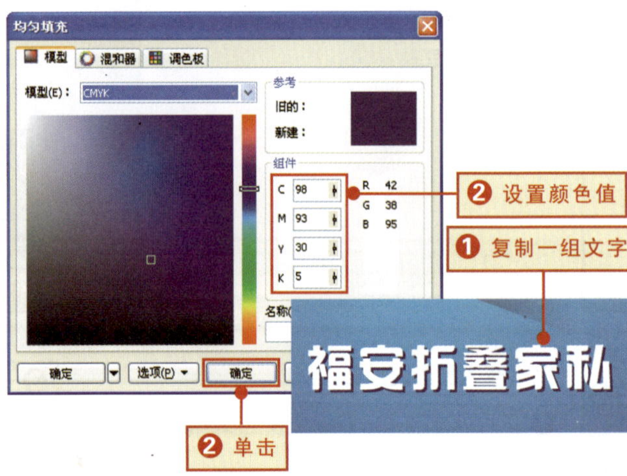

3 输入英文名称

❶ 单击文本工具，并在文字下方进行单击，出现光标后输入企业英文名称。

❷ 在属性栏中设置参数，调整文字效果。完成后单击调色板中的白色图标，设置文字颜色。至此，企业标志制作完成。

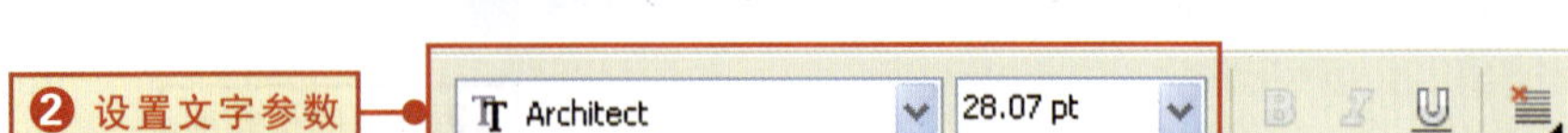

► 知识点总结——CorelDRAW X5操作窗口

本例在制作中，运用了CorelDRAW X5操作窗口的各种功能。

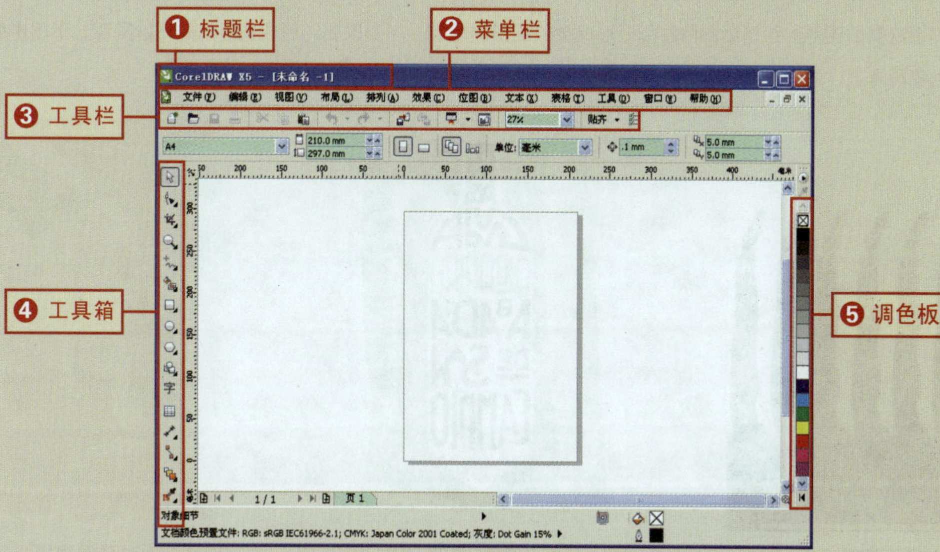

❶ 标题栏：显示CorelDRAW X5窗口的标题和当前操作的文件名称。双击标题栏，软件窗口就会最大化显示，再次双击标题栏，就会还原为窗口形式。在窗口形式下，可以随意拖动标题栏移动窗口。

❷ 菜单栏：以菜单形式使用CorelDRAW X5提供的功能。菜单分为选择系统分类的菜单命令，和右击时打开的快捷菜单。

❸ 工具栏：以工具图标的方式提供了经常使用的菜单功能，利用鼠标单击各个图标按钮，就可以迅速地运行各种命令。

新建：创建新的工作页面，与执行“文件>新建”命令相同。

打开：打开现有的文件，与执行“文件>打开”命令相同。

保存：保存当前操作的文件，与执行“文件>保存”命令相同。

打印：打印当前操作的文件，与执行“文件>打印”命令相同。

剪切：将选定的图形进行剪切，与执行“编辑>剪切”命令相同。

复制：将选定的图形进行复制，与执行“编辑>复制”命令相同。

粘贴：将选定的图形复制在页面中，与执行“编辑>粘贴”命令相同。

撤销：撤销前一个操作的动作。也可单击“撤销”按钮旁的下拉按钮，在打开面板中根据列表内容一次性选择撤销的几步操作。

重做：在单击“撤销”按钮时，重做功能就会被激活。使用该功能，可以恢复之前撤销过的操作。也可单击“重做”按钮旁的下拉按钮，在打开面板中对按顺序显示撤销过的操作进行选择。

导入和导出：导入其他格式的文件，或将文件导出为其他格式。

应用程序启动器：可以运行CorelDRAW Graphics Suite X4的其他程序。

❹ 工具箱：提供各种编辑图形、输入文字和制作效果的工具。

❺ 调色板：提供各种色彩图标，选择对象后，单击图标即可对其填充颜色。

▶ 设计理论——正负形在图形设计中的运用

正形是指绘制出的图形，负形则是正形形成后，页面上剩余空间自然形成的图形。正负形表达了平面二维空间的微妙关系。在图形设计中，灵活运用正负形能制作出十分巧妙的画面效果。如下图所示，宣传海报中黑色部分为正形，即作者绘制的图形。绘制后白色的负形形成类似腿部的轮廓，稍加改变，形成正负形的巧妙画面。下图中的酒类招贴和幼稚园海报，同样是灵活运用负形，形成酒瓶和手的造型，为画面增添了生命力。

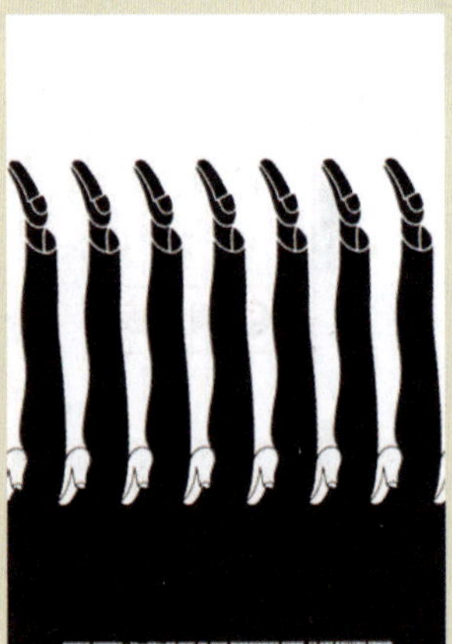

宣传海报

酒类招贴

幼稚园海报

运用正负形进行图形创意的方法，在标志设计中十分常见。如下图所示，巧妙的正形能让负形的表现力得到充分展示。

标志 1

标志 2

标志 3

本案的标志图形，正是利用正负形的关系进行图形创意的。字母F的负形形成字母i的造型，结合F负形的空间，制作出字母i的折叠效果，使画面显得紧凑而又巧妙。如果不利用负形，直接制作i的折叠效果，图形的创意荡然无存。如下图所示。

利用 P 负形制作的标志效果

不利用 P 负形制作的标志效果

02 咖啡店标志

Chapter 01	标志设计	咖啡店标志

技法表现 运用绘图工具绘制基本图形，然后对图形进行渐变填充，最后输入文字。

包含知识 贝济埃工具、椭圆形工具、修剪功能、形状工具、渐变填充、文字工具等。

文件路径 Reader\Chapter01\02\complete\咖啡店标志.cdr

设计分析——和咖啡店的定位相契合

本案是为上海一家新开张的咖啡店cocoacoffee设计的标志。cocoacoffee的老总深受巴黎老咖啡店的咖啡传统熏陶，希望将欧洲咖啡文化引入中国，让国内时尚青年在休闲娱乐之余，也能感受咖啡深厚的文化底蕴。

标志的设计首先要符合咖啡店的行业特点，让标志具有识别性，因此色彩选择和咖啡类似的深褐色为主。cocoacoffee将时尚青年锁定为消费群，因此根据他们的审美偏好，标志的色彩中添加紫色和黄色的对比，形成视觉冲击。此外结合欧洲传统文化，将图形以古典花边的形式进行结合，通过颜色的变化，让图形层次更加丰富。

制作流程——先绘制图形，再制作文字

绘制基本图形

添加月牙图形

添加辅助图形

添加咖啡店名称

制作标志展示图

► 制作步骤

绘制底层图形

对于较为复杂的图形，首先绘制草图，对造型进行大的构思，然后在软件中制作和调整。在绘制时，通常从最下层的图形开始。

1 新建文件

❶ 运行CorelDRAW X5，单击工具栏中的“新建”按钮，新建“未命名-1”文件。

❷ 单击属性栏中的“横向”按钮，将页面转换为横向。

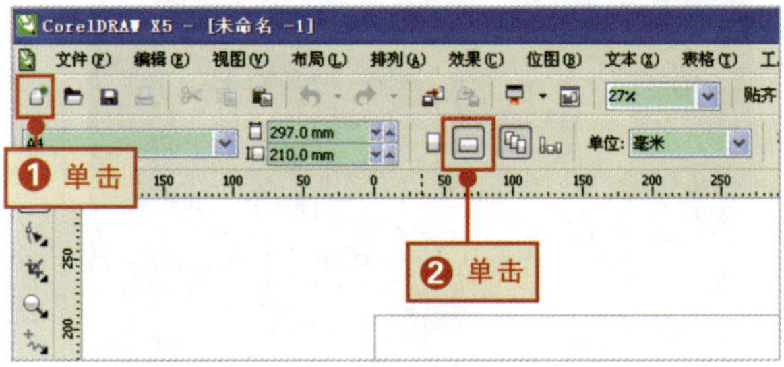

2 绘制折线

❶ 单击贝塞尔工具，并在页面上单击，创建节点，再进行单击，绘制直线。

❷ 继续向左进行单击，绘制出折线。

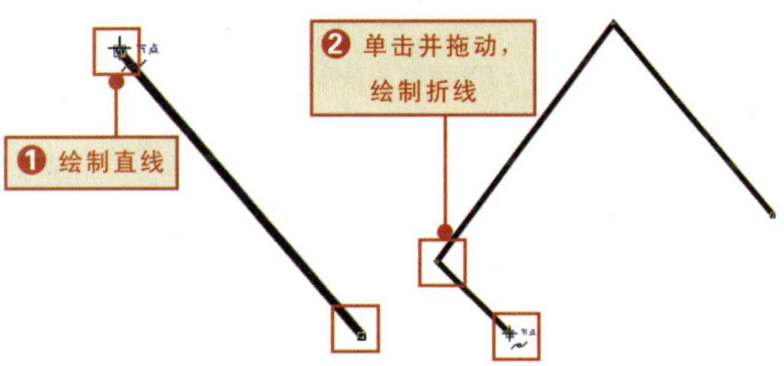

3 绘制不规则的闭合图形

❶ 向折线内单击，继续绘制。

❷ 单击起点，闭合折线，形成一个不规则多边形。

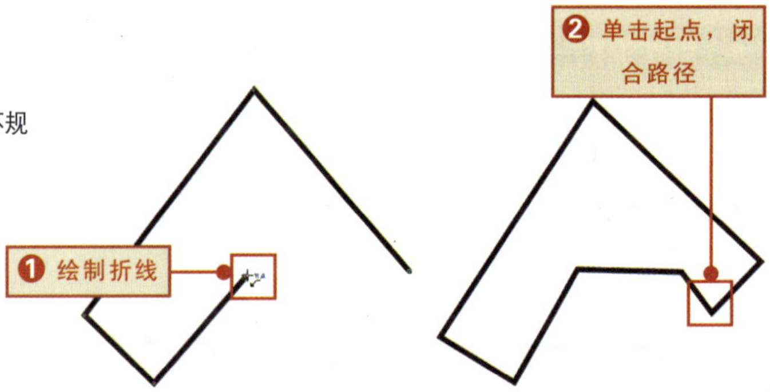

4 将图形边缘改为弧形

❶ 单击形状工具，按【Ctrl+ A】组合键，选择所有节点。

❷ 依次单击属性栏中的“转换直线为曲线”按钮和“生成对称节点”按钮。将节点转换为对称曲线节点，便于调整形状。

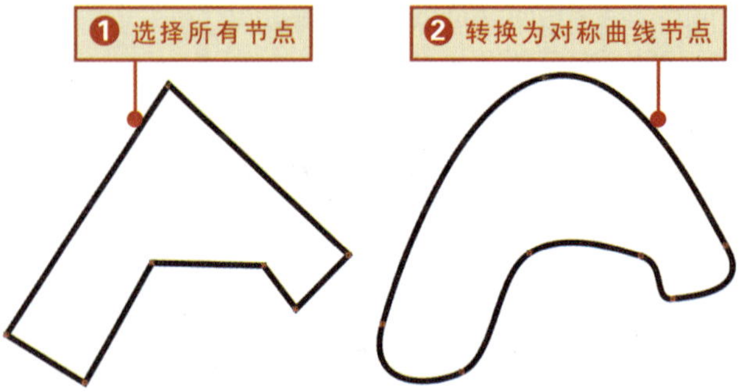

5

调整图形使其更加圆润

❶ 单击最右边的节点，出现曲率调整线。向上拖动控制线，使形状更加圆润。

❷ 运用同样方法，单击其他节点，并调整曲率调整线，让形状更加圆润。

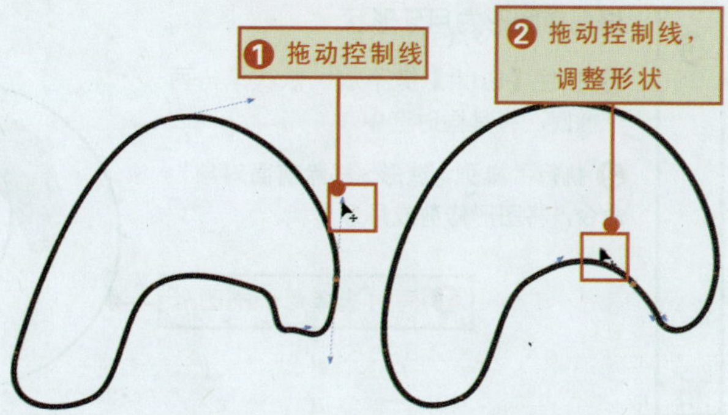

6

填充图形

❶ 单击选择工具，选择绘制的图形。再单击窗口右边调色板中的紫色图标，填充图形为紫色。

❷ 右击调色板中顶部的“无填充”图标☒，取消轮廓色。

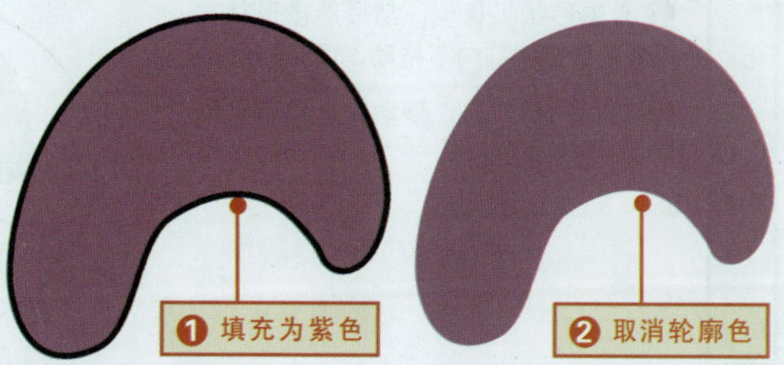

绘制月牙图形

绘制完最下层的图形后，开始一层一层地叠加图形。CorelDRAW中提供了基本图形的绘制工具，即椭圆形、正方形等。月牙图形可以通过两个椭圆形相剪的方式制作。

1

绘制重叠的椭圆形

❶ 单击椭圆形工具，拖动鼠标，绘制一个椭圆形。

❷ 运用同样方法，再绘制一个较小的椭圆形。

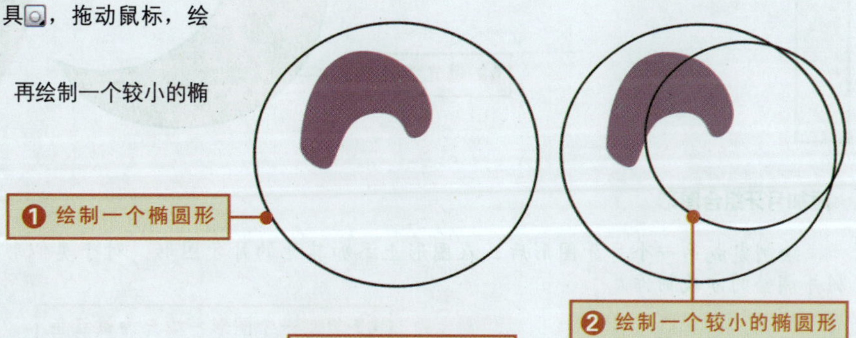

2

调整较小椭圆形的形状

❶ 单击选择工具，移动鼠标至较小椭圆形上方中间的控制点上，向下拖动，变换椭圆形形状。

❷ 两次单击椭圆形，椭圆形四边的控制点发生了变化。将鼠标移至右下角的控制点，向左拖动鼠标，旋转图形。

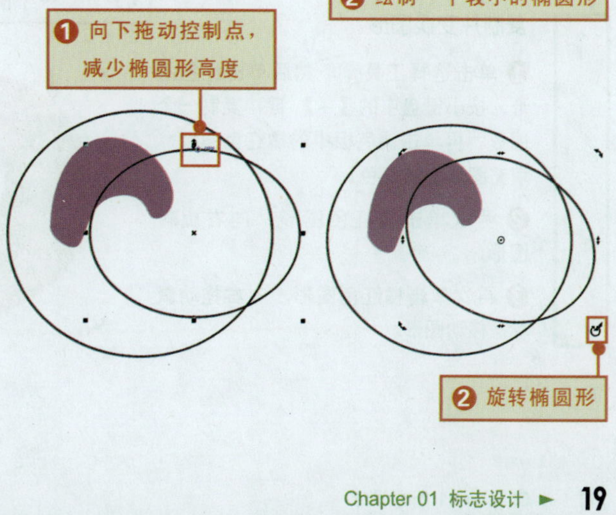

3

修剪椭圆形为月牙形状

❶ 按住【Shift】键不放，依次单击两个椭圆，将其同时选中。

❷ 执行“排列>造形>移除前面对象”命令，将图形修剪成月牙形状。

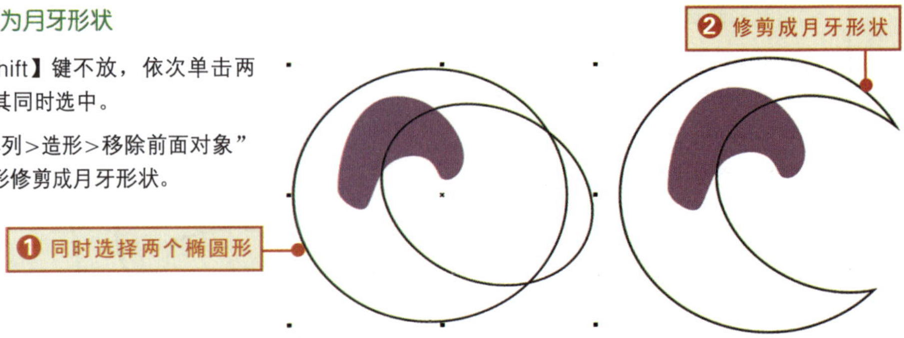

4

调整月牙形状

❶ 单击形状工具，然后单击形状右下角的节点，并向下拖动，调整形状。

❷ 运用同样方法，移动右上角节点位置，调整形状。

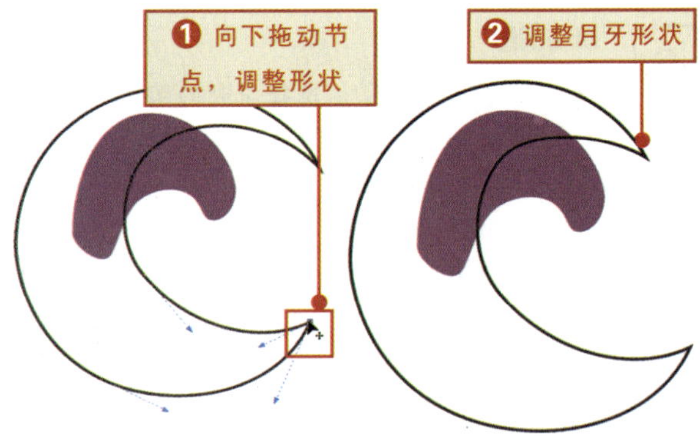

5

填充图形

❶ 单击窗口右边调色板中的红色图标，填充图形为红色。

❷ 右击调色板中顶部的“无填充”图标⊠，取消轮廓色。

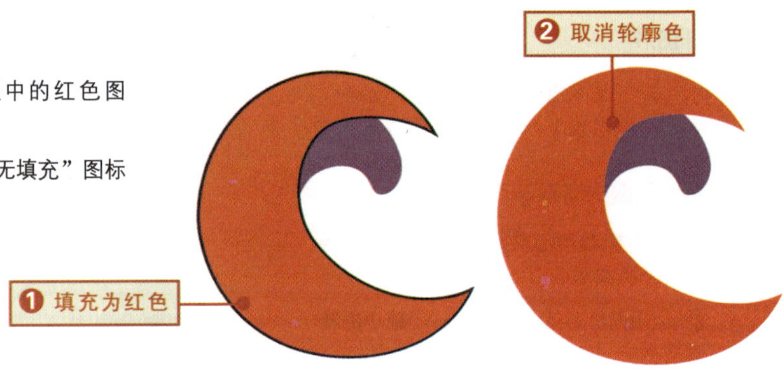

添加月牙组合图形

绘制完成第一个月牙图形后，在图形上添加其他的月牙图形。对于类似形状的图形，可以通过复制并调整的方式制作。

1

复制并变换图形

❶ 单击选择工具，然后单击红色图形。按小键盘中的【+】键，复制一个图形。再单击调色板中的橘红色图标，填充图形为橘红色。

❷ 两次单击橘红色图形，向右旋转图形。

❸ 再次单击橘红色图形，向右拖动鼠标，移动图形。

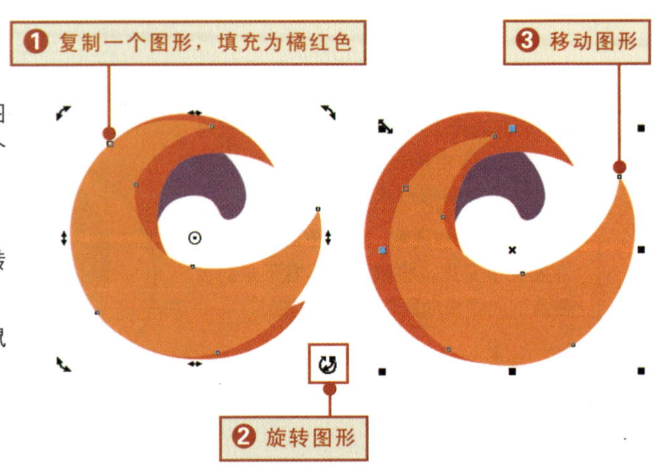

2

移动图形节点

❶ 单击形状工具，向下拖动橘红色图形中间的节点，调整图形形状，使其和红色图形的曲线形状匹配。

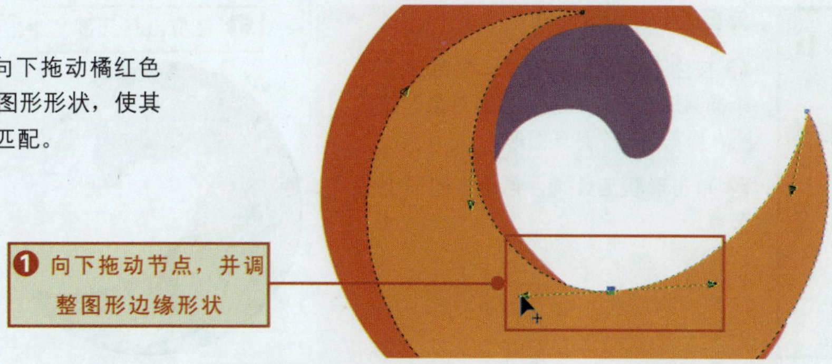

3

复制图形并调整形状

❶ 运用同样方法，复制一个橘红色图形，并填充为紫色。两次单击紫色图形，并向右旋转。

❷ 再次单击图形，分别向上和向右拖动图形上方和右方中间的控制点，调整图形形状。最后稍微向右移动图形，使其左边曲线和橘红色图形重合。

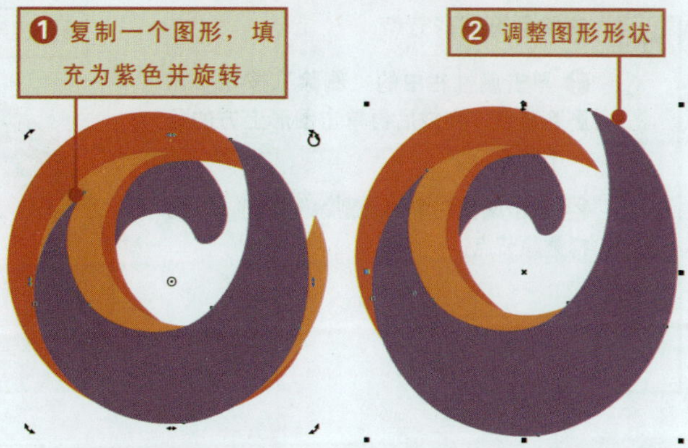

4

使用图框精确裁剪图形

❶ 按住【Shift】键不放，同时选择橘红色和紫色两个月牙图形。执行“效果>图框精确剪裁>放置在容器中”命令，光标变成粗黑箭头。

❷ 单击红色图形，将选择的两个图形图框精确剪裁于红色图形中。

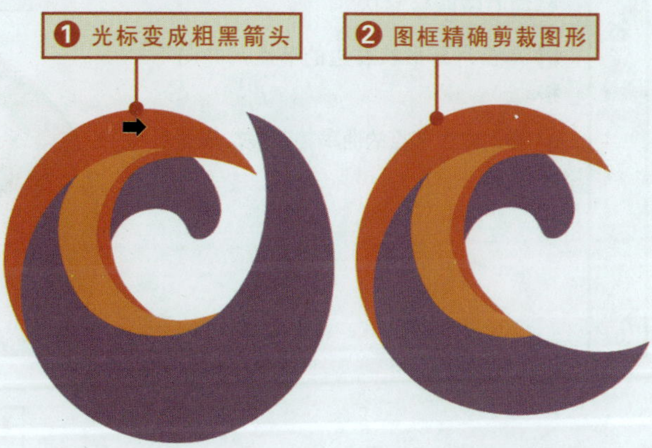

5

绘制两个重叠的椭圆形

❶ 单击椭圆形工具，在图形上拖动，绘制一个椭圆形。

❷ 再次拖动鼠标，绘制一个较小的椭圆形。

技巧点拨

以上操作，可以首先绘制一个椭圆形，再拖动椭圆形，放开鼠标的同时右击，则可将椭圆形复制到拖动的位置，然后改变其大小即可。

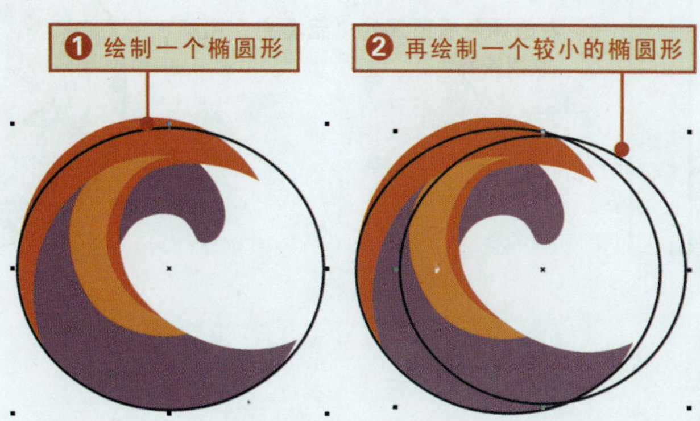

6 修剪图形为月牙形状

❶ 按住【Shift】键不放，同时选中两个椭圆形。单击“移除前面对象”按钮，修剪为一个月牙图形。

❷ 单击形状工具，再单击图形上的节点。

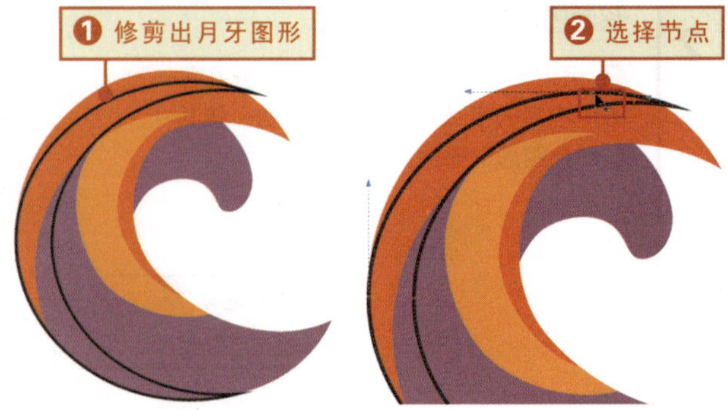

7 删除月牙图形节点

❶ 单击属性栏中的“删除”按钮，删除节点。完成后再单击图形上方的另一个节点。

❷ 单击属性栏中的“删除”按钮，同样删除节点。

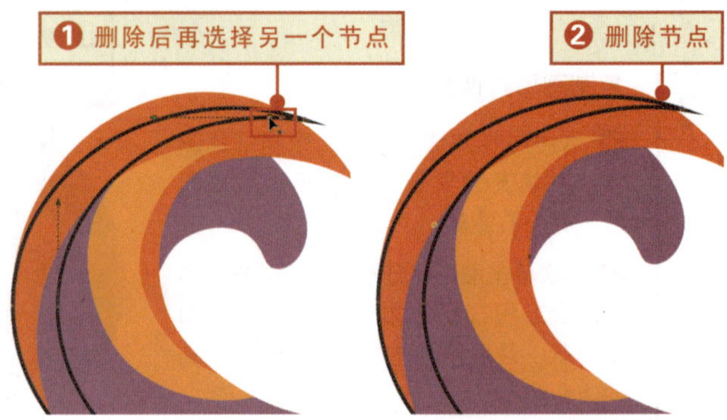

8 移动节点调整形状

❶ 单击月牙形状右边的节点，并向下移动。

❷ 拖动右边节点的曲率控制线，调整月牙形状。

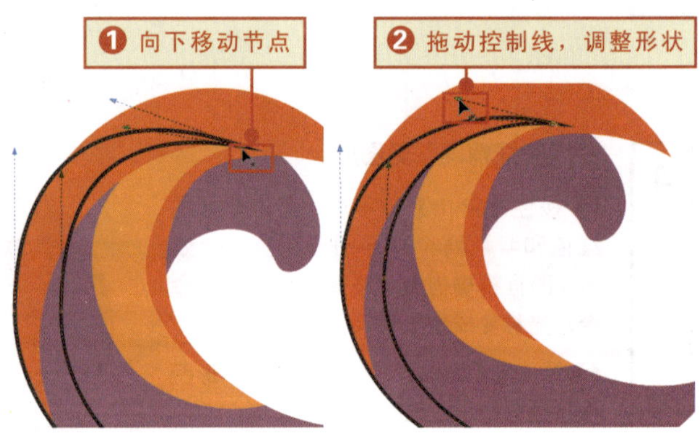

9 填充图形

❶ 单击调色板中的黄色图标，填充月牙图形为黄色。

❷ 右击调色板顶部的“无填充”图标☒，取消轮廓色。

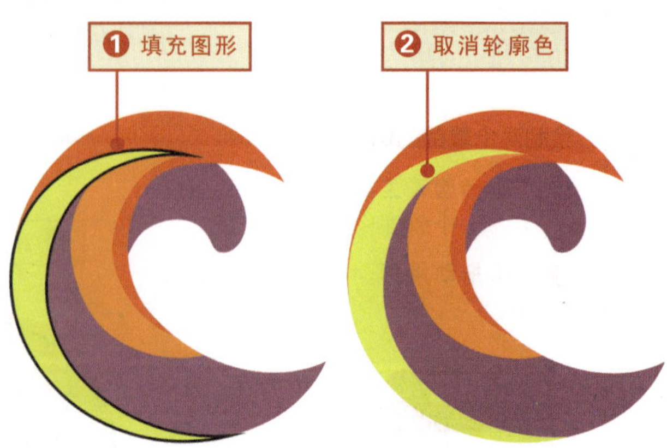

绘制辅助图形

月牙图形绘制完成后，图形的基本造型已经形成。接着绘制图形前的辅助图形，使其看上去更加圆润和谐。绘制辅助图形时，可以先绘制矩形，再进行修改。

1 绘制矩形

❶ 单击矩形工具，在图形下方绘制一个矩形。

❷ 单击属性栏中的“转换为曲线”按钮，转换矩形为曲线。单击形状工具，并按【Ctrl+A】组合建，全选节点。单击属性栏中的“到曲线”按钮，转换为曲线节点，以便调整矩形形状。

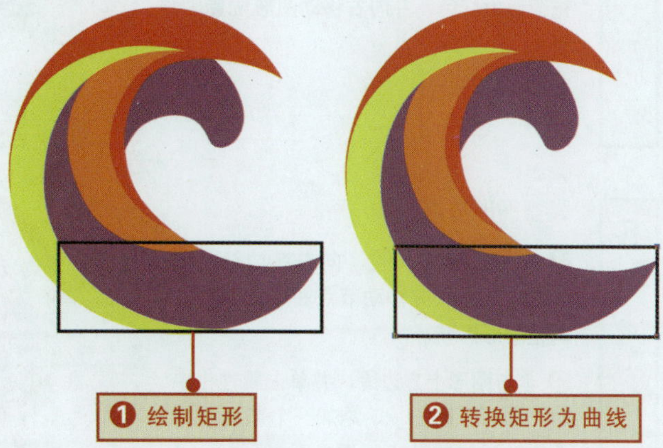

2 调整图形节点使其弯曲

❶ 单击形状工具，向上拖动矩形左下方节点，调整形状。

❷ 向下拖动左上角节点的曲率控制线，使图形上边向下弯曲。

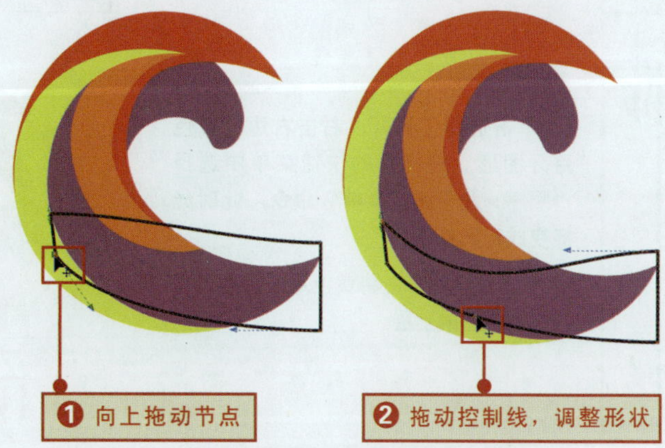

3 编辑节点调整形状

❶ 同时选择图形右边的两个节点，单击属性栏中的“对称”按钮，将节点转换为曲线对称节点，此时其形状发生了变化。

❷ 向右拖动两个节点，并调节右上方节点的曲率控制线，调整图形形状。

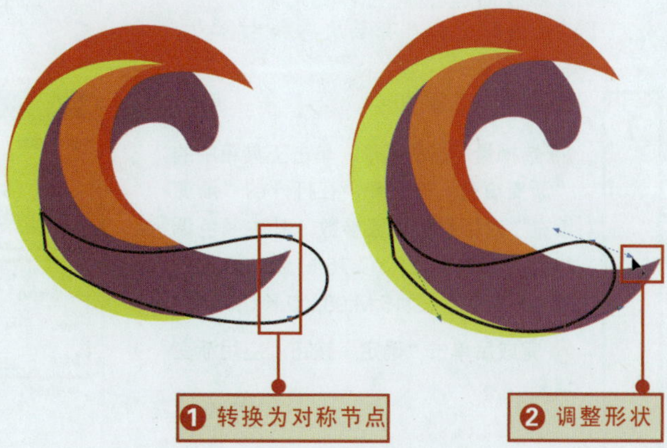

4 填充图形并将其复制

❶ 单击选择工具，运用同样方法，填充图形为黄色并取消轮廓线。

❷ 按小键盘中的【+】键，复制一个黄色图形。单击调色板中的红色图标，填充图形为红色，并向右移动图形位置。

5 调整图形节点

❶ 单击形状工具，向左拖动红色图形左边节点，并移动节点曲率控制线，调整图形形状。

❷ 单击图形上方边缘，并单击属性栏中的“添加”按钮，添加一个节点。向下拖动添加的节点，调整图形形状。

6 调整图层顺序

❶ 单击选择工具，右击右边的黄色月牙图形。在打开的快捷菜单中选择“顺序>置于此对象前”命令，此时光标变成粗黑箭头。

❷ 单击红色图形，将黄色月牙图形调整到红色图形的上层。

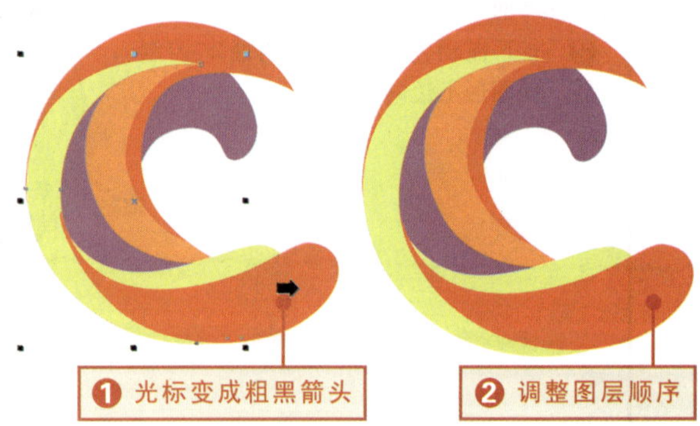

渐变填充图形

标志图形的造型和色彩确定后，开始对细节进行调整。根据确定的图案颜色，对其进行渐变填充，可以让图形更加具有层次感和生命力。

1 渐变填充底层图形

❶ 选择最下层的图形，单击工具箱中的“渐变填充”按钮，在打开的“渐变填充”对话框中设置参数。其中颜色调和为从“深紫色”(C:75,M:96,Y:0,K:0)到“洋红色”(C:15,M:98,Y:2,K:0)。

❷ 完成后单击“确定”按钮，应用渐变填充。

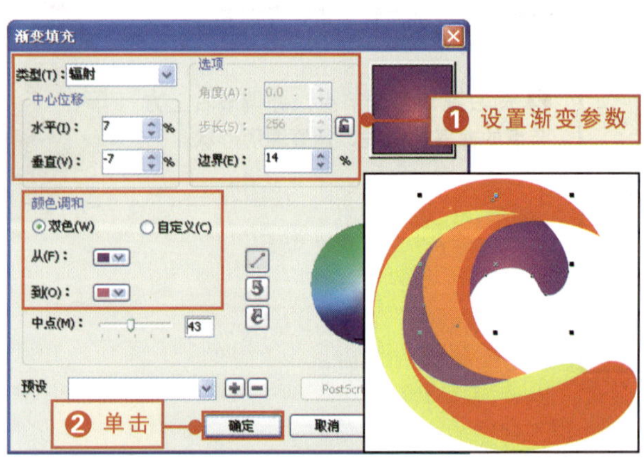

2 渐变填充上一层图形

❶ 选择上一层的图形，按【F11】键，在打开的“渐变填充”对话框中设置参数。其中颜色调和为从“深红色”(C:13,M:99,Y:58,K:0) 到“红色”(C:12,M:91,Y:4,K:0)。

❷ 完成后单击“确定”按钮，应用渐变填充。

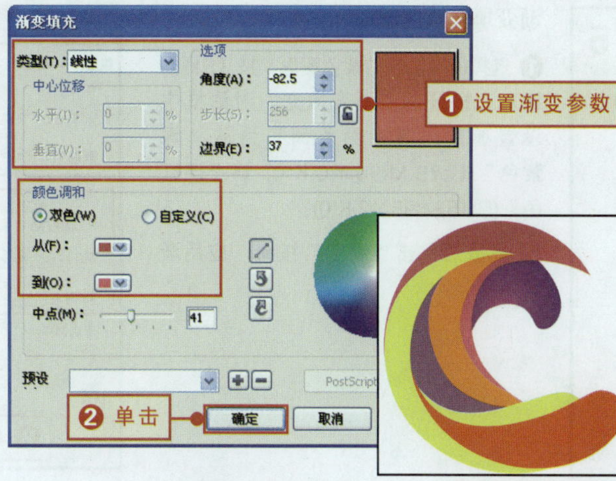

3 提取剪裁图形

❶ 在填充的图形上右击，并在打开的快捷菜单中选择“提取内容”命令。

❷ 使用图框精确剪裁将其中的图形提取出来，以便进行渐变填充。

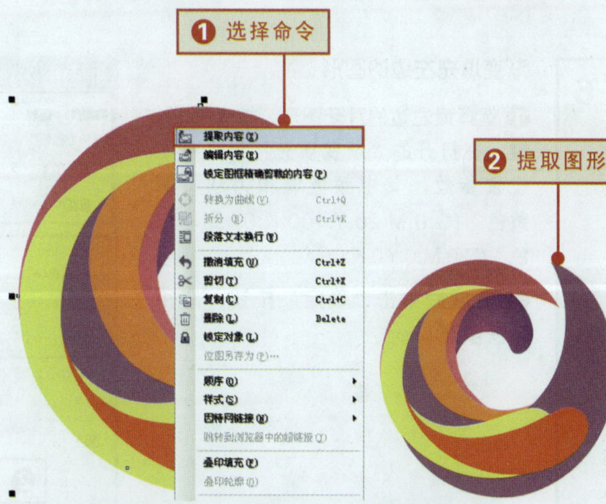

4 渐变填充橙色图形

❶ 选择提取出的橙色图形，按【F11】键，在打开的“渐变填充”对话框中设置参数。其中颜色调和为从“橘红色”(C:0,M:60,Y:100,K:0) 到“黄色”(C:3,M:10,Y:83,K:0)。

❷ 完成后单击“确定”按钮，应用渐变填充。

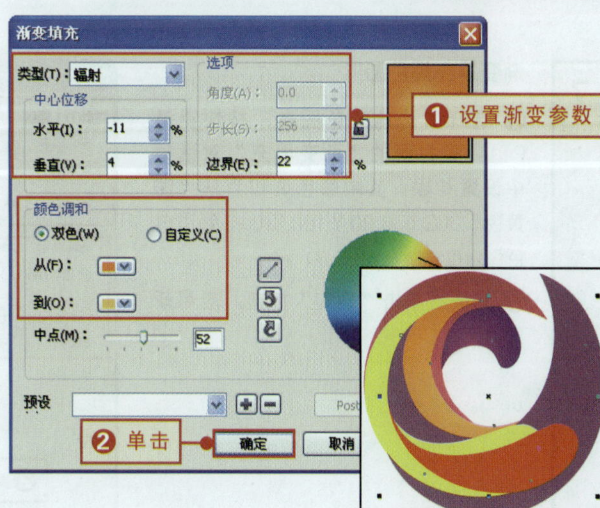

5 渐变填充紫色图形

❶ 选择提取出来的紫色图形，按【F11】键，在打开的“渐变填充”对话框中设置参数。其中颜色调和为从“深紫色”(C:75,M:96,Y:0,K:0) 到“洋红色”(C:15,M:98,Y:2,K:0)。

❷ 完成后单击“确定”按钮，应用渐变填充。

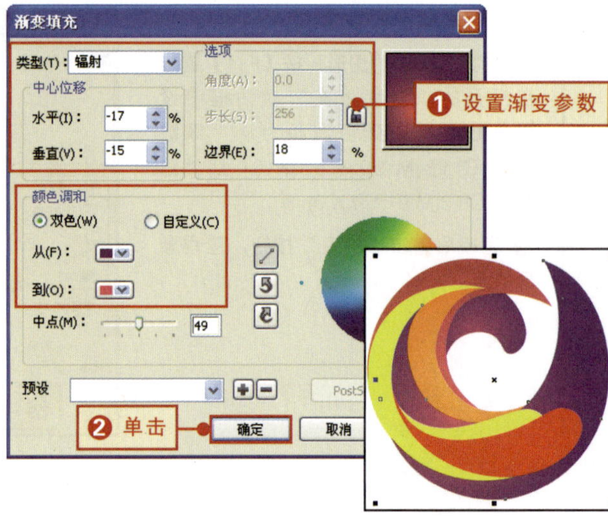

6 渐变填充左边的图形

❶ 选择最左边的月牙图形，按【F11】键，在打开的“渐变填充”对话框中设置参数。其中颜色调和为从“深黄色”(C:0,M:20,Y:100,K:0) 到“白色”(C:0,M:0,Y:0,K:0)。

❷ 完成后单击“确定”按钮，应用渐变填充。

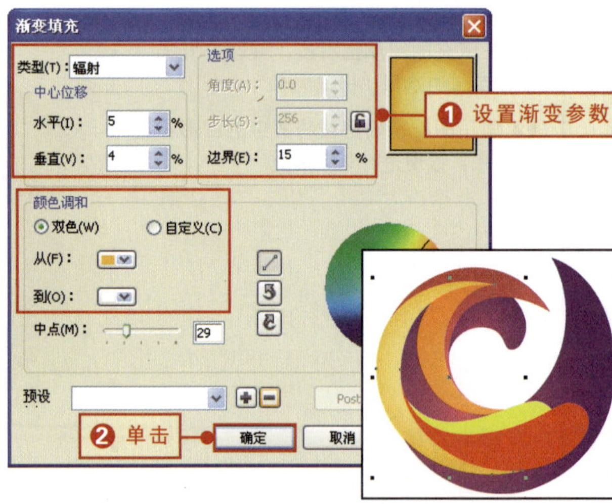

7 渐变填充黄色图形

❶ 选择右边的黄色图形，按快捷键F11，在打开的“渐变填充”对话框中设置参数。其中颜色调和为从“深黄色”（C:0,M:20,Y:100,K:0） 到“白色”（C:0,M:0,Y:0,K:0）。

❷ 完成后单击“确定”按钮，应用渐变填充。

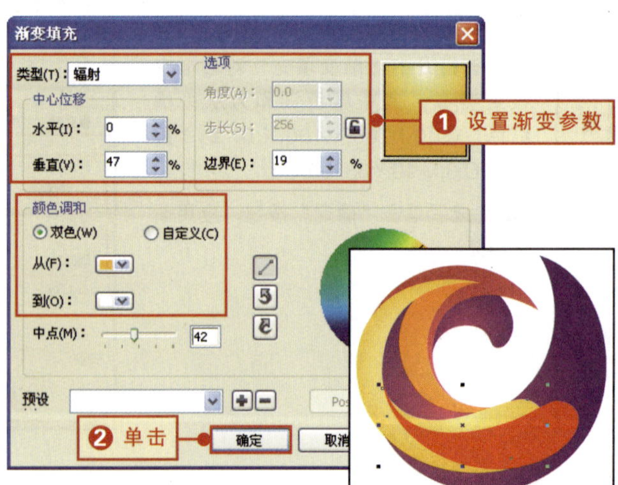

8

渐变填充红色图形

❶ 选择最上层的红色图形，按【F11】键，在打开的“渐变填充”对话框中设置参数。其中颜色调和为从“深红色”(C:18,M:99,Y:77,K:0) 到“淡红色”(C:1,M:70,Y:77,K:0)。

❷ 完成后单击“确定”按钮，应用渐变填充。

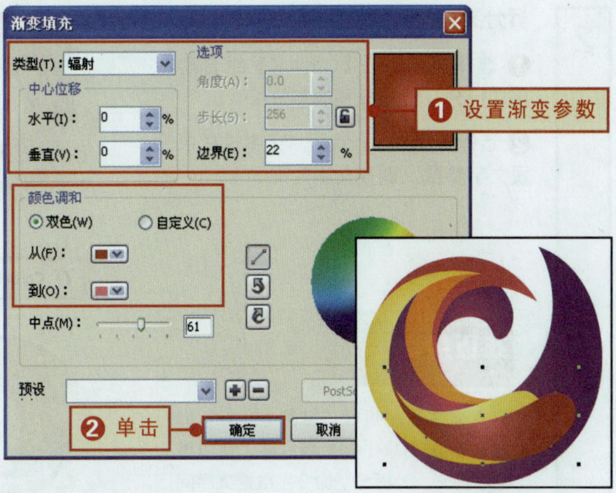

9

图框精确剪裁图形

❶ 同时选择图框精确剪裁的两个图形，执行“效果>图框精确剪裁>放置在容器中”命令，此时光标变成粗黑箭头。

❷ 单击红色图形，将选择的两个图形图框精确剪裁于红色图形中。至此完成图形的绘制。

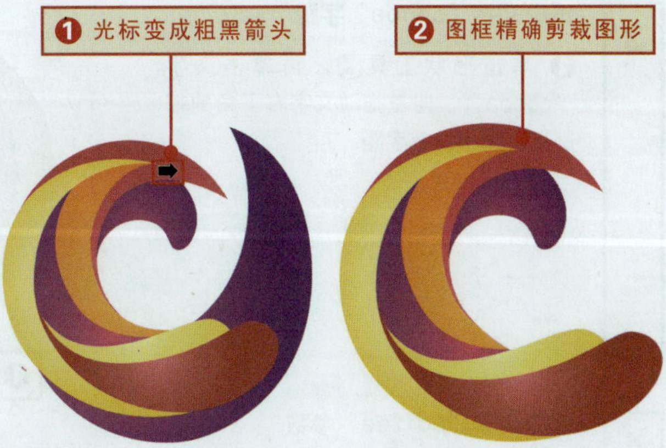

添加咖啡店名称

完成图形的制作后，接着将咖啡店名称和图形结合起来。作为图形的辅助造型，名称的添加需要以简洁为主，重点突出图形。另外，名称的造型要考虑到识别性，因此选择常用的简洁字体，能够让人一目了然。

1

输入咖啡店名

❶ 单击文本工具字，然后在图形右边单击，出现光标后输入咖啡店名称。

2

拆分文字并单独编辑

❶ 选择文字，按【Ctrl+K】组合建，将其拆分，便于分别调整效果。

❷ 选择文字“cocoa”，在属性栏中设置文字参数，调整文字效果。

技巧点拨

输入文字后，执行“排列>拆分”命令，或按【Ctrl+K】组合键，可以将文字拆分。“拆分”命令是根据文字间的间隔大小，自动选择拆分方式。

3

减小文字“cocoa”字距

❶ 单击形状工具，再单击文字“cocoa”，向左拖动文字右下角的控制点，减小文字字距。

4

修改文字“coffee”参数

选择文字“coffee”，在属性栏中设置文字参数，将文字调整为粗体字，同时调节左边图形造成的重心偏移。

5

调整文字“coffee”效果

❶ 单击形状工具，再单击文字“coffee”，向左拖动文字右下角的控制点，减小文字字距。

❷ 单击挑选工具，向上拖动文字上方中间的控制点，将文字拉长。

制作标志展示图

标志完成后，需要添加背景，制作效果展示图，以便让标志的意境和设计意图更加充分地表达出来。制作背景时要以标志特点突出标志效果为主。

1 绘制背景矩形

❶ 双击矩形工具，绘制一个和页面同样大小的矩形，作为标志展示的背景。

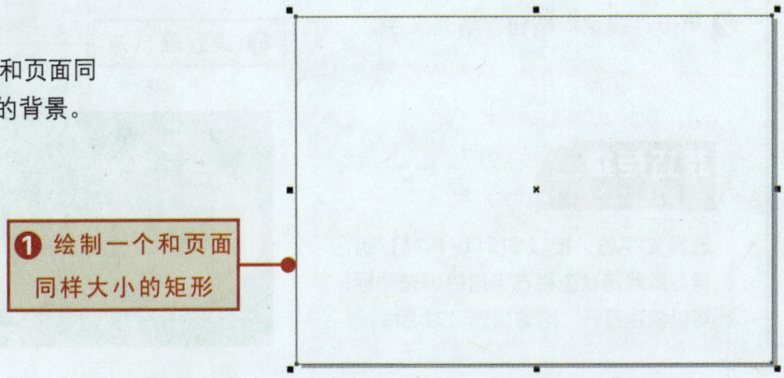

2 渐变填充矩形

❶ 选择矩形，按【F11】键，在打开的“渐变填充”对话框中设置参数。其中颜色调和为从“深红色”(C:84,M:73,Y:73,K:91)到“暗红色”(C:64,M:100,Y:70,K:18)。

❷ 完成后单击“确定”按钮，应用渐变填充。

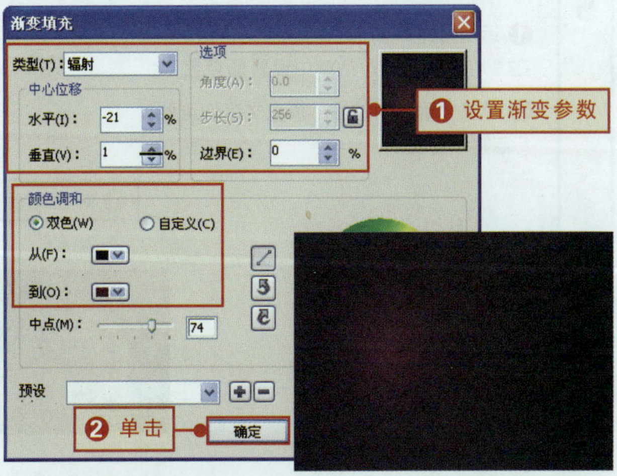

3 将标志移入背景中

❶ 单击选择工具，框选标志的图形和文字。按小键盘中的【+】键，复制一组标志。将其移至页面中，并适当调整大小和位置。

技巧点拨

CorelDRAW软件为矢量软件，绘制的图形可随意改变大小，且效果不变。因此将标志移入背景中后，在保持同时选中标志的所有对象时，拖动标志四角的控制点，可等比例放大或缩小标志。

4

填充文字“cocoa”

❶ 选择文字“cocoa”，单击工具箱中的“均匀填充”按钮■，在打开的“均匀填充”对话框中设置颜色值。

❷ 单击“确定”按钮，填充文字。

技巧点拨

选择文字后，按【Shift+F11】组合键，或双击状态栏右下角的填充图标，可以快速打开“均匀填充”对话框。

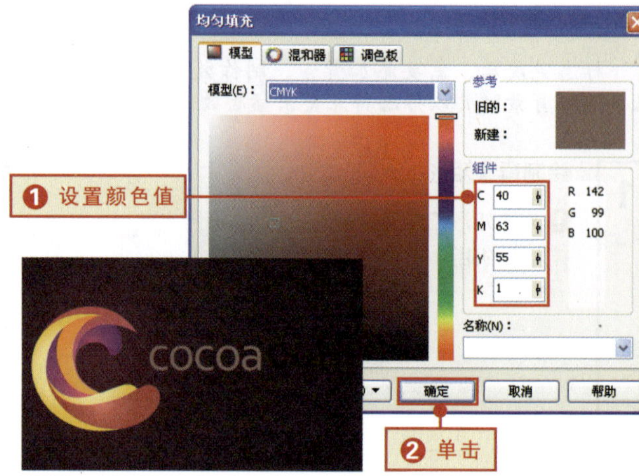

5

填充文字“coffee”

❶ 运用同样方法，选择文字“coffee”，在“均匀填充”对话框中设置颜色值。

❷ 单击“确定”按钮，填充文字。至此标志制作完成。

► 知识点总结——绘图页面和工具箱的控制

本例运用了页面设置，以及工具箱的相关操作。

1. 绘图页面的设置

在设置绘图页面时，可以在属性栏中单击“纵向”按钮，将绘图页面设置为纵向状态；单击“横向”按钮，则将绘图页面设置为横向状态。

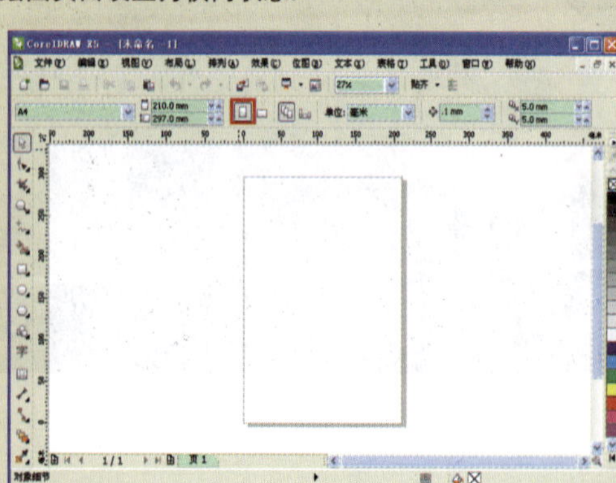

纵向状态

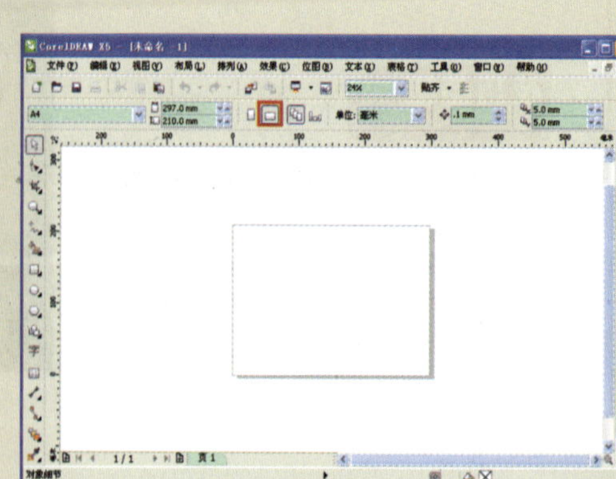

横向状态

在属性栏中设置纸张的宽度和高度，可以自定义绘图页面的尺寸。

在属性栏中设置页面尺寸

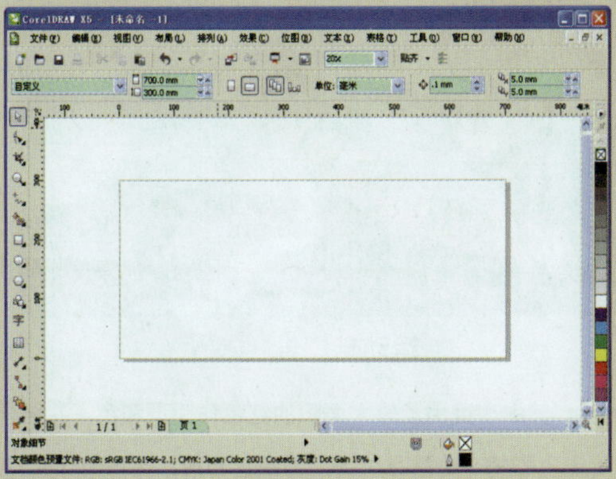

横向状态

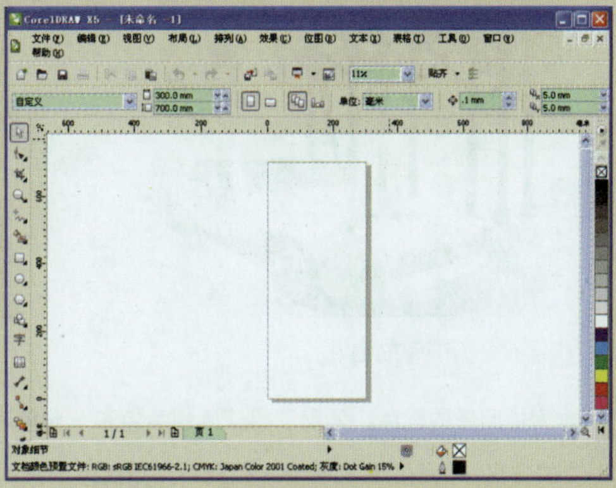

纵向状态

2. 工具箱的基础操作

用鼠标单击工具箱中的工具，若工具按钮右下角有一个黑色的小三角形，则代表该工具包含有打开式的工具列表，单击工具列表上的工具可转换为当前工具。下图为本例中应用到的形状工具列表、填充工具列表和矩形工具列表。

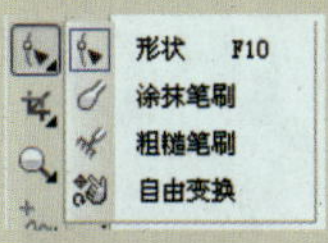

形状工具列表

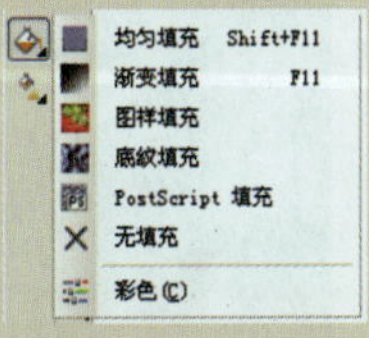

填充工具列表

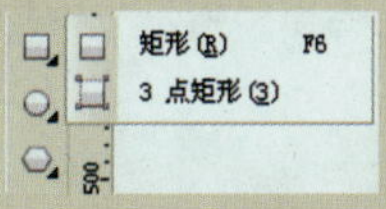

矩形工具列表

► 设计理论——相反色相的配色

色相，是指色彩的类别，即红、黄、蓝几个大的色族，统称为色相。人们在研究色相时，制作出色相环，来表达各种色相之间的关系。在色相环中，角度为180°的两个色彩互为补色，或称为相反色相。相反色相的色彩进行搭配，会形成强烈的视觉冲激。例如，色相环中的红色和青绿色、黄色和蓝紫色等。

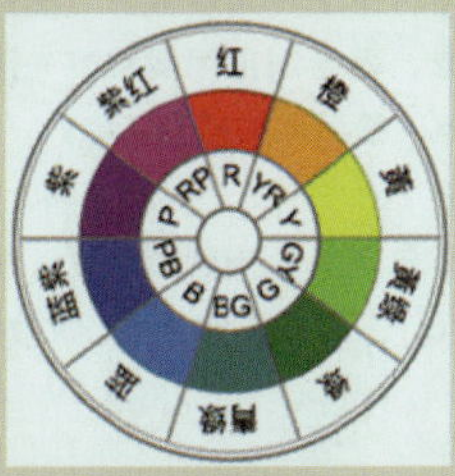

10 色相环

红色和青绿色的网站

使用相反色相进行配色时，能够表现出强烈的冲突，让画面跳跃，并给人留下强烈的印象。如果使用不当，就会造成画面不协调，让人很快感到视觉疲劳。因此在采用相反色相配色时，通常在画面中添加相邻色相，调和画面中色彩的强烈对比。如下图的汽车海报，红色和蓝绿色的搭配，添加黄色进行调和。运动鞋广告中，黄色和蓝紫色的搭配，添加了橙色和白色进行调和。

汽车海报

运动鞋广告

本案中图形的配色，采用了相反色相黄色和蓝紫色进行搭配。其中，运用了较大面积的红色作为调和色，并结合色彩渐变的方式，让画面更加和谐。如果不采用红色进行调和，标志色彩将十分醒目跳跃，但缺乏和谐，显得十分突兀。

采用红色调和的案例效果

不采用调和色的案例效果

03 房地产标志

Chapter 01 | 标志设计 | **房地产标志**

技法表现 运用绘图工具绘制鹅卵石图形，并渐变填充图形。再绘制出图案和高光图形，形成通透质感。最后添加楼盘名称。

包含知识 贝塞尔工具、椭圆形工具、形状工具、渐变填充、交互式透明工具、文字工具等。

文件路径 Reader\Chapter01\03\complete\房地产标志.cdr

▶ 设计分析——楼盘意境的视觉化展示

本案是为一家房地产开发公司即将推出的新盘“兰亭香苑”设计的标志。该楼盘针对20世纪70～80年代出生的年轻人，以小户型为主。环境优雅为该楼盘的卖点，小区内的绿化十分出色，且临近城市绿化公园，故以“兰亭香苑”命名。

标志的设计，首先考虑到楼盘环境亲近大自然的特点，因此采用鹅卵石形象的思路。“兰亭香苑”的名称让人联想到中国园林的文化气息，因此在鹅卵石图形中添加抽象图案，给予受众文化底蕴的心理暗示。由于楼盘是以20世纪70～80年代出生的年轻人为主要消费群，结合他们的审美偏好，将图形制作为通透的璧石效果，不仅增加了视觉冲击力，体现出时尚气息，也暗含了婉约的文化气质。

▶ 制作流程——先制作标志，再制作展示图

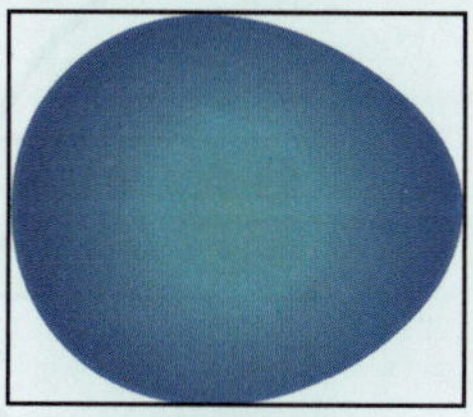
绘制基本图形

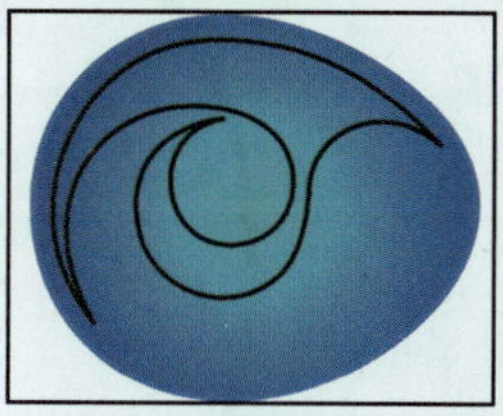
添加图案

填充图案

制作光斑

输入楼盘名称

制作标志展示图

▶ 制作步骤

绘制基本图形

对标志的构思完成后，首先结合椭圆形工具和形状工具，绘制出鹅卵石图形。再运用渐变工具填充图形，确定图形的基本色调。

1 新建文件并绘制椭圆形

❶ 运行CorelDRAW X5，单击工具栏中的“新建”按钮，新建“未命名-1”文件。

❷ 单击椭圆形工具，在页面上拖动鼠标，绘制一个椭圆形。然后在属性栏中设置椭圆形大小约为84.648mm×74.067mm。

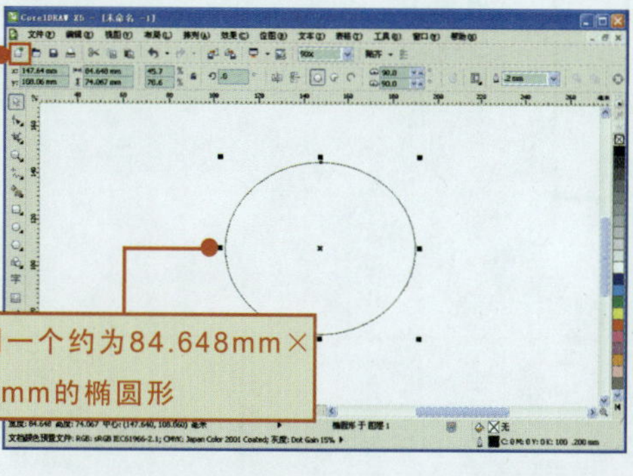

2

移动节点调整形状

❶ 按【Ctrl+Q】组合键，转换椭圆形为曲线。单击形状工具，然后单击椭圆形上方的节点，并向下拖动。

❷ 单击椭圆形下方的节点，并向上拖动，调整椭圆形形状。

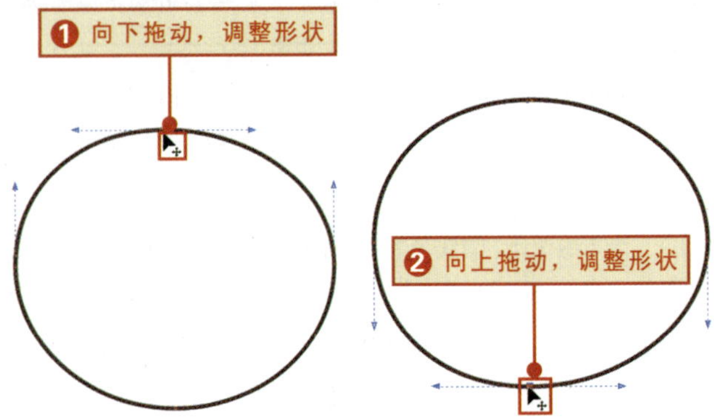

3

拖动控制线调整形状

❶ 单击图形右边节点，出现曲率控制线。单击控制线下方箭头，并向上拖动，将图形调整为鹅卵石的形状。

技巧点拨

将图形转换为曲线后，软件会根据图形特点自动设置节点特征。椭圆形转换为曲线后，其四个节点也会自动转换为对称曲线节点。调整对称曲线节点的任意一条曲率控制线，图形两边的曲线绘制会同时对称地进行变化。

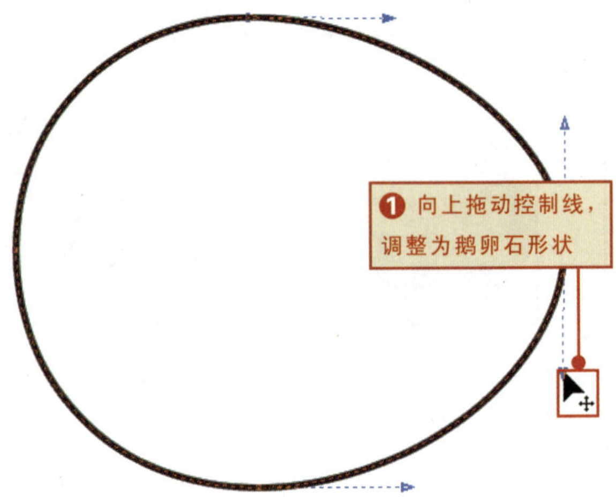

4

渐变填充图形

❶ 按【F11】键，在打开的“渐变填充”对话框中设置参数。其中颜色调和依次为0%“深蓝色”(C:93,M:51,Y:5,K:0)、61%“青色”(C:54,M:1,Y:15,K:0)、100%“蓝绿色”(C:49, M:0,Y:21,K:0)。

❷ 完成后单击“确定”按钮，应用渐变填充。

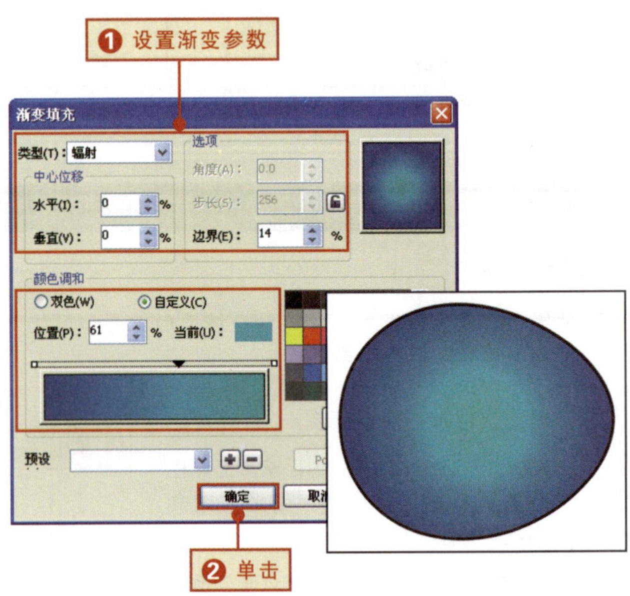

5 设置图形轮廓效果

❶ 单击工具箱中的“轮廓笔”按钮，在打开的“轮廓笔”对话框中设置轮廓颜色为“深蓝色”(C:89,M:36,Y:5,K:0)，轮廓宽度为1.0mm。

❷ 完成后单击“确定”按钮，应用轮廓效果，对图形边缘的亮度进行微量增加。

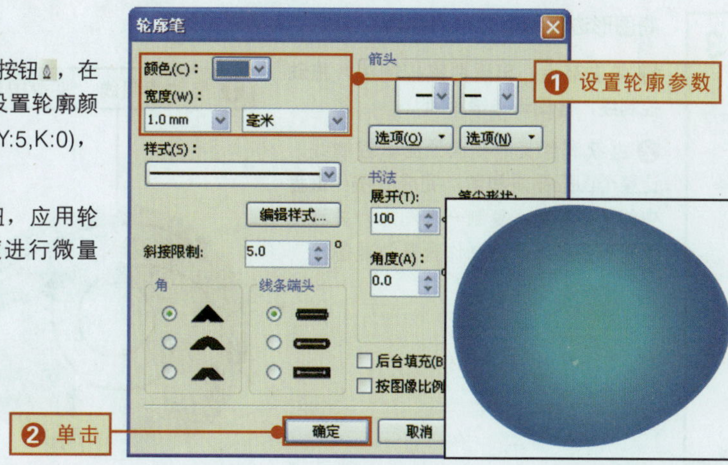

绘制图案

完成鹅卵石造型后，接着在图形上绘制图案。首先运用贝塞尔工具绘制出图案的基本造型，再运用形状工具，调整图形，使其平滑和谐。

1 绘制不规则图形

❶ 单击工具箱中的贝塞尔工具，在图形上绘制折线。

❷ 继续绘制折线，使其与起始点重合，制作出不规则的闭合图形。

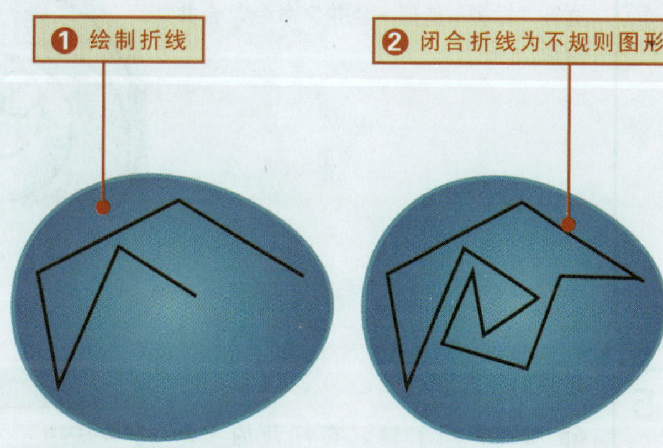

2 将图形边缘调整为弧线

❶ 单击形状工具，并按【Ctrl+A】组合键，选择所有节点。再单击属性栏中的“到曲线”按钮，转换节点为曲线。然后向外拖动两个节点之间的线段，形成弧形。

❷ 继续拖动所有节点之间的线段，将不规则图形调整为弧形效果。

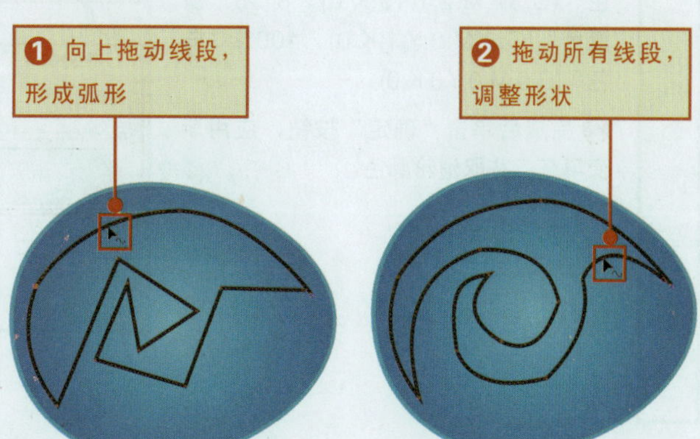

3 将图形边缘调整为平滑曲线

❶ 单击节点，出现曲率控制线，拖动控制线，让图形边缘平滑。

❷ 继续调整其他节点的曲率控制线，让整个图形平滑和谐。完成后按小键盘中的【+】键，复制一个图形，并移至鹅卵石图形外，为制作背景做准备。

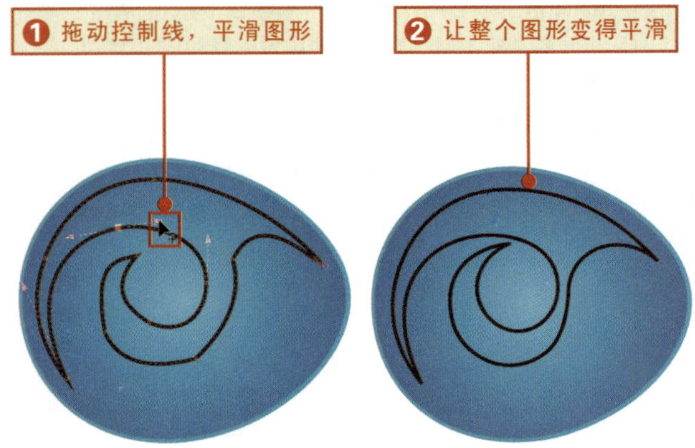

4 焊接图形

❶ 单击椭圆形工具，在图形上绘制一个椭圆形。

❷ 单击选择工具，按住【Shift】键不放，同时选择椭圆形和不规则图形。执行“排列>造形>合并”命令，合并图形。

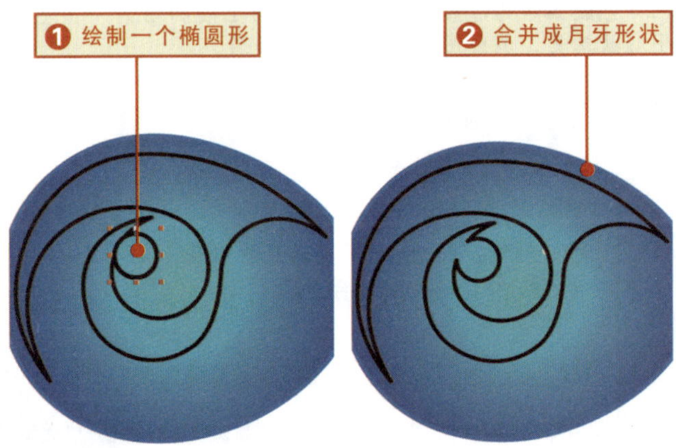

5 渐变填充图形

❶ 按【F11】键，在打开的“渐变填充”对话框中设置参数。其中颜色调和依次为0%“浅蓝色”(C:37,M:2,Y:15,K:0)、81%“淡蓝色”(C:3,M:0,Y:1,K:0)、100%“白色”(C:0,M:0,Y:0,K:0)。

❷ 完成后单击“确定”按钮，应用渐变填充，并取消轮廓色。

6 添加轮廓效果

❶ 单击工具箱中的“轮廓笔”按钮，在打开的“轮廓笔”对话框中设置轮廓颜色为“蓝绿色”(C:81,M:23,Y:25,K:0)，轮廓宽度为3.0mm。

❷ 完成后单击“确定”按钮，应用轮廓效果。

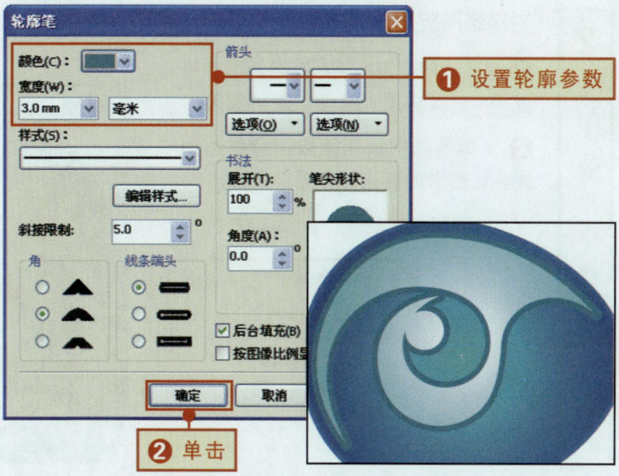

7 对轮廓应用透明效果

❶ 选择不规则图形，单击透明度工具，在属性栏中设置透明参数。对图形轮廓应用透明效果，以增加图形的层次感。

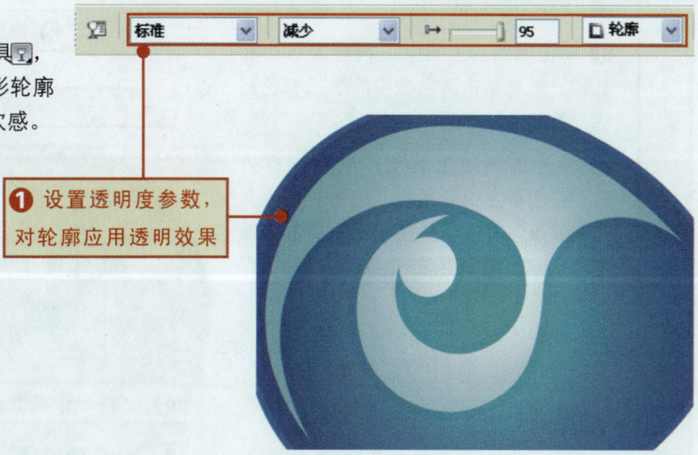

添加光斑效果

完成鹅卵石图形和基本图案的制作后，图形基本已经确定。接着在图形上添加光斑，制作出通透的壁石效果。制作方法为对浅色图形应用交互式透明效果。

1 绘制白色椭圆形

❶ 单击椭圆形工具，在图形上拖动鼠标，绘制一个椭圆形。

❷ 单击调色板中的白色图标，填充图形，并取消轮廓色。

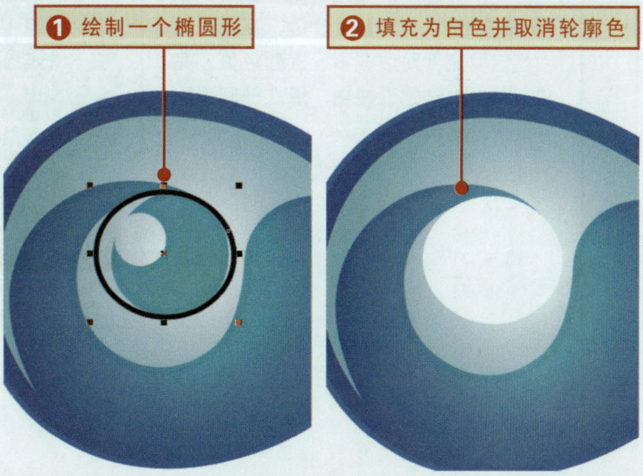

2

对椭圆形应用透明效果

❶ 单击透明度工具，在椭圆形上拖动鼠标，对其应用“线性”透明效果。

❷ 在属性栏中设置参数，调整透明效果，让图形的高光部分更加突出。

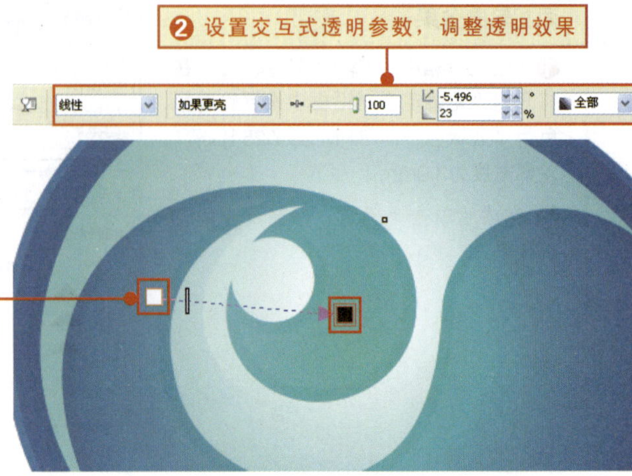

3

添加图形层次感

❶ 单击椭圆形工具，再绘制一个椭圆形。然后单击调色板中的绿松石色图标，并取消轮廓色。

❷ 单击透明度工具，运用同样方法，在图形上拖动鼠标，应用“线性”透明效果，并在属性栏中设置参数，调整效果，以增加图形的层次感。

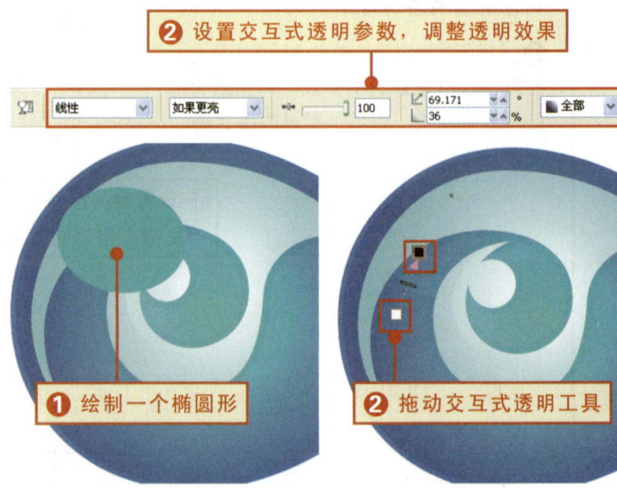

4

绘制淡蓝色椭圆形

❶ 单击椭圆形工具，在图形中绘制一个较小的椭圆形。

❷ 按【Shift+F11】组合键，在打开的“均匀填充”对话框中设置颜色值。完成后单击“确定”按钮，填充椭圆形，并取消轮廓色。

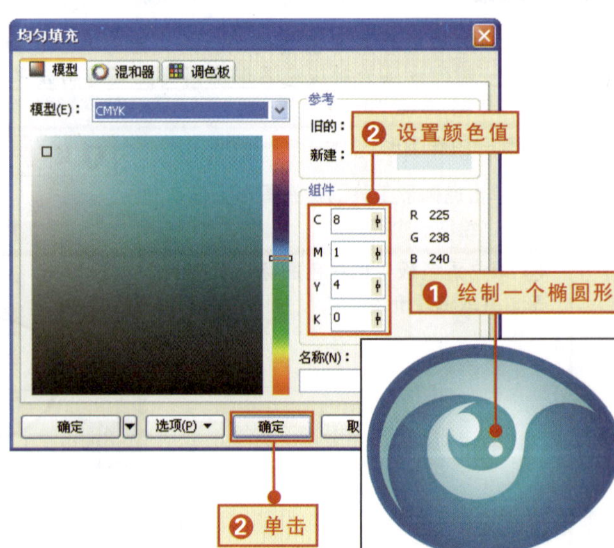

5 制作光斑效果

❶ 单击透明度工具，在属性栏中设置参数，对椭圆形应用“标准”交互式透明效果，制作出较小的光斑效果。

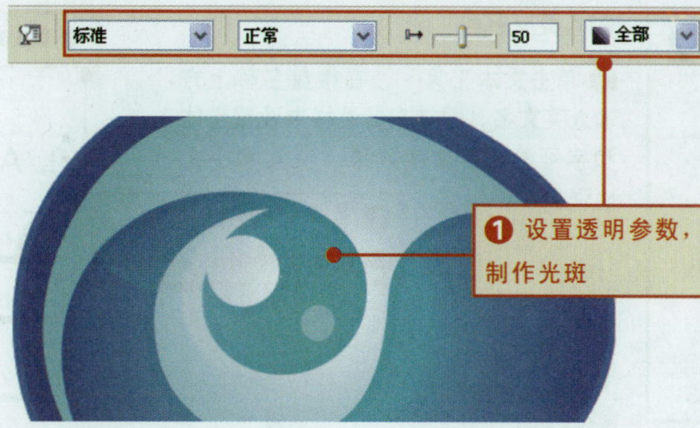

6 绘制白色椭圆形

❶ 单击椭圆形工具，在图形上拖动鼠标，绘制一个椭圆形。

❷ 单击调色板中的白色图标，填充图形，并取消轮廓色。

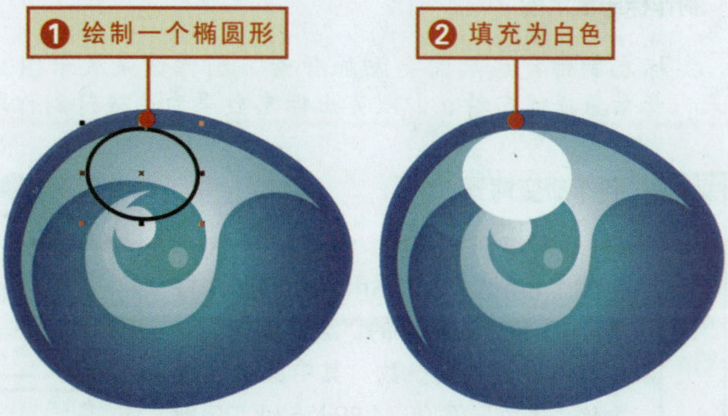

7 制作光晕效果

❶ 单击透明度工具，在属性栏中设置参数，对椭圆形应用“射线”交互式透明，制作出受光点的光晕。

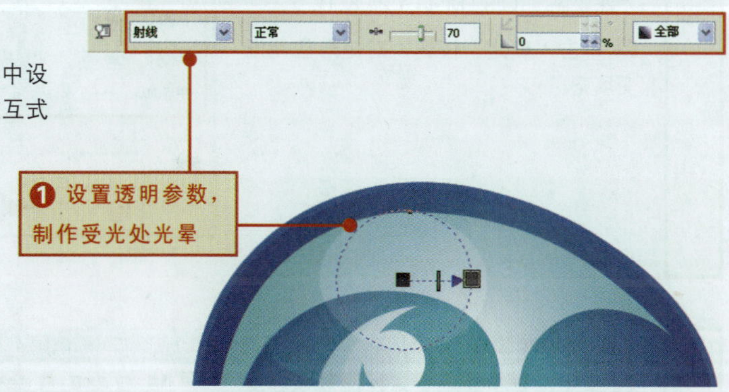

制作楼盘名称

完成了图形的制作后，接着将楼盘名称和图形结合。运用文本工具输入楼盘名称后，需要对文字效果进行适当调整，使其和图形效果协调。

1 输入楼盘名称

❶ 单击文本工具，输入楼盘名称，并在属性栏中设置字体和字号。

❷ 单击选择工具，向下拖动文字下方节点，将文字拉长，调整效果使其和标志更加和谐。

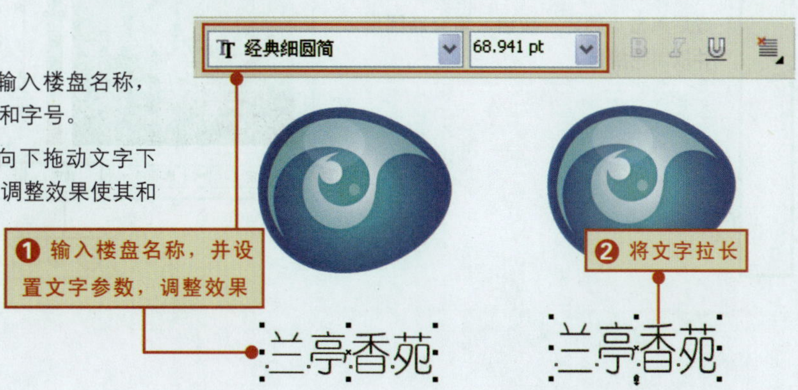

2

输入英文名称

❶ 单击文本工具，在楼盘名称上方输入英文名。同样在属性栏中设置字体和字号，调整文字效果，使其和中文协调。

制作标志展示图

标志制作完成后需要添加背景，制作效果展示图，使标志的意境和设计意图更加充分地表达出来。背景根据标志特点，以突出标志效果为主进行制作即可。

1

制作渐变背景

❶ 单击矩形工具，绘制一个大小为211.8mm×206.3mm的矩形。按【F11】键，在打开的“渐变填充”对话框中设置各项参数。其中颜色设置为从“黑色”(C:96,M:89,Y:53,K:29)到“深蓝色”(C:89,M:44,Y:24,K:1)。

❷ 单击“确定”按钮，对矩形应用渐变填充。

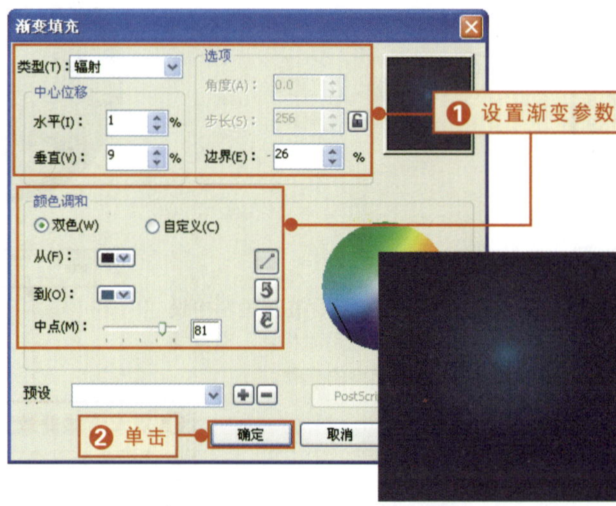

2

放大并填充图形

❶ 单击选择工具，选择前面为背景准备的不规则图形，将其移至矩形中，并将其放大。

❷ 按【Shift+F11】组合键，在打开的“均匀填充”对话框中设置颜色值。完成后单击“确定”按钮，填充椭圆形，并取消轮廓色。

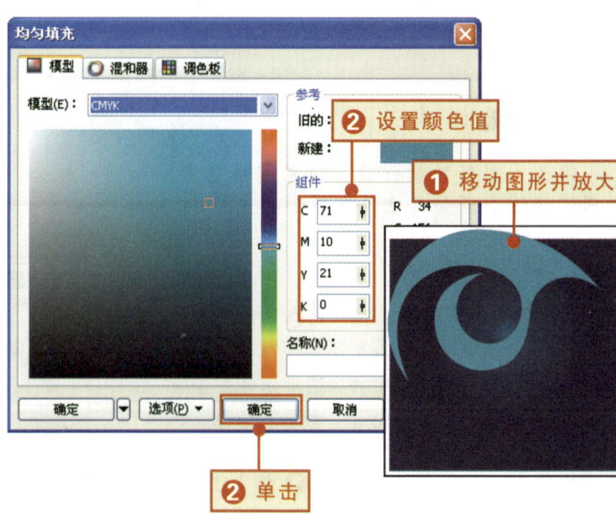

3 制作底纹效果

❶ 单击透明度工具，在椭圆形上拖动鼠标，对其应用“线性”交互式透明。

❷ 在属性栏中设置参数，调整透明效果，让图形在背景中形成渐隐的底纹。

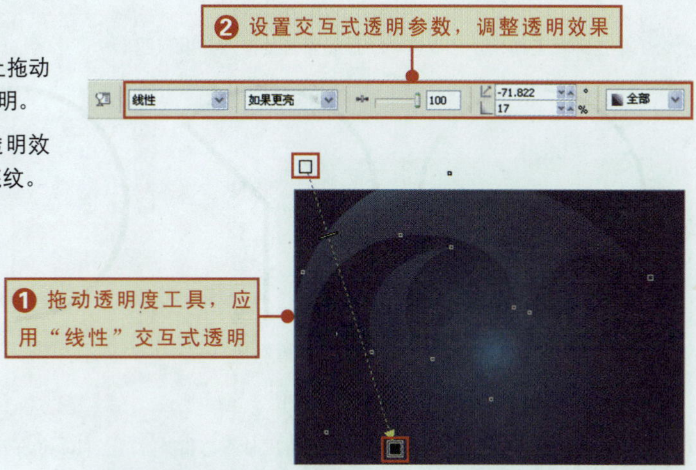

4 制作标志展示效果

❶ 单击选择工具，框选标志的图形和文字，按小键盘中的【+】键，复制一组标志。然后将其移至背景中，适当调整图形大小和位置。

❷ 选择文字部分，单击调色板中的白色图标，让文字在背景中显示出来。

► 知识点总结——绘制椭圆形的方法

本例运用了椭圆形工具。

1. 椭圆形工具

椭圆形工具可绘制出水平状态的正圆形、椭圆形、饼形、弧形。

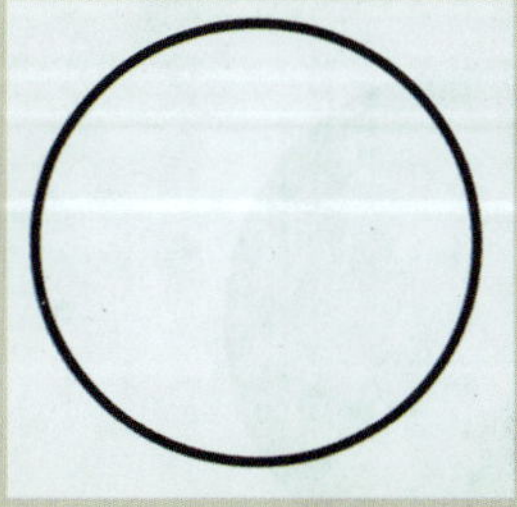
正圆

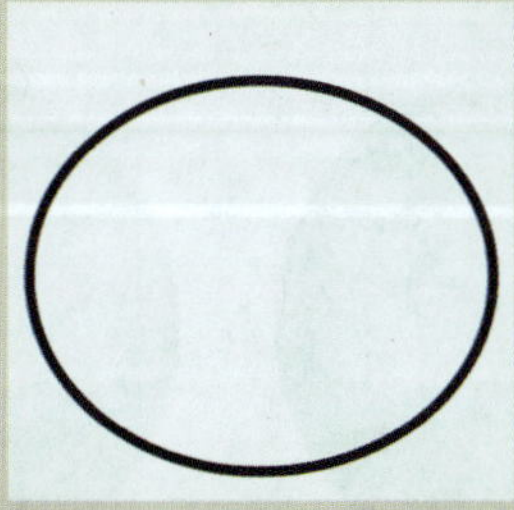
椭圆

饼形

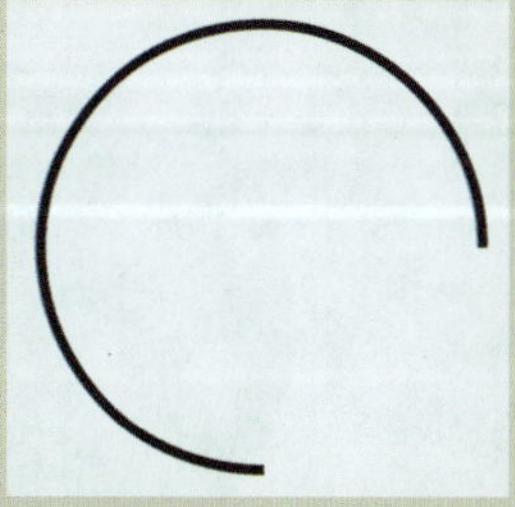
弧形

直接拖动椭圆形工具，可以绘制任意的椭圆，按住【Ctrl】键再拖动鼠标，能绘制出正圆。如果同时按住【Ctrl】键和【Shift】键，可以绘制出一个以起点为中心的正圆。

绘制一个椭圆形后，单击属性栏中的“饼形”按钮，将椭圆形转换为饼形。单击“弧形”按钮，将椭圆形转换为弧形。

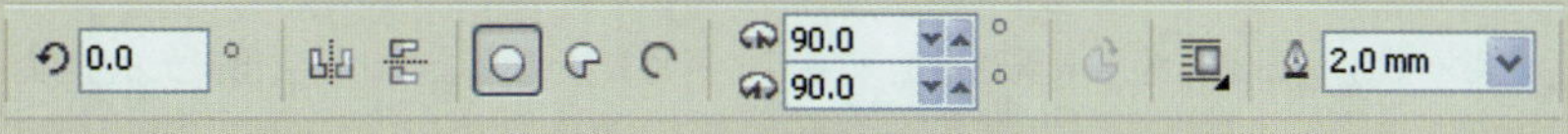

属性栏

单击形状工具，可以拖动饼形和弧形的节点，调整图形角度。

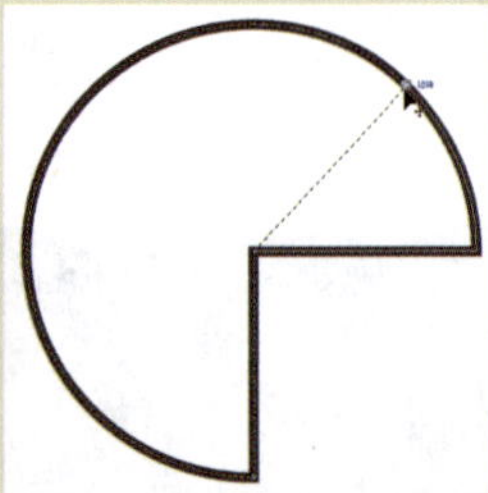
调整饼形

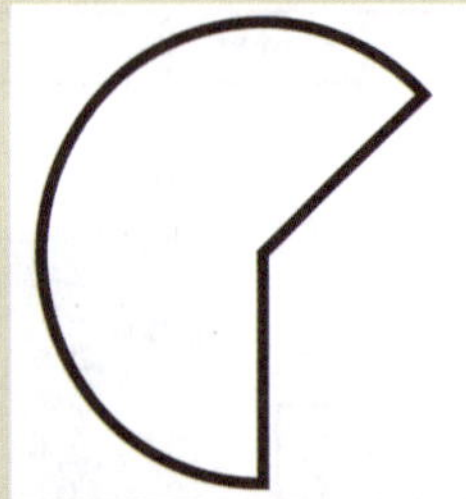
调整效果

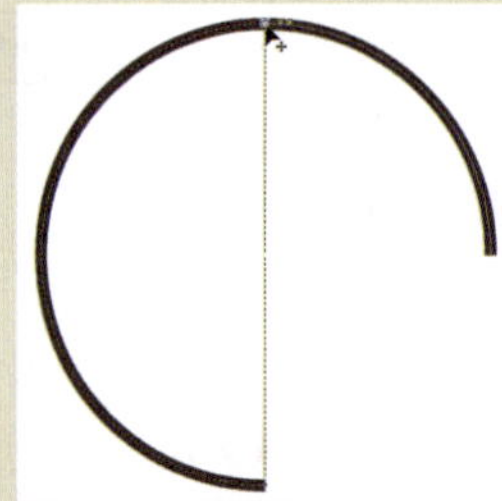
调整弧形

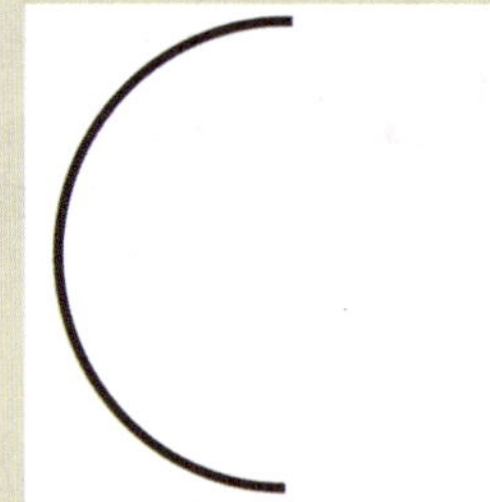
调整效果

2. 3点椭圆形工具

3点椭圆形工具同样可以用来绘制椭圆形。它和椭圆形工具位于同一个工具列表中。单击工具箱中的椭圆形工具不放，在打开的列表中选择3点椭圆形工具即可。

3点椭圆形工具的使用方法为：单击并拖动3点椭圆形工具，出现一条直线，然后朝与直线呈90°的方向拖动鼠标，形成椭圆形，再进行单击即可。

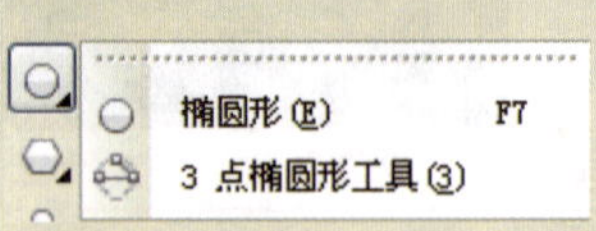

椭圆形工具列表

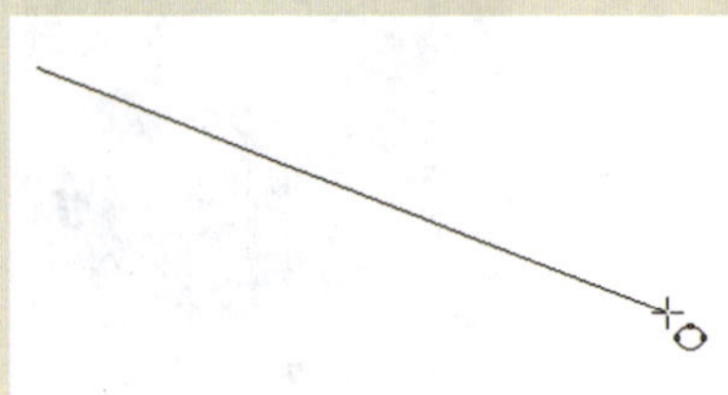
拖动出现直线

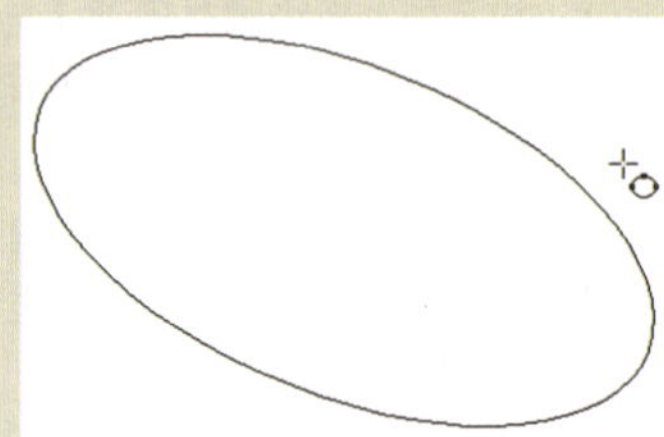
形成椭圆形

► 设计理论——明暗对比的画面表现

明暗对比，是指图形色彩高光和阴影明度的差别大小。差别越大，对比越强，反之则越小。明暗对比小，给人平静柔和的感觉，而对比越大，画面越生动，立体感也越强，如下图所示。

明暗对比由小到大的效果

在画面设计中，可以通过不同的明暗对比来表现不同的意境或质感。如下图所示，明暗对比较低的室内插画，表现出宁静和谐的气氛。网页设计通过较低的明暗，表现羊皮纸的陈旧质感。摄影作品中，强烈的明暗表现出光照的强烈，形成视觉刺激。界面设计中，通过强烈的明暗对比，充分表现出金属质感。

本案制作的是璧石效果的图形，为了表现通透的效果，采用了较高的明暗对比，突出高光的亮度，同时表现出玉石的光滑。如果降低高光的明度，使对比度降低，则玉石的通透将荡然无存，形成类似磨砂的效果，如下图所示。

室内插画

网页设计

摄影作品

界面设计

高明暗对比的案例效果

降低明暗对比的案例效果

读书笔记

NOTEPAPER

Chapter 02

VI设计

VI即企业的视觉识别系统。在VI的设计中，标志的设计最为重要。将标志形象灵活地应用于企业的任何视觉领域，形成的视觉体系称为VI系统，它是企业整合传播的一部分。不同行业的VI设计包含到的具体应用不同。本章首先制作一套房地产VI，完成后，将制作房地产VI的办公应用和户外应用。读者能在本章的学习中，充分感受VI设计的含义和方法。同时掌握如何运用CorelDRAW X5进行多页面编辑。

04 标志

知识点： CorelDRAW做窗口

设计理论： 正负形在图形设计中的运用

05 办公应用系统

知识点： 多页面的编辑方法

设计理论： 正负形在图形设计中的运用

06 视觉导视

知识点： 矩形的绘制方法

设计理论： 重心型的排版方式

理论知识：VI系统

一、什么是CIS

CIS是Corporate Identity System的缩写，意思是企业形象识别系统。CIS的主要含义是：将企业文化与经营理念统一设计，利用整体表达体系（尤其是视觉表达系统），传达给企业内部与公众，使其对企业产生一致的认同感，以形成良好的企业印象，最终促进企业产品和服务的销售。

CI系统是由MI（理念识别Mind Identity）、BI（行为识别Behavior Identity）、VI（视觉识别Visual Identity）三方面组成。在CIS的三大构成中，其核心是MI，它是整个CIS的最高决策层，给整个系统奠定了理论基础和行为准则，并通过BI与VI表达出来。所有的行为活动与视觉设计都是围绕着MI这个中心展开的，成功的BI与VI就是将企业的独特精神准确表达出来。

MI，是指确立企业自己的经营理念，企业对目前和将来一定时期的经营目标、经营思想、经营方式和营销状态进行总体规划和界定。

BI，是企业经营理念与创造企业文化的准则，对企业运作方式所作的统一规划而形成的动态识别系统。

二、VI——视觉识别

VI：以标志、标准字、标准色为核心展开的完整的、系统的视觉表达体系。将企业理念、企业文化、服务内容、企业规范等抽象概念转换为具体符号，塑造出独特的企业形象。在CI设计中，视觉识别设计最具传播力和感染力，最容易被公众接受，具有重要意义。

三、VI系统组成部分

1. 基本要素系统：如企业名称、企业标志、企业造型、标准字、标准色、象征图案、宣传口号等。

2. 应用系统：产品造型、办公用品、企业环境、交通工具、服装服饰、广告媒体、招牌、包装系统、公务礼品、陈列展示及印刷出版物等。

3. 企业内部建筑环境：企业内部各部门标识牌、常用标识牌、楼层标识牌、企业形象牌、旗帜、广告牌、POP广告、货架标牌等。

4. 交通工具：轿车、面包车、大巴士、货车、工具车、油罐车、轮船、飞机等。

5. 服装服饰：经理制服、管理人员制服、员工制服、礼仪制服、文化衫、领带、工作帽、纽扣、肩章、胸卡等。

6. 广告媒体：电视广告、杂志广告、报纸广告、网络广告、路牌广告、招贴广告等。

7. 产品包装：纸盒包装、纸袋包装、木箱包装、玻璃容器包装、塑料袋包装、金属包装、陶瓷包装、包装纸等。

8. 公务礼品：T恤衫、领带、领带夹、打火机、钥匙牌、雨伞、纪念章、礼品袋等。

9. 陈列展示：橱窗展示、展览展示、货架商品展示、陈列商品展示等。

10. 印刷品：企业简介、商品说明书、产品简介、年历等。

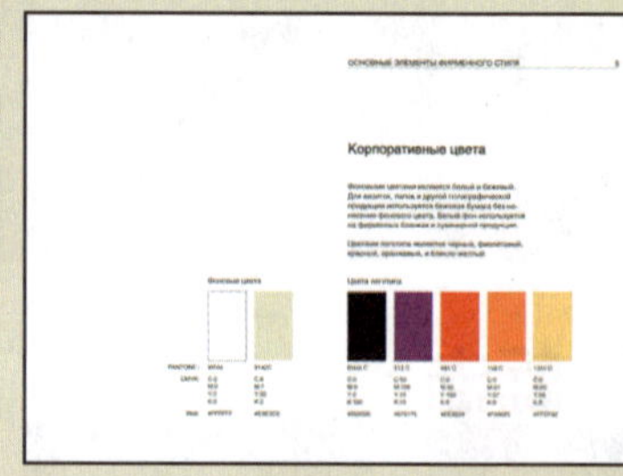

搜索公司标志

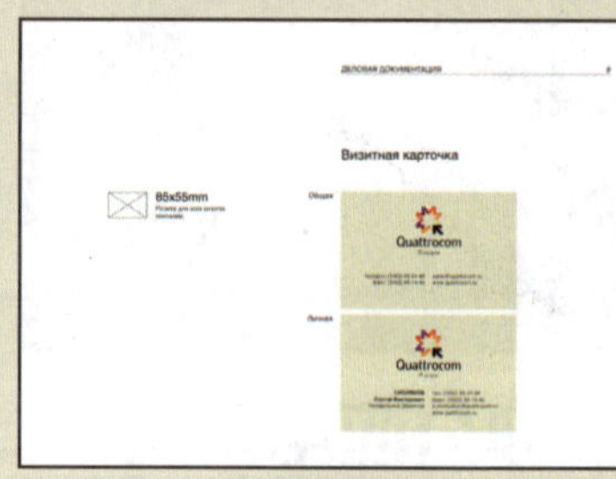

西餐厅标志

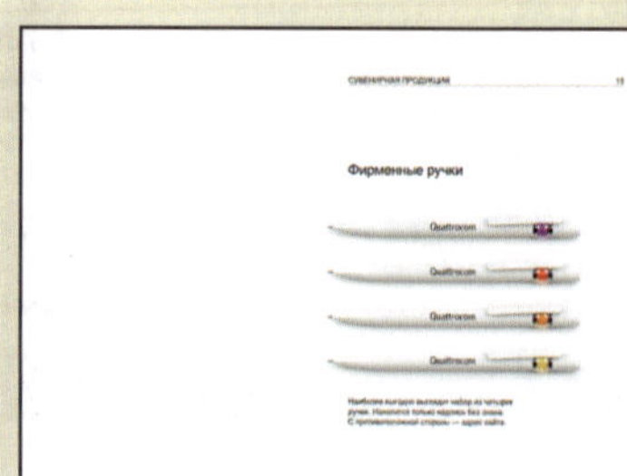

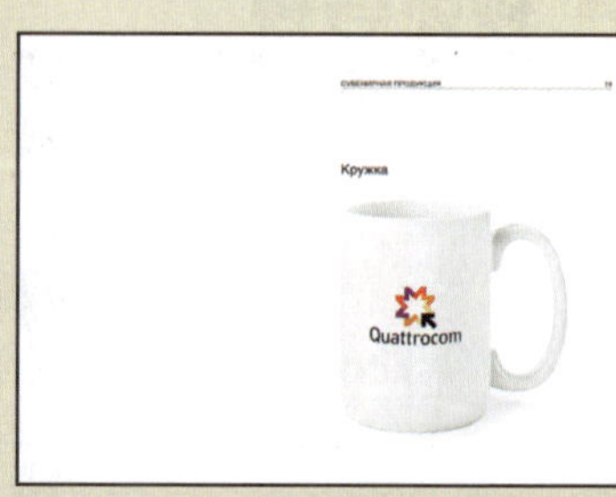

房地产标志

► 04 标志

Chapter 02	VI设计	标 志

技法表现 首先运用矩形工具和形状工具，绘制主体图形，并对图形进行渐变填充。再绘制标识中的辅助图形，填充后应用交互式透明工具，制作透明渐变的叠加效果。最后添加彩色圆形和文字，完善标识。

包含知识 矩形工具、形状工具、椭圆形工具、交互式渐变工具、渐变填充、文字工具、交互式轮廓图工具等。

文件路径 Reader\Chapter02\04\complete\标志.cdr

► 设计分析——体现生活的动感和时尚

本章将按照设计流程，制作一套房地产VI系统。标识是VI设计的第一步，它将决定VI的视觉风格和调性。因此在设计时，不但要考虑到该房产的基本定位，还必须注意标识在应用系统中的后延性，即标识是否能在房地产VI所需要的办公视觉系统和户外视觉系统上进行运用。

本楼盘的定位为时尚缤纷的新兴生活小区，位于城市的繁华地段，小区周围的生活设施配套齐全，内部环境优雅，符合时尚青年和小资白领的理想生活方式。因此标识的设计，必须表达出时尚和丰富多彩的意境，同时还需要表现一种时尚生活的活跃感。

该标识的基本形状，为一个矩形的变动状态，用以表达该小区积极活跃的风格，并结合绚丽的渐变填充，加强时尚感。其中添加形状各异的图形，并运用透明的方式进行叠加，让图形更加丰富美观，同时时尚和缤纷感更加强烈。彩色圆形添加，让标识的造型更加平衡，并进一步表现上标识的流动性。

► 制作流程——先绘制图形，再制作文字

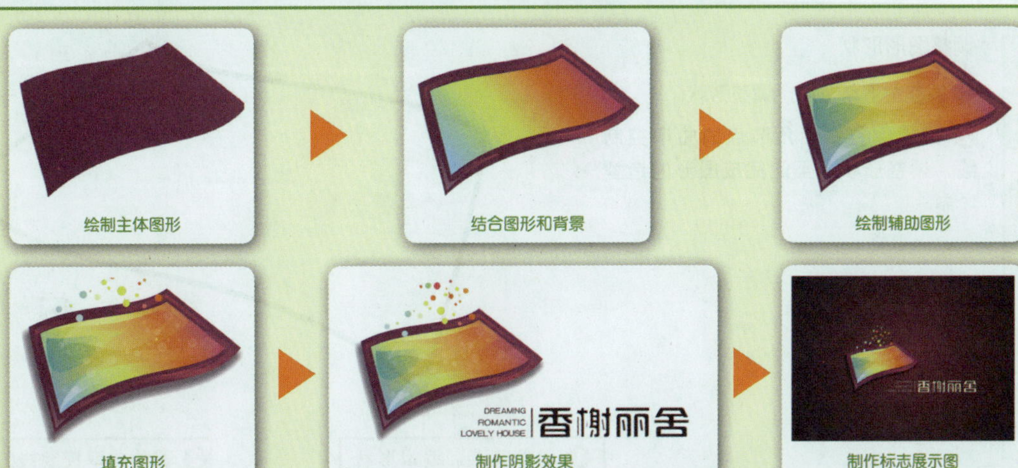

▶ 制作步骤

制作主体图形

标志的基本图形制作为一个浮动矩形的侧面，因此在制作时，首先绘制一个矩形，再将其转换为曲线进行形状的调整。

1 新建文件

❶ 运行CorelDRAW X5，单击工具栏中的“新建”按钮，新建“未命名-1”文件。

❷ 单击属性栏中的“横向”按钮，将页面转换为横向。

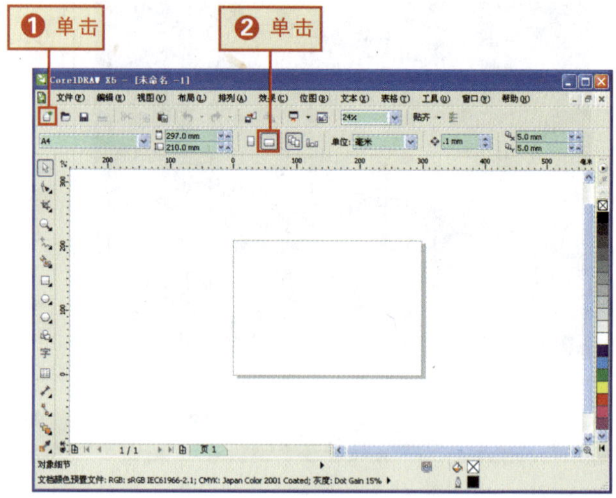

技巧点拨

运行CorelDRAW X5后，会出现一个欢迎界面。通过欢迎界面，可以快速启动最近打开的文档，也可以新建文档。

2 绘制矩形

❶ 单击矩形工具，在窗口中拖动鼠标，绘制一个矩形。

❷ 按【Ctrl+Q】组合键，转换矩形为曲线。再单击形状工具，按【Ctrl+A】组合键，全选矩形节点。然后单击属性栏中的“到曲线”按钮，将节点转换为曲线。最后调整上面两个节点，调整形状。

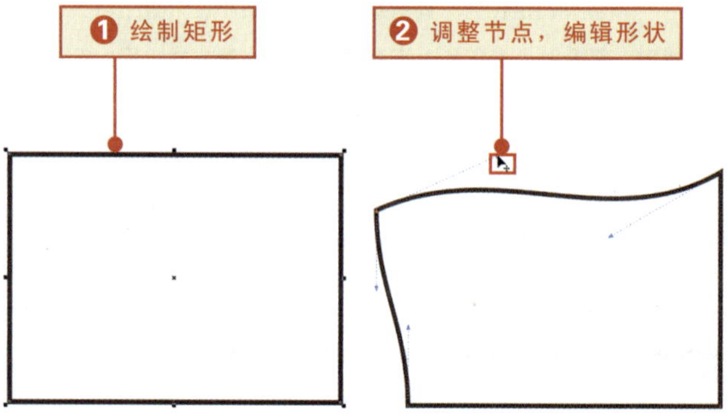

3 调整图形形状

❶ 调整左下角节点，调整形状。

❷ 继续调整右下角节点的曲率控制线，调整形状。至此完成图形的造型绘制。

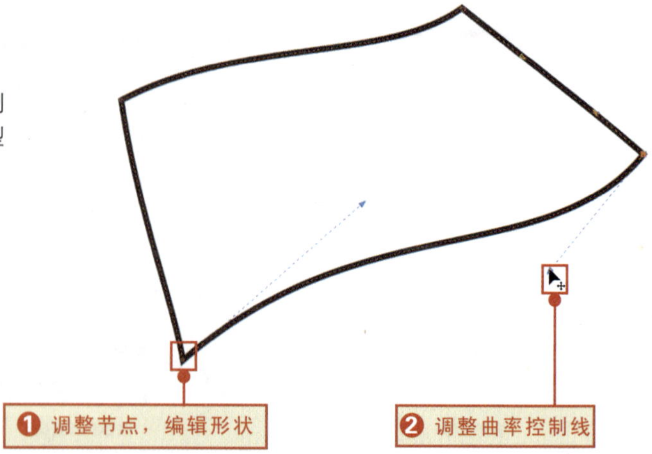

4 填充图形颜色

❶ 按【F11】键，在弹出的“渐变填充”对话框中设置各项参数，其中颜色设置为从“紫色”(C:35,M:98,Y:23,K:0）到“深紫色”(C:1,M:48,Y:23,K:0)。

❷ 完成后单击“确定”按钮，应用渐变填充。

❸ 右击调色板顶部的“无填充”图标☒，取消矩形轮廓色。

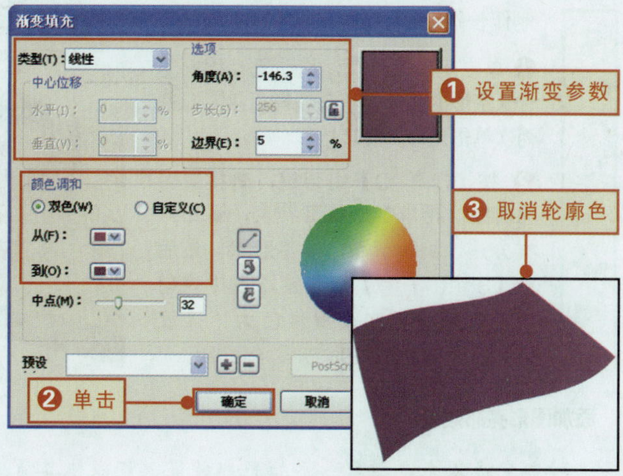

5 复制并调整图形

❶ 单击选择工具，选择绘制的图形。按小键盘中的【+】键，复制一个图形。

❷ 右击调色板中的黑色图标，设置复制图形的轮廓色为黑色。再单击“无填充”图标☒，取消填充色。然后将图形缩小，并适当调整形状。

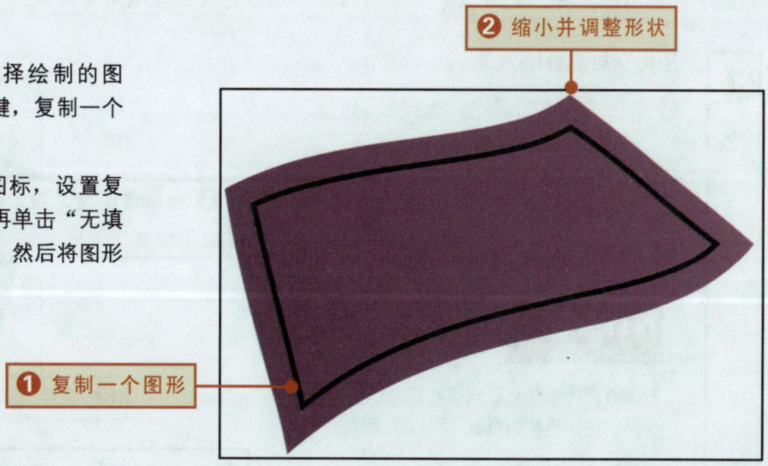

6 填充渐变色

❶ 按【F11】键，在弹出的“渐变填充”对话框中设置各项参数，其中颜色依次设置为0%“洋红色”(C:10,M:98,Y:7,K:0)、9%“红色”(C:9,M:84,Y:66,K:0)、21%“橘色”(C:0,M:70,Y:100,K:0)、9%“橙色”(C:1,M:31,Y:85,K:0)、54%“黄”(C:4,M:5,Y:85,K:0)、67%“黄绿”(C:5,M:3,Y:76,K:0)、87%“绿色”(C:21,M:0,Y:24,K:0)、100%“青色”(C:25,M:0,Y:0,K:0)。

❷ 完成后单击“确定”按钮。

❸ 右击调色板顶部的“无填充”图标☒，取消矩形轮廓色。

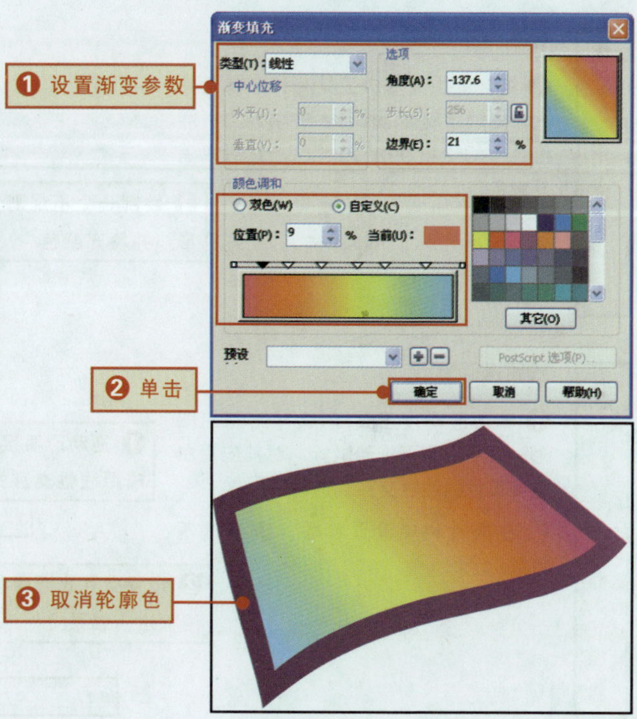

7

制作长条矩形

❶ 单击矩形工具，拖动鼠标绘制一个长条形的矩形。单击选择工具，并两次单击矩形，旋转矩形。

❷ 按【Ctrl+Q】组合键，转换矩形为曲线。再单击形状工具，运用同样方法，编辑节点，调整形状。最后按【Shift+F11】组合键，在“均匀填充”对话框中设置颜色为“洋红色”(C:7,M:99,Y:19,K:0)，并取消轮廓色。

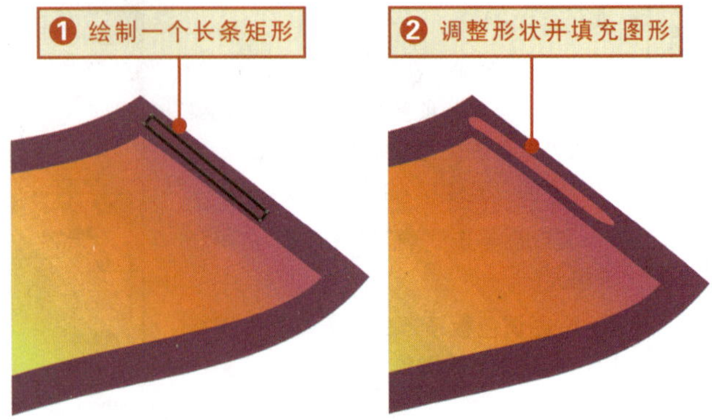

添加图形亮部效果

绘制完成基本造型后，添加亮部效果，可以使其质感更加突出。制作亮部效果的基本方法为，首先绘制亮部图形，并填充为与背景类似的较浅的颜色。然后运用交互式透明工具，对图形应用透明效果。

1

应用交互式透明效果

❶ 单击透明度工具，选择绘制的图形，并从上到下拖动鼠标，对其应用白色到黑色的线性交互式透明。

❷ 在属性栏中设置参数，调整透明效果，制作亮部。

> **技巧点拨**
>
> 对图形应用线性交互式透明后，改变两个透明控制手柄的位置，可以调整透明效果。

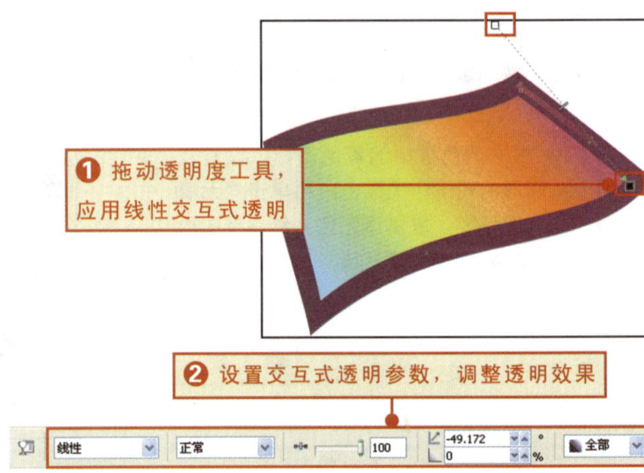

2

绘制亮部图形

❶ 结合运用贝塞尔工具和形状工具，继续绘制亮部图形，并填充为“洋红色”(C:7,M:99,Y:19,K:0)，然后取消轮廓色。

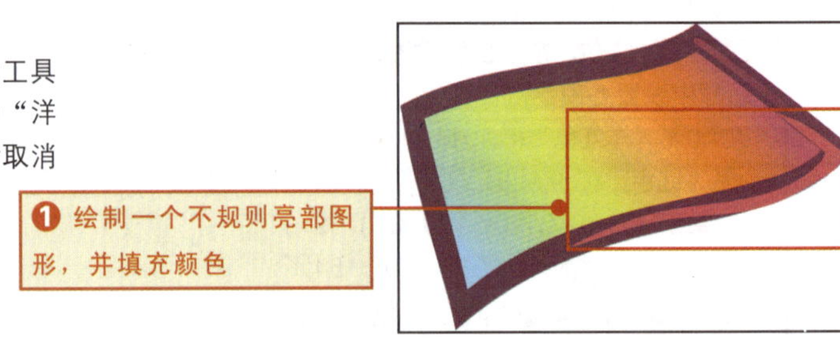

3

设置透明参数

❶ 单击透明度工具，选择绘制的图形，并从上到下拖动鼠标，对其应用白色到黑色的线性交互式透明。

❷ 在属性栏中设置参数，调整透明效果。

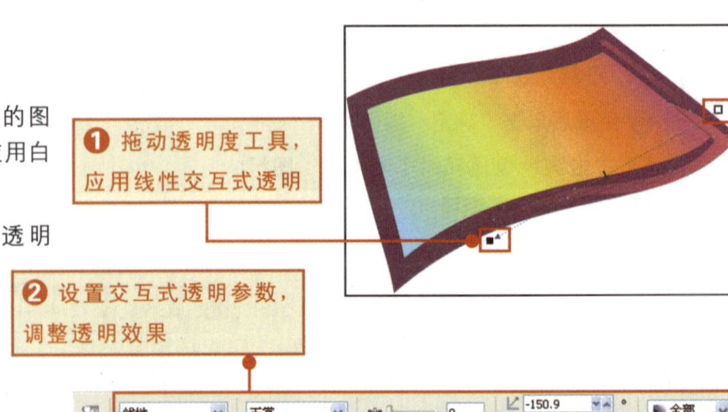

4 添加控制点并调整透明效果

❶ 单击右端的透明控制点，在属性栏中设置“透明中心点”为76，调整透明效果。

❷ 拖动调色板中的“20%黑”图标到透明控制线上，放开鼠标，添加一个透明控制点。在属性栏中设置“透明中心点”为22，调整透明效果。

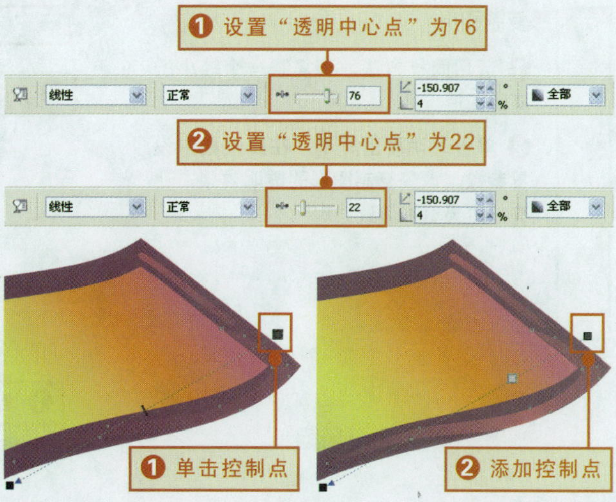

5 继续绘制亮部图形

❶ 结合运用贝塞尔工具和形状工具，继续绘制亮部图形，并填充为“洋红色”(C:7,M:99,Y:19,K:0)，然后取消轮廓色。

❷ 单击透明度工具，选择绘制的图形，然后从左向右拖动鼠标，并在属性栏中设置参数，对其应用白色到黑色的线性交互式透明，添加亮部效果。

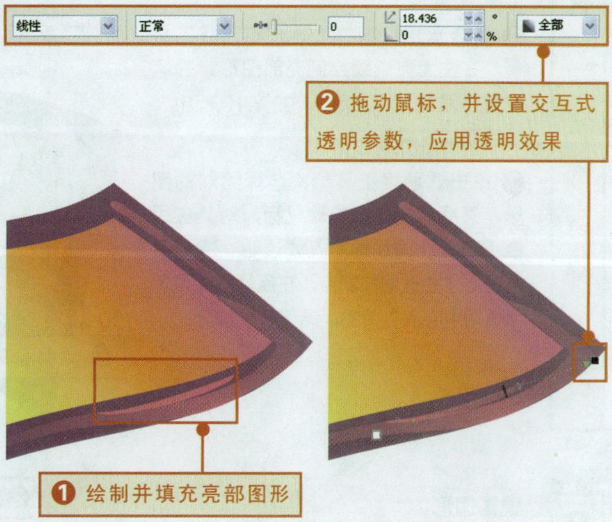

6 镜像图形

❶ 单击选择工具，选择较小的亮部图形，按小键盘中的【+】键，复制一个图形。

❷ 向左下方移动图形，再单击属性栏中的“垂直镜像”按钮和“水平镜像”按钮，镜像图形，使其形状和较大的图形和谐。

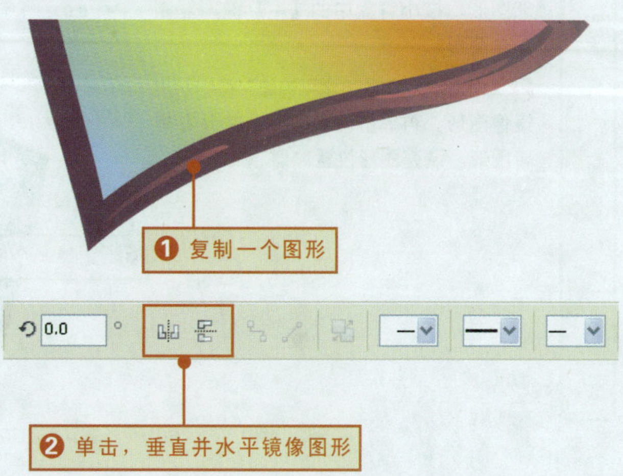

7

复制图形

❶ 运用同样方法，再复制一个较小的亮部图形。

❷ 单击透明度工具，在属性栏中设置参数，调整复制图形的透明效果，让亮部效果更加细致。

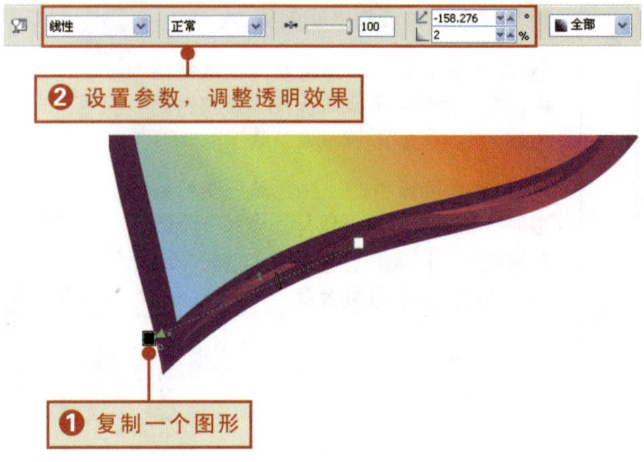

8

继续制作亮部图形

❶ 结合运用贝塞尔工具和形状工具，在左上方继续绘制亮部图形，并填充为“浅红色”(C:7,M:99,Y:19,K:0)。然后取消轮廓色。

❷ 单击透明度工具，选择绘制的图形，然后从左向右拖动鼠标，对其应用白色到黑色的线性交互式透明。完成后单击上方的透明控制点，在属性栏中设置“透明中心点”为36，调整透明效果。

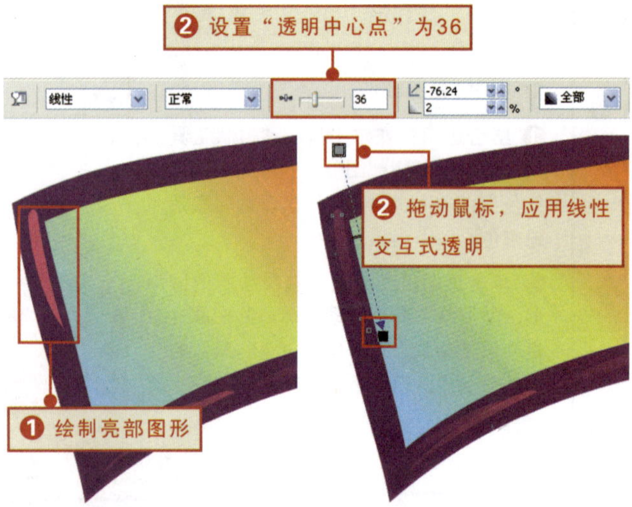

9

镜像图形

❶ 单击选择工具，选择左上方的亮部图形，按小键盘中的【+】键，复制一个图形。

❷ 单击属性栏中的“水平镜像”按钮，镜像图形。再单击两次图形，并向右旋转图形，调整图形位置。

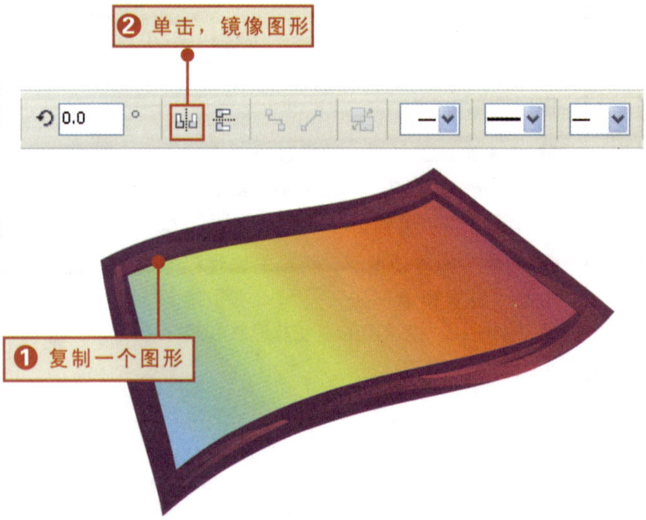

10 应用透明效果

❶ 结合运用贝塞尔工具和形状工具，继续绘制亮部图形，并填充为“粉红色”(C:18,M:61,Y:1,K:0)。然后取消轮廓色。

❷ 单击透明度工具，选择绘制的图形，从下到上拖动鼠标，然后在属性栏中设置参数，对其应用白色到黑色的线性交互式透明，添加亮部效果。

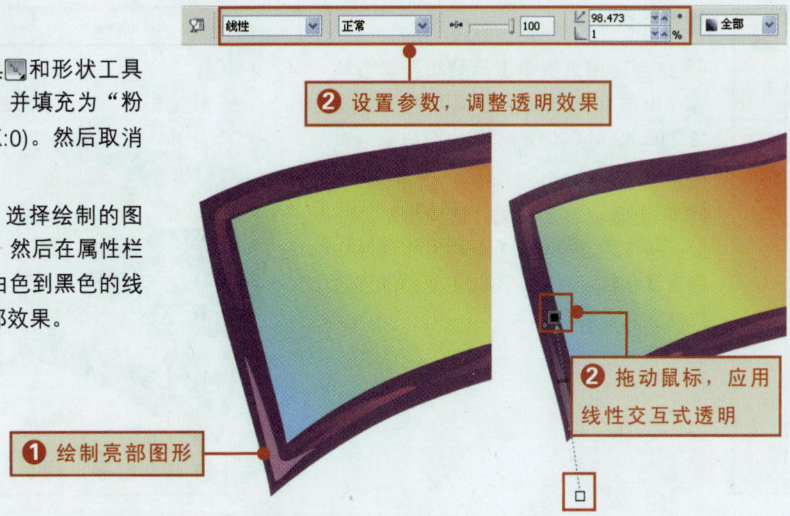

添加色彩层次

添加色彩层次，可以让标志的主体部分更有生命力。添加的方法为，首先根据主体图形的形状特点，绘制各种不规则图形，并填充为类似颜色。再运用交互式透明工具，对其应用透明效果，达到丰富的视觉效果。

1 填充图形

❶ 运用同样方法，复制一个渐变填充的彩色图形。然后单击调色板中的“深黄色”图标，填充图形。

❷ 单击形状工具，向上移动图形左下角的节点，调整图形形状。

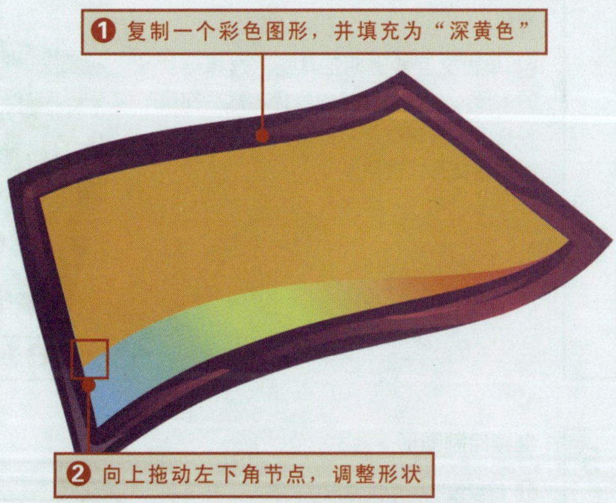

2 设置透明中心一点

❶ 单击透明度工具，选择深黄色图形，从右到左拖动鼠标，对其应用白色到黑色的线性交互式透明。

❷ 单击右边的透明控制点，在属性栏中设置“透明中心点”为100。再拖动调色板中的“50%黑”图标到透明控制线上，放开鼠标，添加一个透明控制点。完成后在属性栏中设置“透明中心点”为53，让透明效果更加细致。

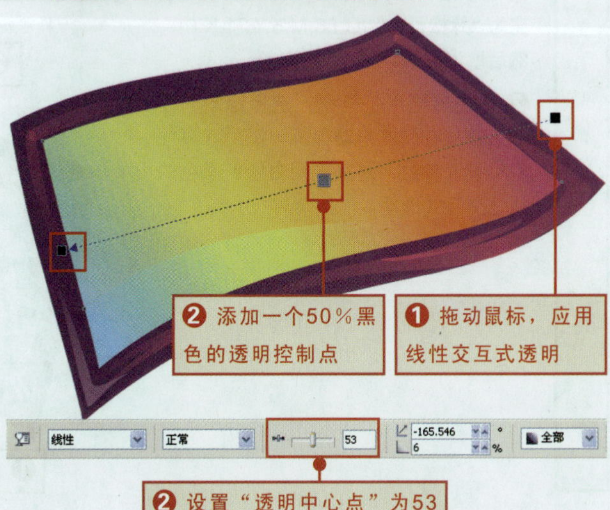

3 设置参数

❶ 结合运用贝塞尔工具和形状工具，继续绘制图形，并填充为“深绿色”(C:42,M:0,Y:12,K:58)，然后取消轮廓色。

❷ 单击透明度工具，选择绘制的图形，从右到左拖动鼠标，然后在属性栏中设置参数，对其应用50%黑到黑色的线性交互式透明。

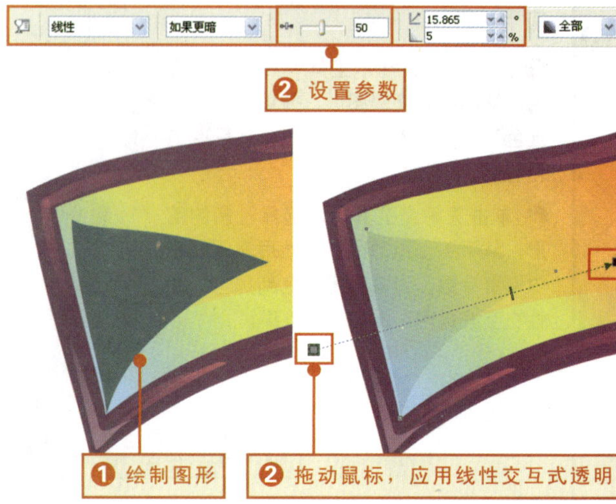

4 绘制并填充图形

❶ 运用同样方法，再绘制一个类似形状的图形，并将其填充为“黄色”(C:5,M:0,Y:100,K:0)，然后取消轮廓色。

❷ 单击交互式透明工具，选择绘制的图形，从右到左拖动鼠标，然后在属性栏中设置参数，对其应用白色到黑色的线性交互式透明。

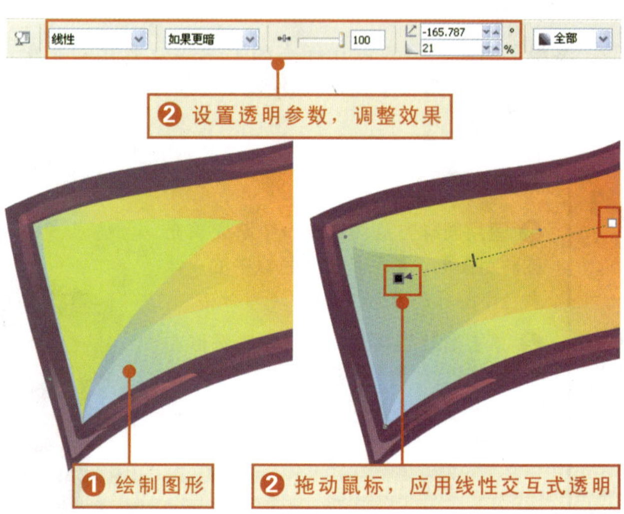

5 继续绘制图形

❶ 继续绘制一个类似形状的图形。将其填充为“绿松石色”(C:56,M:5,Y:21,K:0)，然后取消轮廓色。

❷ 单击透明度工具，选择绘制的图形，并从右到左拖动鼠标，然后在属性栏中设置参数，对其应用白色到黑色的线性交互式透明。

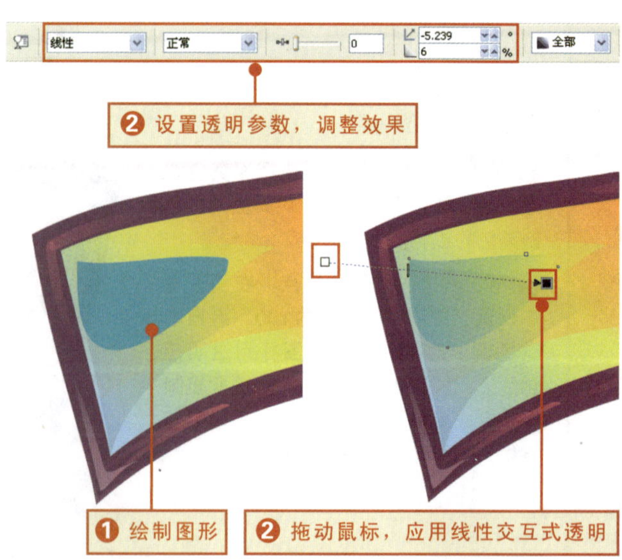

6

绘制不规则图形

❶ 运用同样方法，在图形下方绘制一个不规则图形。将其填充为“淡黄色”(C:0,M:0,Y:24,K:0)，然后取消轮廓色。

❷ 单击透明度工具，选择绘制的图形，从上到下拖动鼠标，然后在属性栏中设置参数，对其应用白色到黑色的线性交互式透明。

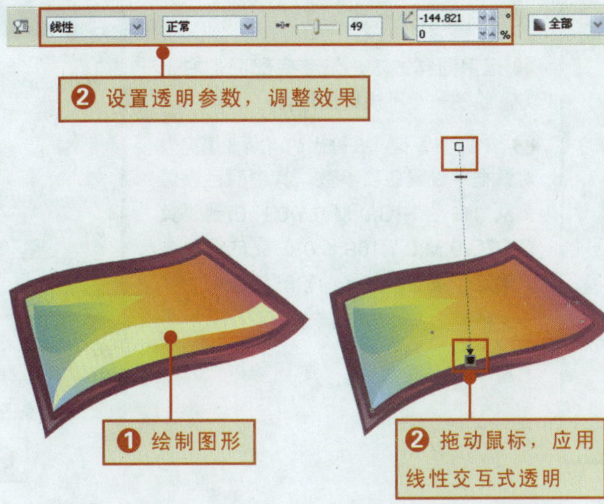

7

继续绘制不规则图形

❶ 继续绘制一个类似的不规则图形，填充为“橘黄色”(C:0,M:25,Y:100,K:0)，然后取消轮廓色。

❷ 单击透明度工具，选择绘制的图形，从右到左拖动鼠标，然后在属性栏中设置参数，对其应用49%黑到黑色的线性交互式透明。

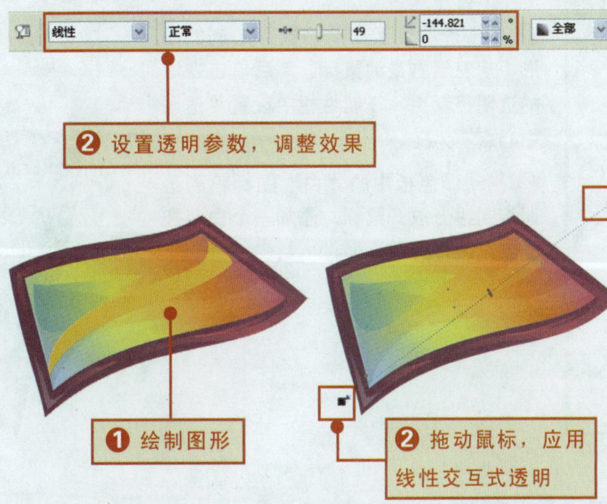

8

绘制并填充不规则图形

❶ 继续绘制一个类似的不规则图形，并填充为“浅黄色”(C:0,M:0,Y:5,K:0)，然后取消轮廓色。

❷ 单击透明度工具，选择绘制的图形，从左到右拖动鼠标，然后在属性栏中设置参数，对其应用60%黑到黑色的线性交互式透明。

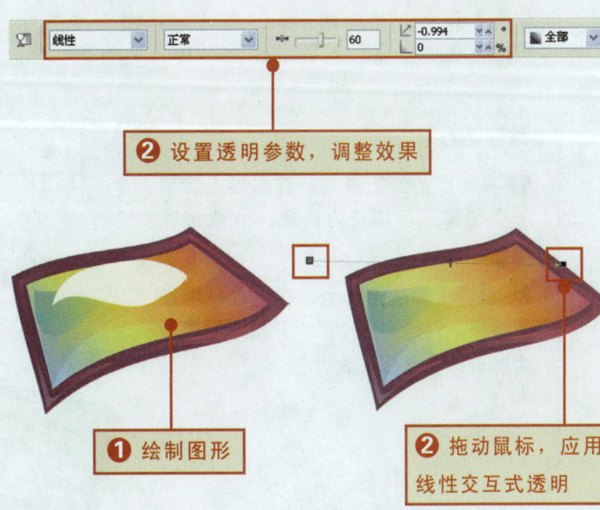

9

设置渐变填充参数

❶ 运用同样方法，沿着底部图形右上方，绘制一个不规则图形。

❷ 按【F11】键，在弹出的“渐变填充”对话框中设置各项参数，其中颜色设置为从“白色”(C:0,M:0,Y:0,K:0)到“黄色”(C:0,M:0,Y:100,K:0)。完成后单击“确定”按钮，并取消轮廓色。

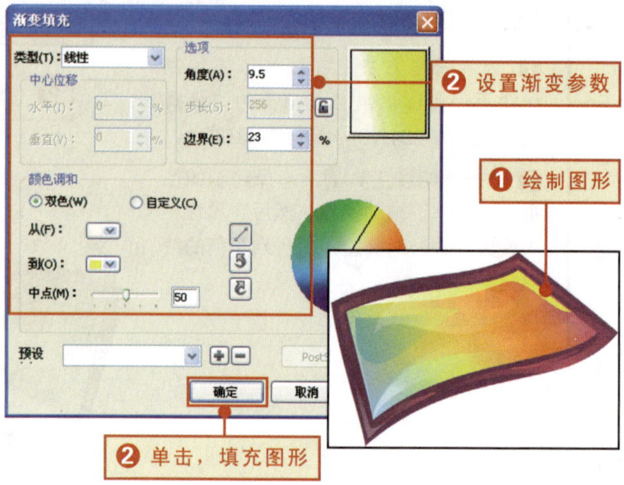

10

设置透明中心一点

❶ 单击透明度工具，选择绘制的图形，从左到右拖动鼠标。然后单击左边的透明控制点，在属性栏中设置“透明中心点”为62。

❷ 拖动调色板中的“白”图标，到透明控制线上放开鼠标，添加一个白色控制点，调整透明效果。

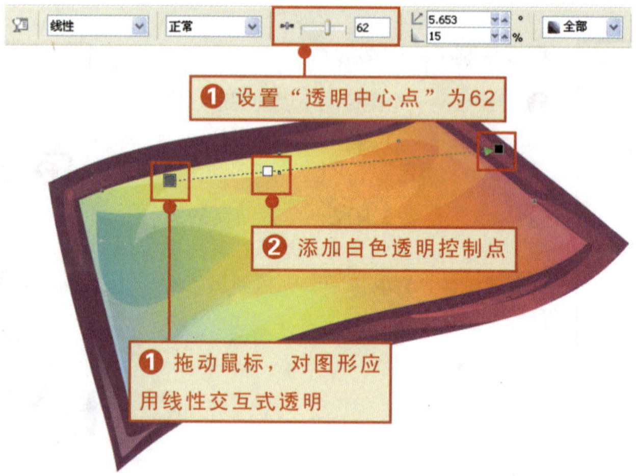

添加椭圆形细节

完成高光和色彩层次的添加，标志的造型和质感算是基本完成了。这时添加椭圆形细节，是为了让标志的造型更加丰富，同时也让色彩层次更加多元化。

1

绘制椭圆形

❶ 单击椭圆形工具，在图形上绘制一个椭圆形，填充为白色，并取消轮廓色。

❷ 单击透明度工具，在属性栏中设置参数，对椭圆形应用“开始透明度”为80的标准交互式透明。

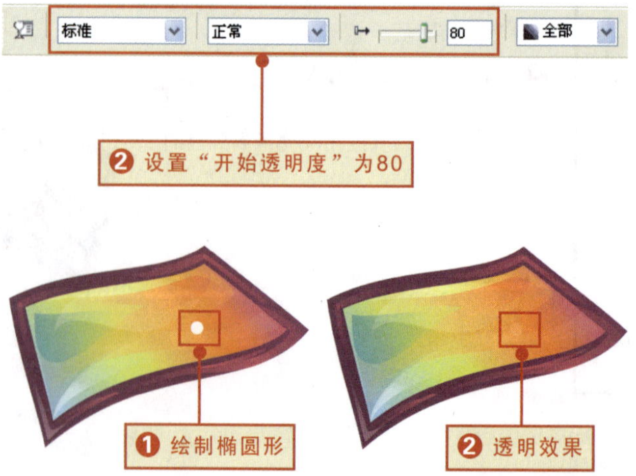

2 调整图形位置

❶ 单击选择工具，选择透明的椭圆形。按小键盘中的【+】键，复制椭圆形，并改变其大小和位置，制作出散漫分布的效果。

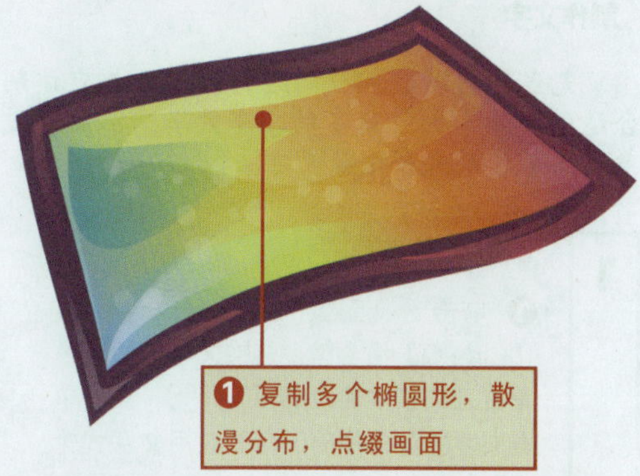

3 填充图形

❶ 单击椭圆形工具，在图形上方绘制多个大小不同的椭圆形，并分别填充为“朦胧绿”(C:20,M:0,Y:20,K:0)，“黄色” (C:0,M:0,Y:100,K:0)，“红色” (C:0,M:100,Y:100,K:0)和“橘红色”(C:0,M:60,Y:100,K:0)。

❷ 复制并缩小部分椭圆，制作出散漫分布的效果。

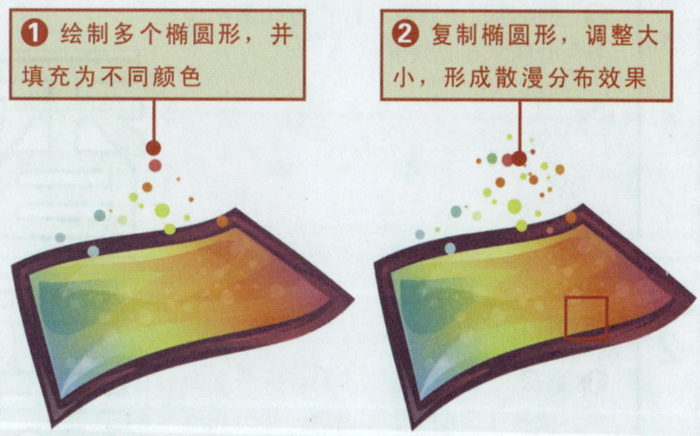

4 制作图形阴影

❶ 单击工具箱中的阴影工具，然后单击最底层的图形，并向左下方拖动，对其应用交互式阴影。

❷ 在属性栏中设置参数，调整阴影效果。

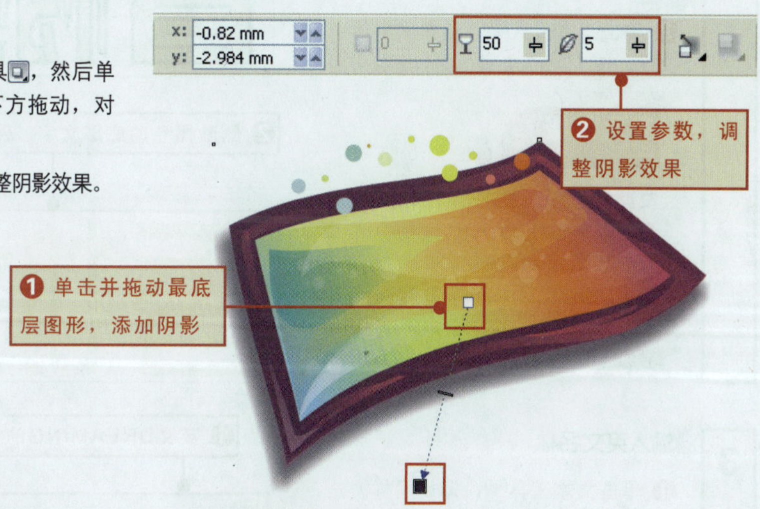

5 输入文字

❶ 单击文本工具，在属性栏中设置文字参数。

❷ 在页面上单击，出现光标后输入楼盘名称。

制作文字

完成标志图形部分的绘制后，接着应该制作文字。文字应该配合图形的柔和弯曲特点，首先选择合适的字体，制作基本的文字效果。然后通过交互式轮廓图工具，等比例减小文字笔画的宽度。这是最简易的修改文字造型的方法。

1 设置文字效果

❶ 单击选择工具，选择文字。按【Ctrl+Q】组合键，转换文字为曲线。单击工具箱中的轮廓图工具，然后单击文字并向外拖动，对其应用交互式轮廓图。

❷ 在属性栏中设置参数，将轮廓图设置为向内扩展的效果。

2 拆分轮廓图

❶ 选择文字，执行“排列>拆分”命令，或按【Ctrl+K】组合键，拆分轮廓图效果。

❷ 单击选择工具，选择底层黑色的文字。按【Delete】键，删除底层文字。

技巧点拨

交互式轮廓图，是在图形现有造型的基础上，向内或是向外等比例增加一个或多个图形，形成图形轮廓或颜色渐变的效果。运用交互式轮廓图效果后，可以将增加的图形拆分为独立对象，进行单独编辑。

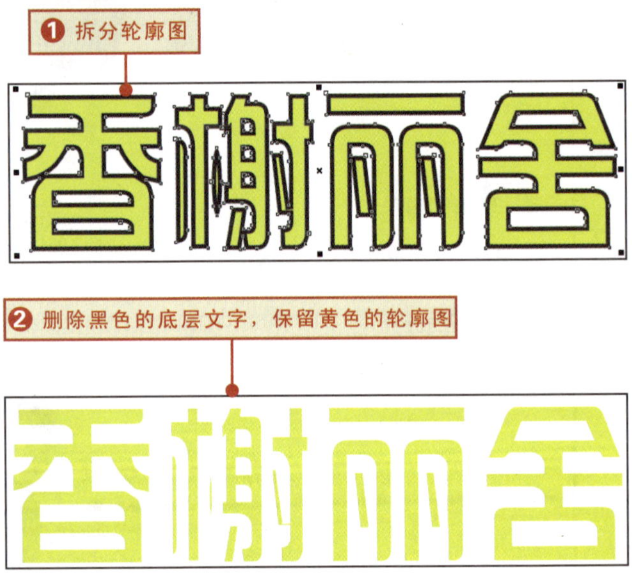

3 输入英文名称

❶ 单击文本工具，运用同样方法，在属性栏中设置参数，并输入英文DREAMING。

❷ 在属性栏中调整字号，在其下输入两组英文ROMANTIC和LOVELY HOUSE。然后适当缩小中文文字高度，并填充为黑色。

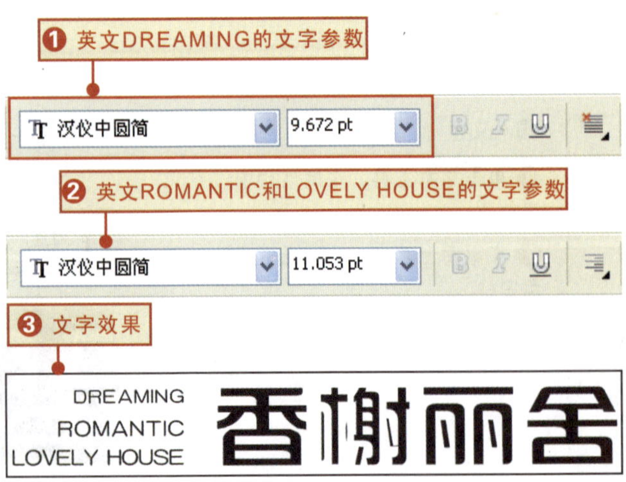

4

移动文字

❶ 单击矩形工具，在中英文字之间绘制一个细长的矩形，并填充为黑色。

❷ 将文字移至图形右下方，进行组合。至此，标志绘制完成。

制作标志效果图

制作效果图是十分重要的环节，其主要用于展示标志。完成标志的制作后，下面开始制作效果图。在本例的制作中，选择运用较深的渐变色背景，将标志衬托出来。

1

制作背景

❶ 双击矩形工具，绘制一个和页面同样大小的矩形。

❷ 按【F11】键，在弹出的“渐变填充”对话框中设置各项参数，其中颜色设置为从“黑色”(C:86,M:82,Y:68,K:62)，到“暗红色”(C:54,M:99,Y:62,K:6)。完成后单击“确定”按钮，填充矩形。

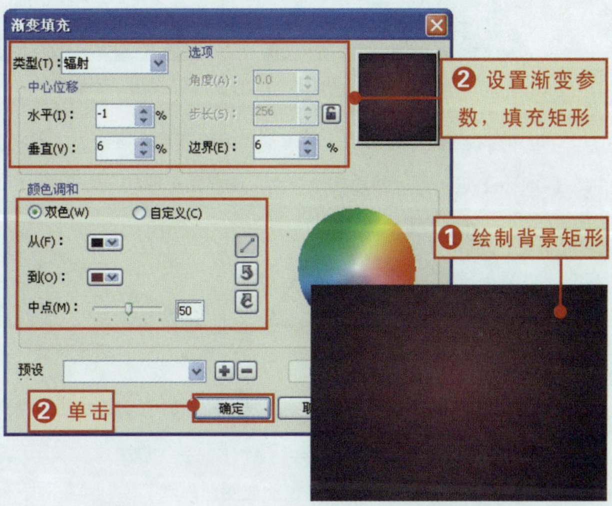

2

移动标志到背景中

❶ 单击选择工具，将标志移至背景中，制作效果图。

❷ 选择标志的文字部分，将其填充为“淡黄色”(C:2,M:6,Y:23,K:0)，完成标志效果图的制作。

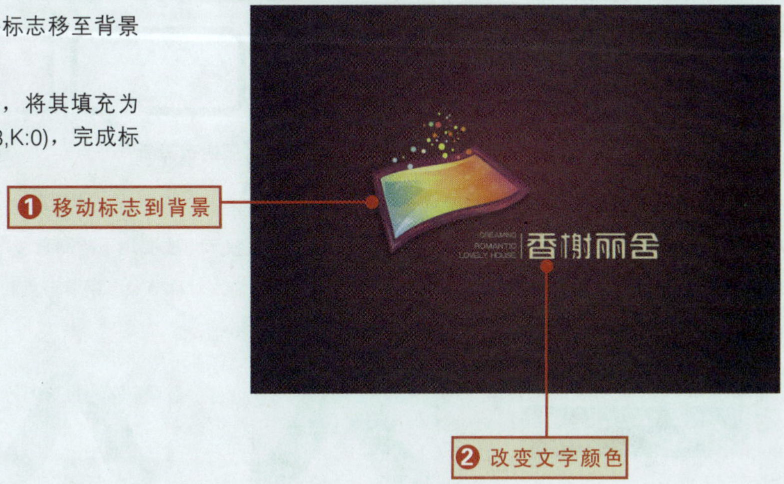

► 知识点总结——形状工具的使用方法

本例在操作中，运用了形状工具编辑各种图形形状。

形状工具是CorelDRAW中编辑形状的主要工具。在CorelDRAW中，各种图形形状是通过多个节点连接形成的。形状工具为编辑节点的专用工具，在运用CorelDRAW进行图形绘制的工作中，形状工具经常被用到。单击形状工具后，属性栏中会出现相应的功能按钮。这里主要介绍常用的编辑图形形状的按钮。

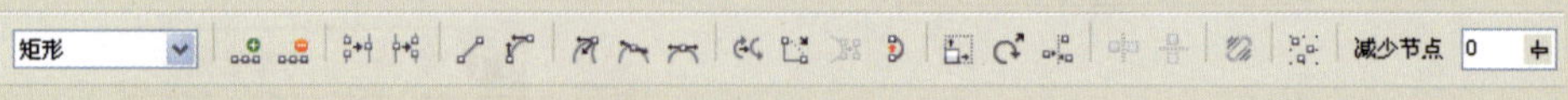

1．添加/删除节点：用于在曲线上添加或删除节点

运用形状工具单击曲线，确定添加节点的位置，再单击“添加节点”按钮，即可在该位置添加一个节点。添加节点的快捷键是小键盘中的【＋】键。可以移动节点，改变图形形状。

单击曲线

添加节点

移动节点

运用形状工具单击节点，再单击“删除节点”按钮，即将其删除。删除节点的快捷键是小键盘中的【－】键，或【Delete】键。可以移动其他节点，调整图形形状。

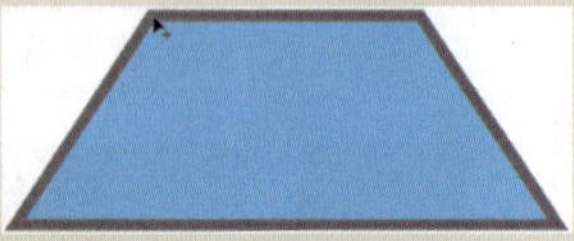
单击节点

删除节点

移动节点

2．链接/分割曲线：用于连接曲线上断开的节点或分割闭合曲线

运用形状工具单击闭合曲线上的一个节点，再单击“分割曲线”按钮，即可将闭合的图像断开。断开的图形无法显示填充属性。可以移动节点，改变图形形状。

运用形状工具同时选择曲线分割口的两个节点，再单击“连接两个节点”按钮，使两个节点合二为一，形成闭合图形。图形闭合后，将显示其原有的填充属性。可以调整节点，改变图形形状。

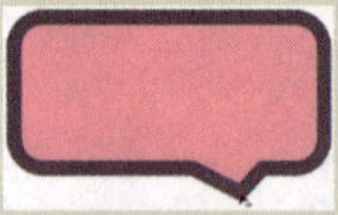
单击节点

分割曲线

移动节点

同时选择断开节点

连接曲线

调整节点

3．节点转换按钮：用于转换节点

在CorelDRAW中，节点分为直线节点和曲线节点。直接节点主要用于绘制直线，曲线节点则用于绘制曲线，单击曲线节点后，会出现曲率控制手柄。其中，曲线节点又分为：对称节点、平滑节点和尖突节点。

不同的节点可以制作出不同特点的曲线或形状。

直线节点

对称节点

平滑节点

尖突节点

► 设计理论——统一色调的配色方案

在介绍色调的概念之前，首先需要了解色彩的三要素，即色相、明度和纯度。

色相，是指色彩的外相，即我们看到的色彩的颜色，如红色、蓝色、绿色等，如下图所示。

色相的变化

明度，是指色彩的亮度。不同色相的亮度是不同的，例如黄色的亮度远远高于紫色，因此黄色也给人更加明亮的感觉。同一色相的两种色彩也会有亮度的差别，如粉红色和暗红色。虽然同属于红色系，但粉红色的亮度明显高于暗红色，如下图所示。

明度的变化

纯度，是指色彩的饱和程度。例如，碧绿色和灰绿色。碧绿色的色彩纯度就远高于灰绿色，如下图所示。

纯度的变化

色调，不是指颜色的性质。它是人们对色彩的感觉，对色彩的整体评价。例如“明亮”、“鲜艳”、“暗淡”等。一幅作品中，会运用多种色彩，如果选择的色彩在以上三个属性中，有至少一个属性是统一或类似的，那么整个作品会表达出统一的色调，色彩运用得再多，作品也会和谐有序，如下图所示。

色相类似的统一色调

纯度类似的统一色调

明度类似的统一色调

本案中标志设计的色彩丰富多变，采用了类似纯度的配色方案。如果没有一个统一的色调，就会显得杂乱无章。

类似纯度的标志效果

纯度不统一的标志效果

05 办公应用系统

Chapter 02	VI设计	办公应用系统

技法表现 绘制矩形，并进行填充，作为名片背景。然后在矩形中对标志和文字进行排版。

包含知识 矩形工具、渐变填充、图框精确剪裁、文字工具等。

文件路径 Reader\Chapter02\05\complete\办公应用系统.cdr

设计分析——将标志应用在办公工具上

办公应用系统，即办公所需要运用的所有工具。根据实际需要，房地产VI的办公应用系统主要包括名片、信封信纸、文件袋、礼品袋、工作牌、纸杯、便签、服装等。标志设计定稿后，办公应用系统的设计就显得较为简单了，关键需要掌握调性的一致，和标志在这些工具上应用。

本案以名片为例，结合标志的色彩调性和设计风格，设计出配套的名片。所有的办公应用系统的设计思路基本一致，制作方法大致相同。读者可以通过名片的制作，学习办公应用系统的制作方式，体会标志定稿后，对标志的应用和同种调性工具的设计思路。此外，一套完善的VI系统，必须是以画册的形式进行展示的。因此完成制作文件后，需要同步进行画册的制作。画册旨在对VI系统进行说明和展示，以一种高度集中的整合方式对VI系统进行表现。

制作流程——先制作办公用品，再制作VI画册

绘制名片1正面

添加名片1背面

绘制名片2

制作VI画册

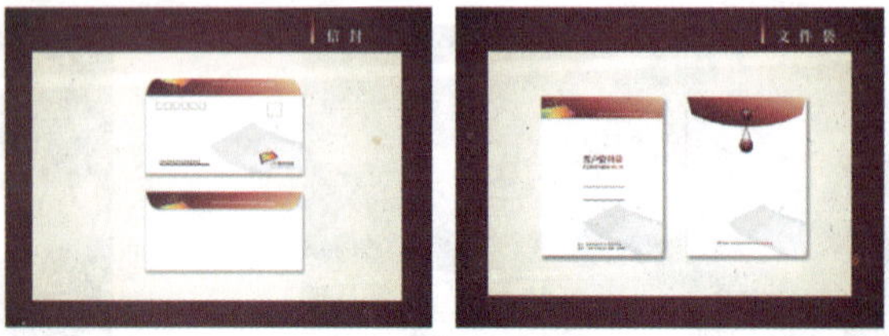
制作其他办公应用系统

► 制作步骤

制作名片1正面

名片需要制作两种样式，尺寸和内容基本固定，不同的是背景和版式。一张名片，必须制作正面和背面两个图形。

1 新建文件

❶ 运行CorelDRAW X5，单击工具栏中的“新建”按钮，新建“未命名-1”文件。

❷ 在属性栏中设置页面大小为90mm×54mm。再双击矩形工具，绘制一个和页面同样大小的矩形。

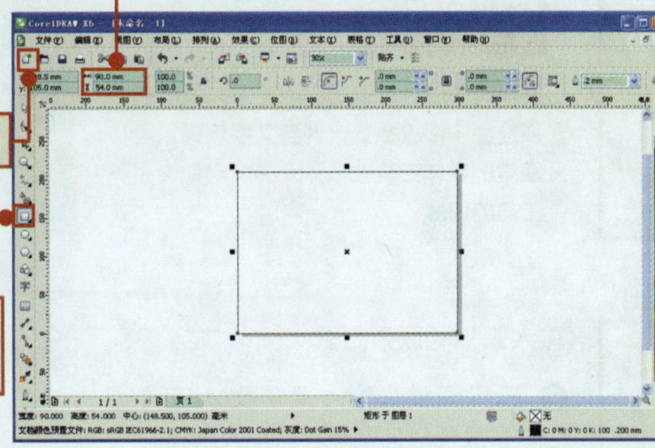

2 渐变填充矩形

❶ 按【F11】键，在弹出的“渐变填充”对话框中设置各项参数，如图所示。其中颜色设置为0%“深紫色”(C:77,M:97,Y:62,K:17)、40%“深红色”(C:32,M:99,Y:60,K:1)、55%“红色”(C:16,M:98,Y:42,K:0)、100%“白黄色”(C:0,M:0,Y:40,K:0)。完成后单击“确定”按钮。

❷ 右击调色板中顶部的“无填充”图标☒，取消轮廓色。

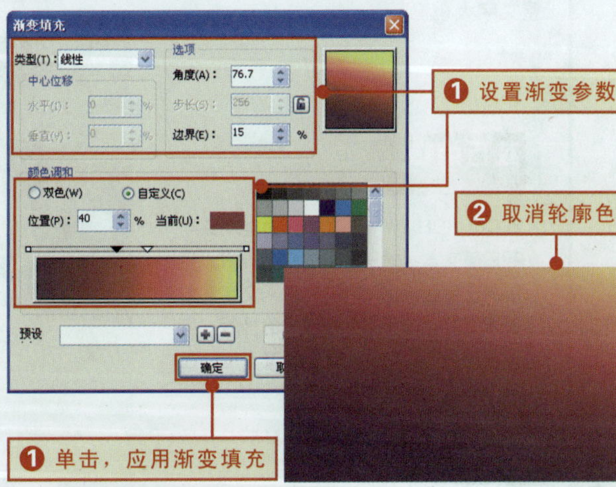

3 添加标志图形

❶ 打开标识文件，复制标志的图形部分，移至页面左下角，并适当放大图形。

❷ 选择“效果>图框精确剪裁>放置在容器中”命令，将图形剪裁于矩形中。

技巧点拨

“图框精确剪裁”命令，是将选择图形放置于另一个图形内，在图形制作中十分常用。图框精确剪裁图形后，右击图形，弹出的菜单中就提供“提取内容”、“编辑内容”等命令。

4 输入姓名

❶ 单击文本工具[字]，在属性栏中设置参数。

❷ 单击页面，出现光标后输入文字。然后单击调色板中的白色图标，设置文字为白色。

技巧点拨

制作文字时，可以先输入文字，然后在属性栏中修改参数，调整文字效果。电脑中的字体安装过多，会影响启动文字工具的速度。

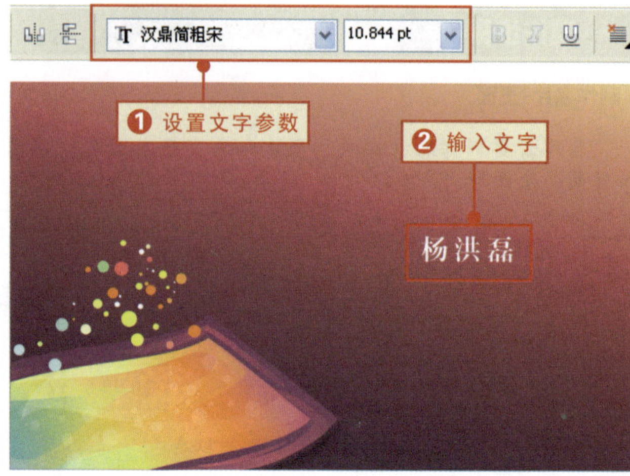

5 输入职称和联系方式

❶ 运用同样方法，单击文本工具[字]后，在属性栏设置参数，输入职称。

❷ 复制一组文字，并向下移动。改变文字内容为手机号码，并在属性栏中调整文字大小。

技巧点拨

在CorelDRAW中，文字分为美术文字和段落文本。对于较少的文字排版，可以单击画面，出现光标后输入文字，即美术文字。对于文字量较大的排版，可以在画面中拖动，出现段落文本框，在其中输入段落文本。

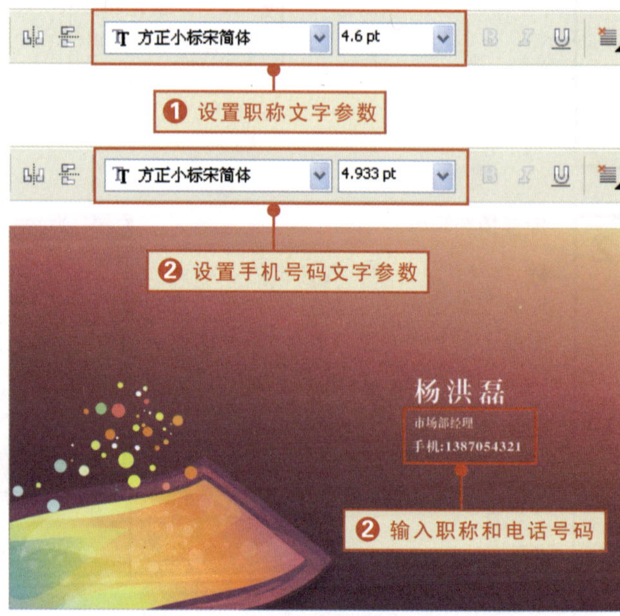

6 输入其他文字信息

❶ 运用同样方法，在名片左上角输入地址、电话、邮编和邮箱信息，并在属性栏中调整文字字号。

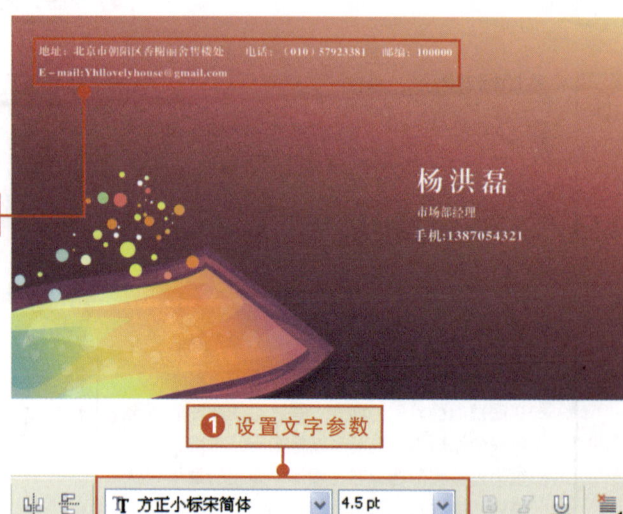

7

复制标志文字

❶ 复制标志中的文字内容。删除长条矩形，并重新排列英文和中文。调整文字大小，移至名片右下角，并设置为白色。名片正面制作完成。

制作名片1背面

名片的设计都是两面的，因此完成名片正面的设计后，可直接添加页面，制作背面图形。名片背面的设计通常有两种方式：英文名片和简洁背景。英文名片，即直接将正面文字翻译为英文。简洁背景，更能表现出名片的大气，通常是和正面风格一致的背景，加上公司标识或名称即可。

1

添加页面

❶ 单击窗口下的“在后面插入页”按钮，在页面1后添加页面2。

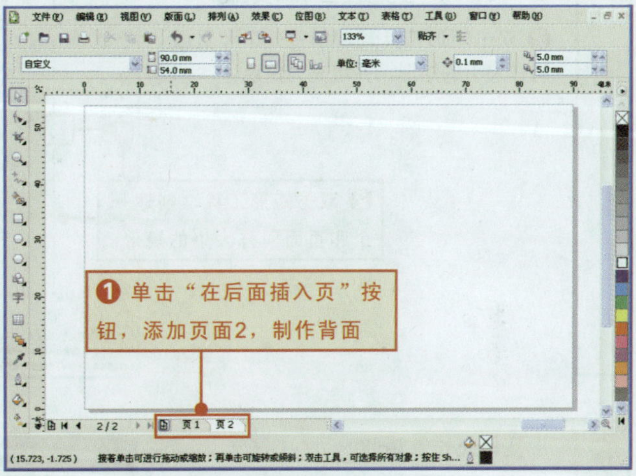

技巧点拨

多页面的编辑方式，是CorelDRAW特有的功能。制作多页面的图形文件，例如画册、DM单等，采用这种方式十分方便。添加页面后，页面大小保持不变。复制上一页的内容，可以直接粘贴到下一页的统一位置。

2

复制背景

❶ 单击页面1标签，切换到页面1。单击背景图形，按【Ctrl+C】组合键，复制页面1的背景图形。再切换到页面2，按【Ctrl+V】组合键，粘贴图形到页面2的同样位置。

❷ 右击页面2中的图形，在弹出的快捷菜单中选择“提取内容”选项，提取精确剪裁于矩形中的图形，再将其删除。

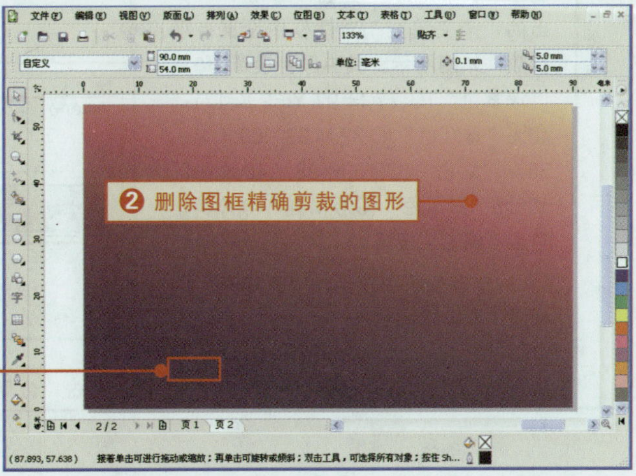

3 添加文字

❶ 运用同样方法，复制页面1中右下角的文字，将其粘贴到页面2中，并移至页面2中间，适当调整文字大小。完成名片背面的制作。

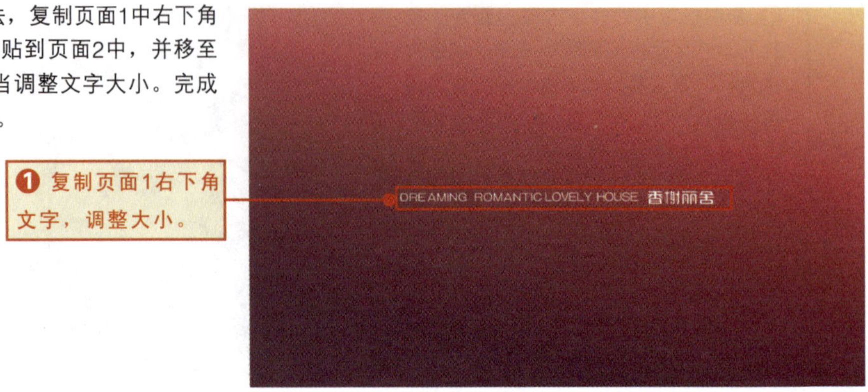

制作名片2

1 添加页面

❶ 单击窗口左下角的“在后面插入页”按钮，在页面2后添加页面3。

❷ 双击矩形工具，创建一个和页面同样大小的矩形，并填充为白色。

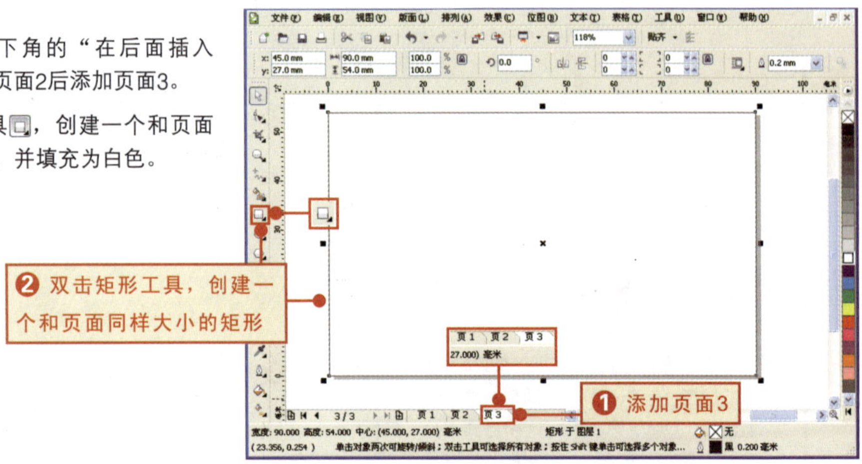

2 渐变填充长条矩形

❶ 单击矩形工具，在页面右下角绘制一个长条矩形。按【F11】键，在弹出的“渐变填充”对话框中设置各项参数，如图所示。其中颜色设置为0%“深紫色”(C:77,M:97,Y:62,K:17)；40%“深红色”(C:32,M:99,Y:60,K:1)；55%“红色”(C:16,M:98,Y:42,K:0)；100%“白黄色”(C:0,M:0,Y:40,K:0)。单击“确定”按钮。

❷ 右击调色板中顶部的“无填充”图标☒，取消轮廓色。

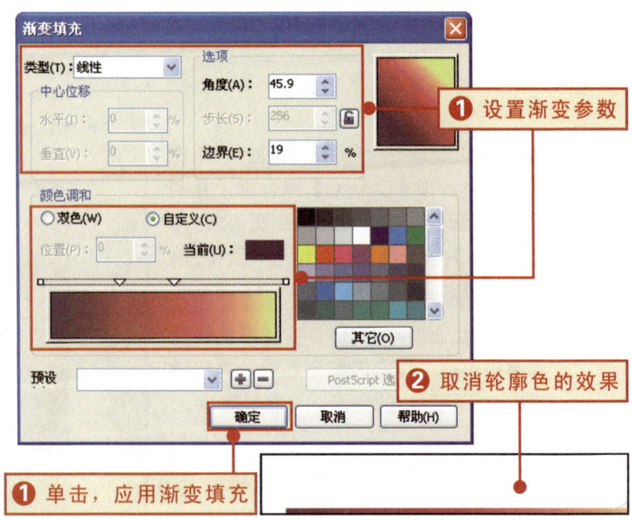

3

添加标志图形

❶ 打开标识文件，复制标志的图形部分，移至长条矩形右边，并适当放大图形。

❷ 选择“效果>图框精确剪裁>放置在容器中”命令，将图形剪裁于矩形中。

4

复制标志

❶ 复制一组完整的标志文件，移至名片左上角，并适当调整大小。

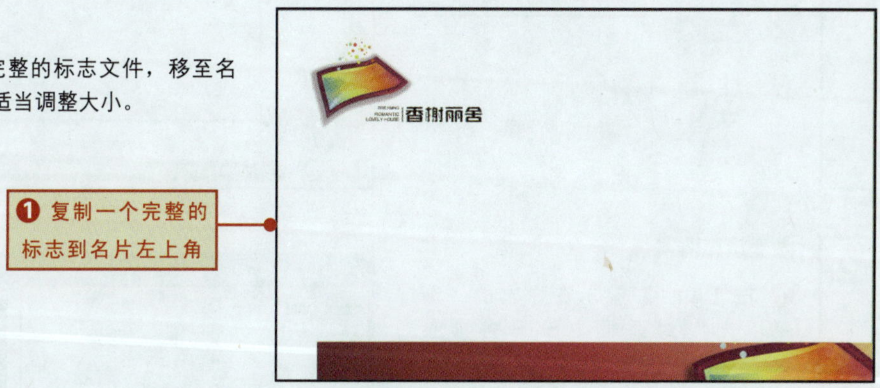

5

复制文字

❶ 复制页面1中的文字信息，粘贴到页面3的适当位置上，设置文字为黑色，并适当调整大小和位置。设计完成名片2的正面。

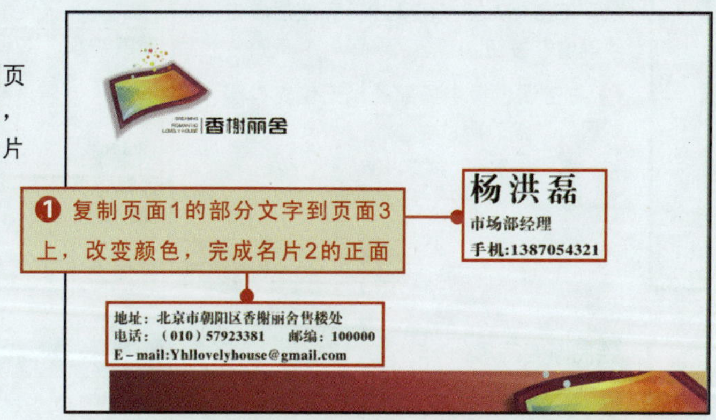

6

制作背面

❶ 在页面3后添加页面4，然后双击矩形工具▢，创建一个和页面同样大小的矩形，并填充为白色。

❷ 复制页面2中的文字，粘贴到页面4的相同位置。填充英文为黑色，中文为“紫红色”(C:17,M:96,Y:9,K:0)。至此，设计完成名片2的背面。

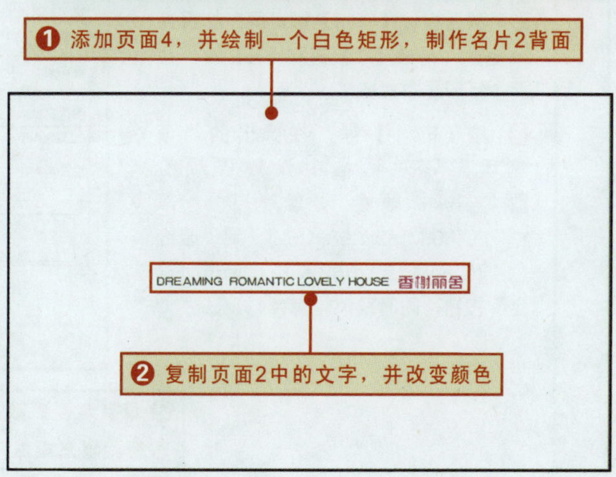

制作VI画册

精美的VI最终会装订成册，且印刷出版。因此在完成基本应用的文件制作后，需要将设计以统一的方式在画册中表现。制作画册需要新建一个画册文件，再制作背景、页眉页脚等。

1

新建文件

❶ 单击工具栏中的“新建”按钮，新建一个文件，用于设计VI画册。

❷ 双击矩形工具，创建一个和页面同样大小的矩形。

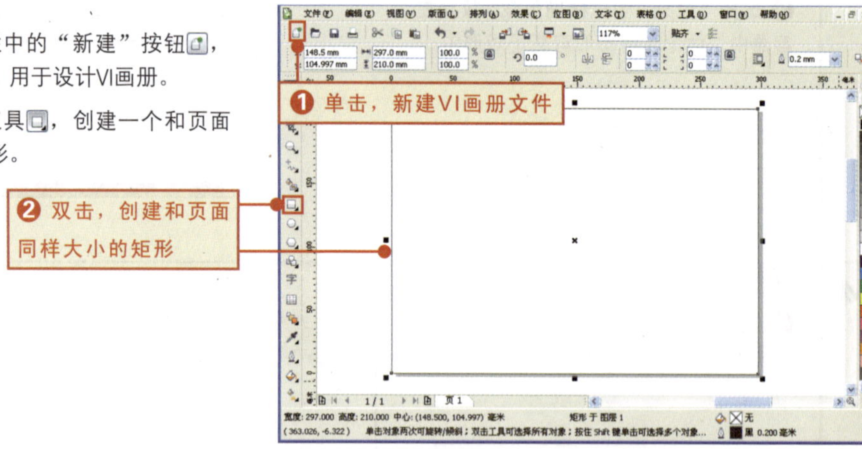

2

渐变填充背景

❶ 按【F11】键，在弹出的“渐变填充”对话框中设置各项参数，其中颜色设置为从“黑色”(C:86,M:82,Y:68,K:62)，到“暗红色”(C:54,M:99,Y:62,K6)。完成后单击“确定”按钮。

❷ 右击调色板中顶部的“无填充”图标，取消轮廓色。

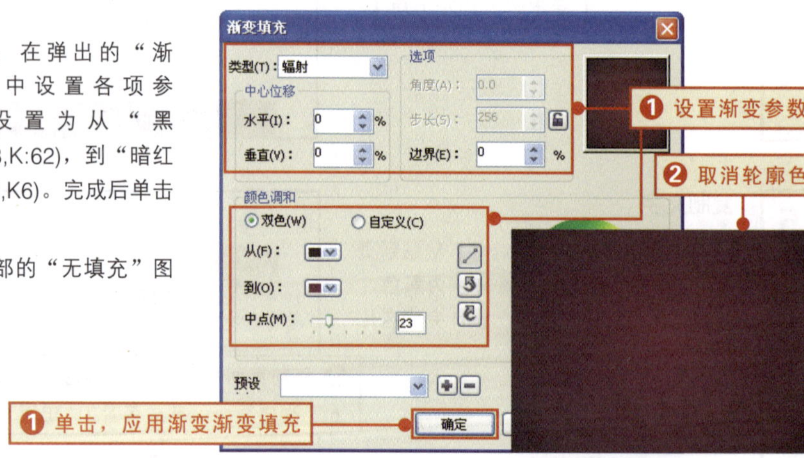

3

绘制渐变矩形

❶ 单击矩形工具，再绘制一个矩形。然后按住【Shift】键，同时选择两个矩形，再按【C】键和【E】键，让两个矩形居中对齐。

❷ 按【F11】键，在弹出的“渐变填充”对话框中设置各项参数，其中颜色设置为从“黑色”(C:86,M:82,Y:68,K:62)，到“暗红色”(C:54,M:99,Y:62,K:6)，单击“确定”按钮，同时取消轮廓色。

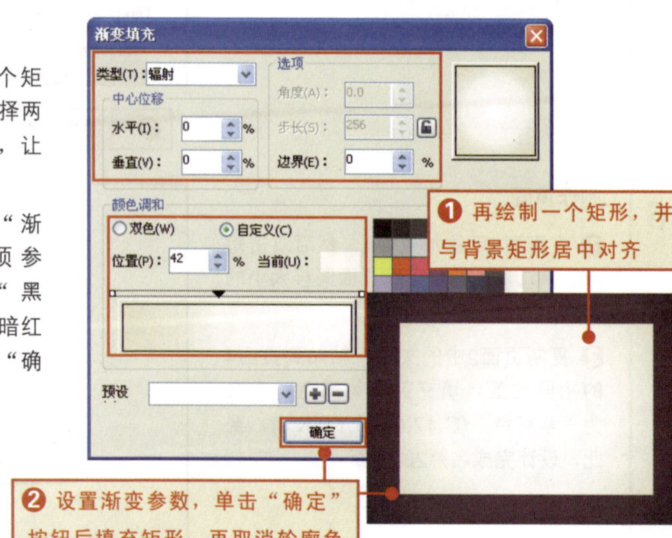

4 绘制页眉图形

❶ 单击矩形工具，在页面右下角绘制一个长条矩形。

❷ 按【F11】键，在弹出的“渐变填充”对话框中设置各项参数，如图所示。其中颜色设置为0%“深紫色”(C:77,M:97,Y:62,K:17)、40%“深红色”(C:32,M:99,Y:60,K:1)、55%“红色”(C:16,M:98,Y:42,K:0)、100%“白黄色”(C:0,M:0,Y:40,K:0)。单击“确定”按钮。

❸ 右击调色板中顶部的“无填充”图标☒，取消轮廓色。

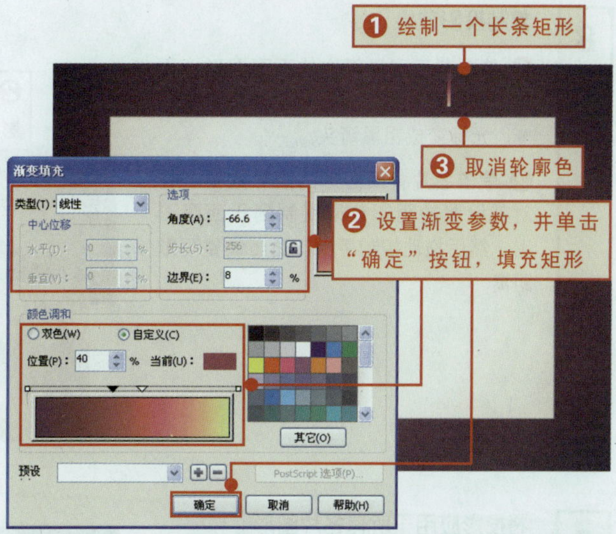

5 添加文字

❶ 单击文本工具，在长条矩形右侧输入文字。

❷ 在属性栏中设置参数，调整文字效果。

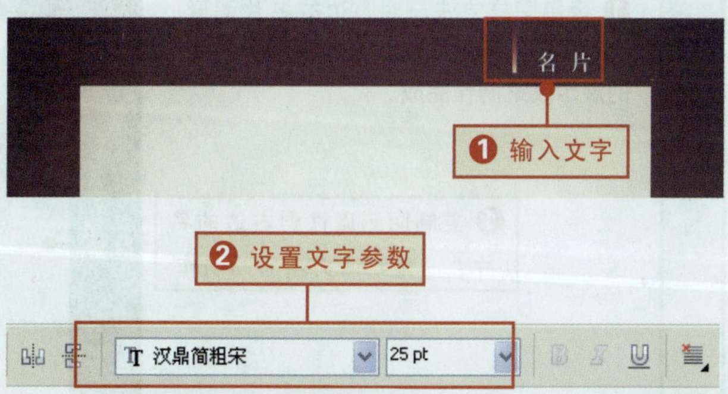

6 添加名片图形

❶ 将制作好的名片复制到画册文件中，适当调整大小，并对名片正面和背面图形进行排列。

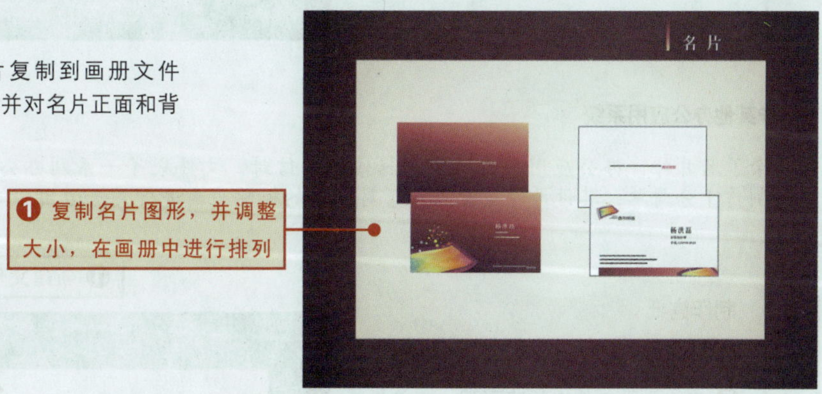

7 制作投影效果

❶ 单击左上角的背面图形，再单击阴影工具，然后单击名片背景矩形中心位置，并向左下方拖到鼠标，创建阴影。

❷ 在属性栏中设置参数，调整阴影效果。

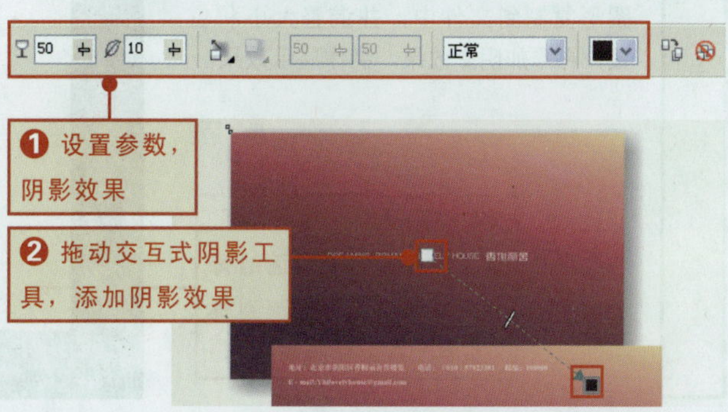

8 复制投影效果

❶ 单击背面图形下方的正面图形，再单击属性栏中的“复制阴影属性”按钮，光标变成粗黑箭头。

❷ 单击名片背面图形的阴影效果，将对其设置的阴影效果复制到正面图形上。然后拖动控制手柄，适当调整阴影距离。

9 将投影应用于所有名片图形

❶ 运用同样方法，对右边的名片图形进行阴影效果的制作。至此画册中名片的展示效果制作完成。

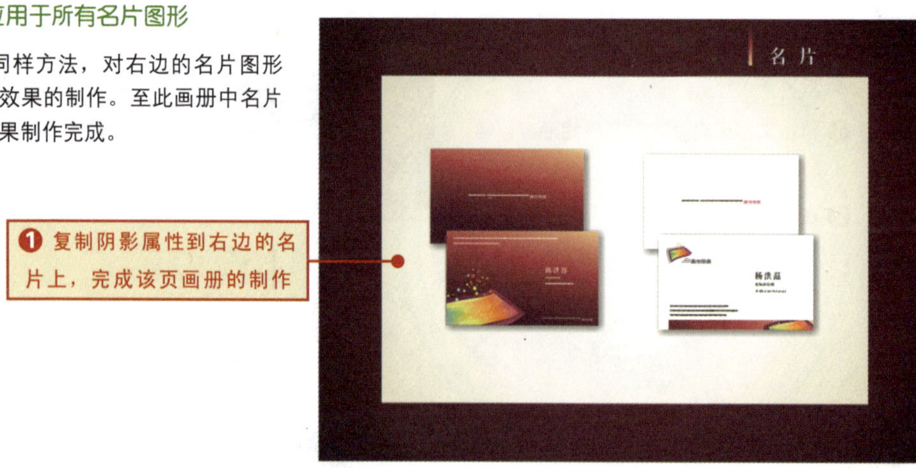

制作其他办公应用系统

除了名片外，办公应用系统通常包括信纸、信封、文件袋等一系列办公用品的设计。办公应用系统的制作十分简单，其设计的关键点在于对标志的视觉元素进行灵活运用。

1 制作信纸

❶ 运用同样方法，新建文件，制作信纸。

❷ 在VI画册文件中新建页面，将信纸图形复制到文件中，并调整大小和位置，再添加阴影效果，制作展示效果。

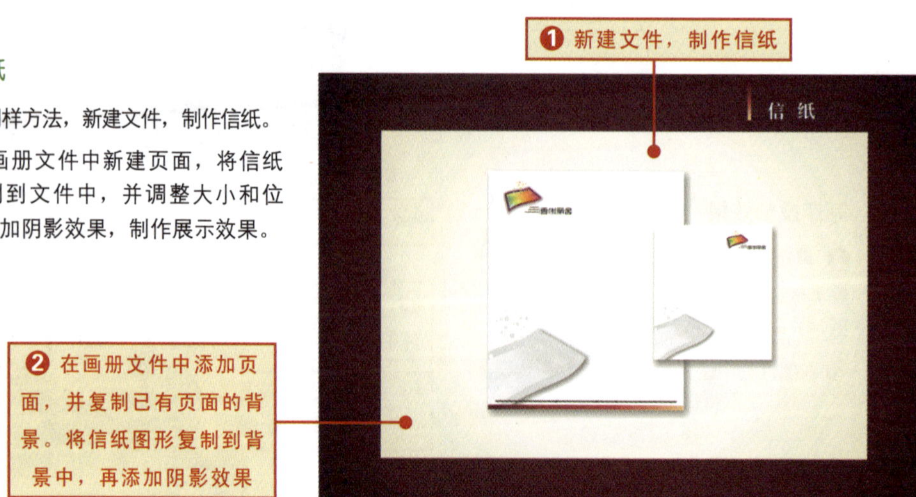

2

制作信封

❶ 新建文件，运用类似方法，制作信封。

❷ 在VI画册文件中新建页面，将信封复制到文件中，并调整大小和位置，制作展示效果。

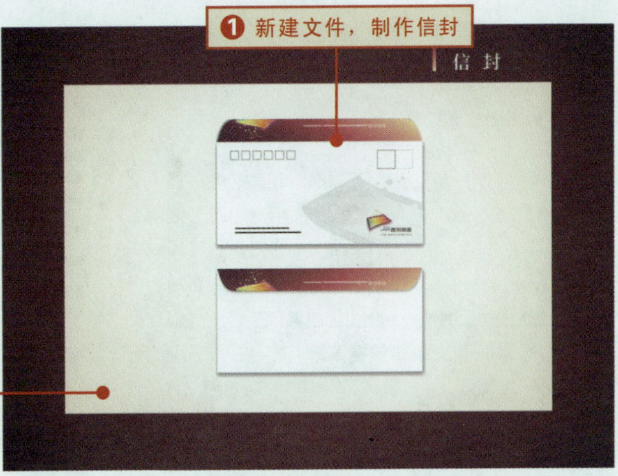

3

制作文件袋

❶ 运用同样方法，制作文件袋。

❷ 在VI画册文件中新建页面，将文件袋复制到文件中，并调整大小和位置，制作展示效果。

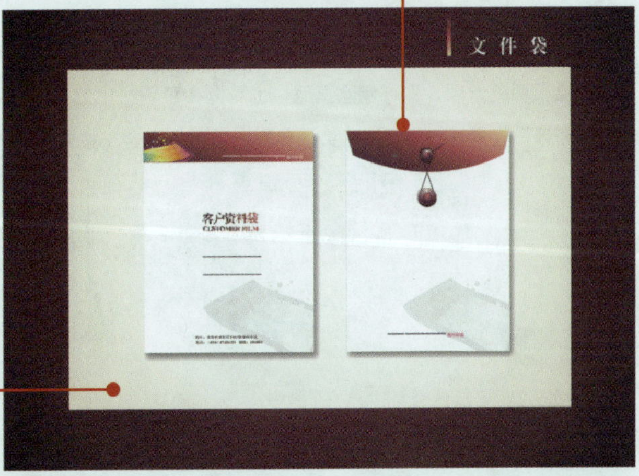

► 知识点总结——多页面的编辑方法

本例运用了多页面的编辑方式。

1. 页面编辑的基本方法

页面编辑有两个基本途径：窗口左下角的标签栏和“版面”菜单。右击窗口左下角的页面，出现页面编辑的快捷菜单。菜单中提供了相应的页面编辑选项，如下图所示。同样，单击“版面”菜单，会出现相应选项。选择选项，即可实现相应操作。

2. 插入和再制页面

插入页面，是指在当前选择页面前或后添加页面。单击标签栏左边的“添加页面”按钮，能在当前页面前插入页面；单击右边的“添加页面”按钮，能在当前页面后插入页面。选择“布局>插入页面”命令，打开“插入页面”对话框，如下图所示。在对话框中设置相关参数，单击“确定”按钮后即可插入页面。

再制页面，是在插入页面的基础上，将当前页面的内容复制到插入的页面中。在标签栏快捷菜单中选择“再制页面”选项，或在“布局>插入页面”菜单中选择同样选项，会弹出“再制页面”对话框，如下图所示。在对话框中设置相关参数，单击“确定”按钮即可。

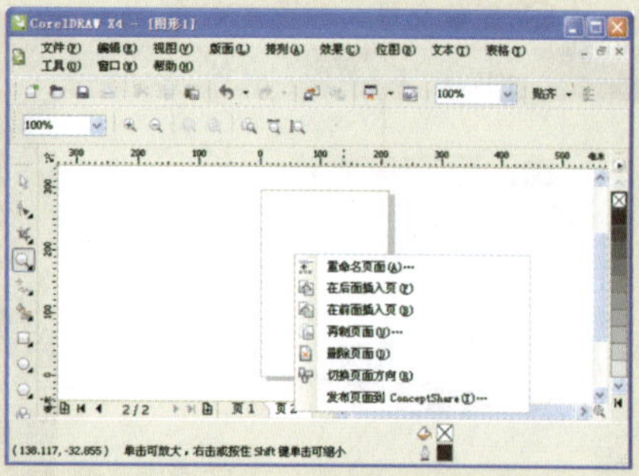

页面编辑快捷菜单

菜单命令

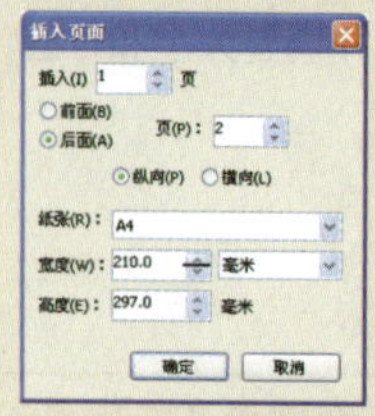

“插入页面”对话框

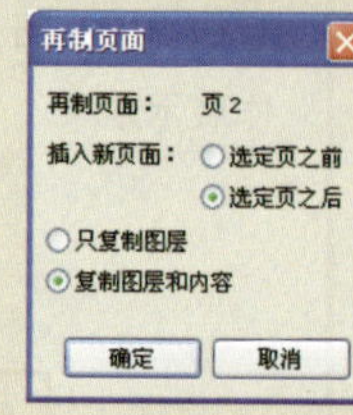

“再制页面”对话框

3. 重命名页面

重命名页面，即重新命名当前页面。在标签栏快捷菜单中选择“重命名页面”选项，或在“布局>插入页”菜单中选择同样选项，会弹出“重命名页面”对话框，如下图所示。在对话框中更改页面的名称，单击“确定”按钮即可，如下图所示。

4. 删除页面

删除页面，即将当前页面删除。删除页面的方法很简单，右击需要删除的页面标签，在标签栏快捷菜单中选择“删除页面”选项，即可删除页面。也可以在菜单栏中选择“布局>删除页面”命令，弹出“删除页面”对话框，如下图所示。在对话框中设置相关的参数，单击“确定”按钮即可。

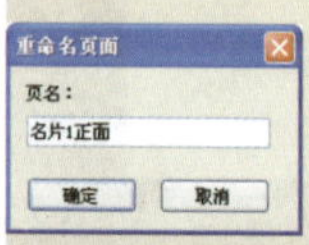

“重命名页面”对话框

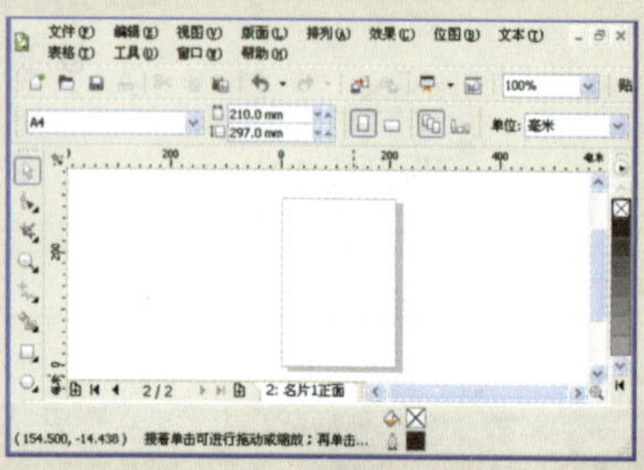

重命名页面

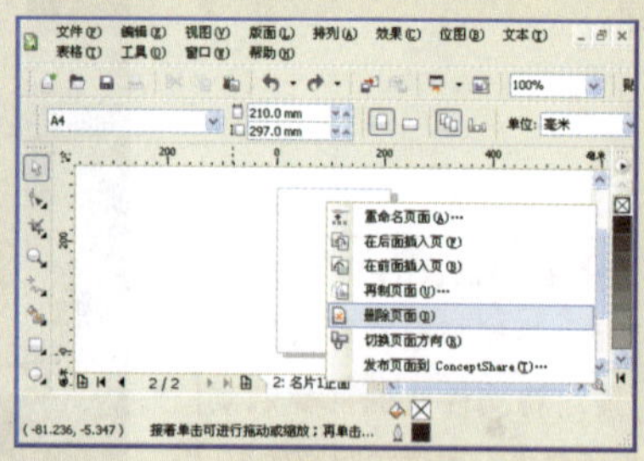

“删除页面”选项

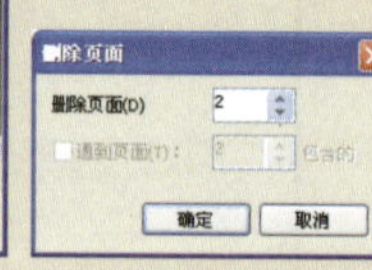

“删除页面”对话框

► 设计理论——名片设计要点

1. 基本要求

名片是传播一个人的职业特征的独立媒体。其主要目的是传递信息，便于识别和记忆，让人在最短的时间内获得所需要的情报，同时在设计上要讲究其艺术性。因此名片设计必须做到文字简明扼要，字体层次分明，强调设计意识。名片设计的基本要求应强调名片传递的主要信息要简明清楚，构图完整明确。注意质量、功效，尽可能使传递的信息明确，且便于记忆，易于识别。

各种风格的名片

2. 构成要素

名片的构成要素主要分为两类：属于造型的构成要素和属于方案的构成要素。

造型的构成要素包括：标志(用图案或文字造型设计并注册的商标或企业标志)、图案(形成名片特有的色块构成)、轮廓(几边框)。

方案的构成要素包括：名片持有人的姓名及职务、名片持有人的单位及地址、通信方式、业务领域。

以上的构成要素在名片的设计中各就其位，依据每一种类型的名片确定其设计的着重点。

3. 表现方法

版式，即名片中各种构成要素的排列方式。名片的设计风格主要通过版式的特点来表达，是名片设计的灵魂。名片虽小，但却是一个完整的画面，所以存在着画面的比例与均衡问题。名片版式需要考虑的是文案、标志、色块的比例关系，文字的字体、大小、间距，以及图案等要素，都可以进行变化，以达到最佳效果。如下图所示。

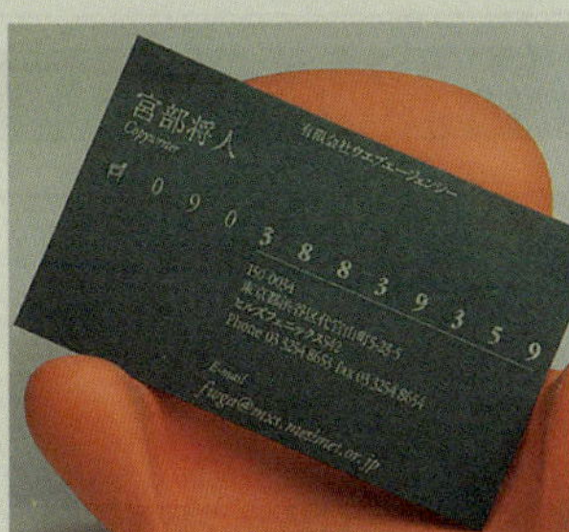

文字大小和疏密的变化

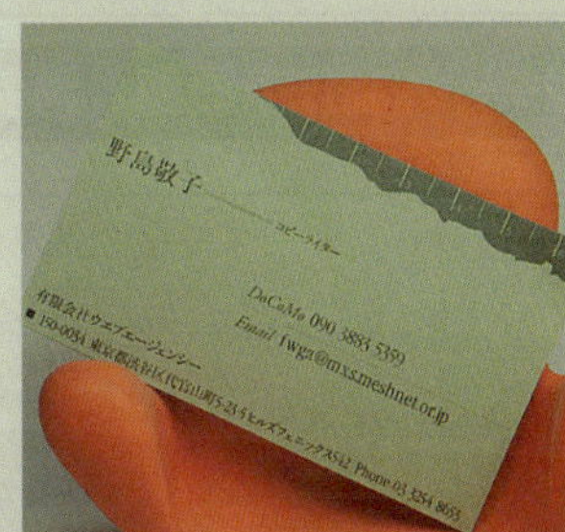

图案和文字的组合

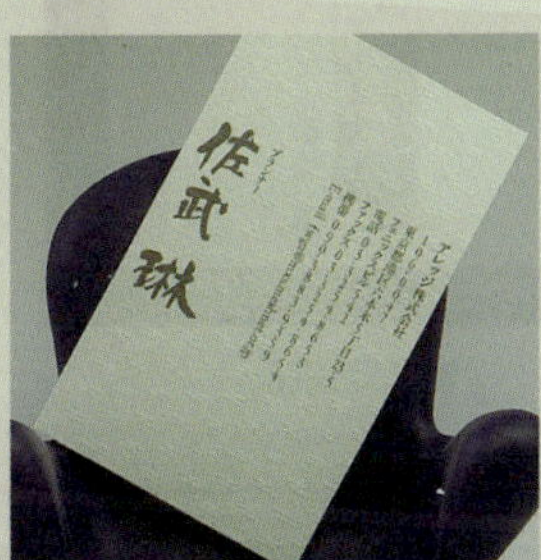

集中于名片中心的竖形名片

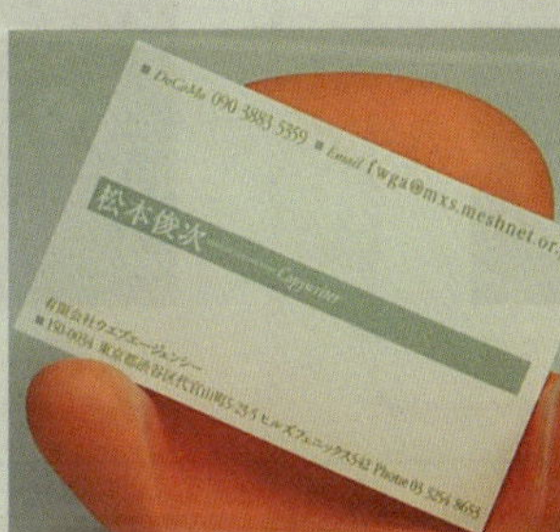

倾向于两边的和谐构图

06 视觉导视

Chapter 02 | VI设计 | **视觉导视**

技法表现 绘制矩形并进行渐变填充，制作视觉导视背景，并对标志和文字进行排版。然后运用椭圆形工具和贝塞尔工具，制作镂空圆形箭头。最后运用矩形工具，绘制视觉导视支撑架的效果图。

包含知识 矩形工具、贝塞尔工具、椭圆形工具、造型功能、渐变填充。

文件路径 Reader\Chapter02\06\complete\视觉导视.cdr

► 设计分析——标志的拓展应用

视觉导视，属于VI体系中的户外应用系统。户外应用系统的范畴很广，根据实际需要，房地产的户外应用系统主要包括：视觉导视、门楣标识、吊旗、路牌广告、墙体广告、车身广告等。户外应用系统和办公应用系统，是VI应用系统的两大部分。因此设计思路相同，即以具体户外应用目的为基础，结合标志的色彩调性和设计风格，设计出统一的视觉画面。其设计的关键在于对标志的应用和画面调性的把握。

本案以销售中心的视觉导视为例，结合标志的色彩调性和设计风格，设计出配套的视觉导视。所有的户外应用系统的设计思路基本一致，制作方法大致相同。读者可以通过本案的制作，学习户外应用系统的制作方式，体会标志定稿后，对标志的应用和同种调性工具的设计思路。

► 制作流程——先制作平面图，再制作效果图

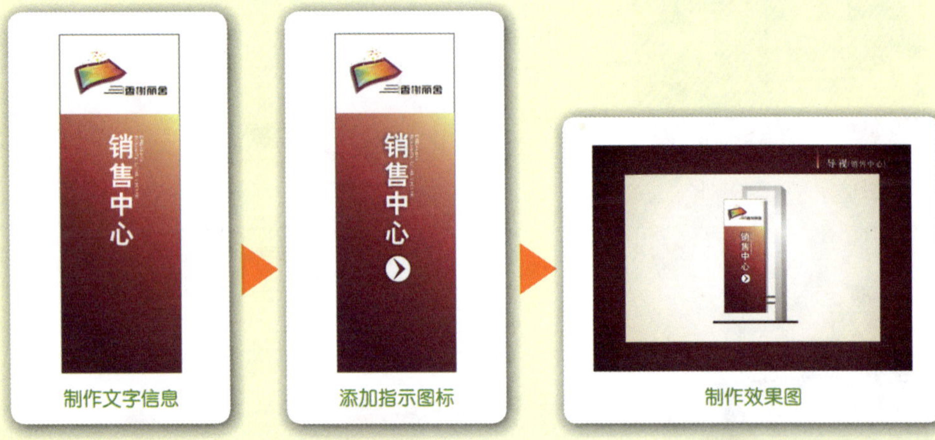

► 制作步骤

绘制导视图

制作视觉导视之前，首先确定视觉导视的位置、数量，制作材质和尺寸。然后根据需要，在CorelDRAW中新建文件，制作出需要输出的图形。

1 新建文件

❶ 运行CorelDRAW X5，单击工具栏中的“新建”按钮，新建“未命名-1”文件。

❷ 在属性栏中设置页面大小为730mm×2000mm。

❸ 双击工具箱中的矩形工具，绘制一个和页面同样大小的矩形。

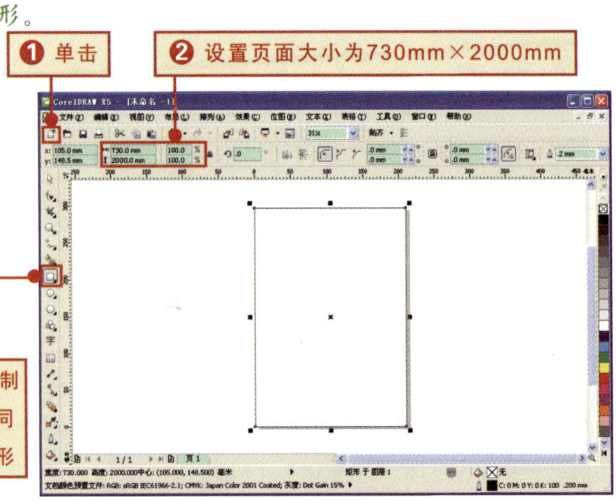

2 移动节点调整形状

❶ 单击选择工具▣，选择矩形。再按小键盘中的【+】键，复制一个矩形。

❷ 向下拖动矩形上边缘中点，减小复制矩形的高度。

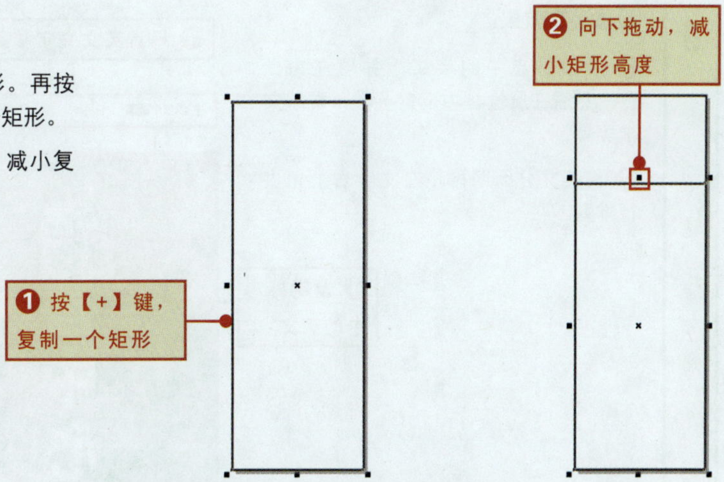

3 渐变填充矩形

❶ 按【F11】键，在弹出的“渐变填充”对话框中设置各项参数，如图所示。其中颜色设置依次为0%“深紫色”(C:77,M:97,Y:62,K:17)、40%“深红色”(C:32,M:99,Y:60, K:1)、55%“红色”(C:16,M:98,Y:42,K:0)、100%“白黄色”(C:0,M:0,Y:40,K:0)。完成后单击“确定”按钮。

❷ 右击调色板中顶部的“无填充”图标⊠，取消轮廓色。

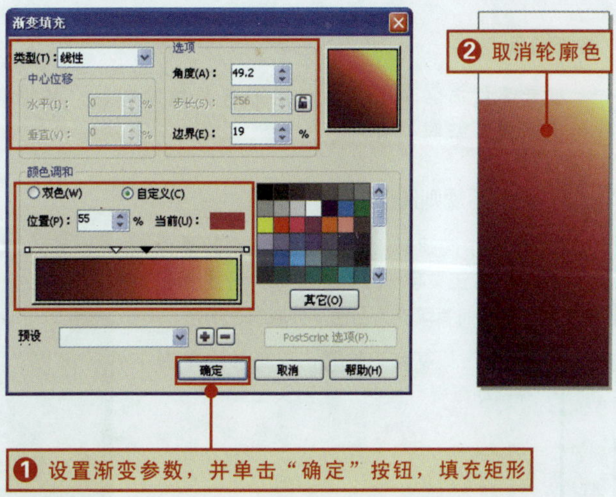

4 输入文字

❶ 打开标志文件，复制一个完整的标志，移至矩形中，并调整大小。

❷ 单击文本工具字，在窗口中进行单击，出现光标后输入文字“销售中心”。完成后单击属性栏右边的“将文本更改为垂直方向”按钮▥，让文字垂直排列。然后在属性栏中设置字体字号。最后填充文字为白色。

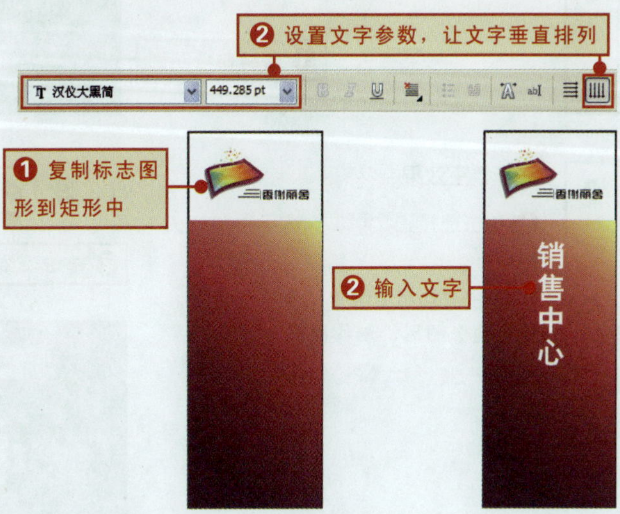

5

设置英文效果

❶ 复制标志中的英文，并填充为白色。然后在属性栏中设置参数，调整文字效果。

❷ 将英文分为两排，在文字右上角进行排列。

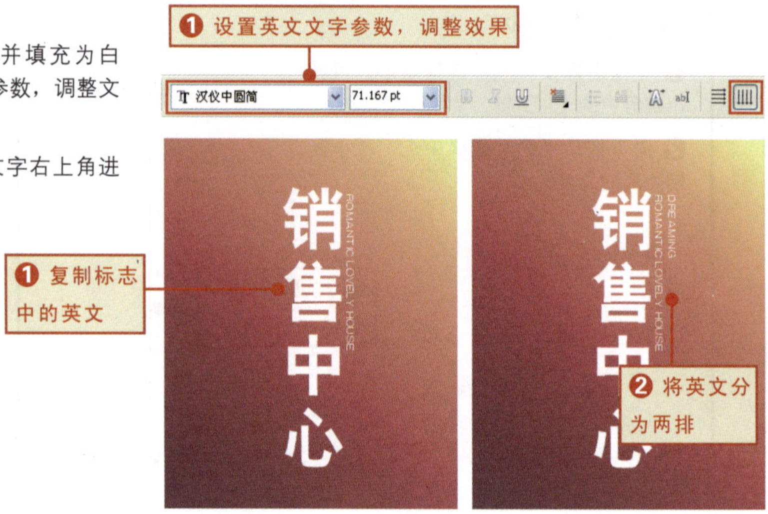

修饰细节

视觉导视通常都需要简单图形进行辅助理解，其中箭头图形是最常用的。本例结合整个VI设计风格，采用镂空的圆形箭头。

1

绘制不规则图形

❶ 单击椭圆形工具，按【Ctrl】键的同时，在文字下方拖动鼠标，绘制一个正圆。将其填充为白色，并取消轮廓色。

❷ 单击贝塞尔工具，在正圆内单击并拖动鼠标，绘制一个箭头图形。

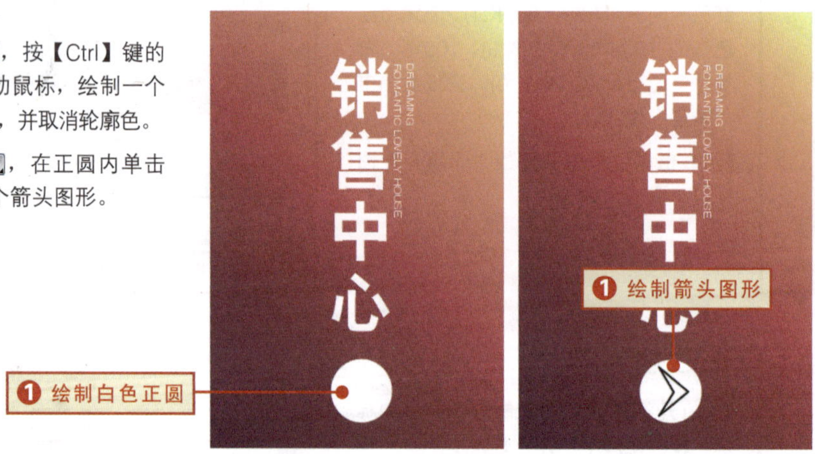

2

制作镂空效果

❶ 单击选择工具，框选正圆和箭头图形。

❷ 单击属性栏中的“结合”按钮，结合两个图形，制作出圆形镂空箭头效果。

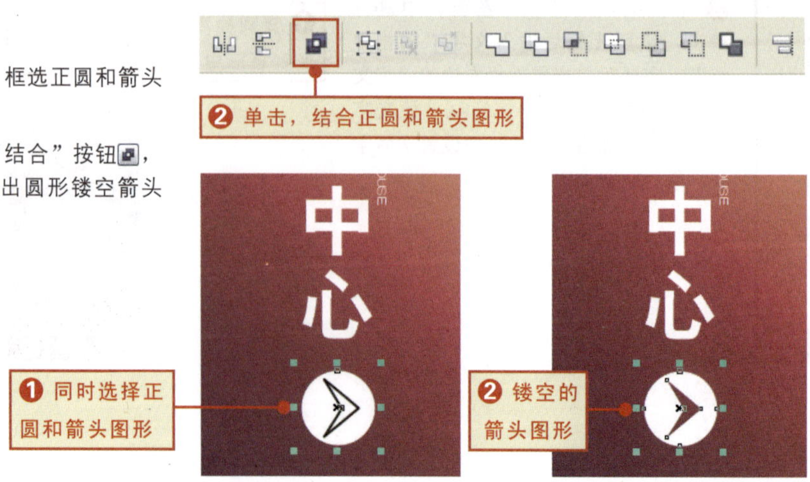

3 将图形边缘调整为平滑曲线

❶ 单击选择工具，框选文字。再按【Ctrl+G】组合键，群组选择的文字。单击阴影工具，再单击群组对象中心并向下拖动，创建阴影效果。然后在属性栏中设置参数，调整效果。

❷ 运用同样方法，为箭头图形添加阴影效果，同样在属性栏中设置参数，调整效果。完成售楼中心视觉导视的制作。

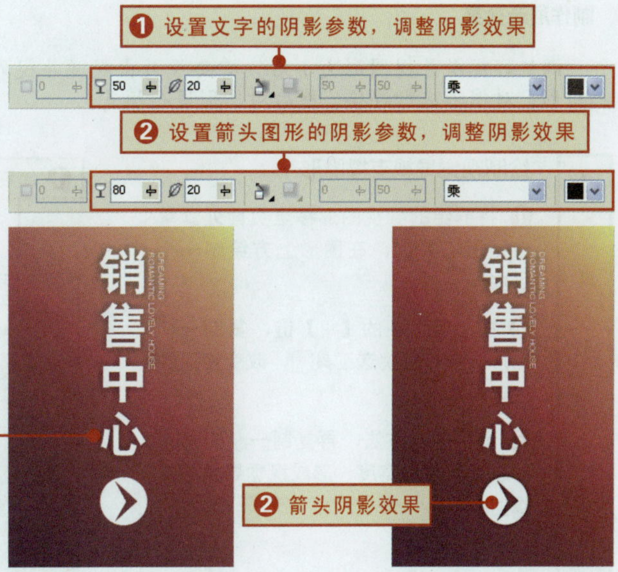

移至画册文件中

制作完成视觉导视图形后，需要制作完整的导视效果图。首先复制图形到VI画册文件中，然后根据页面大小，调整大小输出图形尺寸，便于制作效果图。

1 添加页面

❶ 打开VI画册文件，单击窗口右下方的“添加页面”按钮，添加页5。

❷ 复制页4的背景图形和文字，并粘贴到页5。

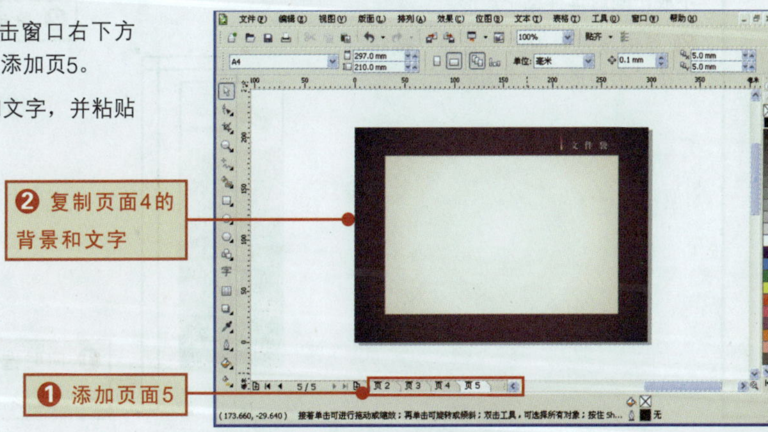

2 群组图形

❶ 切换到售楼中心视觉导视文件，框选所有图形，并复制到VI画册文件中。按【Ctrl+G】组合键，群组图形，然后在属性栏中设置图形大小。

❷ 将视觉导视图形移至页面背景中，观察效果。

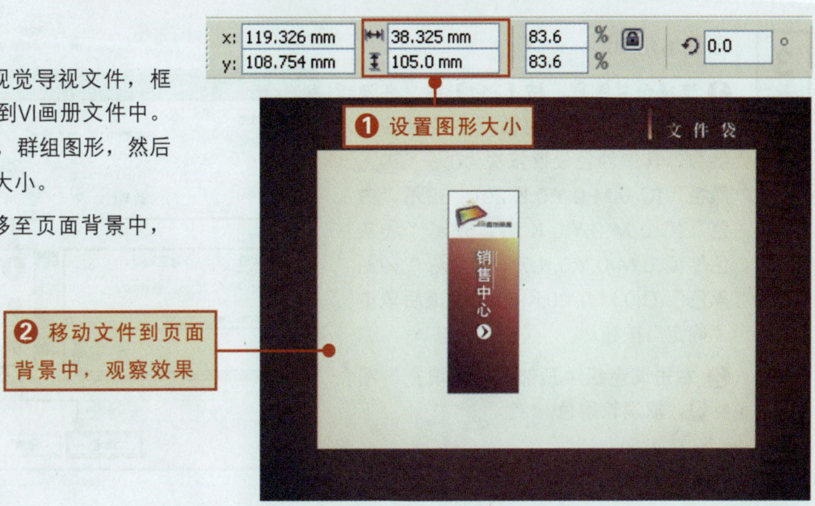

制作展示效果

调整好视觉导视图形大小后，需要设计出视觉导视的整体造型效果，即绘制金属支撑架，首先绘制矩形，对图形进行焊接，然后对图形进行填充。

1 绘制视觉导视支撑图形

❶ 将群组的导视图形移至页面外。单击矩形工具▢，在图形上方绘制一个矩形。

❷ 按小键盘中的【+】键，复制一个矩形，再单击挑选工具，改变矩形的长度和高度。

❸ 运用同样方法，再复制一个矩形，并改变长度和宽度，形成视觉导视的支撑图形。

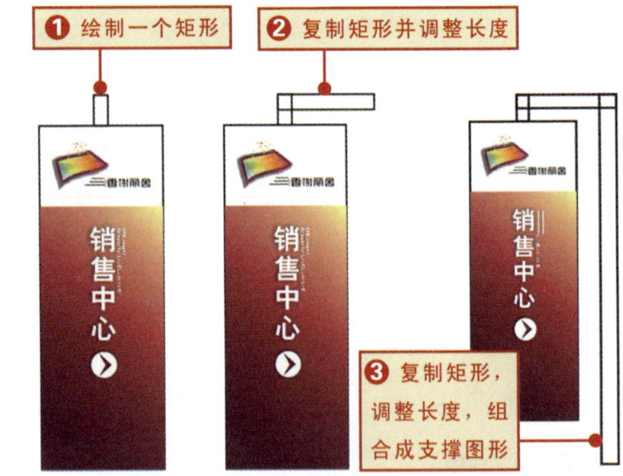

2 焊接图形

❶ 单击选择工具，按住【Shift】键不放，同时选择三个矩形。

❷ 单击属性栏中的“合并”按钮，焊接三个矩形为一个图形。

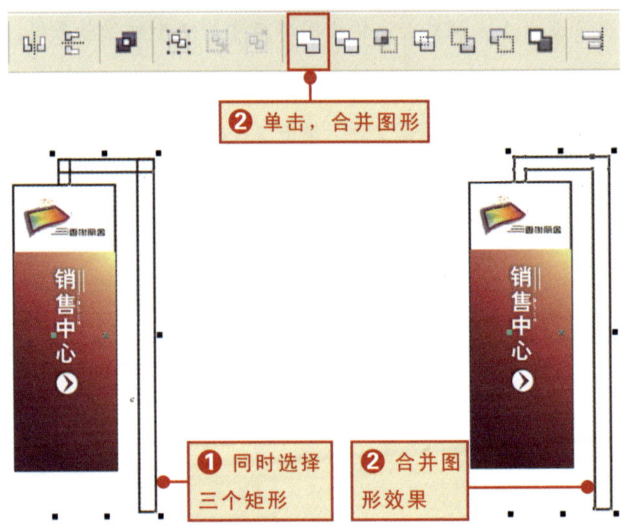

3 渐变填充图形

❶ 选择合并图形。按【F11】键，在弹出的“渐变填充”对话框中设置各项参数。其中颜色设置依次为0%“20%黑色”(C:0,M:0,Y:0,K:20)、32%“白色”(C:0,M:0,Y:0,K:0)、56%“浅灰色”(C:0,M:0,Y:0,K:7)、100%“30%黑色”(C:0,M:0,Y:0,K:30)。完成后单击“确定”按钮。

❷ 右击调色板中顶部的“无填充”图标☒，取消轮廓色。

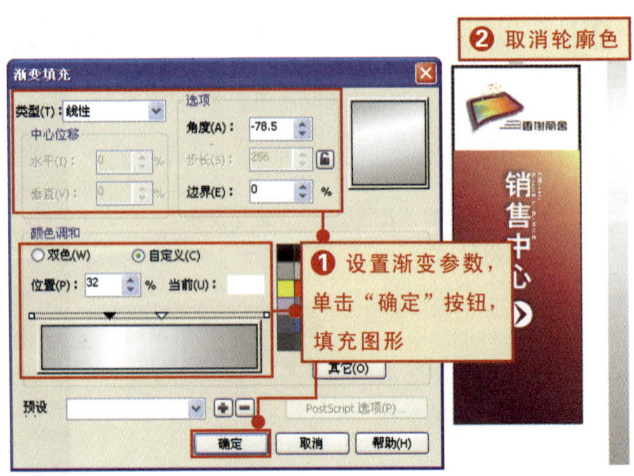

4

绘制矩形

❶ 单击矩形工具，在画面右边绘制一个高度相同的矩形。

❷ 按【Ctrl+Q】组合键，转换矩形为曲线。单击形状工具，选择矩形右上角的节点，并向下拖动，改变矩形形状。

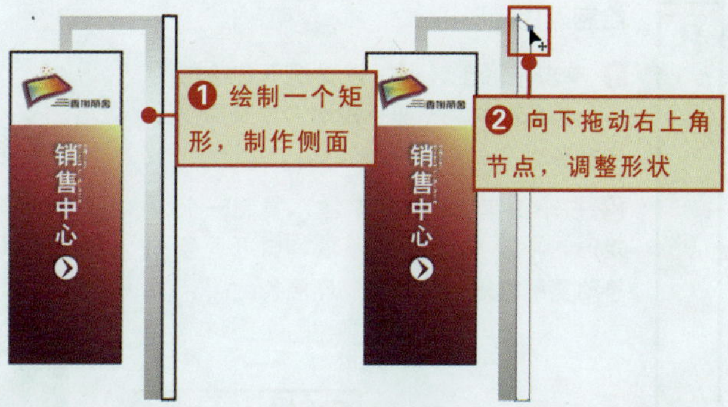

5

填充图形

❶ 按【F11】键，在弹出的“渐变填充”对话框中设置各项参数。其中颜色设置为0%“30%黑色”(C:0,M:0,Y:0,K:30)、31%“浅灰色”(C:0,M:0,Y:0,K:7)、100%“50%黑色”(C:0,M:0,Y:0,K:50)，完成后单击“确定”按钮。

❷ 右击调色板中顶部的“无填充”图标⊠，取消轮廓色。

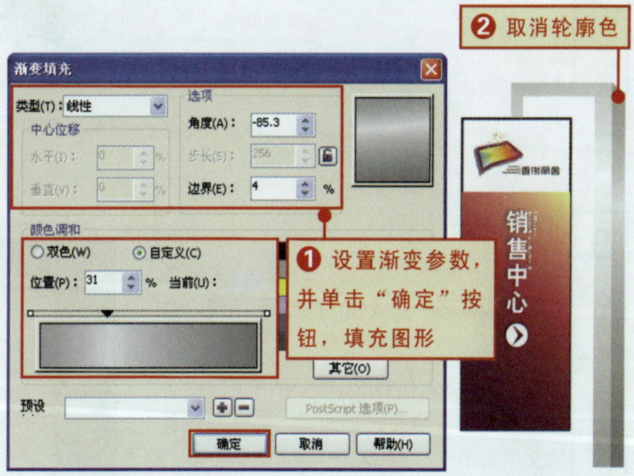

6

绘制导视底座

❶ 单击矩形工具，在导视下方绘制一个长条形的黑色矩形，作为导视底座。

❷ 继续在导视右边绘制一个长条形的“50%黑色”矩形，作为导视侧面。

7

应用交互式透明效果

❶ 单击导视侧面图形，再单击透明度工具，在属性栏中设置参数，对矩形应用“标准”交互式透明效果，使侧面效果更加自然。

❷ 选择导视底部矩形，然后右击调色板中的30%黑色图标，设置轮廓色。

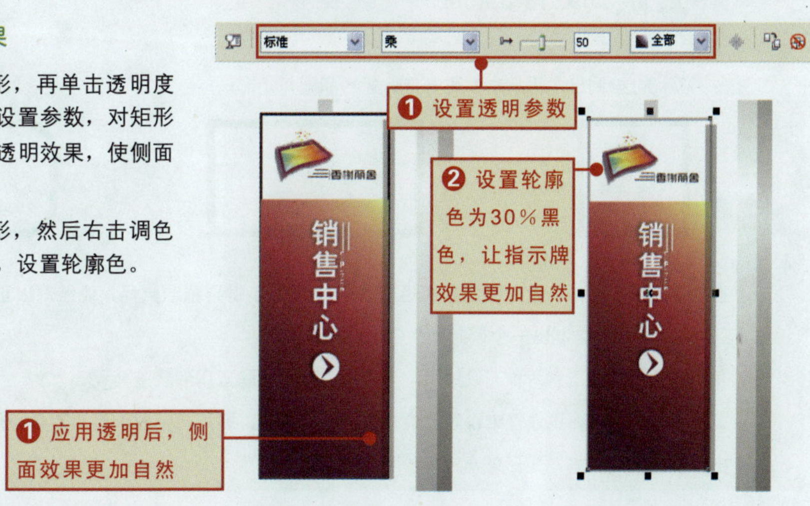

8

绘制黑色矩形

❶ 单击矩形工具，在导视下方绘制一个长条形的70%黑色矩形，作为导视连接条。

❷ 按小键盘中的【+】键，复制一个矩形，再按【Ctrl】键不放，向下垂直移动复制的矩形，制作双连接条。

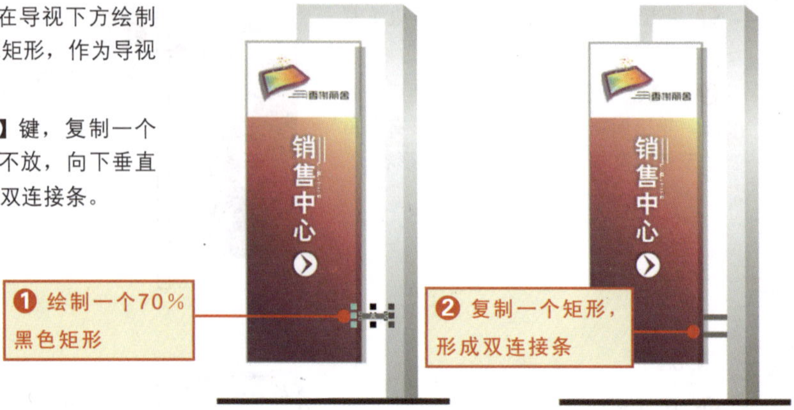

9

群组并移动图形

❶ 单击选择工具，框选绘制完成的导视效果图。按【Ctrl+G】组合键，群组图形，然后移至页面中。

❷ 单击文本工具，再单击页面右上方的文字，修改文字内容，并适当调整文字大小。

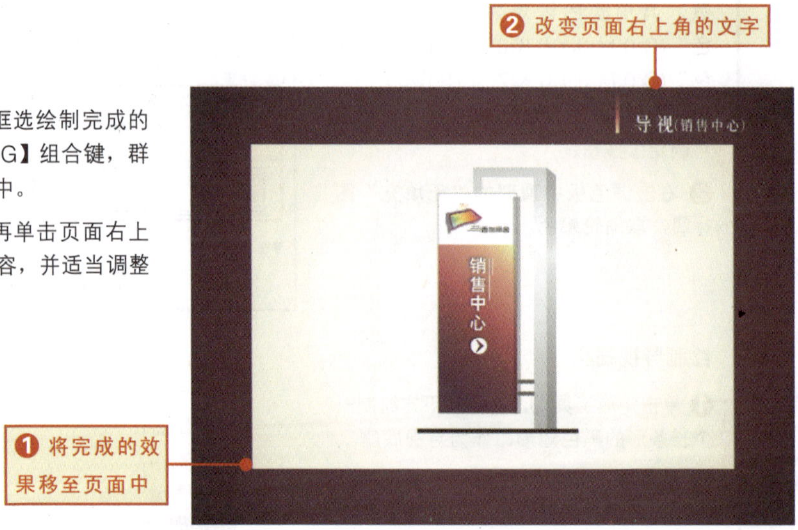

► 知识点总结——矩形的绘制方法

本例多次使用了矩形工具绘制图形。

1. 矩形工具

矩形工具可绘制出水平状态的正方形、矩形和圆角矩形。

正方形　　矩形　　圆角矩形

直接拖动矩形工具，可以绘制任意的矩形。按住【Ctrl】键再拖动鼠标，能绘制出正方形。如果同时按住【Ctrl】键和【Shift】键，可以绘制出一个以起点为中心的正方形。

圆角矩形的绘制方法有两种：设置“边角圆滑度”参数和运用形状工具。

绘制一个矩形后，在属性栏中设置“边角圆滑度”参数，即可将矩形调整为圆角矩形，如下图所示。

单击形状工具，拖动矩形任意一角，可以调整边角圆度。

“边角圆滑度”参数

矩形

拖动矩形右上角

圆角矩形

2. 3点矩形工具

使用3点矩形工具同样可以绘制矩形。它和矩形工具位于同一个工具列表中。单击工具箱中的椭圆形工具不放，在打开的列表中选择3点矩形工具即可。

3点矩形工具的绘制方法和3点椭圆形工具一样：单击并拖动3点矩形工具，出现一条直线。然后朝与直线呈90度的方向拖动鼠标，形成矩形，并进行单击即可。

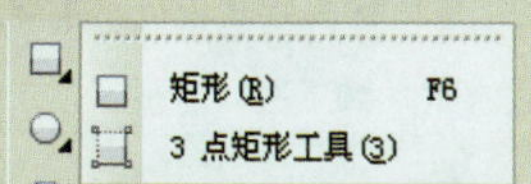

矩形形工具列表

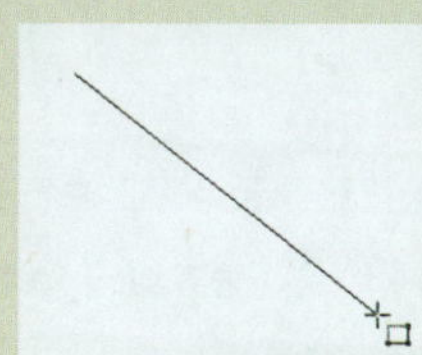

拖动出现直线

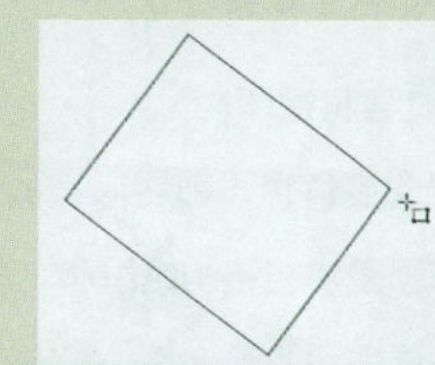

形成矩形

3. 改变矩形形状

如果需要改变矩形的基本形状，如调整为梯形、不规则多边形等，则需要将矩形转换为曲线，再运用形状工具调整节点。具体的方法为：

步骤1：运用矩形工具绘制一个矩形后，单击属性栏最右侧的“转换为曲线”按钮，或按【Ctrl+Q】组合键，将矩形转换为曲线，如下图所示。

步骤2：单击形状工具，拖动矩形节点，改变形状，如下图所示。

步骤3：运用形状工具，还可以添加或删除节点，调整形状，如下图所示。

矩形转曲

拖动右上角节点

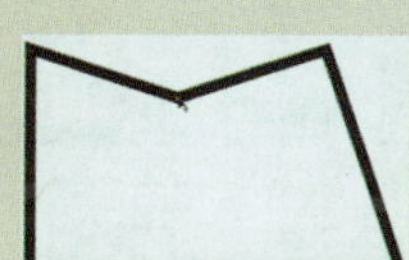

添加节点

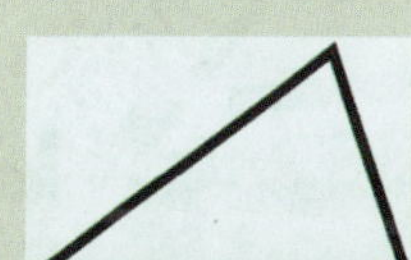

删除左上角节点

► 设计理论——重心型的排版方式

版式设计是现代设计艺术的重要组成部分，是视觉传达的重要手段，表面上看，它是一种关于编排的学问，而实际上，它不仅是一种技能，更是技术与艺术的高度统一。版式设计是现代设计家必须具备艺术修养和技术知识。

版式设计的主要目的，是为了让观看者在享受美感的同时，接受作者想要传达的信息。兼具这两者，版式设计的原则可归纳为突出主题和强化整体性。

1. 突出主题

版式设计的最终目的是使版面产生清晰的条理性，更好地突出主题，达到最佳诉求效果。突出主题的版式设计，主要表现为：按照主从关系的顺序，使放大的主体形象成为视觉中心，以此表达主题思想，如下图（左一）所示；将文案中的多种信息作整体编排设计，有助于主体形象的建立，如下图（左二）所示；在主体形象四周增加空白量，使被强调的主体形象更加鲜明突出，如下图（右一）所示。

放大整体形象为视觉中心　　　　将文案中的多种信息作整体　　　　在主体形象四周增加空白

2. 强化整体性

强化整体性，即将版面的各种编排要素在编排结构及色彩上进行整体设计。强化整体性的版式设计，主要表现为：加强整体的结构组织和方向视觉秩序。如水平结构、垂直结构、斜向结构、曲线结构，如下图（左一、左二）所示；加强文案的集合性，将文案中的多种信息合成块状，使版面具有条理性，如下图（右一）所示。

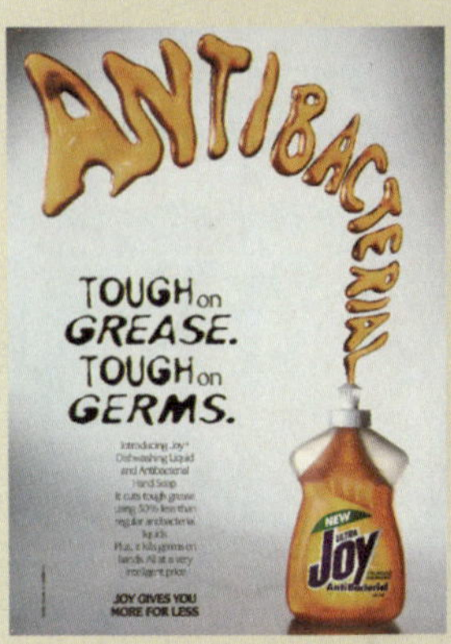

倾斜结构的版式　　　　曲线结构的版式　　　　加强文字集合性

本例中视觉导视的版式设计，结合以上两个原则，在标志和文字四周留白，并以垂直的方式进行排列，获得良好的视觉效果。

Chapter 03

海报设计

海报是信息传播中十分常用的方式，应用领域非常广泛，画面的表现方法也很丰富。在广告设计中，海报常常作为一种快速传播信息的工具。本章制作三个领域的宣传海报，包括超市的销售海报、商场的促销海报，以及钻石的产品宣传海报。通过这三个海报的制作，读者可以学习不同类型海报的设计思路、设计原则和要点。在软件技法上，读者能够学习CorelDRAW X5绘制图形的基本技法。

07 夏季冰爽海报

知识点： 1．绘制直线

2．曲线的绘制

设计理论： 广告中文字设计的要求

08 周年店庆招贴

知识点： 1．使用矩形工具

2．使用星形工具

设计理论： 绘画中色彩的运用

09 钻石宣传海报

知识点： 交互式阴影工具

设计理论： 画面中光的运用

理论知识：海报招贴

一、海报概述

海报又名“招贴”或“宣传画”，分布在各街道、影剧院、展览会、商业闹区、车站、码头、公园等公共场所。国外也称之为“瞬间”的街头艺术。海报招贴（post）是广告艺术中比较大众化的一种体裁，用来完成一定的宣传鼓动任务，或是以报导、广告、劝喻、教育等为目的的服务。

酒吧宣传海报

二、海报招贴的种类

海报按其应用不同大致可以分为商业海报、文化海报、电影海报和公益海报等，这里对它们进行大概的介绍。

1. 商业海报

商业海报是指宣传商品或商业服务的商业广告性海报。商业海报的设计，要恰当地配合产品的格调和受众对象。

2. 文化海报

文化海报是指各种社会文娱活动及各类展览的宣传海报。展览的种类很多，不同的展览都有它各自的特点，设计师需要了解展览和活动的内容，运用恰当的方法表现其内容和风格。

旅游节海报

3. 电影海报

电影海报主要是起到吸引观众注意、刺激电影票房收入的作用，与戏剧海报、文化海报等有几分类似。

4. 公益海报

公益海报是带有一定思想性的。这类海报具有特定的教育意义，其海报主题包括各种社会公益、道德的宣传，或政治思想的宣传，弘扬爱心奉献、共同进步的精神等。

5. 店内海报

店内海报通常应用于营业店面内，起到装饰和宣传的作用。店内海报的设计需要考虑到店内的整体风格、色调及营业的内容，力求与环境相融。

钢琴海报

6. 招商海报

招商海报通常以商业宣传为目的，采用引人注目的视觉效果达到宣传某种商品或服务的目的。招商海报的设计应明确其商业主题，同时在文案的应用上要注意突出重点。

7. 展览海报

展览海报主要用于展览会的宣传，常分布于街道、影剧院、展览会、商业闹区、车站、码头、公园等公共场所。它具有传播信息的作用，涉及内容广泛、艺术表现力丰富、远视效果强。

童装海报

07 夏季冰爽海报

Chapter 03	海报设计	夏季冰爽海报

技法表现 运用贝塞尔工具和形状工具，编辑花瓣形状。再输入文字，运用形状工具对文字做变形处理，得到造型复杂的变形文字。

包含知识 文字工具、编辑曲线、渐变填充、导入素材等。

文件路径 Reader\Chapter03\07\complete\夏季冰爽海报.cdr

► 设计分析——以活跃和清爽吸引消费者

本案例制作的是一个超市夏季海报。夏天是一个炎热的季节，在外到处都能感到热浪的袭击，在夏季人们最希望看到和感受到的就是冷色调和清爽一些的画面，因此设计人员在制作该类海报时应根据这一特点，首先运用冷色调吸引人的注意，才能更好地展示画面中的内容。

在海报的设计中，需要涉及两个方面：1．画面色彩的搭配；2．广告素材的选择。由于消费者去超市大多数都是为了购物，在设计海报时，除了要求画面漂亮、大方外，还要让消费者有视觉上的享受。因此在画面中使用了水滴和荷花两种图像作为背景，然后再对文字变形，让画面有活跃的感觉。

► 制作流程——先制作背景，再添加图形

绘制背景图形

绘制花瓣图形

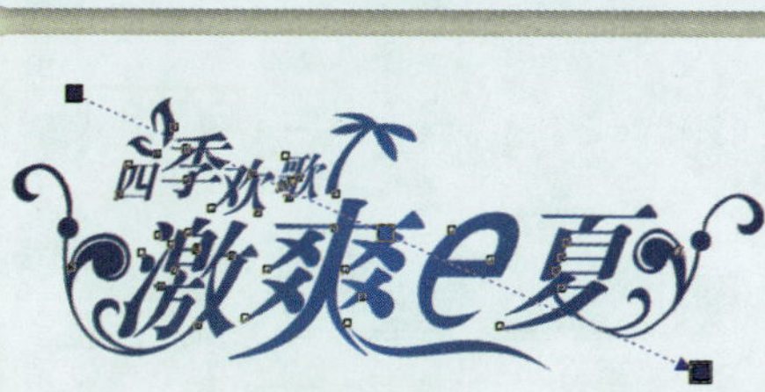

编辑变形文字

添加其他图形元素

▶ 制作步骤

制作背景图形

背景为主要色调，因此这里首先绘制好背景，并且添加一些基本图像。首先通过矩形工具得到矩形，再使用渐变工具为矩形做线性渐变填充，最后将素材图像导入到页面中进行操作。

1 新建文件

❶ 运行CorelDRAW X5，单击工具栏中的"新建"按钮，新建"未命名-1"文件。

❷ 单击属性栏中的"横向"按钮，将页面转换为横向。

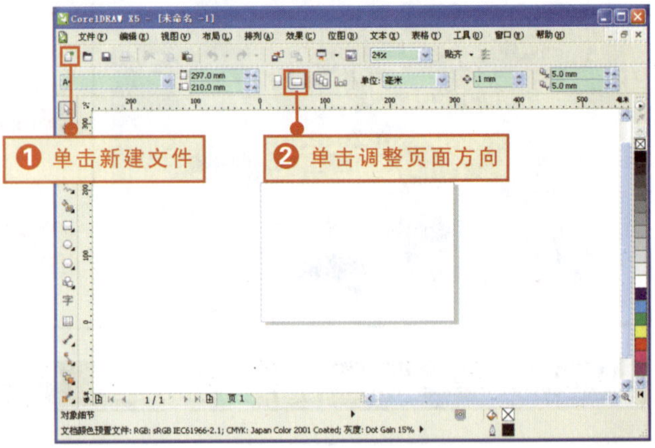

2 绘制矩形

❶ 单击矩形工具，在页面上单击，确定绘图的起点。

❷ 拖动鼠标，绘制出一个矩形。

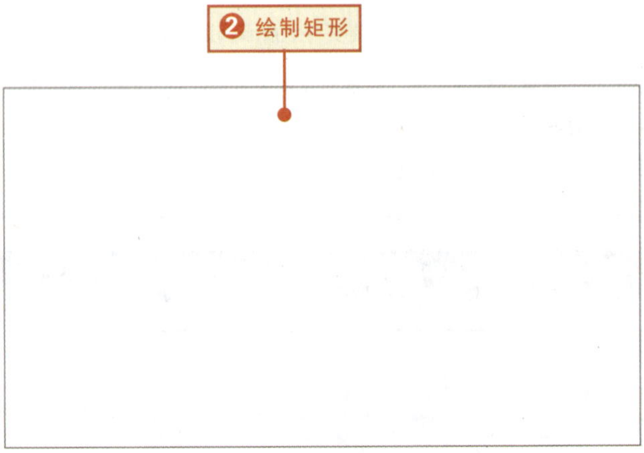

3 设置渐变颜色

❶ 按下工具箱中的填充工具，在弹出的列表中选择渐变填充。

❷ 在打开的"渐变填充"对话框中，设置渐变类型为射线，颜色调和为自定义。

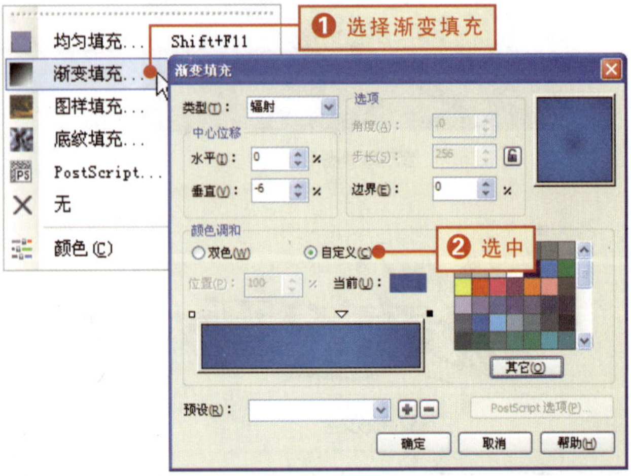

4 设置渐变起始色

❶ 单击渐变条左上角的指示块，再单击“其他”按钮，在打开的“选择颜色”对话框中设置颜色。

❷ 完成后单击“确定”按钮，设置渐变起始颜色。

❸ 单击右侧指示块，使用同样的方法和颜色值设置颜色。

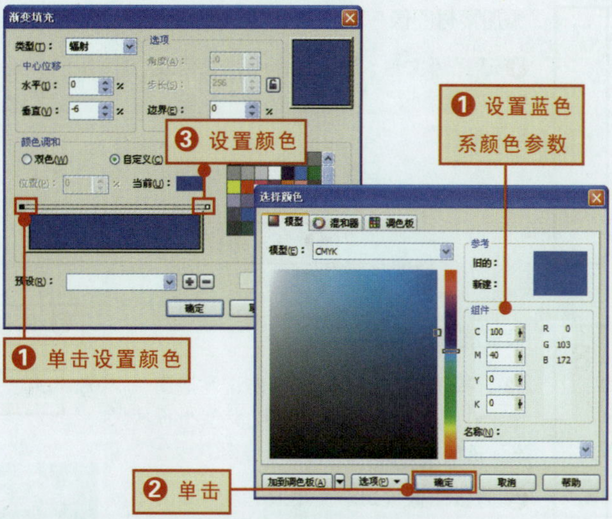

5 添加渐变色并应用渐变填充

❶ 在渐变条上双击，创建一个渐变控制点。

❷ 单击“其他”按钮，在打开的“选择颜色”对话框中设置颜色。完成后单击“确定”按钮，设置渐变颜色。

❸ 在“渐变填充”对话框中单击“确定”按钮，填充矩形。

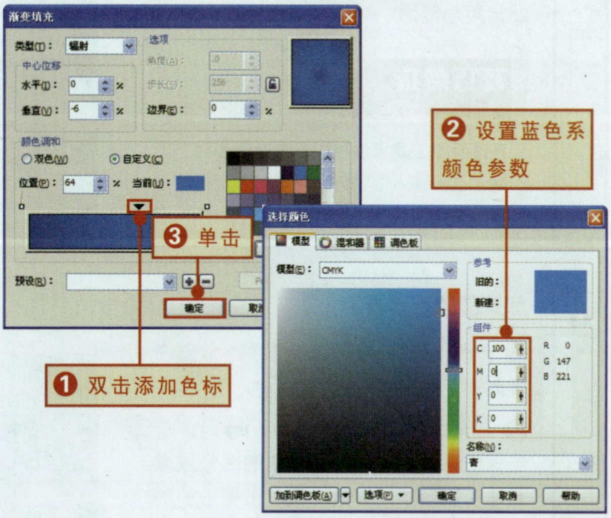

6 去除轮廓色

❶ 单击选择工具，并单击矩形。

❷ 右击调色板顶部的“无填充”图标☒，取消轮廓色。

7 添加素材图像

❶ 选择“文件>导入”命令，找到素材“水泡.psd”，单击“打开”按钮，打开素材图像。

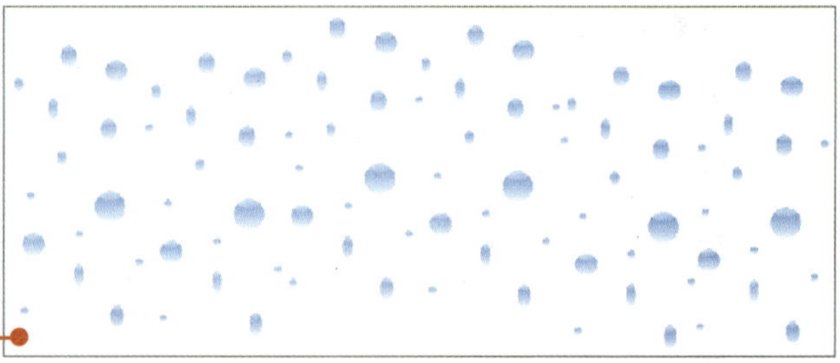

8 设置图像透明度

❶ 选择透明度工具，单击该水泡图像，在属性栏中设置透明度类型为标准，透明度为50。

❷ 将该图像放到渐变矩形中，并适当调整图像大小及位置，使水泡图像部分超出矩形范围。

技巧点拨

在透明度工具属性栏中设置透明度时，除了直接输入数值外，还可以手动拖动滑竿进行设置。

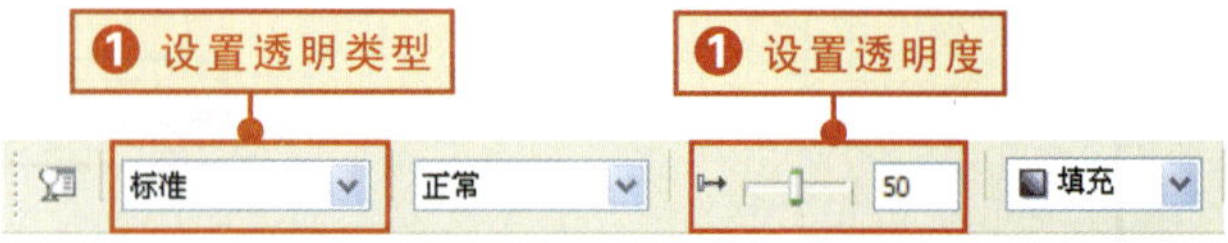

9 放置图像到容器中

❶ 选择“排列>图框精确裁剪>放置在容器中”命令。

❷ 当光标变成一个黑色箭头➡时，单击蓝色渐变矩形，即可将水泡图像放置到渐变矩形中，并且隐藏超出矩形的部分图像。

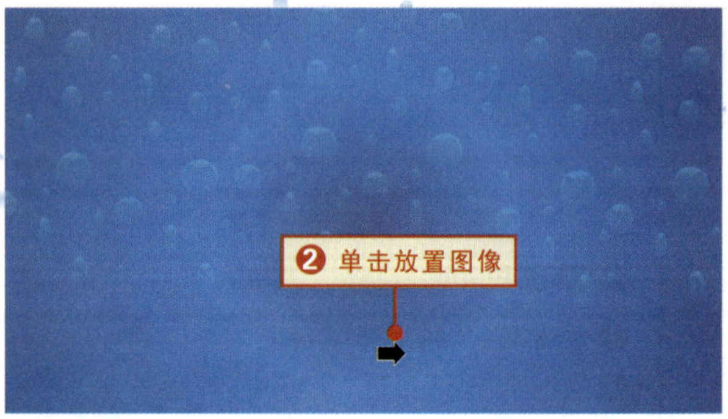

10 添加素材图像

❶ 选择“文件>导入”命令，找到素材“水珠.jpg”，单击“打开”按钮，打开素材图像。

❷ 使用选择工具将该图像放到渐变矩形中，并适当调整其大小。

绘制花瓣图形

编辑完背景图像后，下面来绘制花瓣图形。花瓣图形属于曲线造型，因此在使用形状工具对图形进行编辑时，需要多次将直线转换为曲线进行编辑。

1

绘制多边形

❶ 选择贝塞尔工具，在页面的空白处绘制一个多边形，作为将来编辑为花瓣的雏形。

❷ 选择形状工具，并单击其中一个节点，然后单击属性栏中的“转换直线为曲线”按钮，这时曲线中将出现两个控制手柄。

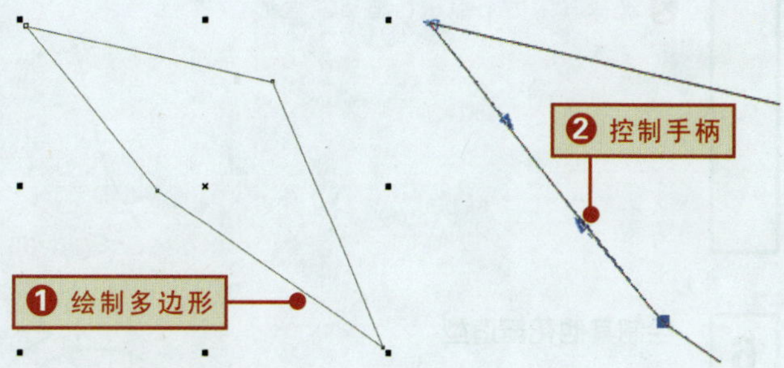

2

编辑图形

❶ 选择其中一个手柄，按住鼠标左键向上进行拖动，得到曲线造型。

❷ 选择另一个手柄，同样按住鼠标左键向上略微拖动。

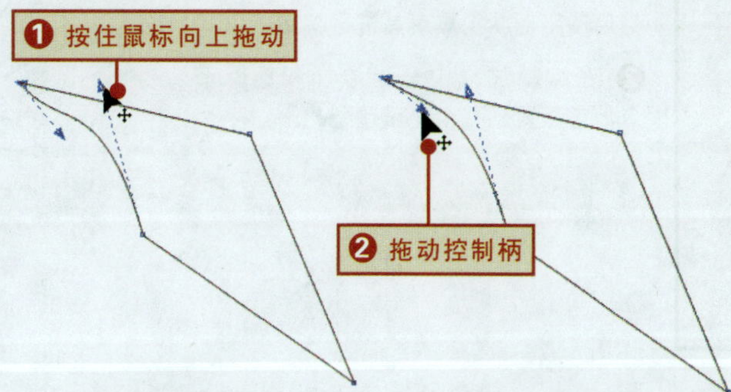

3

编辑图形

❶ 运用同样的方法，选择其他几个节点，将其转换为曲线。

❷ 选择控制手柄，分别调整每段曲线，得到第一个花瓣图形。

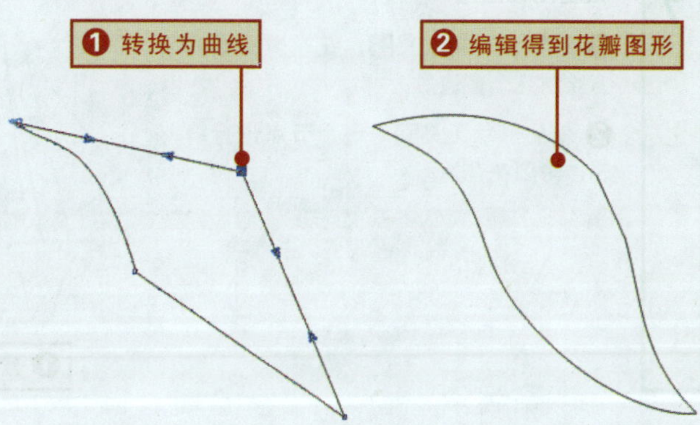

4

复制另一个花瓣图形

❶ 选择刚刚绘制好的花瓣图形，将鼠标放到最左侧的黑色控制块中，此时鼠标变成 ⟷ 形状。

❷ 按住【Ctrl】键并向右拖动鼠标，可以得到一个水平镜像的效果，在不松开鼠标左键的同时右击，即可得到一个复制的图像。

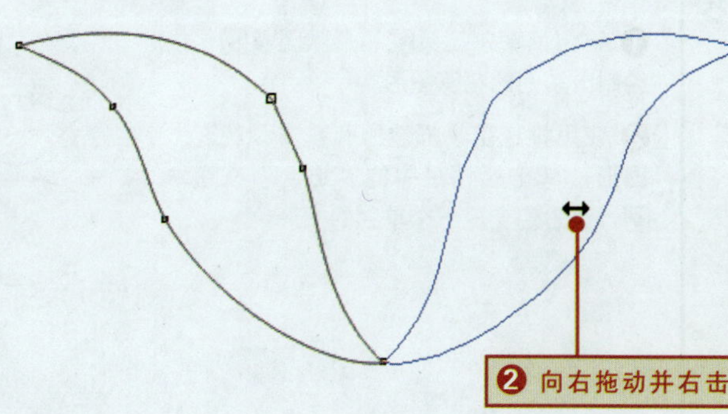

5

调整另一个花瓣图形

❶ 将复制的图形适当向右移动一些位置，然后双击右侧的花瓣图形，切换到形状工具编辑状态。

❷ 选择其中的节点进行适当的变形。

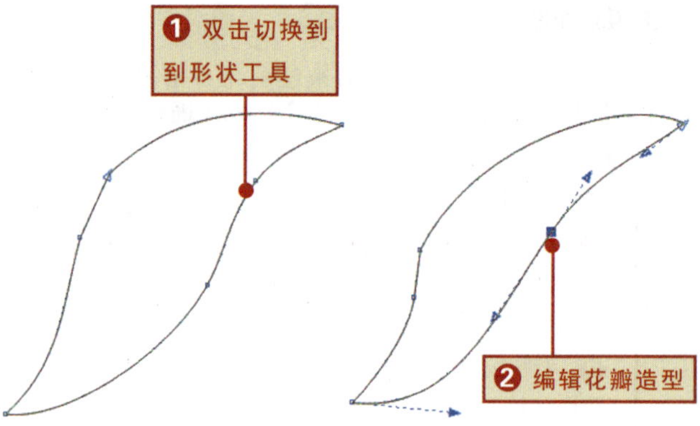

6

绘制其他花瓣造型

❶ 使用相同方式，绘制多个多边形，然后使用形状工具对其进行编辑。

❷ 在编辑过程中适当添加和删除节点，直至得到整个花瓣造型。

7

绘制花蕊图形

❶ 选择贝塞尔工具，在花瓣图形上方绘制几个多边形。

❷ 使用形状工具对每个节点进行编辑，得到花蕊造型。

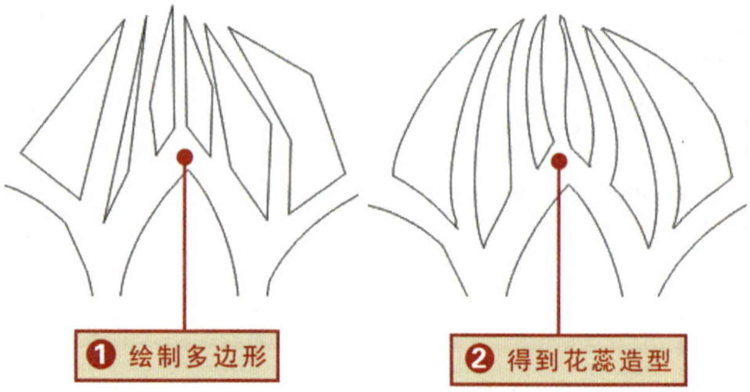

8

结合图形

❶ 结合贝塞尔工具和形状工具，绘制出其他的花蕊图形。

❷ 使用挑选工具框选所有花瓣和花蕊图形，单击属性栏中的“结合”按钮，让它们变成一个单独的图形。

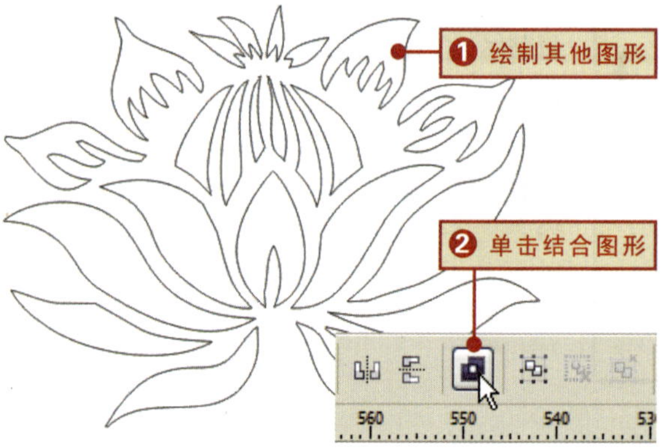

9

设置颜色

❶ 选择花瓣图形，单击工具箱中的交互式填充工具。

❷ 在属性栏中设置渐变类型为线性，渐变填充中心点为50。然后单击填充下拉按钮，在弹出的面板中单击“其他”按钮。

❸ 在“选择颜色”对话框中设置颜色值，然后单击“确定”按钮，设置起始色，并保持终止色为白色。

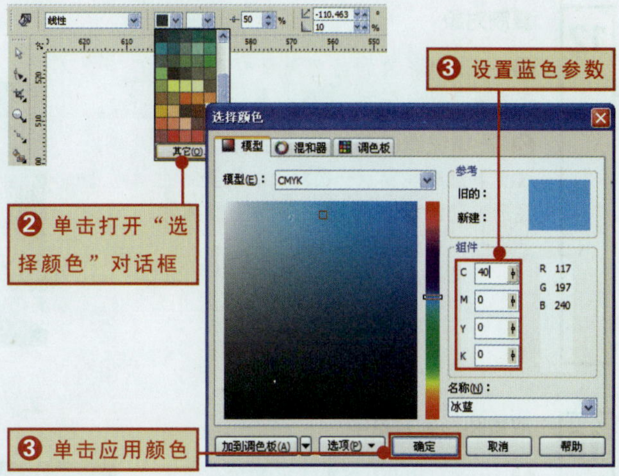

10

去除轮廓线

❶ 在属性栏中设置好各项参数后，得到图形的渐变填充效果。

❷ 右击调色板顶部的“无填充”图标☒，即可去除图形的轮廓线。

技巧点拨

当用户选择一个图形时，在调色板中右击某一色块，可以为该图形轮廓线填充颜色。

11

旋转图形

❶ 选择花瓣图形，并再次单击该对象，将鼠标放到图形的右上方向上拖动，即可旋转图形。

技巧点拨

如果要精确旋转对象，可以在属性栏中的“旋转角度”数值框中输入精确的数值。

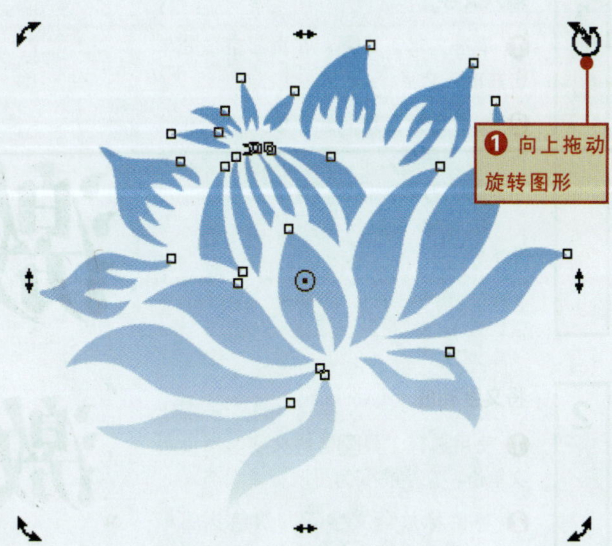

12

复制对象

❶ 将该图形放到蓝色渐变矩形的右下角。

❷ 选择花瓣图形，按下小键盘中的【+】键原地复制一次对象，将复制的图形拖动到蓝色渐变矩形的左上角，并适当缩小对象。

13

放置图形到容器中

❶ 按住【Shift】键单击这两个花瓣图形，将这两个图形同时选择。

❷ 选择“效果>图框精确剪裁>放置在容器中”命令，当出现黑色箭头符号时，单击蓝色渐变矩形，将其放置在矩形中。

编辑艺术字

完成了花瓣的绘制后，下面制作广告画面中的主体部分——变形文字。在制作文字图形时，采用了层叠的方式，即一层白色文字下方叠加了一个深色图形，使其产生立体投影效果。

1

输入文字

❶ 单击文本工具，在页面空白处单击并输入文字。

❷ 使用选择工具选择该文字，在属性栏的“字体列表”下拉列表框中选择字体为“方正大标宋简体”。

2

将文字转曲

❶ 使用选择工具选择文字，然后再次单击，文字将变为可以旋转状态。

❷ 将鼠标放到文字下方双箭头图标上，当鼠标变为⇄状态时，按住鼠标向左拖动，即可倾斜文字。

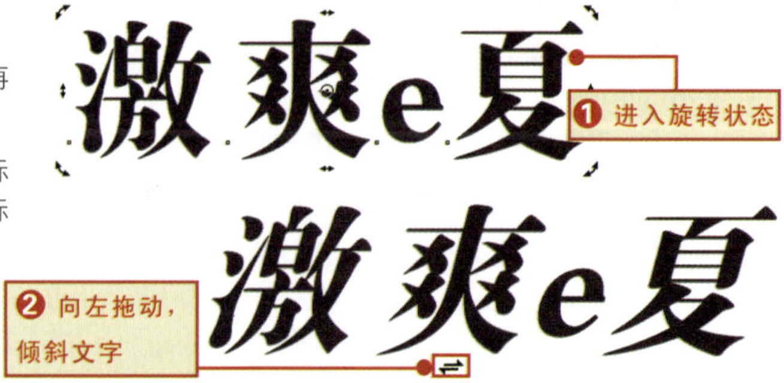

3

将文字转曲

❶ 执行“排列>打散”命令，将文字分离为单独的个体。

❷ 分别选择每一个文字，按【Ctrl+Q】组合键，将文字转换为曲线。

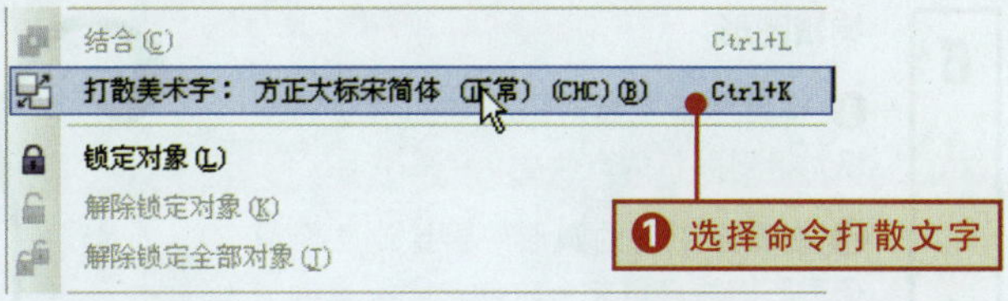

4

对文字变形

❶ 选择第一个文字，使用形状工具选择其中一个节点，向左拖动。

❷ 再选择该笔画上的节点，调整其控制手柄，让图形具有弧度造型。

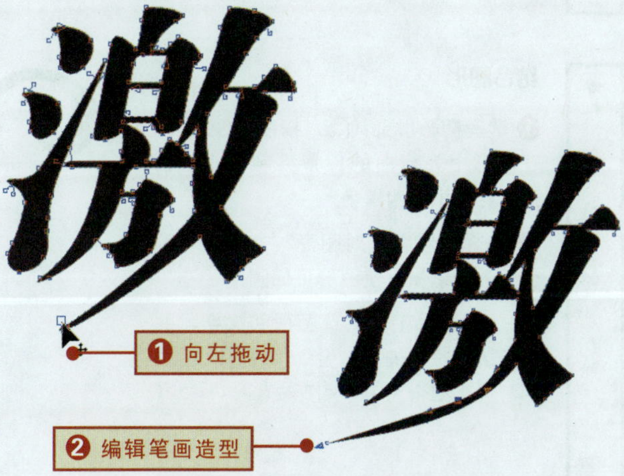

5

绘制多边形

❶ 选择贝塞尔工具，在文字变形部位再绘制一个多边形。

❷ 使用形状工具框选所有节点，然后单击属性栏中的“到曲线”按钮，将所有直线都转换为曲线。

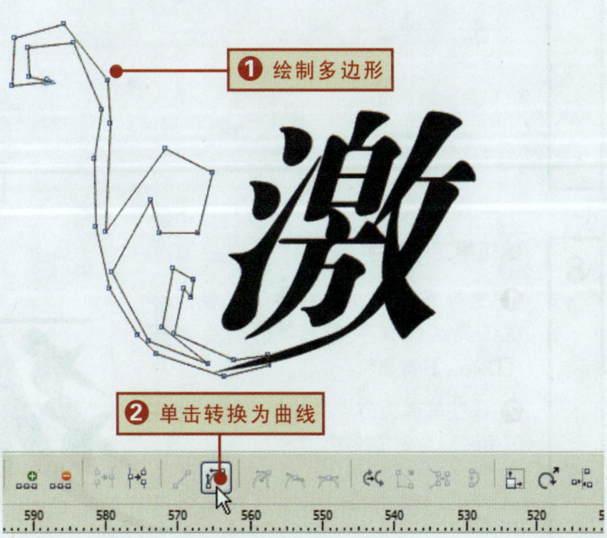

6

编辑图形

❶ 使用形状工具对每一条曲线进行编辑，得到形状的弯曲变化。

❷ 在图形中间的圆形中再绘制一个月牙图形，并且填充为白色。

技巧点拨

在使用形状工具编辑图形时，工具属性栏中的一排编辑按钮能帮助用户更好地编辑图形，其中有节点的添加、删除、平滑、尖突、对称等，合理运用这些按钮，可以更好地对曲线进行设计。

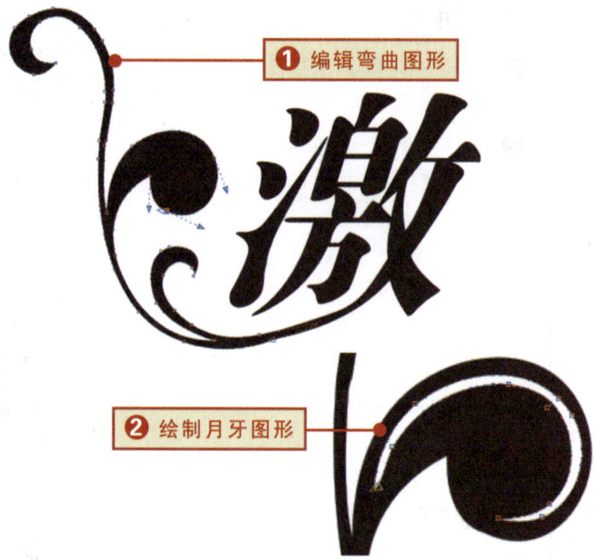

7

结合图形

❶ 选择椭圆形工具，按住【Ctrl】键在图形上方弯曲的位置绘制一个正圆形，并且填充为黑色。

❷ 选择形状工具对图形与文字连接的位置进行编辑，使图形更加圆滑。

❸ 使用选择工具框选图形和文字，并单击属性栏中的“结合”按钮，让图形与文字结合为一个图形。

8

编辑第二个文字

❶ 选择第二个文字“爽”，使用形状工具选择文字右下角的节点，按【Delete】键删除。

❷ 调整其旁边节点的控制手柄，将该笔画调整为尖角状态。

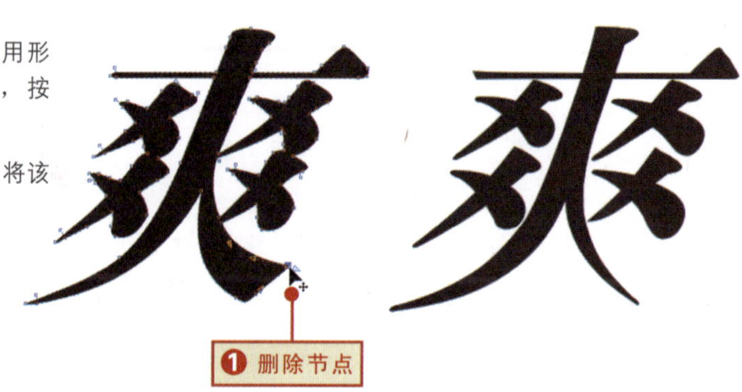

9

绘制图形

❶ 选择贝塞尔工具，在“爽”字下方绘制一个多边形。

❷ 使用形状工具框选该图形所有节点，单击属性栏中的“到曲线”按钮，然后分别选择每个节点，通过控制手柄进行编辑，得到曲线造型对象。

❸ 使用挑选工具选择“爽”字和曲线图形，单击属性栏中的“结合”按钮，让图形与文字结合为一个图形。

10

变细文字笔画

❶ 选择“e”字，将鼠标放到文字右上角，按住鼠标向外拖动，将其适当放大。

❷ 使用形状工具对文字进行适当调整，将部分笔画适当变细。

11

编辑文字

❶ 使用形状工具选择“夏”字，单击右下角的节点，向内拖动鼠标。

❷ 选择其周围的节点，向内拖动鼠标，将该笔画变细。

12

绘制图形

❶ 参照“激”字左侧的花纹图形，绘制一个相同的图形放到“夏”字的右侧。

13 输入文字并调整

❶ 选择文本工具输入文字“四季欢歌”，并在属性栏中设置字体为“方正大标宋简体”。

❷ 双击文字，适当将文字倾斜。

❸ 按【Ctrl+K】组合键，将文字打散为单独的个体，并适当调整每个文字的大小，放到“激爽e夏”的上方。

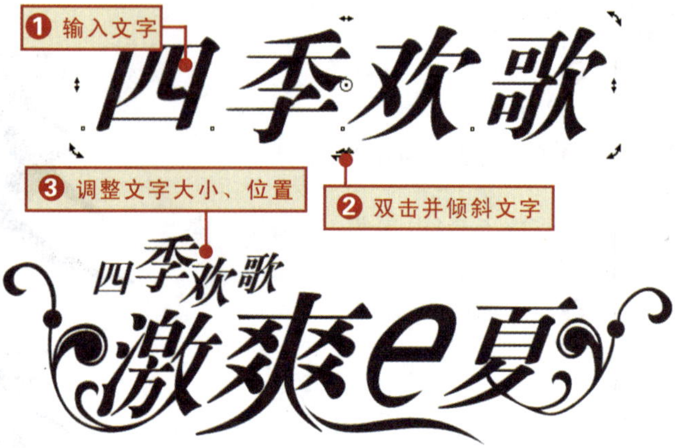

14 绘制图形

❶ 选择钢笔工具绘制两个翅膀图形，放到“四”字的左侧，并填充为黑色。

❷ 绘制一个椰树图形，放到“歌”字的右侧。

❸ 选择这两个图形和所有文字图形，单击属性栏中的“结合”按钮，将文字结合成一个整体。

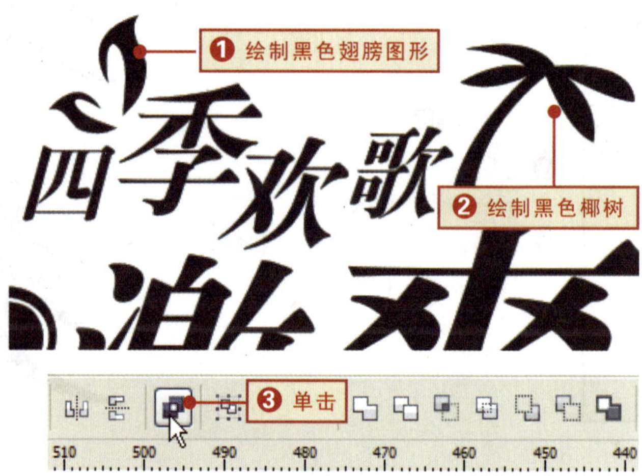

15 填充图形

❶ 选择交互式渐变工具，单击属性栏中的“渐变填充”按钮，打开“渐变填充”对话框。

❷ 设置渐变类型为射线，渐变调和为自定义，颜色从“深蓝色”(C:96,M:67,Y:30,K:0)到“浅蓝色”(C:100,M:20,Y:0,K:0)到“深蓝色”(C:96,M:69,Y:24,K:2)。

❸ 单击“确定”按钮，得到线性渐变填充效果。

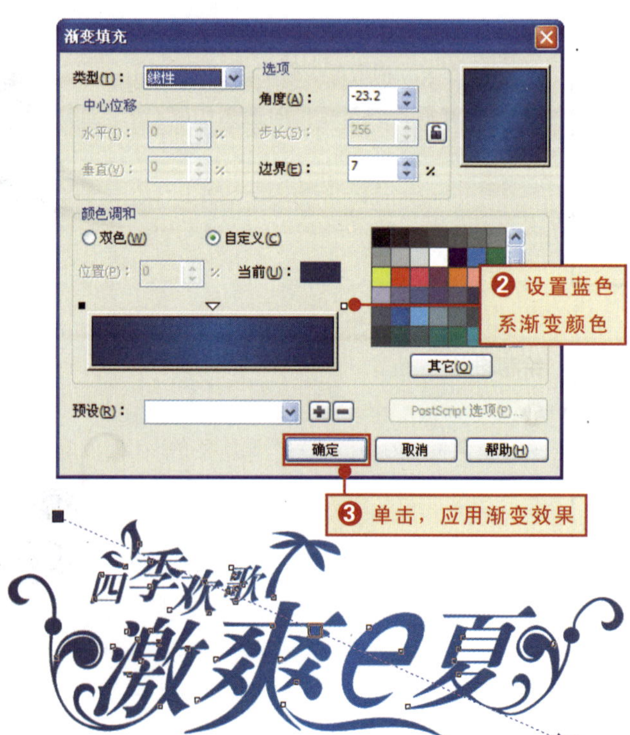

16

复制文字

❶ 将文字放到蓝色渐变矩形中，按下小键盘上的【+】键复制一次对象。

❷ 分别按键盘上的【↑】、【←】键向左向上略微移动复制的对象，并填充为白色。

技巧点拨

按下小键盘上的【+】键能够原地复制对象，在复制后，复制对象将遮盖原对象，用户并不能明显看到复制的结果。可以使用鼠标选择复制对象移动开即可。

17

输入文字

❶ 选择文本工具在蓝色渐变图形的右下方输入文字，在属性栏中设置字体为Arial Black，并填充颜色为白色。

❷ 选择文字，按【Ctrl+K】组合键，将文字打散。

18

调整文字

❶ 选择第一个“m”字母，按【Ctrl+Q】组合键，分别将文字转换为曲线。使用形状工具选择左下角的两个节点，向下拖动。

❷ 选择不同的字母，调整大小和位置。

❸ 选择所有英文字母，按【Ctrl+L】组合键，将其结合成一个对象。

19

置入素材

❶ 选择“文件>打开”命令，打开“水泡2.jpg”。

❷ 选择“效果>图框精确剪裁>放置在容器中”命令，将水泡图像放置到英文字母中。

添加其他图像

完成背景图像和变形文字的制作后，还需要为画面添加一些辅助图像，增添画面的视觉活跃性。这里添加的辅助元素主要有金鱼图像、英文字母等。

1 导入素材图像

❶ 选择“文件>导入”命令，打开“金鱼.psd”。

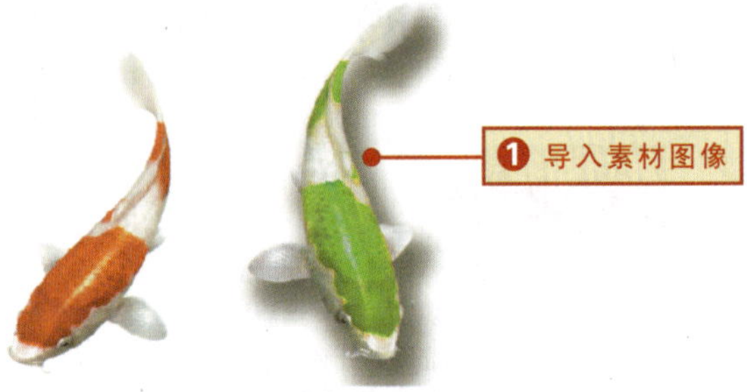

2 复制对象

❶ 将这两条金鱼放到英文字母的周围，并且复制一次红色金鱼图像，放到字母的左侧，同时适当放大图像。

❷ 输入文字“幽夏”，在属性栏中设置字体为黑体，填充为白色。

3 复制对象

❶ 使用椭圆形工具，在文字中间绘制一个白色圆点。

❷ 结合贝塞尔工具和形状工具，在文字右侧绘制一条白色曲线。

❸ 按住【Ctrl】键向下移动曲线，同时右击，可以移动复制一个对象。再按【Ctrl+R】组合键，重复操作，复制出多条曲线。

4 复制对象

❶ 选择最初绘制的蓝色渐变图形，然后选择“效果>图框精确剪裁>提取内容”命令。

❷ 复制一次花朵图形，将对象缩小放到英文字母的上方，并填充为白色。

❸ 选择“效果>图框精确剪裁>放置在容器中”命令，还原之前的对象。

5 应用透明效果

❶ 按【Ctrl+K】组合键，打散对象，然后选择其中一个花瓣，按【+】键复制一次对象，并将其填充为“红色”(C:0,M:100,Y:0,K:0)。

❷ 选择透明度工具，在花瓣上拖动鼠标，对其应用线性交互式透明。

❸ 在属性栏中设置参数，调整透明效果，制作出折叠图形的投影。

6 重复操作

❶ 使用相同的方法，分别选择每个花瓣复制一次对象，并且填充颜色。

❷ 使用透明度工具，在花瓣上拖动鼠标，对其应用线性交互式透明。

❸ 按【F4】键，显示所有对象，完成本实例的制作。

技巧点拨

按【F4】键可以显示绘图页面中的所有对象，按【F3】键可以缩小页面。

► 知识点总结——贝塞尔工具的使用方法

本例在操作中，主要运用了贝塞尔工具来绘制图形，包括绘制直线、折线和曲线。

贝塞尔工具的使用

贝塞尔工具是绘制曲线时使用最多的工具，它可以绘制出直线和平滑的曲线，并且能通过改变节点和控制点的位置来控制曲线的弯曲度。

❶ 绘制直线：选择贝塞尔工具，在工作区中单击，确定起始节点，到适当的位置后再单击，作为一个节点，即可绘制出一条直线。继续拖动鼠标到适当的位置单击，可以连续绘制出折线。将鼠标放到起始点处单击可以得到闭合的图形。

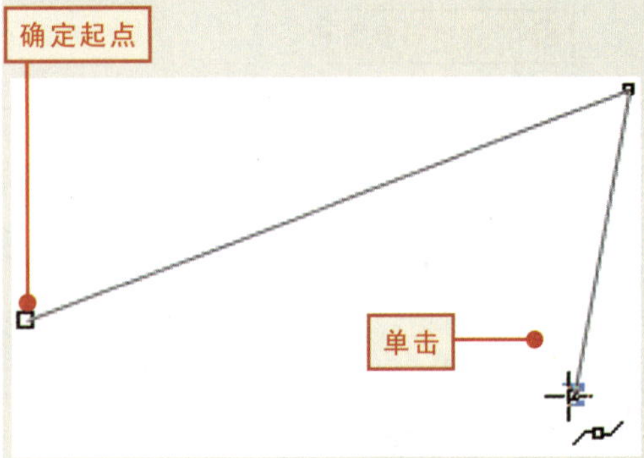

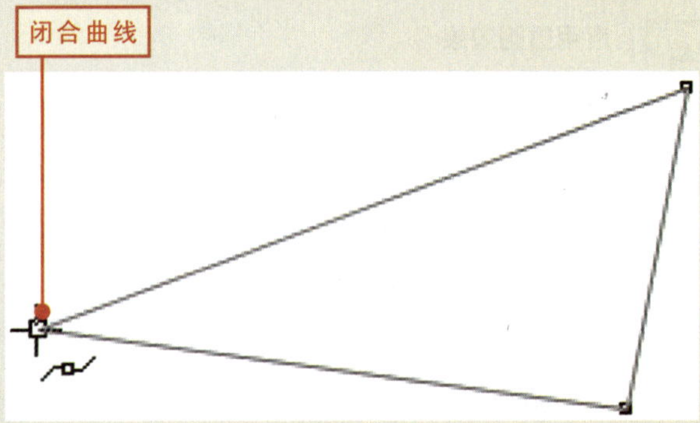

❷ 绘制曲线：如果是绘制有弧度的曲线，可以在工作区中按住鼠标左键进行拖动，这时在节点两端将出现两个控制点，将鼠标移到其他位置上单击并拖动鼠标，即可在两节点间绘制出曲线。

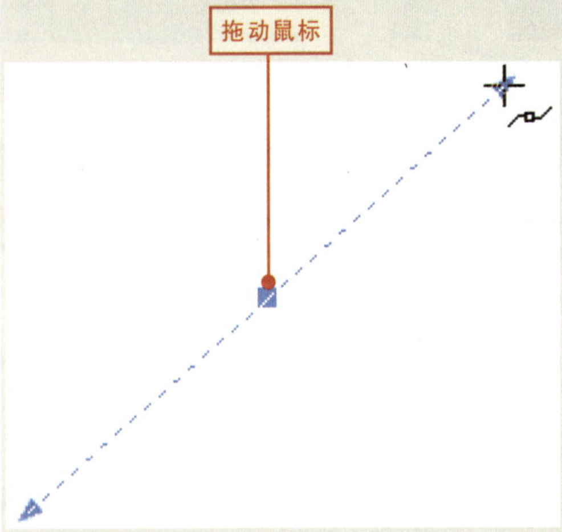

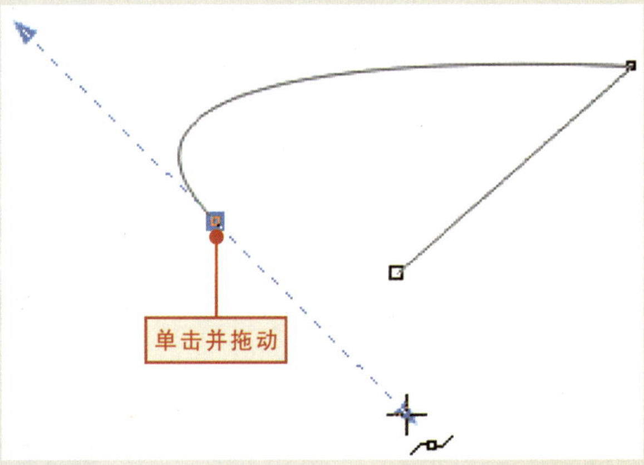

► 设计理论——广告中文字设计的要求

1. 整体风格的统一

在进行设计时必须对字体作出统一的形态规范，这是字体设计最重要的准则。在组合文字时，只有字的外部形态上具有鲜明的统一感，才能在视觉传达上保证字体的可认性和注目度，从而清晰准确地表达文字的含义。如在字体设计时对笔画的装饰变化必须以统一的变化来处理，不能让一组字中的每个字的笔画变化都不同、各自为政，否则必将破坏文字的整体美感，让人感觉杂乱无章，不成体系，这样就难以收到良好的传达效果。

下图中的超市招贴和英文字体，在文字的设计上都运用了整体风格统一的原则。

超市招贴海报

英文字体

2. 方向的统一

方向的统一在字体设计中有两层含义：一是指字体自身的斜笔画处理，每个字的斜笔画都要处理成统一的斜度，不论是向左或向右斜的笔画都要以一定的倾斜度来统一，以加强其整体的统一感。二是为了造成一组字体的动感，往往将一组字体统一有方向性的斜置处理。在进行这种设计时，首先要使一组字中的每一个字都按同一方向倾斜，以形成流畅的线条；其次是对每个字中的副笔画进行处理时，也要尽可能地使其斜度一致，这样才能在变化中保持一致，增强其整体的统一感。而不至于因变化不统一，显得零乱而松散，缺乏均齐统一的美感，难以产生良好的视觉吸引力，如下左图所示。

3. 笔画粗细一致

字体笔画的粗细要有一定的规格和比例，在进行文字设计时，同一字内和不同字间的相同笔画的粗细、形式应该统一，不能使字体因变化过多而丧失了整体的均齐感，使人在视觉上感到不舒服，如下右图所示。

字体方向不统一

笔画粗细统一

▶ 08 周年店庆招贴

Chapter 03	海报设计	周年店庆招贴

技法表现 运用绘图工具绘制基本图形，然后对图形进行渐变填充。输入文字，对文字边缘添加线条宽度。

包含知识 椭圆形工具、放置图形在容器中、星形工具、文字工具等。

文件路径 Reader\Chapter03\08\complete\周年店庆招贴.cdr

▶ 设计分析——突出促销的实惠

本案例是为一家商场制作的周年店庆招贴。客户要求体现出喜气的特点，并且要将活动内容突出显示，让招贴吸引人的注意。

根据客户的需求，在招贴设计中应用了喜气的红色为主要色调，再加上彩带和礼花图形，让画面顿时充满了欢天喜地的气氛。然后采用了为文字描边，并且层叠文字的形式，突出这次活动的中心内容。最后将活动内容放在明显的位置，并且清楚地书写出来，很好地达到了客户的要求。

▶ 制作流程——先制作背景，再添加文字

绘制彩带图形

添加层叠文字

添加礼花图形

添加上方文字

添加活动内容

完成效果

► 制作步骤

绘制彩带图形

通常在制作一个内容较多的广告时，我们会先制作背景中的图形，然后根据背景内容中的颜色和素材，来添加其他的设计元素。

1 新建文件

❶ 运行CorelDRAW X5，单击工具栏中的“新建”按钮，新建“未命名-1”文件。

❷ 选择工具箱中的矩形工具，在页面中绘制一个矩形。

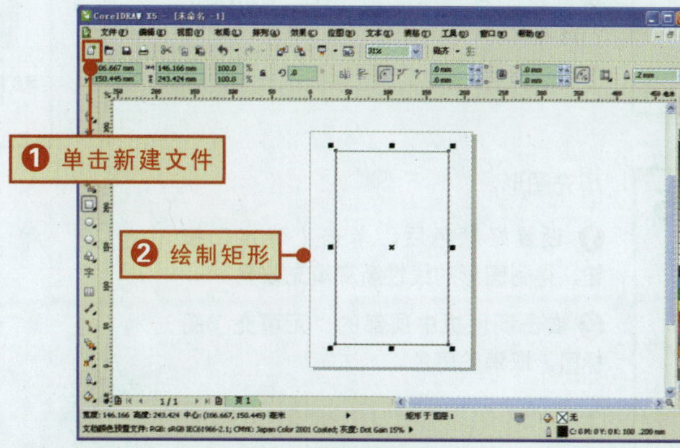

2 设置渐变色

❶ 选择交互式渐变工具，单击属性栏左侧的“编辑填充”按钮，打开“渐变填充”对话框，设置渐变类型和角度等参数。

❷ 单击渐变条左上角的指示块，再单击“其他”按钮，在打开的“选择颜色”对话框中设置颜色。

❸ 完成后单击“确定”按钮，设置渐变起始颜色。

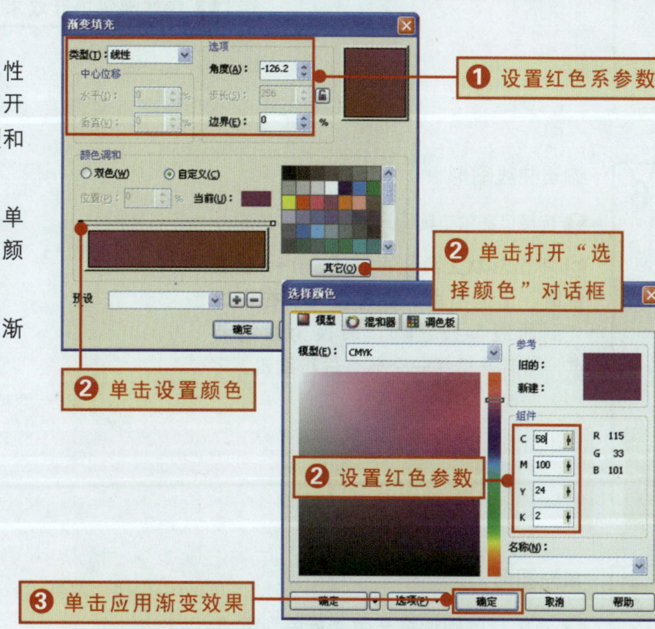

3 设置中间颜色

❶ 在渐变条上双击，创建一个渐变控制点。

❷ 单击“其他”按钮，在打开的“选择颜色”对话框中设置颜色。

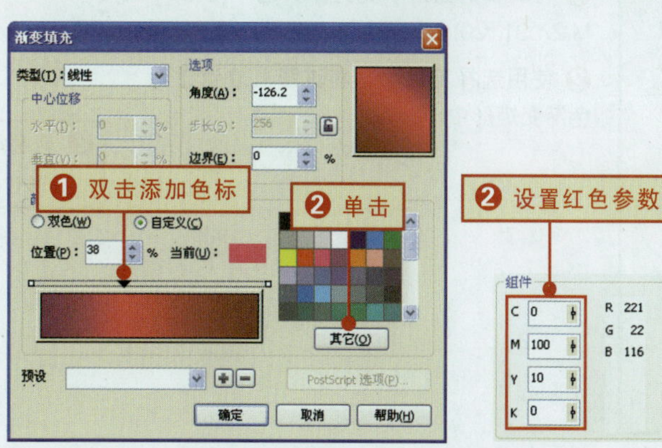

4 设置其他颜色

❶ 使用相同的方法，在渐变条上双击，创建一个渐变控制点，单击“其他”按钮，设置该控制点颜色为“红色”(C:0,M:100,Y:10,K:0)。

❷ 单击渐变条右上角的指示块，设置颜色为“深红色”(C:52,M:98,Y:94,K:10)。

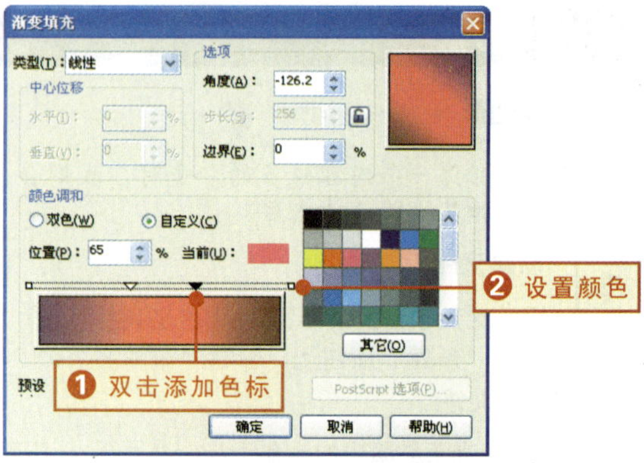

5 填充图形

❶ 设置好颜色后，单击“确定”按钮，得到图形的线性渐变填充效果。

❷ 右击调色板中顶部的“无填充”图标⊠，取消轮廓色。

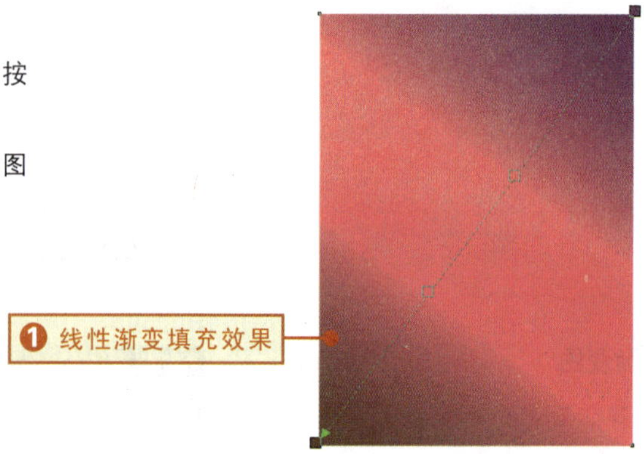

6 编辑曲线图形

❶ 选择贝塞尔工具，绘制一个多边形。

❷ 单击形状工具，按【Ctrl+A】组合键，全选节点。再单击属性栏中的“到曲线”按钮，转换为曲线节点，然后选择每一个节点进行编辑。

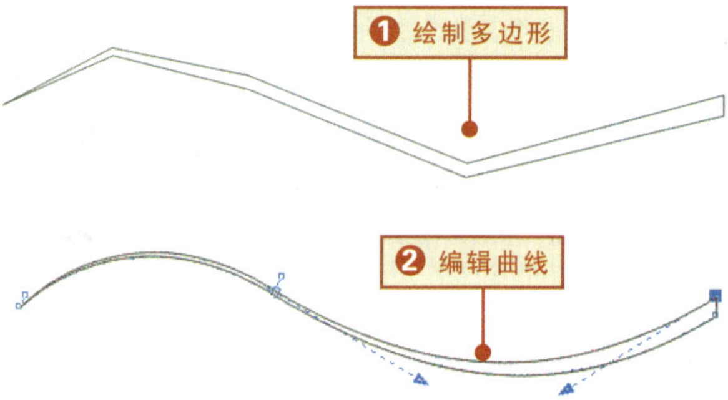

7 填充图形

❶ 将编辑的图形填充为“黄色”(C:3,M:2,Y:91,K:0) 。

❷ 使用选择工具，将该图形放到红色渐变矩形中。

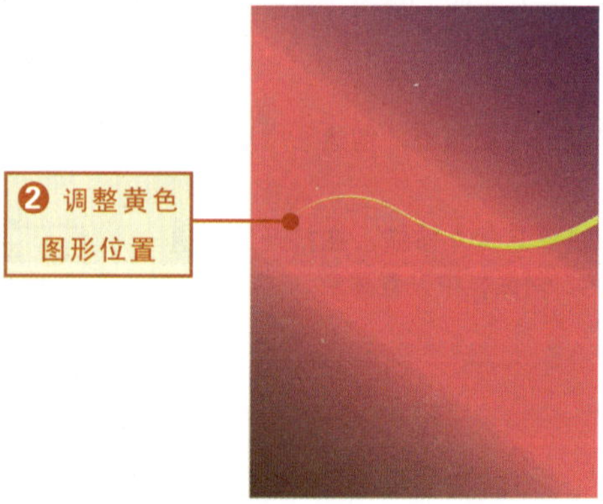

8 复制曲线图形

❶ 按小键盘上的【+】键原地复制一次对象。再按键盘上的【↑】键向上移动对象。

❷ 使用形状工具选择图形两头的节点适当拖动，并改变颜色为“橘黄色”(C:2,M:20,Y:89,K:0)。

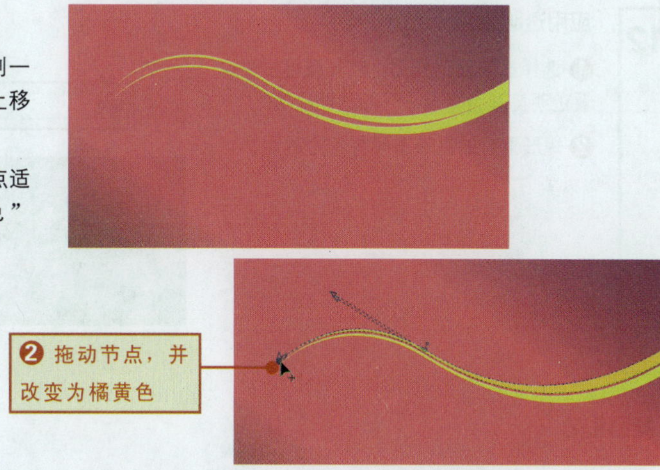

9 复制多个曲线图形

❶ 使用同样的方法，多复制几次对象。

❷ 使用形状工具选择图形两头的节点适当拖动，再参考右图所示的颜色改变图形颜色。

10 镜像对象

❶ 选择所有绘制好的飘带图形，按【Ctrl+G】组合键，群组对象。

❷ 按【+】键复制一次对象，然后单击属性栏中的“水平镜像”按钮，将得到的镜像对象放到左侧。

❸ 选择镜像对象，将鼠标放到图形的右上角向内拖动，适当缩小图形，再按【Ctrl+PageDown】组合键，将图形放到下一层。

11 复制对象

❶ 使用选择工具框选这两组彩带图形。

❷ 将图形复制并填充为“白色”，然后放到矩形的下方。

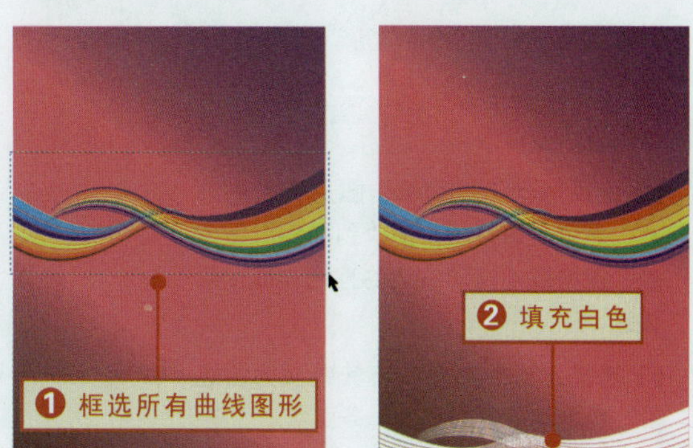

12 应用透明效果

❶ 选择透明度工具，在其属性栏中设置透明类型为标准，开始透明度为73。

❷ 矩形下方的飘带图形将变为透明状。

绘制礼花

绘制好背景图形后，为画面添加礼花图形，更能增添喜气。首先，每个礼花图形的上端制作一个五角星图形，再使用形状工具编辑出一个尾巴，即可得到礼花效果。

1 绘制五角星

❶ 单击星形工具，在页面空白处按住鼠标左键拖动，绘制出一个五角星。

❷ 按【Ctrl+G】组合键，将图形转换为曲线。使用形状工具选择每一个节点，并进行调整。

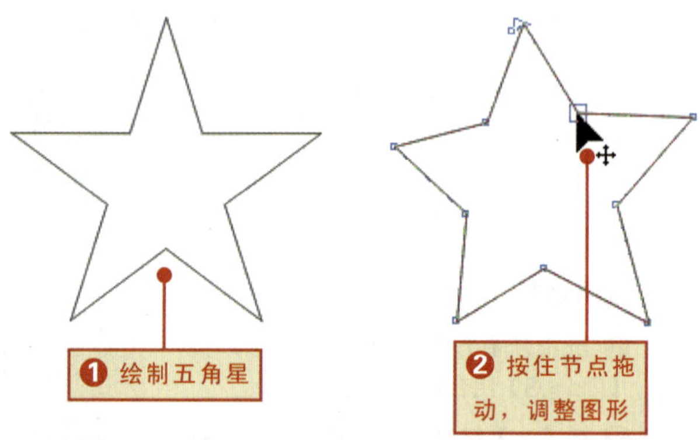

2 设置渐变填充

❶ 单击交互式渐变工具，在属性栏中设置填充类型为渐变，颜色为从"粉红色"(C:0,M:19,Y:0,K:0)到"红色"(C:0,M:72,Y:0,K:0)。

❷ 填充图形并右击调色板中顶部的"无填充"图标☒，取消轮廓色。

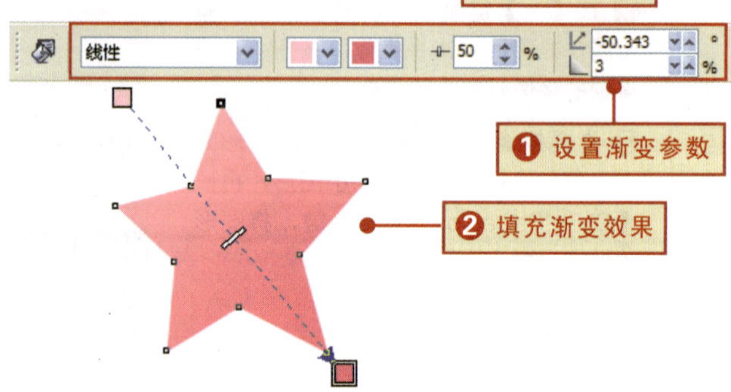

3 绘制图形

❶ 选择贝塞尔工具，在五角星下方绘制一个多边形。

❷ 使用形状工具单击图形下方的节点，再单击属性栏中的"到曲线"按钮，使用鼠标拖动右边的直线变成一条弧线。

❸ 选择左边的直线，将其转换为曲线后，也拖动该直线成为一条弧线。

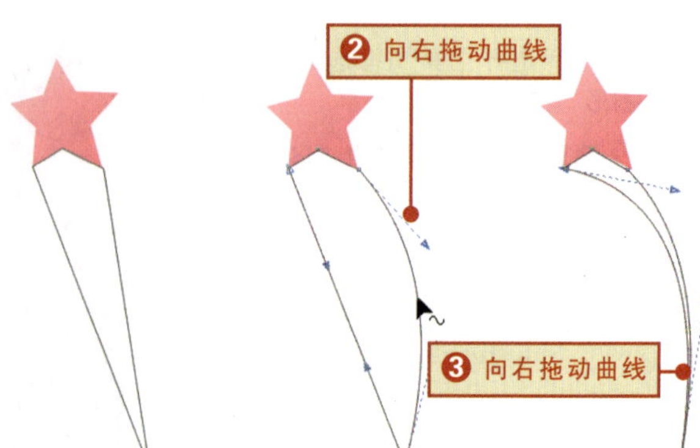

4 填充图形

❶ 单击交互式渐变工具，并单击属性栏中的“编辑填充”按钮，打开“渐变填充”对话框。

❷ 设置线性渐变填充，颜色从“洋红色”(C:0,M:100,Y:0,K:0)到“粉红色”(C:0,M:19,Y:0,K:0)。

❸ 单击“确定”按钮，得到图形的渐变填充效果，再取消轮廓色。

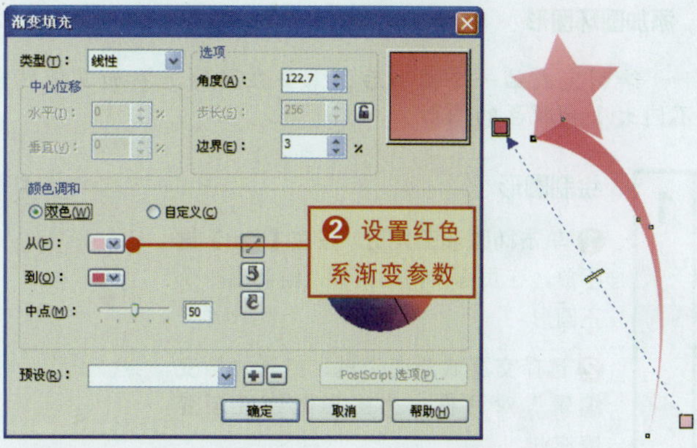

5 填充图形

❶ 结合贝塞尔工具和形状工具的使用，绘制出其他几个五角星下的曲线造型。

❷ 使用交互式填充工具分别为图形做线性渐变填充，颜色可以参考右图所示的红色系渐变填充，也可以根据自己喜好填充颜色。

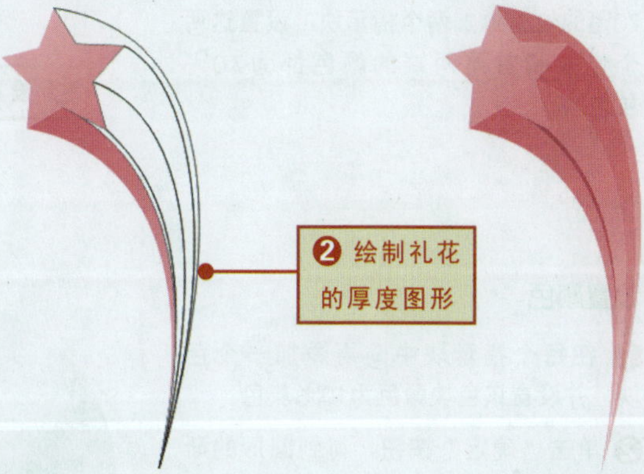

6 填充图形

❶ 使用同样的方法，绘制出两组礼花图形，分别填充为绿色系和黄色系。

❷ 再通过复制、变换等操作方式，得到一些较小的礼花图形。

7 复制图形

❶ 选择整组礼花图形，按【Ctrl+G】组合键，群组对象，再放到彩带图形中。

❷ 复制一次礼花图形，然后按【Ctrl+PageDown】组合键，将其放到右侧彩带图形的下方。

添加圆环图形

绘制完成第一个圆形后，需要在图形上添加其他颜色的圆形。可以通过复制并调整的方式，得到不同大小和颜色的图形。

1 绘制圆形

❶ 单击椭圆形工具，按住【Ctrl】键不放，在页面中拖动鼠标，绘制出一个正圆形。

❷ 选择交互式渐变工具，打开“渐变编辑”对话框，为图形做线性渐变填充。

❸ 在颜色调和选项中，分别在35%和70%的位置添加两个指示块，设置这两个位置和首尾两端的颜色都为70%灰色。

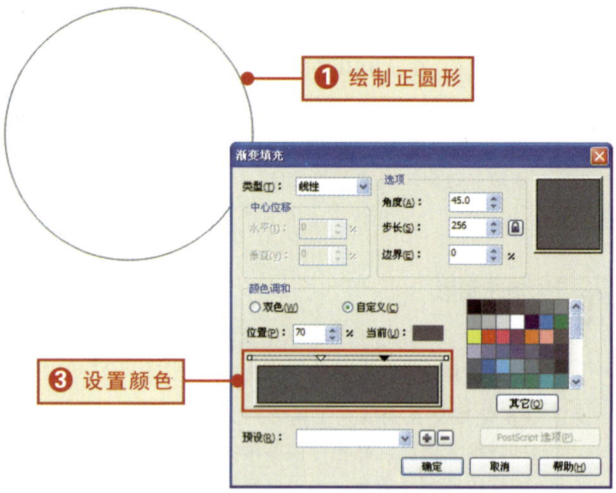

2 设置颜色

❶ 在每个指示块中间再添加一个色块，并设置该色块颜色为10%灰色。

❷ 单击“确定”按钮，得到圆形的渐变填充效果。

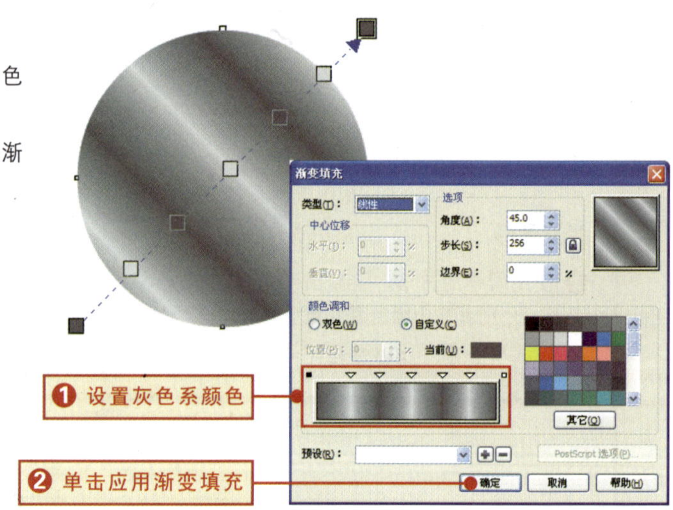

3 复制并调整图形

❶ 按小键盘上的【＋】键，原地复制一次对象，再按住【Shift】键，中心缩小图形。

❷ 单击属性栏中的水平镜像按钮，将渐变圆形做水平镜像调整。

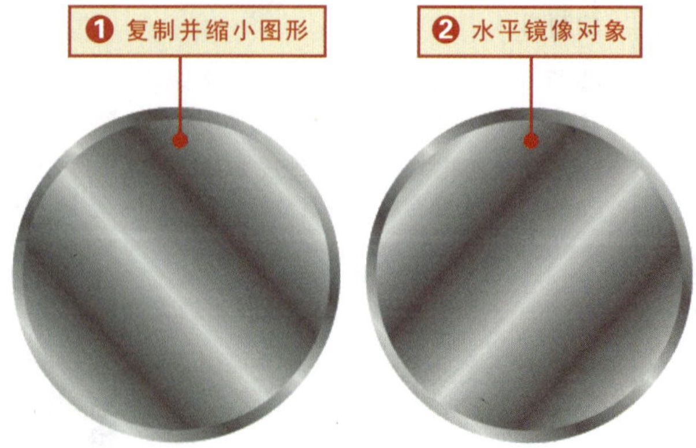

4

复制圆形

❶ 再次复制圆形并中心缩小，并适当向右移动。

❷ 改变圆形颜色为“土红色”(C:30, M:100,Y:100,K:50)。

5

设置渐变颜色

❶ 再复制一次圆形，并使用交互式填充工具为图形设置线性渐变填充，颜色为“橘黄色”(C:0,M:20,Y:100,K:0)、“橘红色”(C:0,M:60,Y:100,K:0)、“红色” (C:0,M:100,Y:100,K:0)、“红色”(C:0,M:100,Y:100,K:0)、“橘红色”(C:0,M:60,Y:100,K:0)。

❷ 填充好颜色后，适当将图形向上移动。

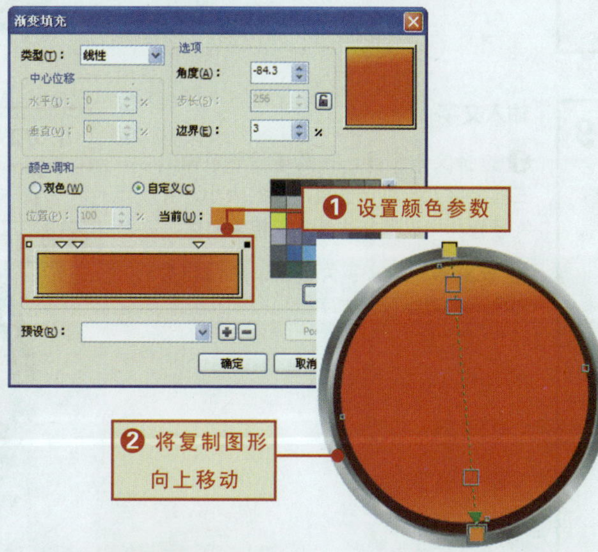

6

设置渐变填充

❶ 使用椭圆形工具在圆环中绘制一个正圆形。

❷ 使用交互式渐变工具为该图形做线性渐变填充，设置渐变颜色从“黄色”(C:0,M:0,Y:100,K:0)到“红色”(C:0, M:100,Y:100,K:0)。

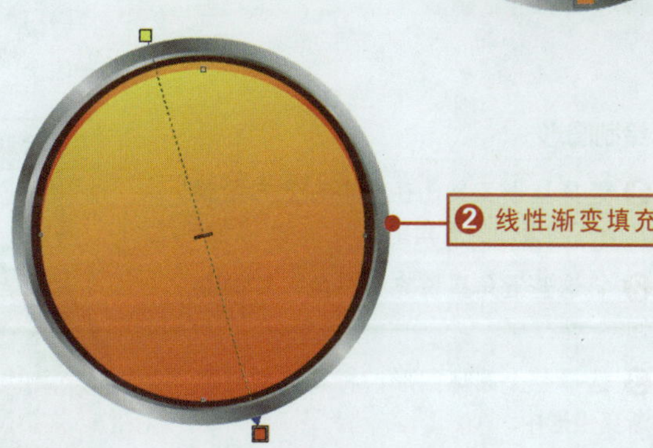

7

设置透明效果

❶ 单击透明度工具，选择刚刚绘制的图形，在属性栏中设置参数。

❷ 按【Enter】键，得到透明渐变效果。

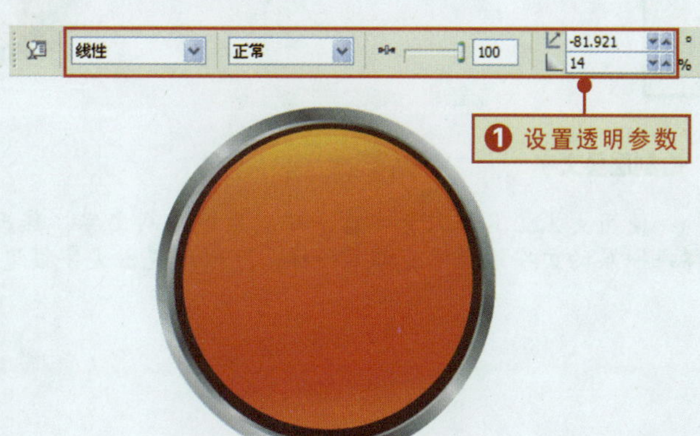

8

绘制图形并添加透明效果

❶ 再绘制一个椭圆形，并填充为黄色。

❷ 对黄色椭圆形同样应用线性透明渐变效果。

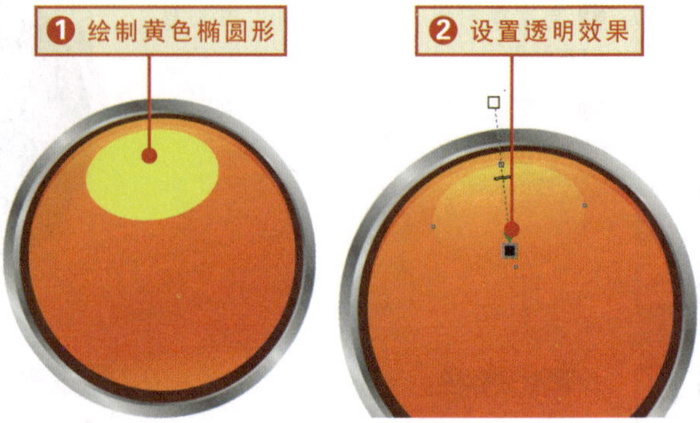

9

输入文字

❶ 选择文本工具，在圆环图形中输入三排文字，分别调整成不同的大小，并在属性栏中设置字体为方正粗宋简体。

❷ 设置第一排文字为黄色，后两排为白色，并适当倾斜文字。

10

绘制图形

❶ 选择星形工具，在文字右上方绘制几个不同大小的五角星。

❷ 将这些五角星填充为白色，并向左倾斜一些。

❸ 选择整个圆环图形，将其放到红色渐变矩形中。

绘制层叠文字

使用文本工具输入文字后，可以原地复制文字，然后再调整文字边框的宽度，得到层叠文字。这样每一层的文字边框宽度都不一样，可以体现出文字描边效果。

1

输入文字

❶ 单击文本工具，在红色渐变矩形中输入文字，并且单击调色板中的“蓝色”，填充文字为蓝色。

❷ 按【Ctrl+K】组合键，将文字打散成单独的个体，然后分别调整文字的大小、位置及倾斜度，得到如右图所示的样式。

2

绘制五角星

❶ 选择星形工具，再绘制一个五角星图形。

❷ 单击调色板中的“蓝色”，填充五角星为蓝色，并放到“缤”字的左上方。

3

设置轮廓颜色

❶ 选择蓝色文字和五角星图形，按【Ctrl+G】组合键，群组对象。

❷ 单击工具箱中的轮廓笔工具，打开“轮廓笔”对话框，单击颜色右侧的三角形按钮，在下拉列表框中单击“其他”按钮。

❸ 在“选择颜色”对话框中设置轮廓颜色，再单击“确定”按钮。

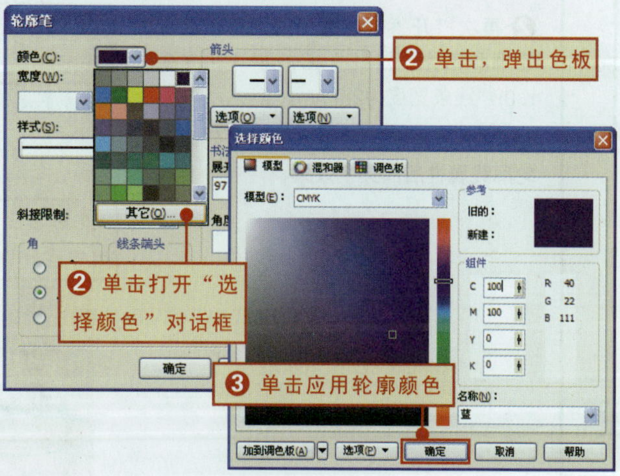

4

设置轮廓属性

❶ 回到“轮廓笔”对话框后，设置轮廓宽度为4mm。

❷ 设置其他参数并单击“确定”按钮。

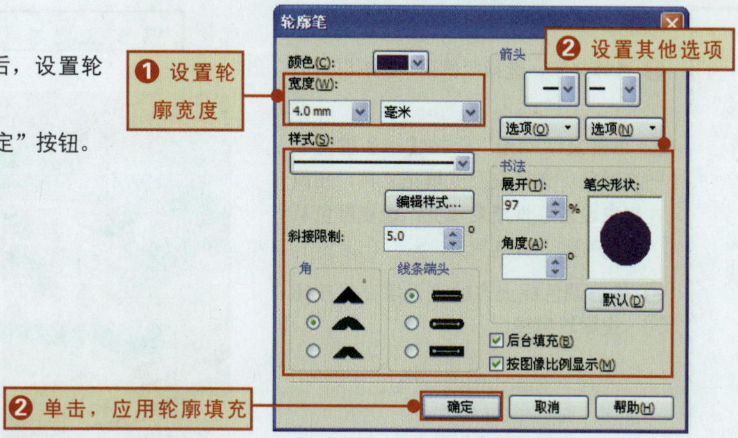

5 复制对象

❶ 设置好轮廓属性后，得到如右图所示的轮廓线效果。

❷ 按小键盘上的【+】键复制一次对象，改变文字颜色为白色，轮廓线属性暂时不变。

技巧点拨

在“轮廓笔”对话框中设置线条轮廓时，注意要勾选“后台填充”复选框，否则轮廓线将向内扩展，遮盖部分文字，线条越粗，遮盖的部分越多。

6 改变轮廓属性

❶ 选择复制的文字，按键盘上的【↑】键适当向上移动。

❷ 再次打开“轮廓笔”对话框，改变轮廓颜色为“洋红”(C:0,M:100,Y:0,K:0)，线条宽度为2.9mm。

❸ 单击“确定”按钮，可以得到改变轮廓线属性后的文字效果。

7 为文字填充渐变色

❶ 选择文字，选择“排列>取消群组”命令。

❷ 单击文字“无”，按【+】键复制一次对象。选择交互式填充工具，在属性栏中设置线性渐变填充，渐变颜色从“白色”到“黄色”。

❸ 单击调色板上方的“无填充”按钮☒，去除轮廓线。

8 制作其他文字的渐变效果

❶ 使用相同的方法，分别选择每一个文字，以及文字上的五角星图形。

❷ 使用交互式渐变工具为其做线性渐变填充，设置颜色从“白色”到“黄色”。

添加其他文字和图形

在绘制好广告画面中的主要元素后，还需要添加一些文字说明或图案来完善整个设计。这就需要根据客户的文案添加适当的内容。

1 输入文字

❶ 使用文本工具在红色渐变矩形左上方输入数字6。

❷ 单击调色板中的白色，设置文字为白色，然后在属性栏中设置字体为Arial Black。

2 添加轮廓线

❶ 选择轮廓笔工具，打开“轮廓笔”对话框。

❷ 设置轮廓颜色为“洋红”(C:0,M:100,Y:0,K:0)，线条宽度为3.933mm，单击“确定”按钮后得到文字轮廓线效果。

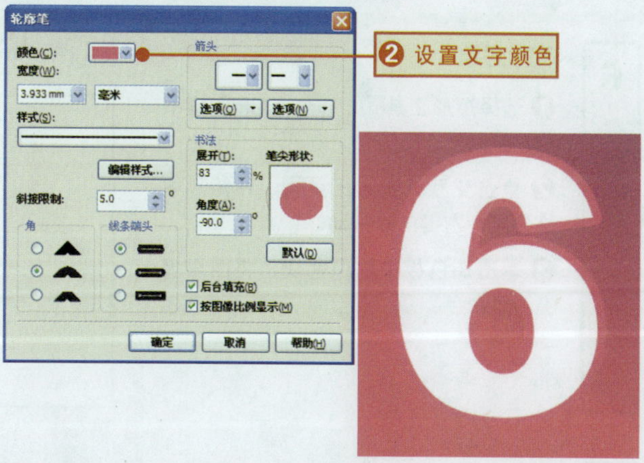

3 设置渐变填充

❶ 单击文字“6”，选择交互式渐变工具，单击属性栏中的“编辑填充”按钮，打开“渐变填充”对话框。

❷ 设置渐变类型为线性渐变，颜色依次为“黄色”(C:0,M:0,Y:100,K:0)、“白色”、“黄色”(C:0 ,M:0,Y:60,K:0)、“淡黄色”(C:0,M:0,Y:20,K:0)、“黄色”(C:0,M:0,Y:60,K:0)。

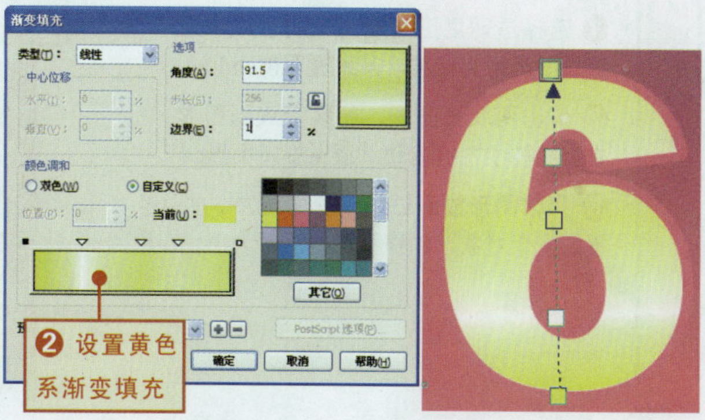

4

输入文字

❶ 选择文本工具在数字右侧再输入一行文字，并且设置颜色为白色。

❷ 使用与设置文字“6”轮廓线相同的方式，设置该文字轮廓线。

5

复制图形并输入文字

❶ 选择之前绘制的礼花图形，复制一次该对象。

❷ 将复制的礼花图形放到“周年庆典”中，并且适当调整礼花的大小。

❸ 在渐变矩形的右上方再输入一行文字，并填充颜色为“黄色”(C:0,M:0,Y:100,K:0)。

6

变形对象

❶ 选择矩形工具，按住【Ctrl】键不放，绘制一个正方形。

❷ 单击交互式变形工具，在矩形中按住鼠标左键向外拖动。

❸ 单击调色板中的白色块，将图形填充为“白色”。

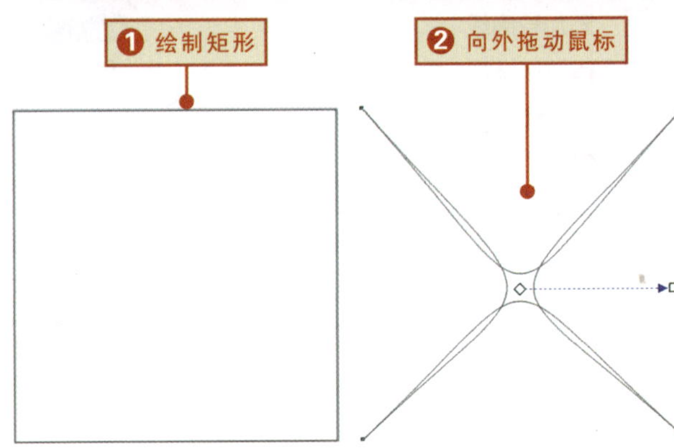

7

调整对象

❶ 选择透明度工具，在属性栏中设置透明类型为标准，开始透明度为40。

❷ 单击两次该图形，将鼠标放到图形右上角按住左键拖动，适当旋转图形。

❸ 将该图形放到红色渐变矩形中，并复制多个对象，调整不同的图形大小。

8 输入文字

❶ 使用文本工具字在渐变矩形下方输入大小不同的几个文字，并填充为白色。

❷ 分别选择文字，打开“轮廓笔”对话框，设置轮廓颜色为“洋红”(C:0,M:100,Y:0,K:0)，宽度为3.0mm。

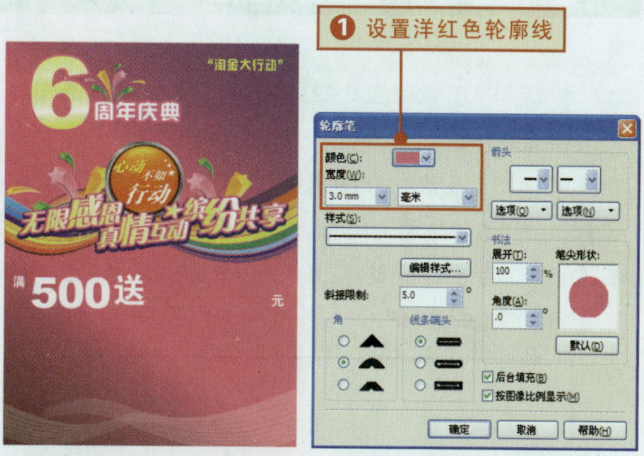

9 输入文字

❶ 再次输入文字“200”，并且填充为“黄色”(C:4,M:3,Y:92,K:0)。

❷ 在属性栏中设置字体和字号，调整文字效果。

10 输入其他文字

❶ 参照右图所示的内容，输入其他文字。

❷ 分别填充文字颜色为白色、黄色和黑色，字体可以按照自己的喜好进行设置。

► 知识点总结——绘制各种图形

本例运用了基本绘图工具来绘制图形，主要使用了矩形工具和星形工具。

1. 矩形工具

使用矩形工具 绘制矩形是通过指定矩形两个对角点的方式来确定矩形的大小和位置的。选择矩形工具，在工作区中按住鼠标左键向另一方向拖动鼠标，即可绘制出矩形，如下左图所示。在绘制矩形时，按住【Ctrl】键，即可绘制正方形；按住【Shift】键则会绘制出一个以起点处为中心的矩形；如果按【Ctrl+Shift】组合键，则可以绘制出一个以起点处为中心的正方形。

绘制矩形

绘制正方形

绘制矩形后，该工具的属性栏将显示出来，如下图所示。在属性栏中可以设置矩形的大小、比例、边框宽度等参数。

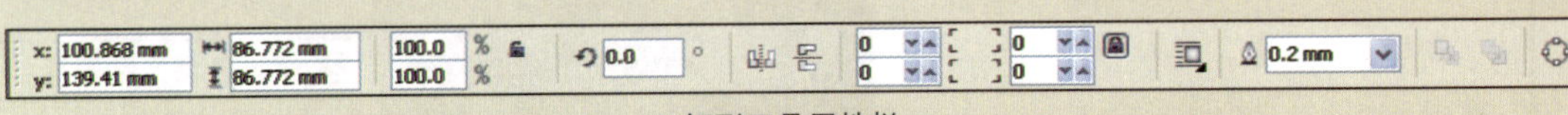

矩形工具属性栏

2. 星形工具

使用“星形工具”在绘制星形时，用户可以在属性栏中设置星形的“边数”和“清晰度”，如下图所示。

“清晰度”的取值范围是1～100，其值为0时图形为多边形，其值为100时图形为放射线，默认“清晰度”为56。

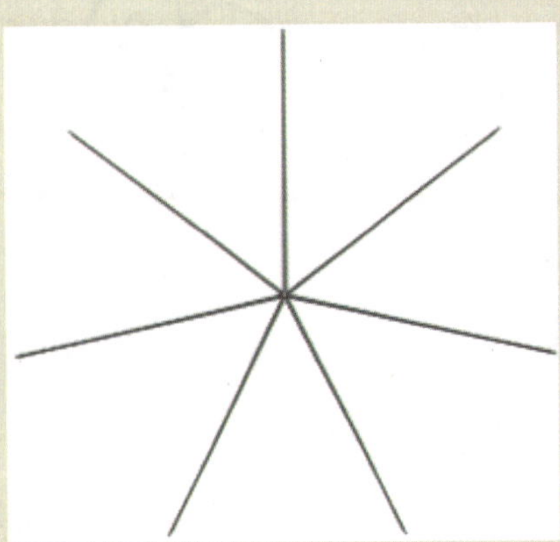

清晰度为 100

清晰度为 56

▶ 设计理论——绘画色彩与光的运用

绘画色彩研究的范围主要有两大内容：一是色彩现象的成因；二是表现色彩的绘画技巧。

光色是一种物理现象。英国科学家牛顿曾用三棱镜把光分离成红、橙、黄、绿、青、蓝、紫等色彩光谱，并把阳光分解成光谱的现象称之为光的色散。现代科学证实，光是一种以电磁波形式存在的辐射能，具有波动性及粒子性。色彩世界的本质是一种光波运动，缤纷的色彩是光线辐射的结果，而不同物体对吸收和反射光波的情况是有差异的，如我们看到的绿色树叶，它是吸收了光线中的其他色彩，从而将绿色的光波反射出来。黄色、红色、蓝色的色彩显现也都是基于同样的道理。至于白色，则是反射了所有的光线，而黑色则把光线全部吸收了。

下图中的饮料招贴、电影海报和苏打水海报，在设计上都运用了鲜艳且强烈的颜色对比。

饮料海报

电影海报招贴

苏打水海报

光学与医学的研究证明，人的色彩感觉首先来自锥体细胞机能，它能感受、分辨色光中的红、蓝、绿，并作出综合反映。在视觉中枢和其他神经的配合下产生的多项的、运动的色感觉，不仅可以形成一个个活跃的色单位感觉，还能产生统一的色调感觉。而且人的视觉感受还会受到生理或心理变化的影响，面对各类色彩会产生不同的生活体验或联想。所以色彩的概念主要取决于人的视觉感受，而绘画中的色彩就是以人的视觉感受为基点的。光的运动和色光的反射是造成色彩现象的外界因素，而色彩概念则是由人的视觉思维形成的。我们只有懂得了光与色彩现象的成因与规律，才能开始步入绘画色彩的写生阶段。

色彩的美感能提供给人精神、心理方面的享受。合理的将色彩与光结合起来使用，可以使画面更加漂亮，更加吸引人们的注意，如下图所示。

啤酒海报

节日海报

09 钻石宣传海报

Chapter 03	海报设计	钻石宣传海报

技法表现 运用渐变工具绘制出画面背景，同时绘制多个不同颜色不同大小的圆形，组合成圆环。再使用形状工具编辑出曲线图形。

包含知识 贝塞尔工具、椭圆形工具、形状工具、渐变填充、文字工具等。

文件路径 Reader\Chapter03\09\complete\钻石宣传海报.cdr

设计分析——突出钻石质感

本案例是为一家珠宝店制作的钻石宣传海报。店主对美好、纯洁的东西特别向往，还很喜欢钻石独有的光芒，所以经营了以钻石为主的珠宝店。

钻石广告的设计首先要考虑到画面的美感，其次需要突出商品特征。该款钻石广告以多色圆环和曲线花纹作为主要元素，突出展现了简单、纯净的画面感觉。再对钻石图像添加白色外发光效果，体现了钻石光芒四射的感觉。

制作流程——先制作背景，再添加文案

绘制圆环图形

绘制曲线图形

复制图形

添加素材图像和文字

添加标志和细节

► 制作步骤

绘制背景

绘制背景是制作的第一步，本例的背景为一个渐变填充的矩形效果。因此直接绘制矩形再进行填充即可。

1

新建文件

❶ 运行CorelDRAW X5，单击工具栏中的“新建”按钮，新建“未命名-1”文件。

❷ 选择工具箱中的矩形工具，在页面中绘制一个长方形。

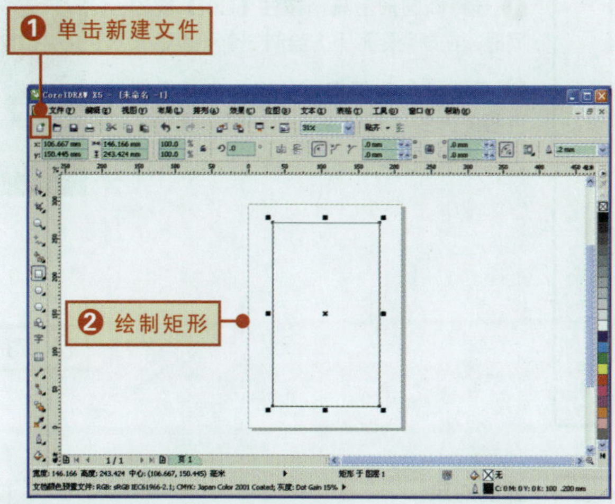

2

设置渐变色

❶ 选择交互式渐变工具，单击属性栏左侧的“编辑填充”按钮，打开“渐变填充”对话框，设置渐变类型和角度等参数。

❷ 选中“双色”单选按钮，然后单击“从”右侧的三角形按钮，在其下拉列表框中单击“其他”按钮。

❸ 在打开的“选择颜色”对话框中设置颜色，完成后单击“确定”按钮，设置渐变开始颜色。

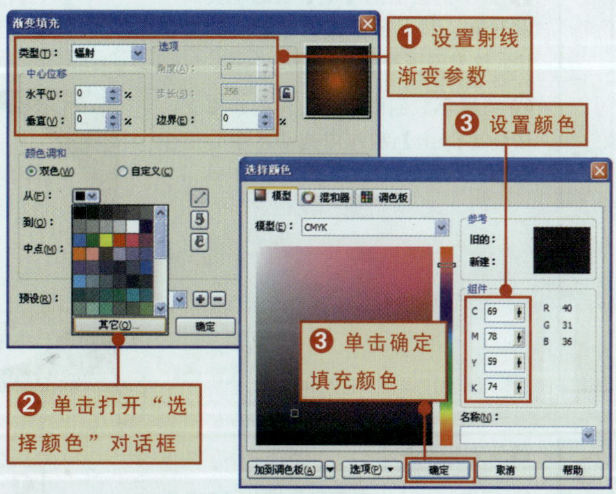

3

设置结束颜色

❶ 单击“到”右侧的三角形按钮，在下拉列表框中单击“其他”按钮，并在对话框中设置颜色为“红色”(C:0,M:100,Y:100,K:0)。

❷ 单击“确定”按钮后，得到矩形的渐变填充效果。

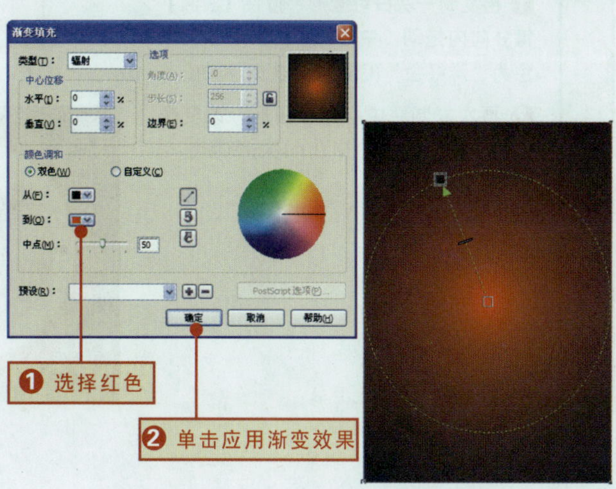

绘制基本图形元素

在绘制图形时，如果有相同形状的图形，而中心点也在同一位置，可以原地复制该图形，再进行中心缩小，就可以得到渐小或渐大的效果。

1 设置中间颜色

❶ 选择椭圆形工具，按住【Ctrl】键的同时，在渐变矩形下方绘制一个正圆形。

❷ 单击调色板中的红色块，再单击调色板上方的“无填充”按钮☒，得到红色无轮廓圆形。

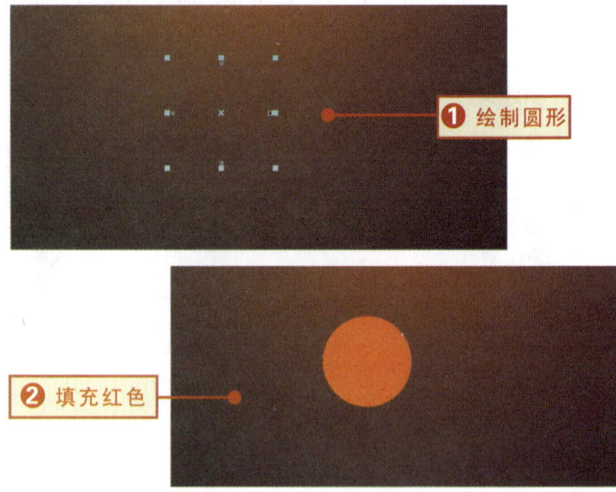

2 复制对象

❶ 按小键盘上的【+】键原地复制一次对象，然后再单击调色板中的白色块，改变圆形颜色。

❷ 将鼠标放到圆形右上角的端点上，按住【Shift】键向内拖动，中心缩小图形。

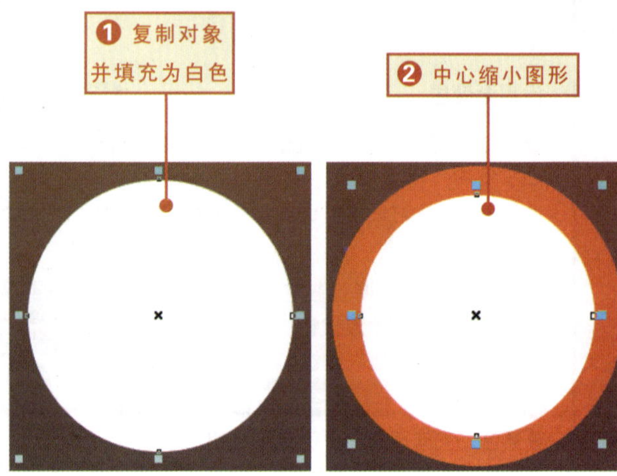

3 改变对象颜色

❶ 再复制一次白色圆形，按住【Shift】键并向内拖动，中心缩小图形后改变颜色为“洋红色”(C:0,M:100,Y:0,K:0)。

❷ 再次复制并中心缩小圆形，改变颜色为“黄色”(C:0,M:0,Y:100,K:0)。

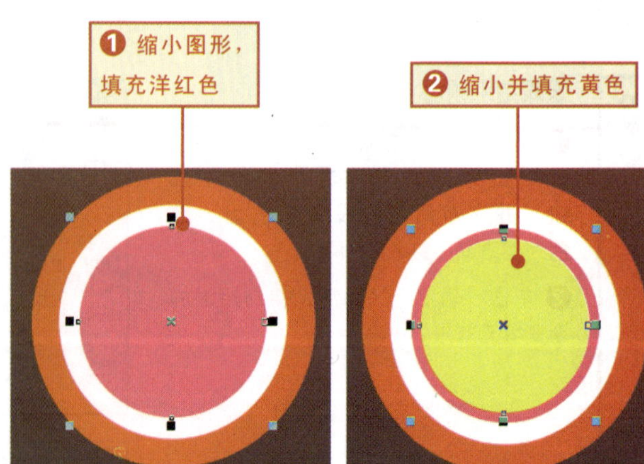

4

绘制圆形

❶ 复制一次黄色圆形，中心缩小后改为“橘黄色”（C:0,M:20,Y:100,K:0）。

❷ 使用椭圆形工具在这一组圆环图形左侧再绘制一个正圆形，并填充为“橘黄色”（C:0,M:20,Y:100,K:0）。

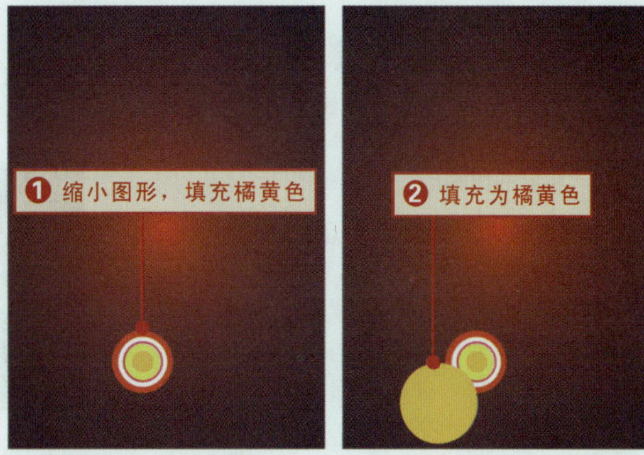

5

填充颜色

❶ 复制一次橘黄色圆形，中心缩小后改为“白色”。

❷ 再复制一次白色圆形，中心缩小图形后改变颜色为“黄色”（C:0,M:0,Y:100,K:0）。

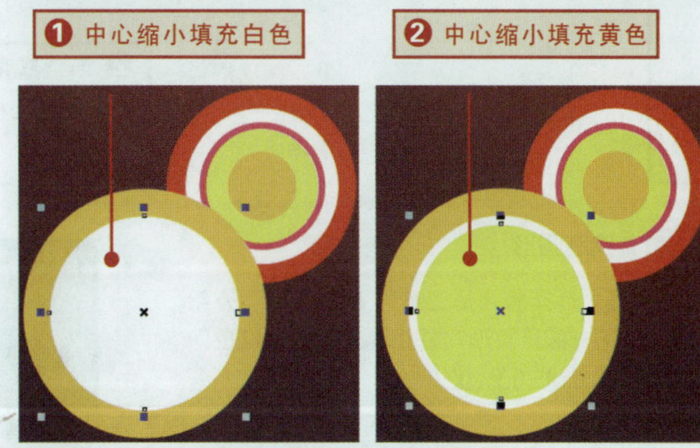

6

多次复制对象

❶ 使用同样的方法，复制并中心缩小圆形，改变颜色依次为“白色”、“淡黄色”(C:0,M:0,Y:20,K:0)、“白色”、“橘黄色”(C:0,M:20,Y:100,K:0)。

❷ 再复制一次白色圆形，中心缩小图形后改变颜色为“黄色”（C:0,M:0,Y:100,K:0）。

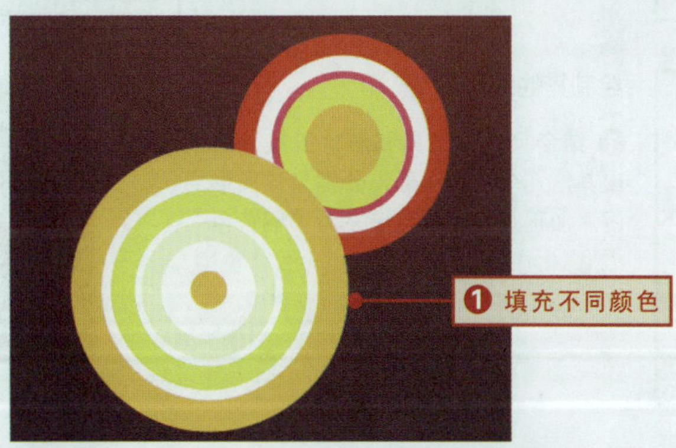

7

绘制多个圆形

❶ 使用椭圆形工具绘制多个正圆形，并且填充不同的颜色。

❷ 参照右图所示的颜色和方式进行排列。

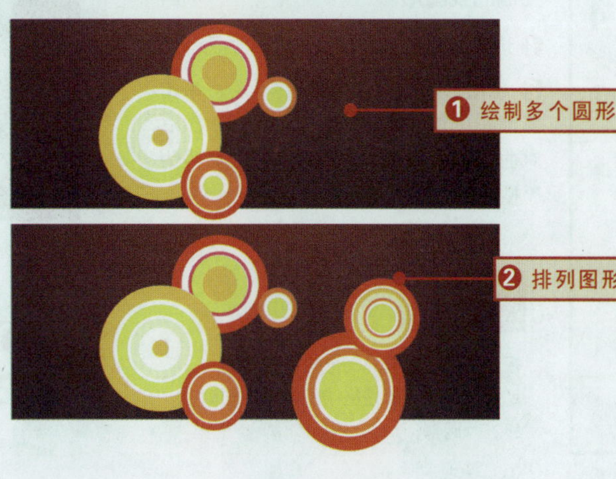

添加弯曲图形

绘制完基本的圆形图案后，接着进行花纹图形的绘制，作为图形的细节，花纹图形形状较为复杂，在绘制时，首先运用直线绘制出图案的大体造型、再运用形状工具将其编辑为完善的曲线。

1 绘制曲线图形

❶ 选择贝塞尔工具绘制一个多边形，然后用形状工具选择该图形。

❷ 选择每个节点，单击属性栏中的“到曲线”按钮，然后对曲线进行编辑，并且填充为“橘黄色”(C:0,M:60,Y:100,K:0)。

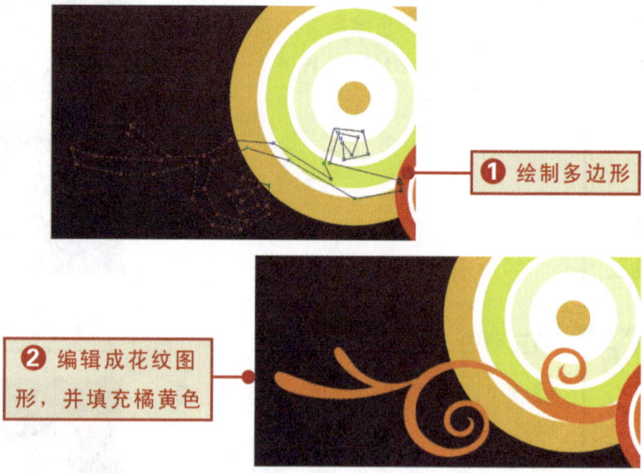

2 绘制圆形

❶ 选择椭圆形工具，在该图形下方绘制一圈正圆形，并且填充为“橘红色”(C:0,M:60,Y:100,K:0)。

3 绘制其他图形

❶ 结合贝塞尔工具和形状工具，绘制出其他几个曲线图形，分别为该图形周围添加正圆形，并且填充为“橘黄色”(C:0,M:20,Y:100,K:0)。

4 绘制曲线图形

❶ 选择贝塞尔工具绘制一个多边形。

❷ 使用形状工具选择每个节点，单击属性栏中的“到曲线”按钮，然后对曲线进行编辑，并且填充轮廓线为“橘黄色”(C:0,M:60, Y:100,K:0)。

技巧点拨

在使用形状工具对图形进行编辑时，一定要注意使用属性栏中的各个按钮对曲线进行调整。

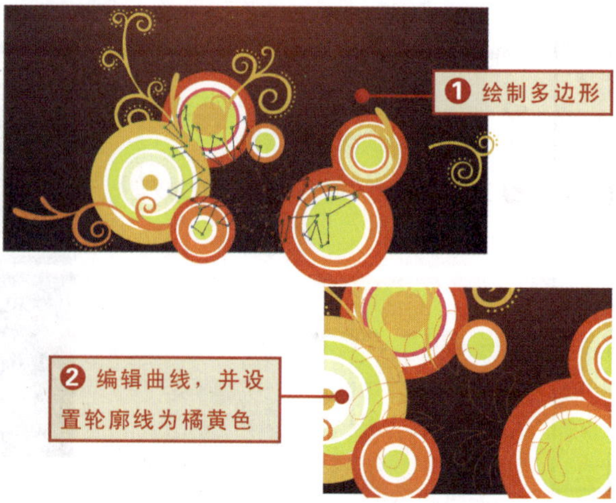

5

绘制其他曲线图形

❶ 再结合贝塞尔工具和形状工具的使用，绘制出其他几个曲线图形。

❷分别填充颜色为“洋红”(C:0,M:100,Y:0,K:0)和“黄色”(C:0,M:100,Y:100,K:0)。

绘制花形图案

在CoreLDRAW中，可以通过一些简单的图形组合成复杂图形，下面就来将多个简单图形组合成一个复杂的花形图案。

1

绘制花瓣图形

❶ 选择椭圆形工具绘制一个圆形，并且填充为“白色”。

❷ 按【Ctrl+Q】组合键，转换为曲线，然后使用形状工具对图形进行编辑，得到花瓣形状。

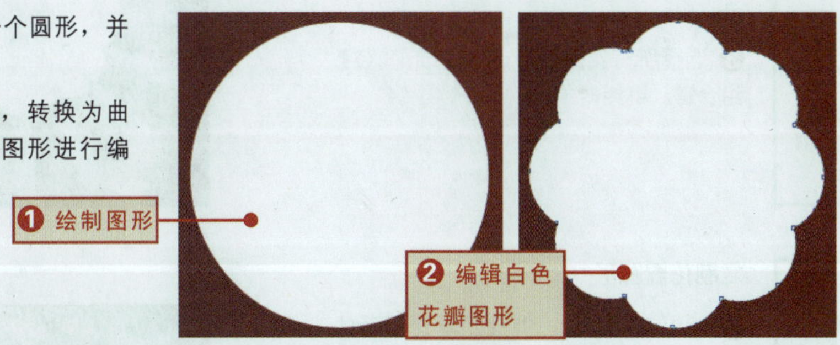

2

绘制圆形

❶ 在花瓣图形中再绘制一个正圆形，填充颜色为“浅蓝色”(C:29,M:13,Y:2,K:0)。

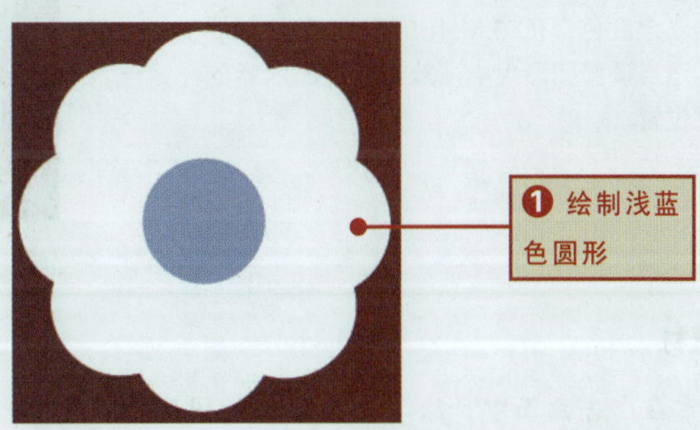

3

绘制水滴图形

❶ 选择贝塞尔工具在花瓣上绘制一个三角形。

❷ 使用形状工具对图形进行编辑，形成一个尖角的水滴图形。

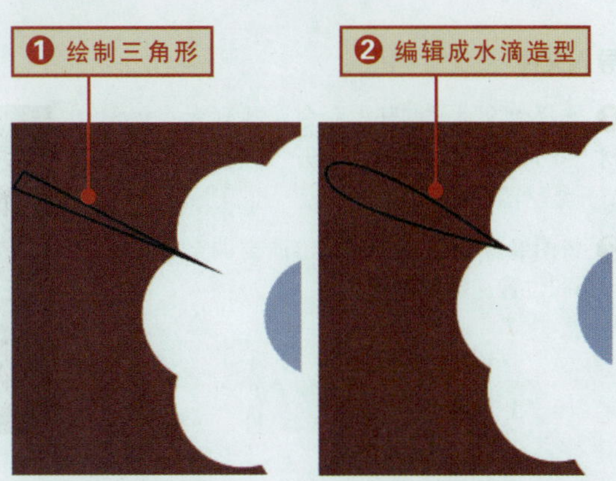

4

复制并镜像对象

❶ 填充水滴图形颜色为“蓝色”(C:67, M:5,Y:0,K:0)。

❷ 按下【+】键复制一次对象，再单击属性栏中的“水平镜像”按钮，将复制的图形放到花瓣右侧。

5

复制多个对象

❶ 参照第4步，使用同样的方式，复制多次对象，并执行镜像操作。

❷ 将图形放到花瓣的每一个凸出和缩进点中。

❸ 选择所有花瓣图形，按【Ctrl+Q】组合键，群组对象。

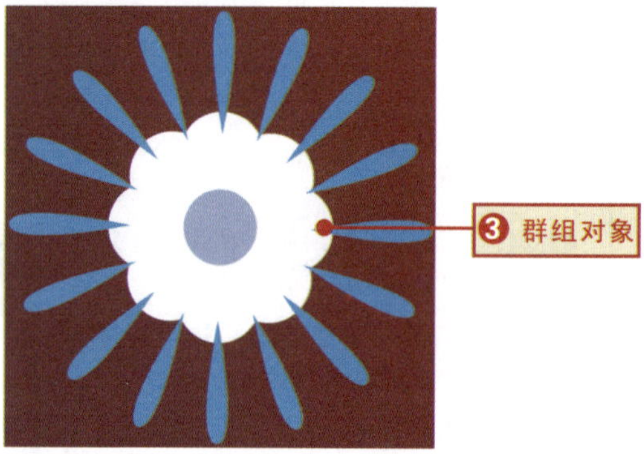

6

复制花瓣图形

❶ 缩小花瓣图形，并放到渐变矩形的下方。

❷ 复制多个花瓣图形，并填充颜色为“洋红色”(C:0,M:100,Y:0,K:0)，然后适当调整图形大小，放到如右图所示的位置。

添加素材

通常在广告画面中，除了自己绘制的图形外，还可以添加一些素材图像，这样更能增添广告画面的色彩，丰富广告内容。

1

导入文件

❶ 选择“文件>打开”命令，找到素材“花朵.cdr”，单击“打开”按钮，打开素材图形。

❷ 将图像放到画面的下方，适当调整大小和位置。

2 群组对象进行操作

❶ 选择所有绘制好的圆环和花瓣图像，按【Ctrl+G】组合键，群组对象。

❷ 复制一次群组后的对象，单击属性栏中的“垂直镜像”按钮，适当缩小后放到渐变矩形的右上方。

3 放置对象到容器中

❶ 选择“排列>图框精确剪裁>放置在容器中”命令，将下面的群组对象放置到渐变矩形中。

❷ 再次使用“放置在容器中”命令，将上面的群组对象也放置在渐变矩形中。

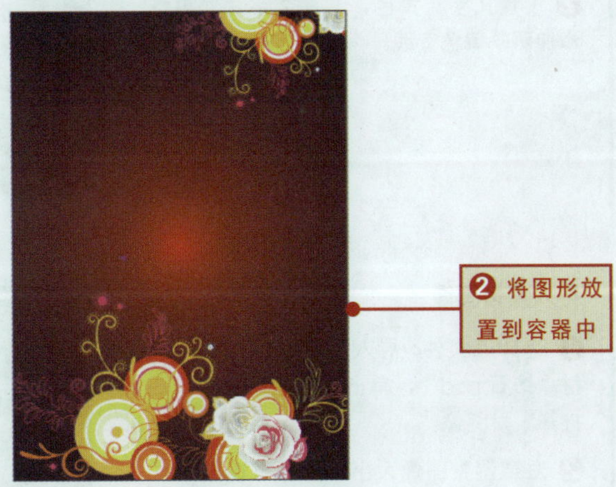

添加文字

使用文本工具添加文字后，可以在属性栏中为文字设置属性，也可以通过“文字”菜单下的各项命令对文字或段落进行复杂、精确的操作。

1 输入文字

❶ 选择文本工具，在渐变矩形中输入一行英文文字。

❷ 在属性栏中设置字体为“方正粗宋简体”，并设置文字颜色为“黄色”(C:0, M:0,Y:100,K:0)。

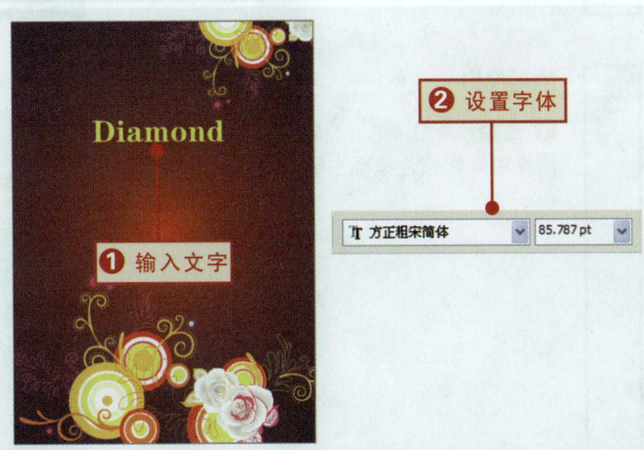

2 绘制曲线图形

❶ 参照之前绘制圆环周围的曲线图形的方式，再绘制一个曲线图形。

❷ 填充图形颜色为“黄色”(C:0,M:0,Y:100,K:0)。

❸ 复制几次对象后，调整大小，并放到文字的周围。

3 设置文字及线条颜色

❶ 在英文文字下方再输入一行文字，并且在属性栏中设置文字属性。

❷ 设置文字为黄色，并在文字两侧再添加两条黄色直线。

4 导入素材图像

❶ 选择“文件>导入”命令，找到素材“钻石.psd”，单击“打开”按钮，打开素材图像。

❷ 适当调整图像大小，然后将该图像放到文字下方。

5 添加投影

❶ 选择阴影工具，将鼠标放到钻石图像中间，按住鼠标左键向外拖动。

6 设置投影参数

❶ 在属性栏中设置阴影颜色为白色，再设置不透明度为100，羽化为57。

❷ 设置好参数后得到图像的投影效果。

7 输入文字

❶ 选择文本工具字，在钻石图像下方输入两行文字。

❷ 在属性栏中设置字体为方正粗宋简体，并填充为“白色”。

❸ 在中文文字下面再输入一行英文文字，同样填充为白色。

8 绘制矩形

❶ 选择矩形工具□，在渐变矩形左上方绘制一个矩形。

❷ 选择填充工具，打开“均匀填充”对话框，设置颜色为“土黄色”。

❸ 单击“确定”按钮即可。

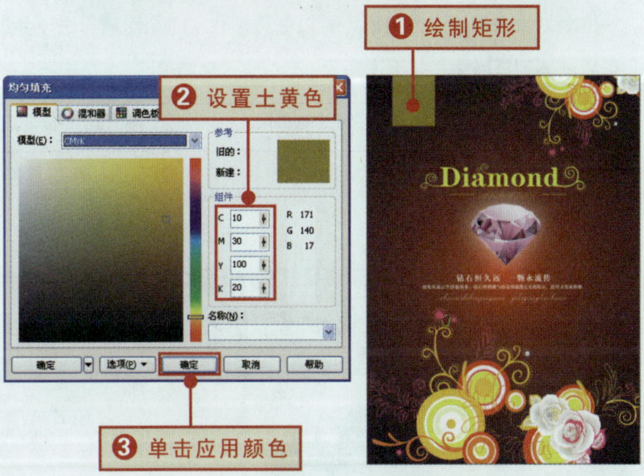

9 导入素材

❶ 选择“文件>打开”命令，找到素材“标志.cdr ”，单击“打开”按钮，打开文件。

❷ 将标志放到矩形的左上方；并且适当调整标志大小，完成本实例的制作。

► 知识点总结——交互式阴影工具的使用方法

本例运用了多种工具绘制图形，同时在为钻石添加外发光效果时，使用了交互式阴影工具。

交互式阴影工具可以为对象创建投影效果，从而增强对象的立体感。在为图形添加效果时，交互式阴影工具是使用较为广泛的一个工具。

1. 创建交互式阴影效果

为对象创建阴影的操作很简单，可以手动拖动得到投影控制线，再对其进行编辑。绘制一个矢量图形，使用选择工具单击该图形，选择阴影工具，在对象上按住鼠标左键不放，拖动鼠标到合适位置，释放鼠标后，即可为对象创建出阴影效果，如下图所示。

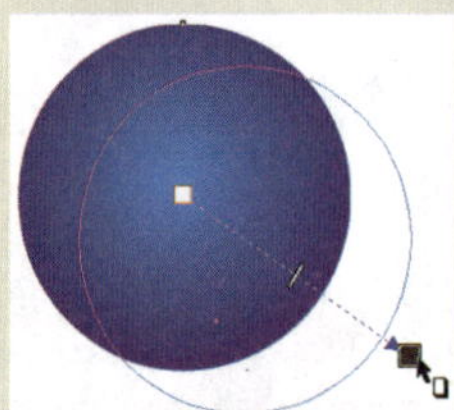

拖动鼠标

创建投影

2. 编辑阴影效果

为对象应用阴影效果后，可以在属性栏中对阴影进行进一步的编辑修改，以达到更好的立体效果。为对象创建阴影后，其工具属性栏如下图所示。

交互式投影工具属性栏

预设下拉列表框：在其下拉列表框中有系统提供的各种阴影样式。

阴影偏移：用于设置阴影与图形之间的距离，正值代表向上或向右偏移，负值代表向左或向下偏移。

阴影的不透明：输入数值可以设置阴影的透明程度，数值越小，阴影颜色越浅。

阴影羽化：输入数值可以设置阴影的羽化程度，使阴影边缘产生柔和效果。

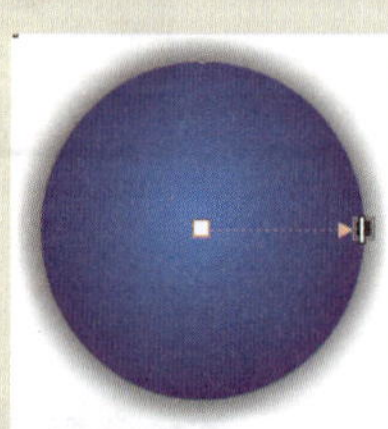

透明度为 100

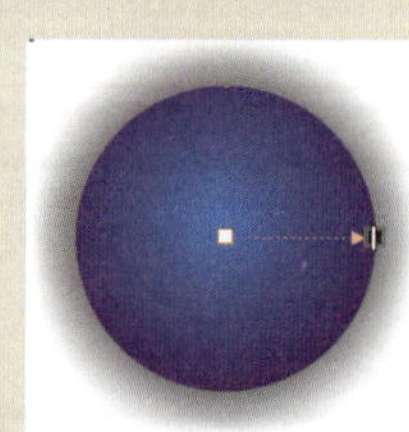

羽化值为 30

阴影羽化方向：单击该按钮，即可打开“羽化方向”面板，如下图所示。可在其中设置阴影的羽化方向。

阴影颜色：单击其下拉按钮，可以打开颜色面板，在其中可设置阴影的颜色，如下图所示。

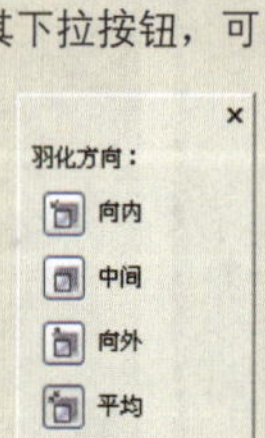

设置羽化方向

设置阴影颜色

► 设计理论——海报设计的特点

个性宣传海报的设计制作专门针对零售业设计，提供了零售门店的全套解决方案。从成本、表现形式、批量处理等方面充分考虑到零售门店的特点和海报使用习惯，可以有效提高效率，实现门店营销自动化。

对于数以百万计中小型零售业店主来讲，如何选择一种既不能太贵，也不能太麻烦，而且要有效果的促销方法，是一个共同面临的难题。其实，对于他们而言，店内卖场张贴海报是一种最有效且最经济的促销方法。事实上，很多店主早就尝试用海报来促销自己的商品。

海报招贴张贴于公共场所，会受到周围环境和各种因素的干扰，所以必须以大画面及突出的形象和色彩展现在人们面前。如下图所示是夜总会招贴和舞厅海报设计，在画面中使用光束的视觉效果，十分冲击人们的视觉感受，让人时刻能有一种很绚的感觉。

夜总会招贴

舞厅海报

就招贴的整体而言，它包括商业招贴和非商业招贴两大类。其中商业招贴的表现形式以具体艺术表现力的摄影、造型写实的绘画或漫画形式表现为主，给消费者留下真实感人的画面和富有幽默情趣的感受。

而非商业招贴，内容广泛、形式多样，艺术表现力丰富。特别是文化艺术类的招贴画，可以根据广告主题充分发挥想象力，尽情施展艺术手段。许多追求形式美的画家都积极投身到招贴画的设计中，并且在设计中运用自己的绘画语言，设计出风格各异、形式多样的招贴画。

下图为汽车广告和公益广告，一个是商业广告，一个是非商业广告。汽车广告在艺术表现上，发挥了充分的想象力，将汽车置于一个拱起的地面中，营造出一种世界围绕它旋转的气氛。另一个公益广告以保护生态环境为主题，在设计中大胆地将地球与水、树木巧妙合成在一起，让人有一种耳目一新的感觉。

汽车广告

公益广告

读书笔记

NOTEPAPER

Chapter 04

报纸广告设计

报纸是受众最为广泛的大众媒体，常用于刊登消费群较大或时效性较高的广告，是商品广告策略中不可忽视的一个领域。本章制作三个不同行业的报纸广告，包括商场购物广告、手机广告和房地产开盘广告。通过这三个报纸广告的制作，读者可以学习报纸广告的设计思路、设计原则和要点，以及不同类型报纸广告的设计特点。在软件技法上，读者能够学习CorelDRAW X5编辑文本、管理图形对象的功能。

10 商场购物广告

知识点： 1. 创建美术文本

2. 创建段落文本

设计理论： 报纸广告设计原则

11 手机广告

知识点： 1. 对象的选择

2. 对象的群组

设计理论： 平面设计技法浅谈

12 房地产开盘广告

知识点： 1. 调整段落文本间距

2. 调整美术文本间距

设计理论： 版面设计原则

理论知识：报纸广告设计

一、报纸广告的特点

报纸，是大家所熟悉的宣传媒介。在其上设计的新颖广告必然会引起读者的关注。在报纸上刊登广告有着其自身的特点。

1. 广泛性

报纸种类很多、发行面广、阅读者多。所以报纸上既可刊登生产资料类的广告，也可刊登生活资料的广告；既可刊登医药滋补类广告，也可刊登艺术类广告等。可用黑白广告，也可套红和彩印，内容的表现形式很丰富。

2. 快速性

报纸的印刷和销售速度非常快。第一天的设计稿第二天就能见报，所以适合于时间性强的新产品广告和快件广告。比如展销、展览、劳务、庆祝、航运、通知等。

3. 连续性

报纸每日发行，其连续性强，广告可利用这一点，充分发挥其重复性和渐变性，以吸引读者加深印象。

4. 针对性

报纸具有广泛性和快速性的特点。因此广告要针对具体的情况，利用时间、不同类型的报纸和结合不同的报纸内容，将信息传递出去。对于专业性强的信息，应选择有关专业性的报纸，尽量减少不必要的浪费。在选定的报纸中，要结合报纸的具体版面，巧妙地和报纸内容结合在一起。如国际航班广告利用国际版专栏。

5. 突出性

选择报纸头版的“报眼”，或刊登在读者关心的栏目边，都会引起读者的关注。另外，利用定位设计的原理，强调主体形象的商标、标志，标题和图形的面积对比和明度对比，运用大的标题，或以色块衬托、线条陪托，甚至可采用套红的手法加强。

二、版面的运用

版面是报纸广告设计各种内容编排布局的整体表现形式，报纸是否可读、能否在报摊上吸引视线，很大程度上决定于版面。版面吸引读者，主要是吸引读者的视觉，通过利用人的视觉生理和视觉心理，产生强大的视觉冲击波，牢牢勾住读者的眼球。

1. 突出宣传中心

在零售市场上，报纸是对折放在报摊上的，只能展示版面的上半部分，因而将最具有视觉冲击力的图片和标题放在版面上部，进行突出处理，极为重要。

2. 增加版面亮点

有时报纸头条、二条会让位给会议和领导人的活动，读者可能不感兴趣。此刻，就要在版面的中下部突出读者爱看的稿件，增加版面亮点，使之成为视觉中心。

3. 模块式编排

模块式编排就是一个方块，最好是一个长方块，它既可以是一篇文章，也可以是包括正文、附件和图片在内的一组辟栏。版面都由一个个模块组成，这种设计最大的好处是方便读者阅读。

手表广告设计

电视机广告

润滑油广告

润滑油广告

Chapter 04	报纸广告设计	商场购物广告

技法表现 运用渐变工具对图形做渐变填充，通过“图框精确剪裁”命令置入到矩形框中，再输入文字，将文字转换为曲线进行编辑。

包含知识 文字工具、矩形工具、“置入到容器”中命令等。

文件路径 Reader\Chapter04\10\complete\商场购物广告.cdr

► 设计分析——渲染“疯狂”购物的气氛

本案例制作的是一个商场购物广告。该商场主要以经营体育用品为主，针对的客户都是一些运动爱好者，并且年轻人居多。商场搞这个购物活动，目的就是增加销售量，并且将一些挤压的货物能够更快地推销出去，所以推出了一系列的广告宣传。

在这款广告的设计中，首先要考虑到商场的特性，它是属于体育类的，所以在设计时需要增添一些体育元素，如骑着赛车的年轻人，就能很好的突出主题。然后再通过一些背景图形的衬托，让画面效果更加美观。最后对文字做一些形状上的编辑，同时对所有文字都添加轮廓线，并且运用颜色对比，将文字更好地展示在人们面前。另外，在设计上还要特别将“疯狂”二字突出表现，加深消费者对这个广告的印象，达到这次广告宣传的目的。

► 制作流程——先绘制图形，再进行拼贴

绘制渐变图形和箭头

绘制辅助图形

制作文字效果

导入素材图形

► 制作步骤

绘制火焰图形

这次绘制的背景图形较为复杂，需要多次使用形状工具对图形进行编辑。然后再使用渐变工具为图形填充颜色，从而得到多个复杂图形重叠的效果。

1 绘制多边形

❶ 运行CorelDRAW X5，单击贝塞尔工具，在页面中绘制一个多边形。

❷ 使用形状工具单击一次图形，再按住鼠标左键框选所有节点，然后单击属性栏中的“到曲线”按钮。

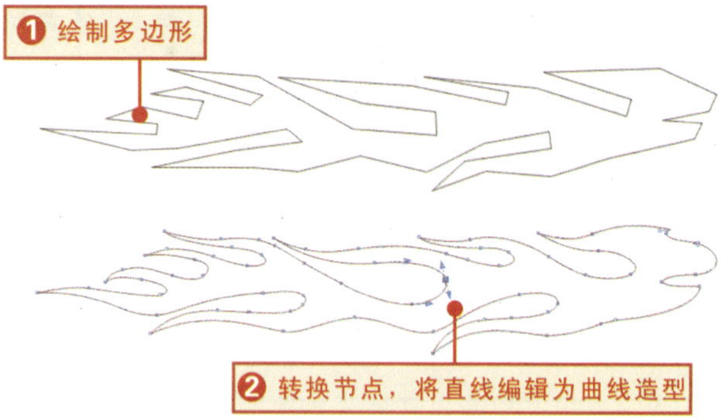

2 渐变填充

❶ 单击渐变工具，在弹出的列表中选择“渐变填充”选项，打开“渐变填充”对话框。

❷ 设置渐变类型为射线，颜色调和为0%“黄色”(C:0,M:0,Y:100,K:0)，到46%“橘色”(C:0,M:50,Y:100,K:0)，到“紫色”(C:66,M:100,Y:0,K:0)。

❸ 单击“确定”按钮，再单击调色板上方的“无填充”按钮，去除线条轮廓，得到矩形渐变填充效果。

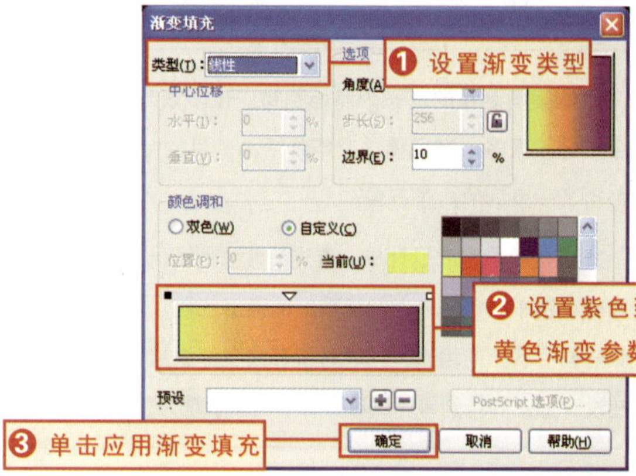

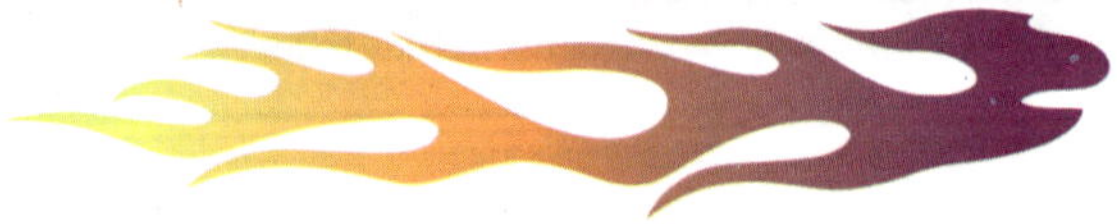

3 绘制矩形

❶ 单击矩形工具，按住鼠标左键拖动，绘制出一个矩形。将该矩形放到刚刚绘制的渐变图形上。

❷ 单击渐变图形，选择“效果>图框精确剪裁>放置在容器中”命令，当出现黑色箭头符号时，单击矩形，即可将渐变图形放置到矩形中。

绘制箭头图形

1

绘制箭头图形

❶ 单击箭头形状工具，在页面中按住鼠标左键拖动，绘制出一个箭头图形。

❷ 将鼠标放到箭头图形上方红色方块的位置，按住鼠标左键向左拖动，适当调整箭头尖角程度。

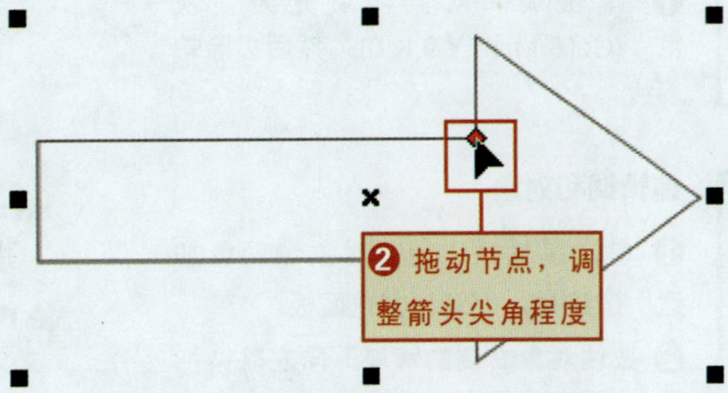

2

编辑箭头图形

❶ 按【Ctrl+Q】组合键，将箭头图形转换为曲线。

❷ 单击形状工具，分别调整箭头图形中的每一个节点，直至得到如右图所示的图形。

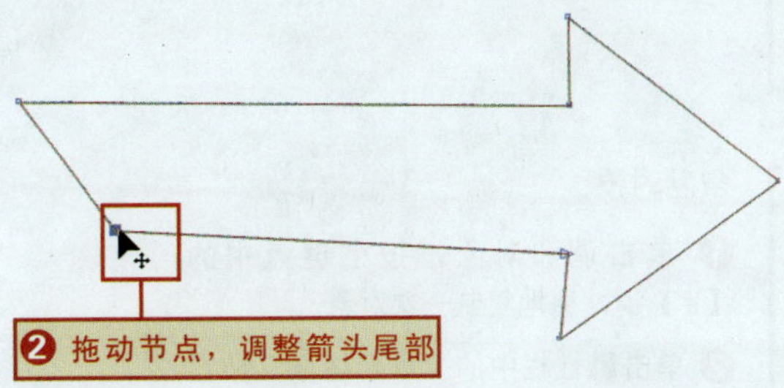

3

填充箭头颜色

❶ 单击贝塞尔工具，在箭头图形后面绘制两个四边形。

❷ 选择箭头图形和四边形，为其填充颜色为“灰色”(C:16,M:13,Y:9,K:0)。

❸ 去除线条轮廓，然后适当旋转图形，将其放到矩形中。

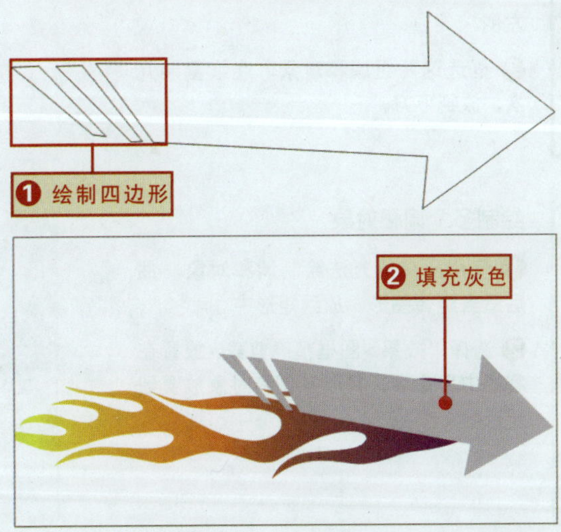

绘制圆点背景

本实例在背景中绘制了一组大小不一样的圆点背景图形，主要通过交互式调和工具来完成。下面就来制作该对象。

1

制作调和对象

❶ 单击椭圆形工具，按住【Ctrl】键绘制两个正圆形。

❷ 单击交互式调和工具，选择左边的圆形，按住鼠标拖动到右边的圆形中，接着将属性栏中的步长值设置为4，得到调和效果。

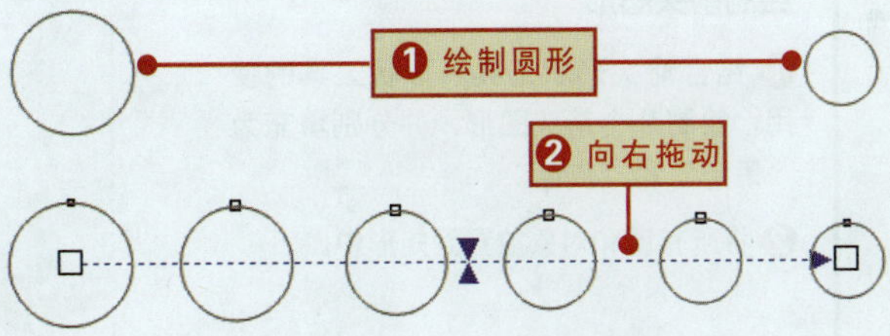

2

填充颜色

❶ 单击调和对象，填充为“灰色”(C:16,M:13,Y:9,K:0)，然后去除轮廓线。

3

编辑调和对象

❶ 单击属性栏中的“对象和颜色加速”按钮，将弹出加速面板。

❷ 按住对象右侧的滑块，向左略微拖动，调和对象将向左靠拢。

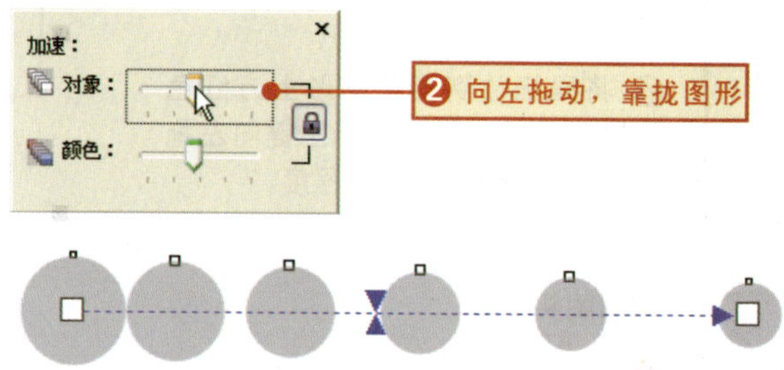

4

复制对象

❶ 单击调和对象，按小键盘中的【+】键，原地复制一次对象。

❷ 单击属性栏中的“水平镜像”按钮，将复制的调和对象翻转过来，放到左侧。

❸ 框选这两组调和对象，连续复制几次，放到下方。

5

绘制多个调和对象

❶ 使用同样的方法绘制调和对象，然后适当旋转图形，放到矩形中。

❷ 选择“效果>图框精确剪裁>放置在容器中”命令，将所有调和对象放置到矩形中。

添加图形细节

一个广告中往往包含许多元素，在绘制出大体图像之后，就需要对一些细节图像进行修饰，以便对广告起到点缀的作用。

1

绘制箭头图形

❶ 结合箭头形状工具和形状工具的使用，绘制几个箭头图形，并分别填充为“黑色”和“灰色”。

❷ 将所有调和对象放置到矩形中。

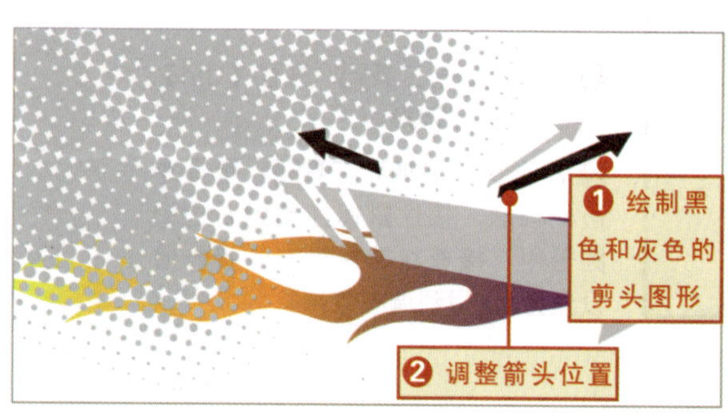

2 绘制五角星

❶ 选择星形工具，在箭头上方绘制几个五角星图形。

❷ 分别填充这些五角星为“黑色”和“灰色”。

编辑文字

在一个广告画面中，文字往往能起到非常重要的作用。下面就来制作本广告中的文字。在输入文字后，需要将文字转换为曲线才能进行编辑。

1 输入文字

❶ 单击文字工具输入文字，在属性栏中设置字体为方正超粗黑体，并填充为“红色”(C:0,M:100,Y:100,K:0)。

❷ 按【Ctrl＋K】组合键，将文字拆分为单独的个体，然后旋转文字“疯”，并且靠近文字“狂”。

技巧点拨

将文字打散后，文字将变成单独的个体，但每个文字都还保留文字的属性，可以对其进行字体的变换等操作。只有将文字转换为曲线才能进行文字属性的编辑。

2 编辑文字

❶ 选择这两个文字，按【Ctrl＋Q】组合键，将其转换为曲线。

❷ 使用形状工具对文字“疯”的左边偏旁做编辑。

3 设置轮廓线属性

❶ 将这两个字放到画面中，按【F12】键打开“轮廓笔”对话框。

❷ 设置轮廓颜色为白色，线条宽度为5.292mm。

❸ 单击“确定”按钮，得到图形轮廓效果。

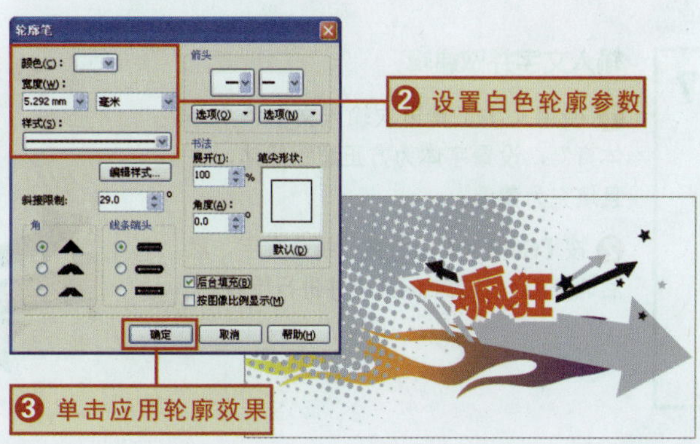

4

改变轮廓线属性

❶ 原地复制一次文字，再次打开“轮廓笔”对话框，改变轮廓颜色为黑色，线条宽度为2.822mm。

❷ 单击“确定”按钮，得到图形轮廓效果。

技巧点拨

在“轮廓笔”对话框中，用户还可以根据需要设置线条的“角”和“线条箭头”的形状。

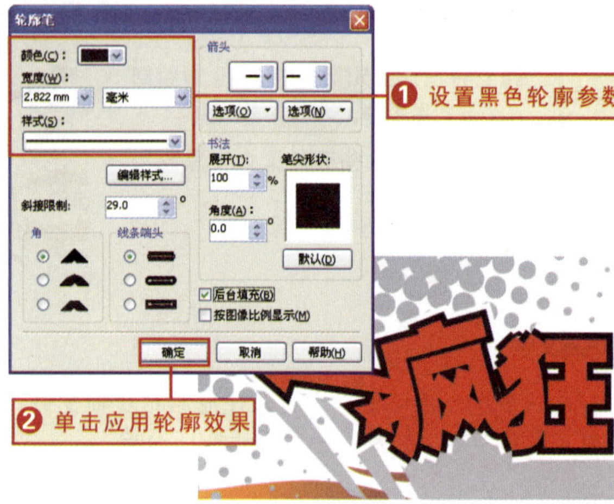

5

输入文字

❶ 使用文字工具在“疯狂”右侧输入文字“购物节”，并适当倾斜文字。

❷ 在属性栏中设置字体为方正超粗黑体，颜色为“橘黄色”(C:3,M:27,Y:93,K:0)。

6

设置轮廓线属性

❶ 按【F12】键，打开“轮廓笔”对话框。

❷ 设置轮廓颜色为黑色，宽度为2.117mm，然后单击“确定”按钮，得到文字描边效果。

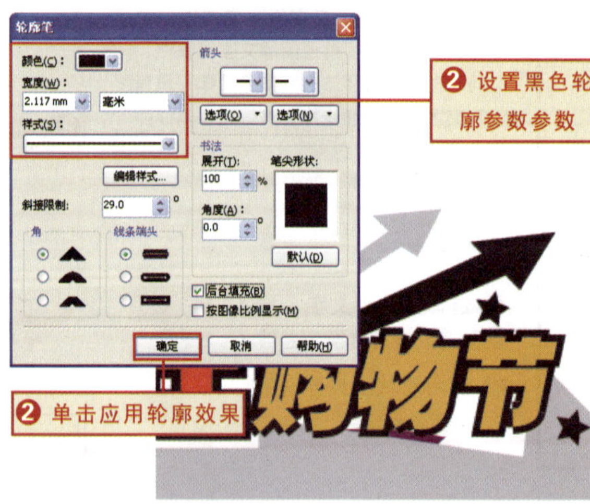

7

输入文字并做编辑

❶ 使用文字工具再次输入文字“户外体育”，设置字体为方正超粗黑体，并且填充为黄色。

❷ 按【Ctrl+K】组合键，拆分文字，然后调整每一个文字的大小并进行旋转。

8 对文字描边

❶ 打开“轮廓笔”对话框，分别对每一个文字做描边，并设置描边颜色为“黑色”，宽度为3mm。

9 输入英文字

❶ 使用文字工具在“疯狂购物节”左右两侧分别输入英文文字。

❷ 在属性栏中设置英文字体为Arial Black，填充为“黑色”。

10 输入文字

❶ 继续输入文字“柳州梦之岛”，在属性栏中设置字体为方正超粗黑体，颜色为“黑色”。

11 复制文字

❶ 按下小键盘中的【+】键原地复制一次文字，填充为白色，并适当向上向左移动。

❷ 为白色文字进行轮廓线填充，并设置轮廓颜色为“黑色”，轮廓宽度为0.706mm。

导入素材

在广告画面中，除了文字能起到解释说明的作用外，素材图像也是非常重要的元素，下面就来添加一些素材图像。

1 导入素材图像

❶ 单击属性栏中的“导入”按钮，打开“导入”对话框。

❷ 找到素材“选手.cdr”，单击“导入”按钮，在页面中单击，即可打开素材图形。

2

调整图形位置

❶ 将导入的素材图形放到广告画面左侧。

❷ 在画面右下角再输入几行文字，并设置字体为“黑体”，颜色为“黑色”。

3

导入标志

❶ 选择“文件>导入”命令，导入素材图像“标志.psd”。

❷ 将导入的标志放到广告画面的左上方，完成本实例制作。

► 知识点总结——文本工具的使用方法

本例在操作中，运用了文本工具来输入文字。

CorelDRAW中的文本分为段落文本与美术文本。美术文本，用来添加少量文字，可将其当做一个单独的图形对象处理；段落文本，用于添加较大篇幅的文本，可对其进行多样的编排。

1. 创建美术文本

输入美术字的时候，只要选择工具箱中的文本工具字在任意的位置单击，输入文字即可。选中输入的文字，在属性栏中，可以设置文字的字体、大小、颜色等属性。

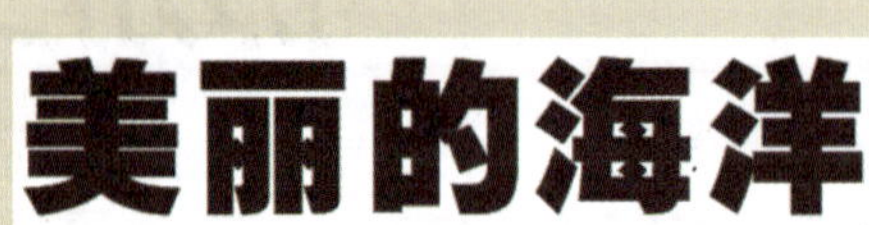

输入文字

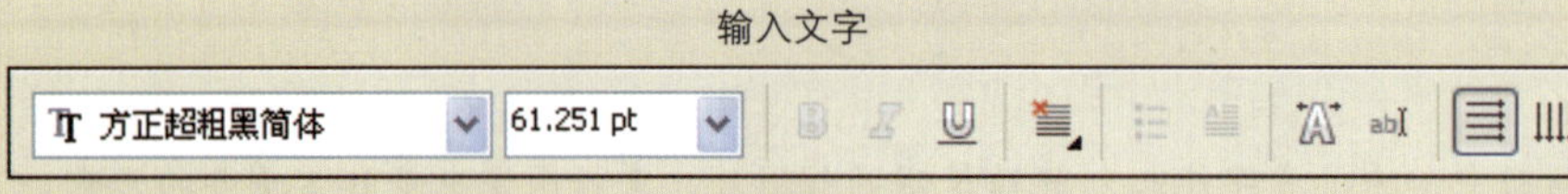

设置字体

2. 创建段落文本

使用文本工具字在工作区中拖拽鼠标，创建一个文本框。向文本框中输入文字，默认情况下，无论输入多少文字，段落文本框大小都将保持不变，超出文本框容纳范围的文字都将被隐藏。

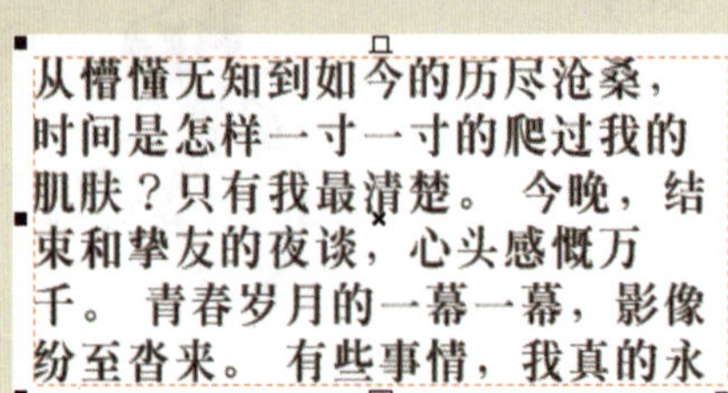

段落文字

要让文字全部显示，可移动鼠标至隐藏按钮，当鼠标变成状时，按下鼠标左键，并向下拖拽，直到文字全部出现即可。

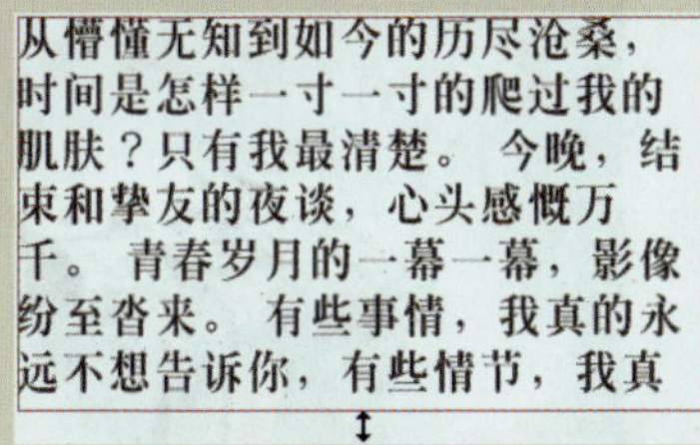

拖动文本框

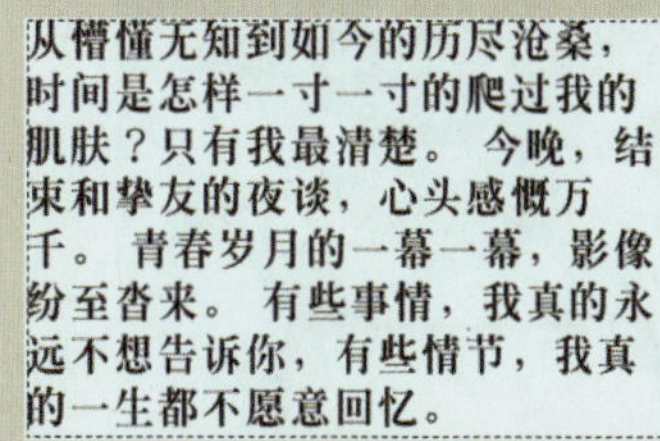

显示全部文字

选中文本框后，选择“文本>按文本框显示文本”命令，文本框将自动调整文字的大小，使文字完全在文本框中显示。如果选择“文本>转换为美术字”命令，文本框的文本将会变为美术文字。

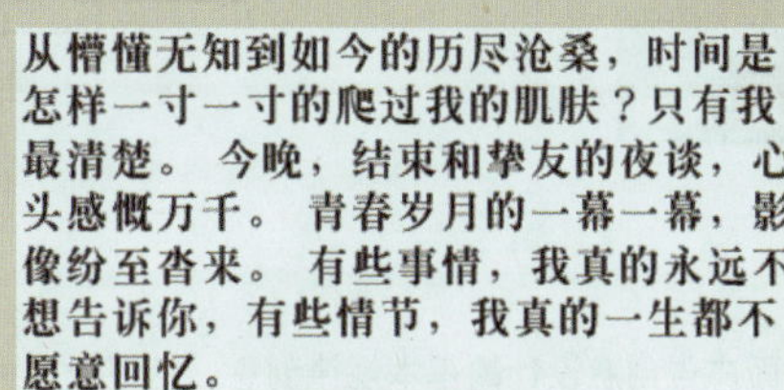

转换为美术文字

► 设计理论——报纸广告设计原则

报纸广告的特点是发行量大、时间快、广告费较经济，同时它还具有报纸广大而周密的邮政发行网，每天及时送到城乡订户。人们一般多有看报的习惯，阅读新闻时，有意无意都会看到广告。在大众传播的四大媒体中，消费者因对报纸的信任度较高，故对它所登的广告也信得过，而且看报不受时间、地区、环境、气候的限制，因此信息传达及时，反响迅速，覆盖面大，有利于时间紧迫和制造声势的广告，而且报纸版面大，篇幅多，因此广告可进行详细的文字和形象的介绍，若读者需要也可剪下保存。报纸广告的缺点是，人们一般只阅读当日报纸，因此广告只能当日与读者见面，隔日即逝，另外报纸的印刷不够精美，特别是彩印不够鲜明，容易影响广告的吸引力。

在设计报纸广告需要注意以下几点：

1. 设计具体、有针对性的广告

报纸广告创意设计应充分发挥报纸广告在市场渗透力上的长处，以及报纸广告设计制作成本较低、较简便容易、发布灵活的特点。在维护整体形象的前提下，根据市场发展的需要及时改变具体设计和具体内容，使报纸广告更具体、更有针对性。这应有别于杂志、招贴等在设计创意上较少变化、较稳定的媒体。

下图是两则楼盘广告，在画面设计中，明确给人们传达了楼盘的销售地址，联系方式等，让读者能够一目了然。

楼盘广告 1

楼盘广告 2

2. 版面的视觉冲击力

报纸广告创意设计要遵循一般平面广告创意设计的基本规律创意，从报纸版面的整体来考虑如何提高其视觉冲击力，提高其注目率。由于报纸广告在版面上常是多个广告并置发布的，各广告间的相互干扰会降低人们的注目率。报纸广告欲从版面上凸现出来，就得结合自己的发布情况，根据版面的情况来决定自己的设计。

下面是一则汽车广告，在版面的设计中采用了光速背景，造成视觉冲击力，给读者留下深刻的印象。

汽车广告

11 手机广告

Chapter 04	报纸广告设计	手 机 广 告

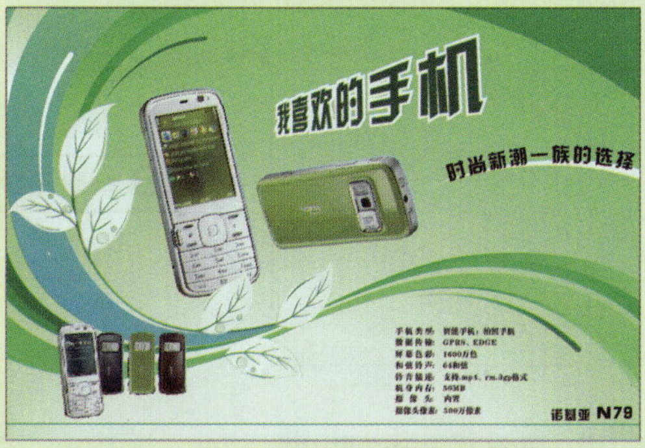

技法表现 运用渐变工具对图形做射线渐变填充，再复制对象，改变图形颜色，最后使用“添加透视点”命令编辑文字效果。

包含知识 贝塞尔工具、透视功能、形状工具、渐变填充、文字工具等。

文件路径 Reader\Chapter04\11\complete\手机广告.cdr

设计分析——年轻时尚的新款手机

本案例制作的是诺基亚新型手机广告，该手机功能很多，有MP3、摄像头、好听的铃声等，特别适合时尚年轻一族的追求，所以手机的定位客户群为学生或20多岁的年轻人。手机商要求在广告中表现出年轻、时尚的感觉，并且要突出手机的特点。

手机本身就是现代高科技的产物，而针对这一款手机，应手机制造商的要求，为了表现出年轻、时尚的感觉，我们使用了绿色渐变背景，为人们带来一种清新、爽朗的感觉，并且在背景中添加了时尚绚丽的花纹图案，通过较为复杂的背景设计，能更好地吸引人们的眼球。另外，在文字的设计上。使用了透视的视觉效果，让文字有一种呐喊出来的感觉，与旁边的手机遥相呼应，很好地突出了广告的主题。

制作流程——先制作背景，再添加手机形象

绘制花纹图形

添加树叶图形

制作文字透视效果

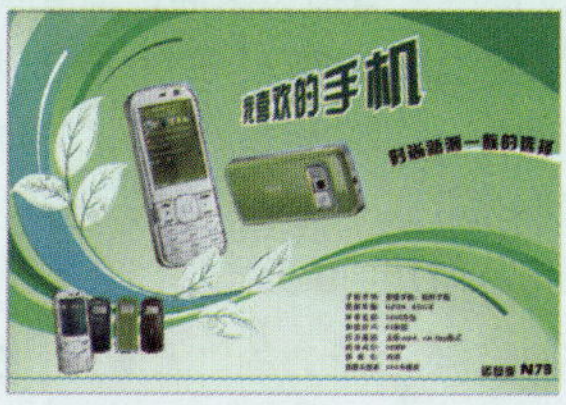

添加其他文字

► 制作步骤

绘制花纹背景

花纹背景通常较为复杂，所以在绘制前，首先要对造型有个整体构思，并且绘制好草图，然后在软件中进行制作和调整。

1 绘制矩形

❶ 打开CorelDRAW X5，单击工具栏中的“新建”按钮，新建“未命名-1”文件。

❷ 选择工具箱中的矩形工具，在页面中绘制一个长方形。

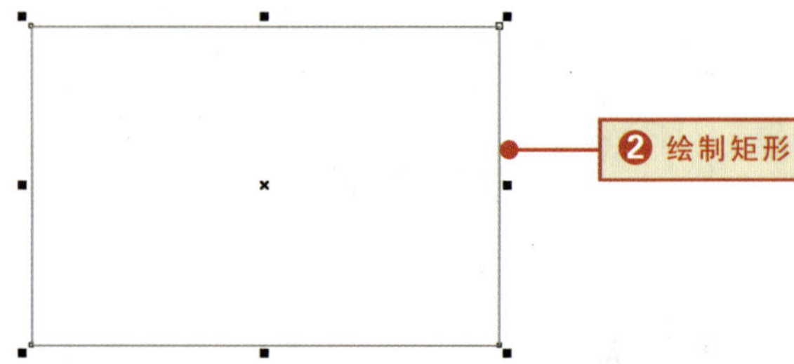

2 设置填充颜色

❶ 选择矩形，按【F11】键，打开“渐变填充”对话框。

❷ 设置渐变类型为射线，颜色从0%“绿色”(C:62,M:7,Y:100,K:0)到1%“浅绿色”(C:27,M:0,Y:78,K:0)到55%“粉绿色”(C:2,M:0,Y:6,K:0)到100%“白色”。

❸ 单击“确定”按钮，即可得到渐变效果。

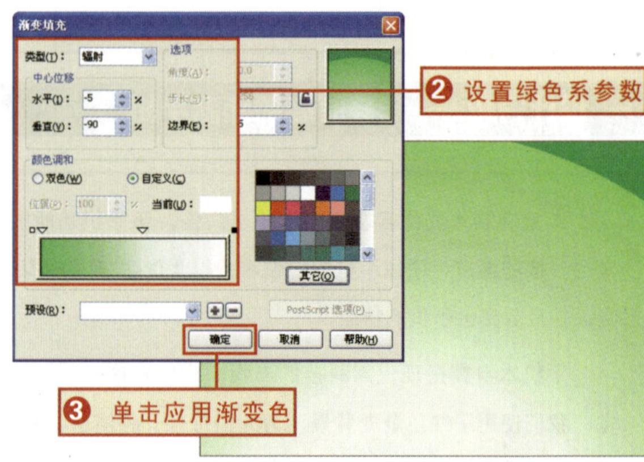

3 编辑图形

❶ 单击贝塞尔工具，在矩形左上方绘制一个多边形。

❷ 使用形状工具框选所有节点，单击属性栏中的“到曲线”按钮，然后对部分线段进行编辑，得到一个倒钩图形。

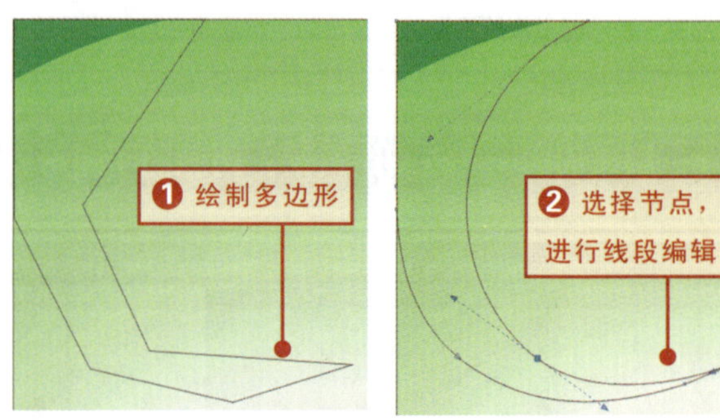

4 填充图形

❶ 单击交互式填充工具，打开“渐变填充”对话框。

❷ 设置渐变类型为射线，渐变颜色从0%“蓝色”(C:53,M:0,Y:0,K:0)到62%“绿色” (C:25,M:0,Y:76,K:0)到100%“淡绿色”(C:16,M:7,Y:49,K:0)。单击“确定”按钮，填充图形。

❸ 单击调色板上方的“无填充”按钮☒去除轮廓线。

5 绘制弧形

❶ 结合贝塞尔工具和形状工具的使用，在画面中间绘制一个弧形。

6 设置渐变参数

❶ 使用交互式填充工具对其进行射线填充，渐变颜色从0%“深绿色”(C:62,M:4,Y:100,K:0)到23%“绿色” (C:52,M:0,Y:100,K:0)到64%“淡绿色”(C:25,M:0,Y:76,K:0)到100%“粉绿色”(C:15,M:0,Y:45,K:0)。

❷ 单击“确定”按钮，得到渐变填充效果，再去除轮廓线。

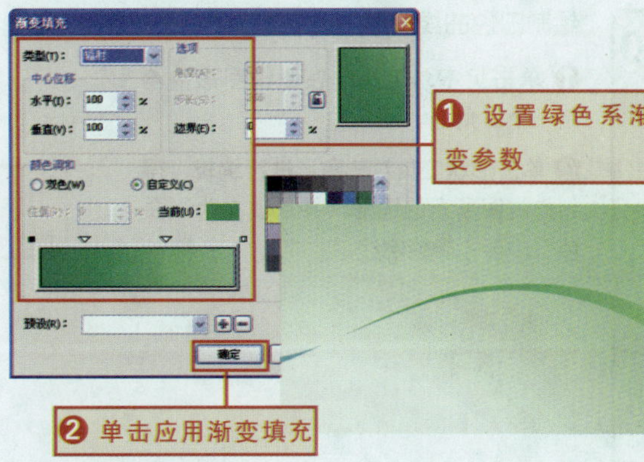

7 绘制图形

❶ 在左边的倒钩图形中再绘制一个弧形，使其与中间的弧形形成对应。

❷ 使用交互式填充工具对其应用射线渐变填充，颜色可以根据自己喜好设置，这里设置的是从“深绿色”到“浅绿色”。最后再去除轮廓线。

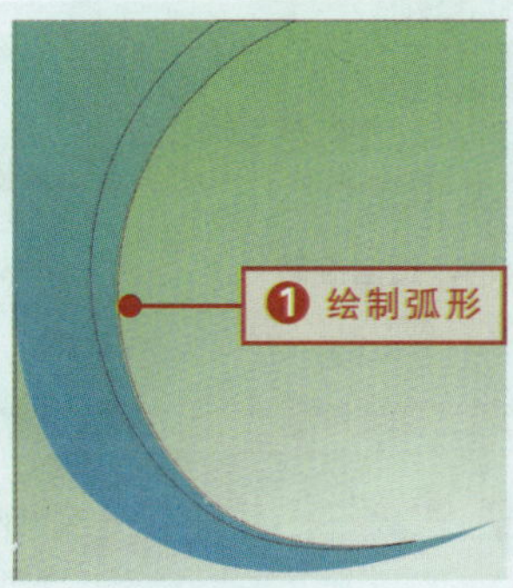

8 绘制新的曲线图形

❶ 在画面中间再绘制一条曲线图形，同样也对其进行绿色渐变填充。

❷ 在这个曲线图形上方再绘制一个较大一些的图形，也对其进行绿色渐变填充。

技巧点拨

当用户在绘制一些相似的图形时，可以通过复制原图形并进行修改的方式，这样比绘制一个新的图形更加快捷。

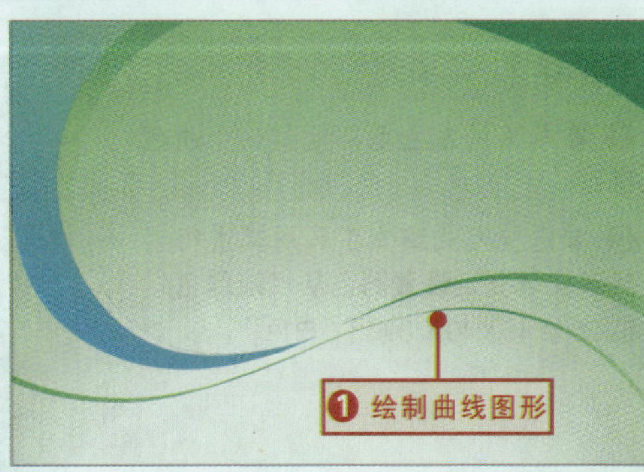

9

绘制多个曲线图形

❶ 使用同样的绿色进行渐变填充，然后在画面中间再绘制两个曲线图形。

❷ 在倒钩图形右侧再绘制一个弧形，也填充为“绿色”。

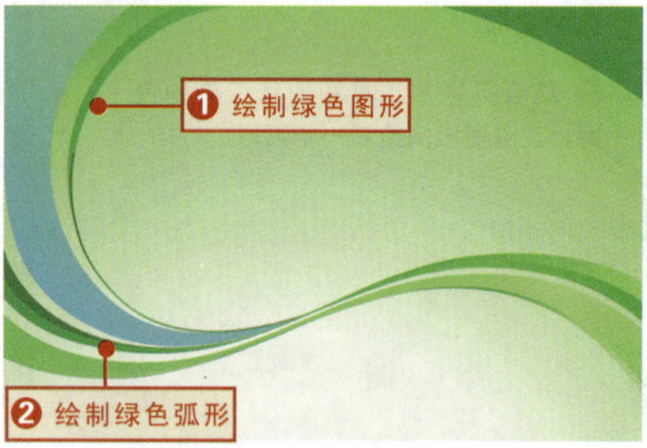

10

绘制白色曲线图形

❶ 单击贝塞尔工具，在倒钩图形中绘制一个三角形。

❷ 单击形状工具对三角形进行编辑，得到如右图所示的图形，并且填充为“白色”，再去除轮廓线。

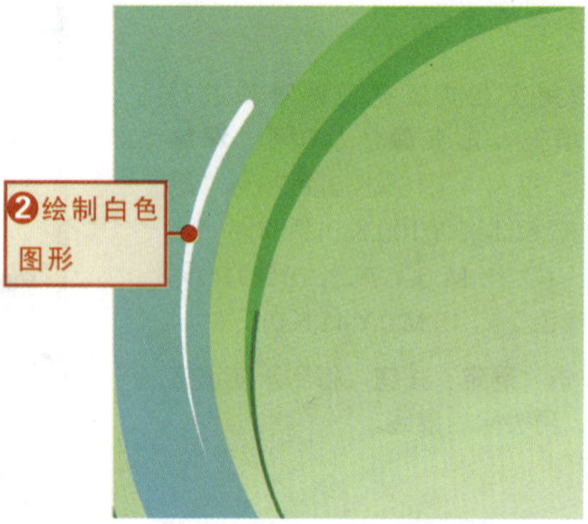

11

复制图形

❶ 复制两次白色曲线图形，改变颜色为“绿色”(C:80,M:17,Y:100,K:5)。

❷ 分别调整复制对象的大小，适当旋转后放置到如右图所示的位置。

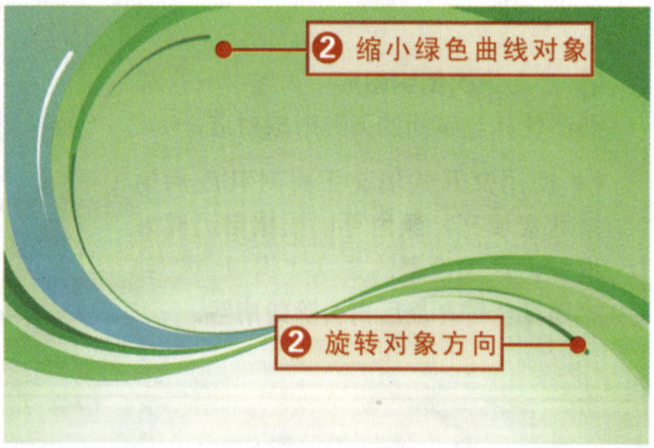

12

绘制图形

❶ 在画面的左上角再绘制一个曲线图形。

❷ 单击交互式填充工具对其进行射线渐变填充，设置颜色从“淡绿色”(C:20,M:45,Y:40,K:39)到“白色”。

绘制树叶图形

树叶图形的造型简单，但是要绘制出里面的树茎、纹路、水滴等效果，也是不容易的。在绘制的时候需要结合多个工具进行调整，才能达到我们想要的效果。

1 绘制图形

❶ 使用贝塞尔工具和形状工具绘制一个树叶图形。

❷ 将该图形放到画面中左下方位置。

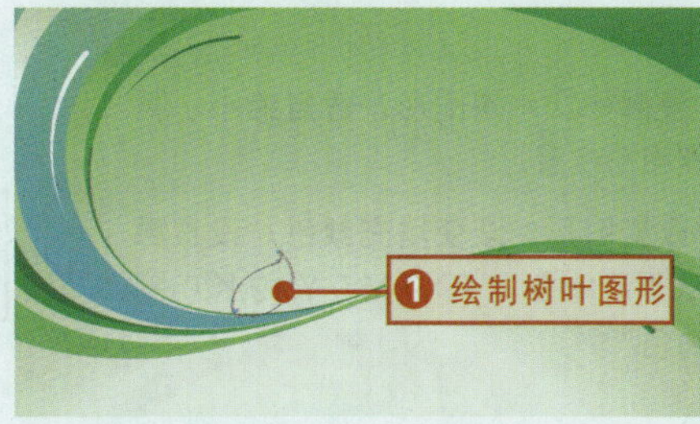

2 填充图形颜色

❶ 单击交互式填充工具，对该图形进行射线渐变填充。

❷设置颜色为从“淡黄色”（C:3,M:0,Y:7,K:0）到“白色”，然后单击“确定”按钮。

❸ 去除图形轮廓线。

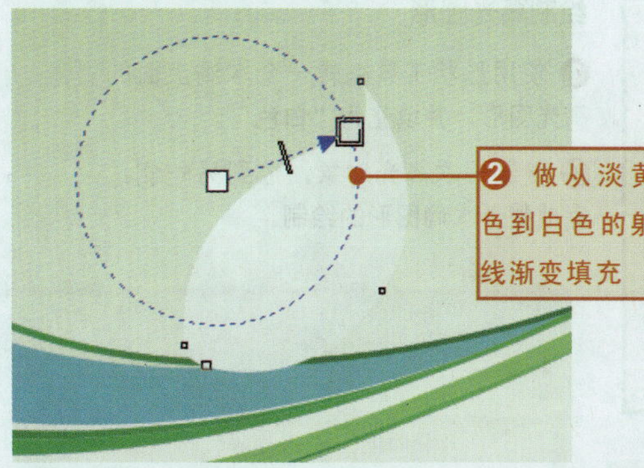

3 绘制图形并填充颜色

❶ 结合贝塞尔工具与形状工具的使用，在树叶边缘绘制两个图形，并暂时填充为黑色。

❷ 使用交互式填充工具对这两个图形分别做射线渐变填充。设置颜色为从“淡绿色”（C:11,M:0,Y:25,K:0）到“白色”。

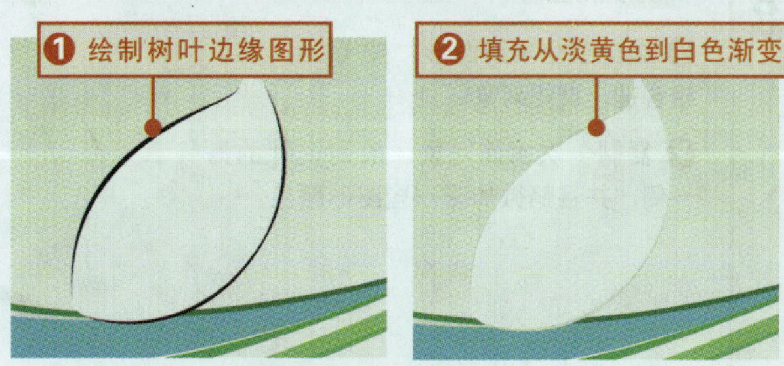

4 绘制树叶中的图形

❶ 结合贝塞尔工具与形状工具的使用，在树叶中绘制出叶茎图形，并且填充为“绿色”（C:75,M:12,Y:100,K:0）。

❷ 再绘制一个弧形，填充为“淡绿色”（C:25,M:2,Y:70,K:0），放到树叶中。

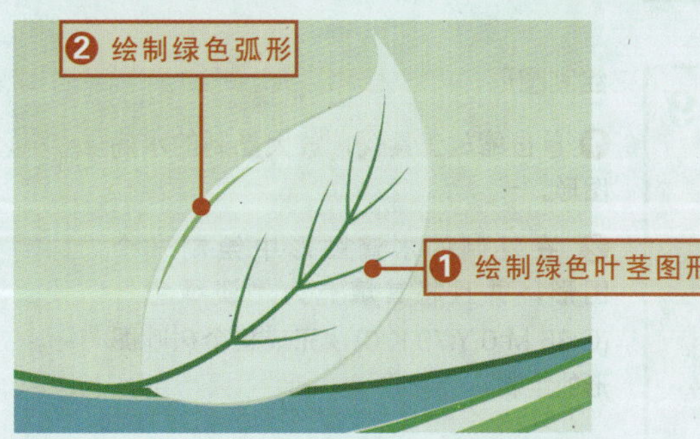

5 绘制水滴图形

❶ 单击椭圆形工具，在树叶中绘制一个椭圆形，作为水滴图形。

❷ 为水滴图形做渐变填充，设置颜色从“淡绿色”（C:4,M:0,Y:9,K:0）到“深绿色”（C:51,M:2,Y:90,K:0）。最后去除轮廓线。

6

复制图形

❶ 复制一次水滴图形，适当缩小，再调整图形位置。

❷ 改变图形的渐变填充颜色，设置颜色从“淡绿色”(C:9,M:0,Y:19,K:0)到“白色”。

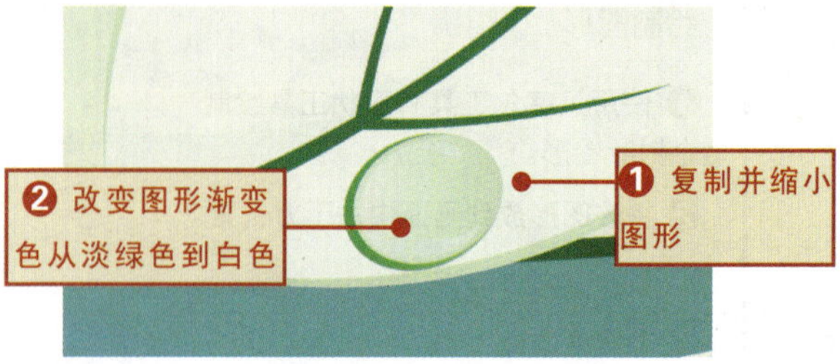

7

绘制高光图形

❶ 使用形状工具编辑一个水滴上面的高光图形，并填充为“白色”。

❷ 复制一次高光对象，放到另一侧，完成整个水滴图形的绘制。

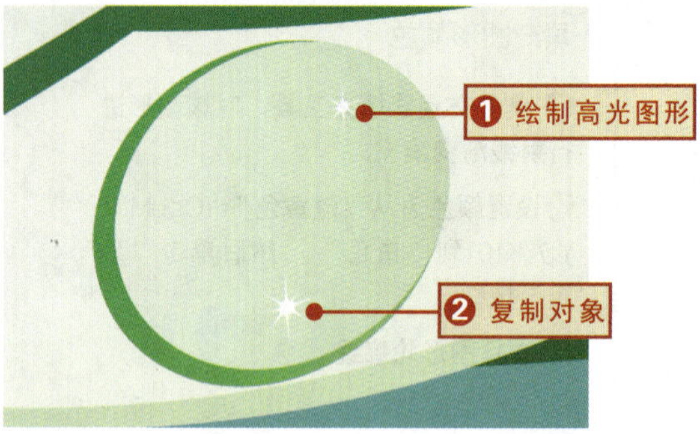

8

复制水滴图形

❶ 选择整个水滴图形，按【Ctrl+G】组合键，群组对象。

❷ 复制一次水滴对象，放到树叶的另一侧，并且略微加深一些图形颜色。

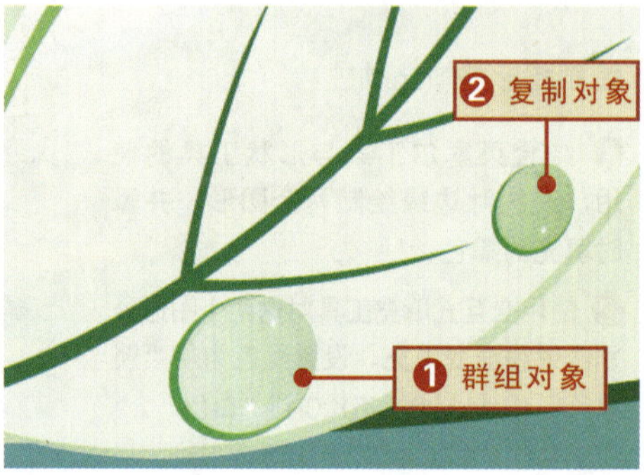

9

绘制图形

❶ 单击缩放工具，放大复制的水滴图形。

❷ 在复制的水滴图形中绘制一个图形，并且将其填充为“淡绿色”(C:36,M:0,Y:70,K:0)，完成整个树叶图形的绘制。

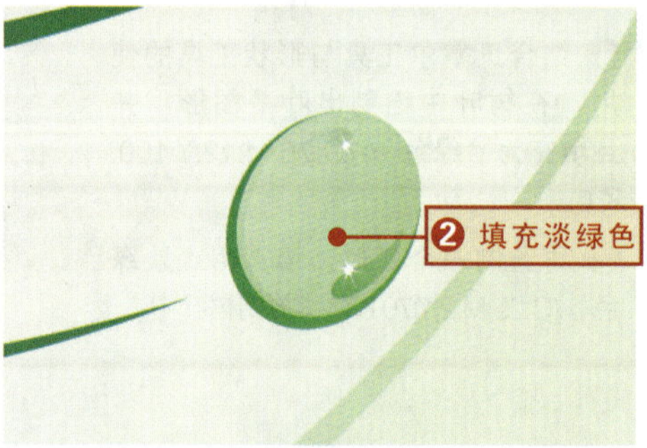

10

复制图形

❶ 选择所有树叶图形，按【Ctrl+G】组合键，群组对象。

❷ 复制几次树叶图形，分别调整不同的方向和大小，放到画面中，并且在一些树叶中取消水滴图形。

添加素材图像和文字

在CorelDRAW中添加图像都是通过“导入”命令来操作的，通常情况下素材图像的背景都是透明的，这样导入进来后才能更好地融合在广告中。

1

绘制直线

❶ 单击贝塞尔工具，按住【Shift】键在画面底部绘制一条直线。

❷ 在属性栏中设置直线宽度为0.5mm，再设置颜色为“绿色”(C:100,M:0,Y:100,K:0)。

2

导入素材图像

❶ 选择“文件>导入”命令，打开“导入”对话框，选择“手机1.psd”、“手机2.psd”、“手机3.psd”文件，单击“确定”按钮后将文件导入到页面中。

❷ 调整手机图像大小，放到画面中。

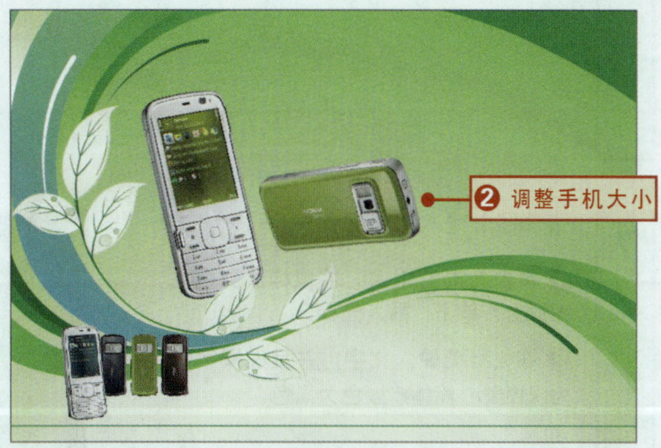

3

输入文字

❶ 单击文本工具，在手机右侧输入文字。

❷ 在属性栏中设置字体为汉仪菱心简体，颜色为“绿色”(C:95,M:40,Y:98,K:8)。

4

为文字描边

❶ 按【F12】键，打开“轮廓笔”对话框，设置轮廓颜色为白色，轮廓宽度为2.5mm。

❷ 单击“确定”按钮，得到文字描边效果。

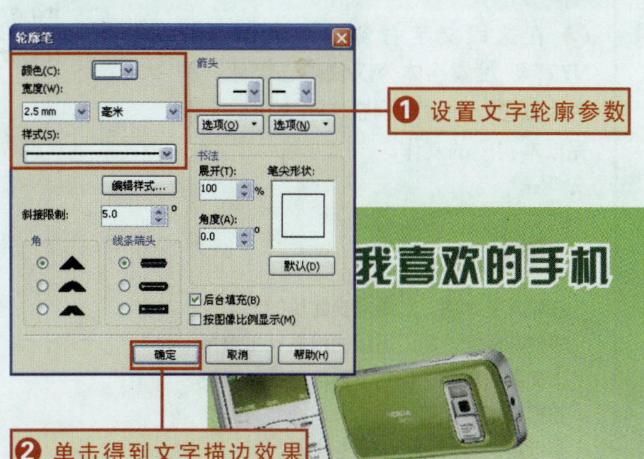

5

透视文字

❶ 单击文字，选择“效果>添加透视点”命令。

❷ 这时文字周围将出现网格，参照如右图所示的方式拉伸网格，将文字变形。

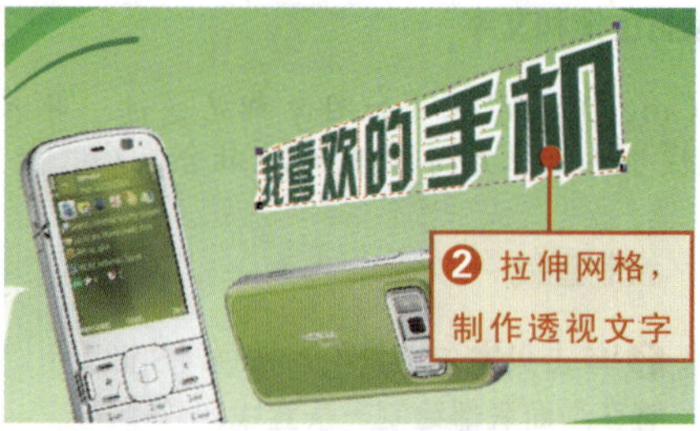

6

绘制图形

❶ 结合贝塞尔工具和形状工具的使用，在画面右侧绘制一个尖角弧形，并且填充为白色。

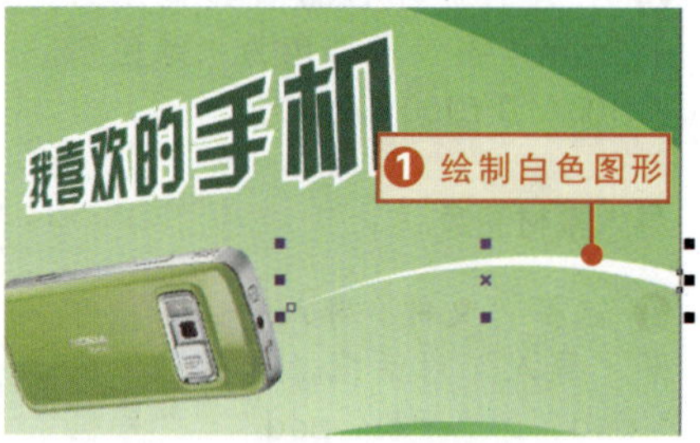

7

在路径上输入文字

❶ 单击文本工具[字]，将鼠标放到白色图形上方单击，插入光标。

❷ 在光标处输入文字，并且设置字体为汉仪菱心简体，颜色为黑色。

技巧点拨

CorelDRAW中允许在路径上输入文字，但用户在路径上插入光标时，应注意文字的输入方向，可以设置文字在路径上方输入或在路径下方输入。

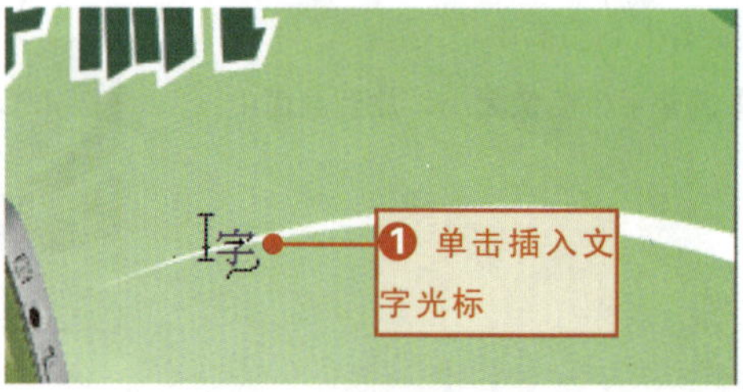

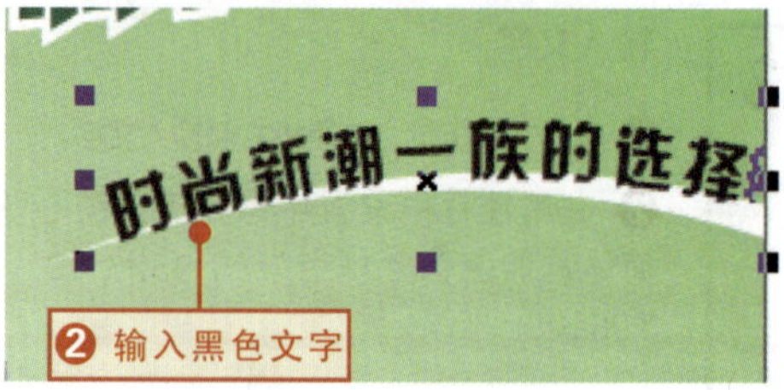

8

输入文字

❶ 单击文本工具[字]，在画面的右下方输入手机的介绍文字，设置字体为方正粗宋简体，颜色为黑色。

❷ 在这段文字右侧输入“诺基亚N79”，设置字体为汉仪菱心简体，颜色为黑色，并适当调整文字大小。至此完成本实例的制作。

技巧点拨

在输入文字后，如果需要简单的调整文字的间距和行距，可以使用形状工具单击文字，按住文字右下角的图标，向左右拖动可以调整间距，上下拖动可以调整行距。

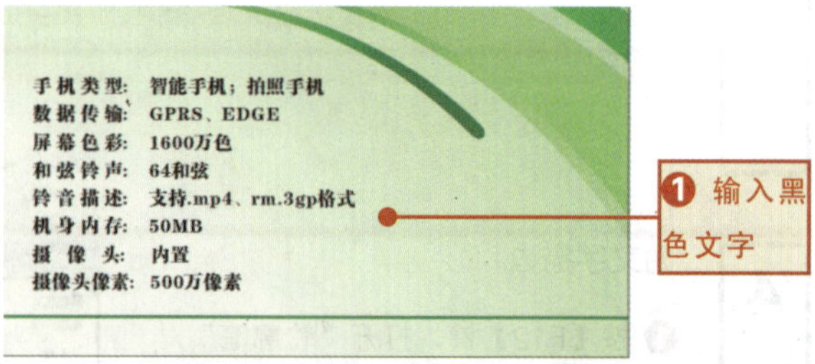

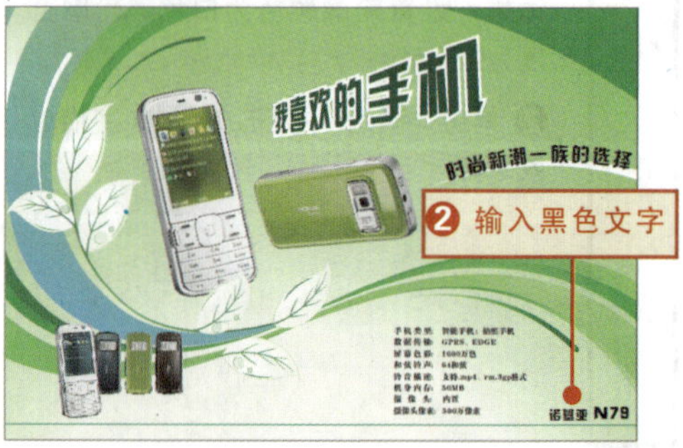

► 知识点总结——对象的选择和群组

本例运用了对象的多种操作方式，下面主要介绍对象的选择和群组功能。

1. 对象的选择

在工具箱中选择挑选工具后，单击要选取的对象，对象四周出现控制节点，则表明对象已经被选中。

选择对象时，也可以在工作区中对象以外的地方按下鼠标左键不放，拖动鼠标拉出一个虚线框，框选所要选择的对象，释放鼠标后，即可看到对象处于被选取状态

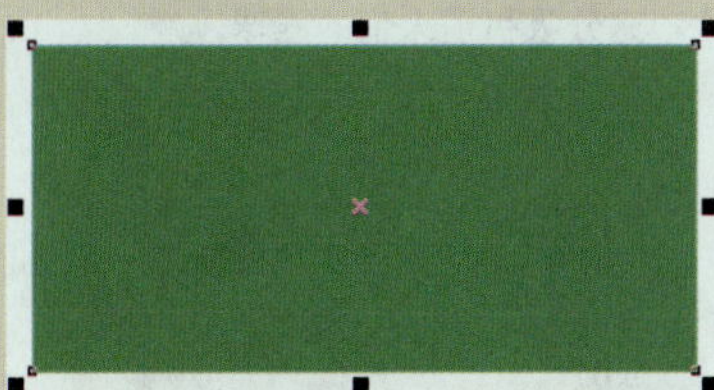

选择对象

框选对象

如果对象是群组的图形，要选择对象中的单个图形元素，可在按下【Ctrl】键的同时单击此图形，此时图形四周将出现圆形的控制点。

选择群组中的对象

2. 对象的群组

在 CorelDRAW中，对象的组合也是比较重要的一个功能。将对象群组后，可以同时对群组内的所有对象进行缩放、旋转等基本操作。

使用挑选工具选取需要群组的全部对象，选择“排列>群组”命令，或按【Ctrl+G】组合键，可将对象进行群组。选择已组合的两组或多组对象，执行相同的群组命令，可以创建嵌套群组。

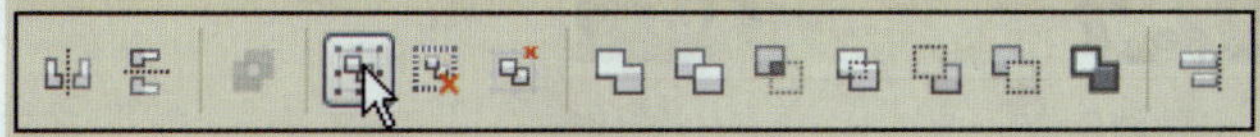

群组对象

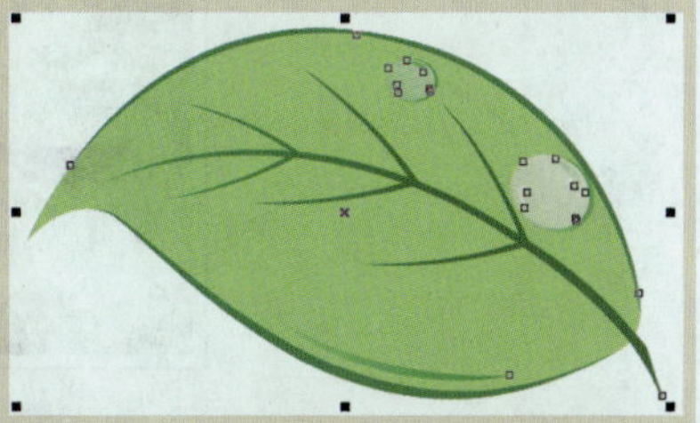

群组后的对象

将不同图层的对象群组后，这些对象会存在于同一个图层中。需要对群组中的对象单独进行编辑的时候，必须将群组的对象解散。

选择需要解组的群组对象，选择“排列>取消组合”命令，或按【Ctrl+U】组合键取消其群组；也可单击属性栏中的“取消组合”按钮。

► 设计理论——平面设计技法浅谈

平面设计技法浅谈

1. 什么是平面设计

平面设计是将不同的基本图形，按照一定的规则在平面上组合成图案的。主要在二度空间范围之内以轮廓线划分图与地之间的界限，描绘形象。而平面设计所表现的立体空间感，并非实在的三度空间，而仅仅是图形对人的视觉引导作用形成的幻觉空间。

下图是乐坊广告和饮料广告，在画面设计上运用图像的表达，充分吸引了人们的眼球。

乐坊广告

饮料广告

2. 平面设计的元素

（1）概念元素，所谓概念元素是那些不实际存在的，不可见的，但人们的意识又能感觉到的东西。例如，我们看到尖角的图形，会感到上面有点，物体的轮廓上有边缘线。概念元素包括点、线、面。

（2）视觉元素：概念元素不在实际的设计中加以体现，它将是没有意义的。概念元素通常是通过视觉元素体现的，视觉元素包括图形的大小、形状、色彩等。

（3）关系元素：视觉元素在画面上如何组织、排列，是靠关系元素来决定的。关系元素包括方向、位置、空间、重心等。

（4）实用元素：指设计所表达的含义、内容、设计的目的及功能。

下面是一则啤酒广告，其中包含了平面设计的多种元素，无论是版面的排列，还是颜色的搭配，都是一流的。

啤酒广告

3. 点、线、面的构成

形象是物体的外部特征，是可见的。形象包括视觉元素的各部分，所有的概念元素如点、线、面在见于画面时，也具有各自的形象。在平面设计中，一组相同或相似的形象组成，其每一组成单位成为基本形，基本形是一个最小的单位，利用它根据一定的构成原则排列、组合，便可得到最好的构成效果。

12 房地产开盘广告

Chapter 04	报纸广告设计	房地产开盘广告

技法表现 运用绘图工具绘制基本图形并填充颜色，然后导入素材图像，最后输入文字进行编辑。

包含知识 “导入”命令、矩形工具、文字工具、轮廓工具等。

文件路径 Reader\Chapter04\12\complete\房地产开盘广告.cdr

设计分析——回归田园的舒适生活

本案例制作的是一个楼盘开盘广告，在房地产如此火爆的今天，广告营销起着很重要的作用，只有全面的宣传这个楼盘，才能让销售量直线上升。该楼盘主要追求一种宁静、花园式感觉，要给人们展现出一种自然舒心、回归田园般生活的感觉。

通常情况下，楼盘广告都会用大幅画面来展现小区图像，让人能更直观地了解到楼房修建的形状。本广告中运用了楼房画面和花园栅栏相结合的图像，能给人一种田园生活的视觉感觉，与楼盘本身的诉求点相对应，再通过一些文字的突出介绍，让人能够更加全面的了解楼盘信息。

制作流程——先绘制出基本框架，再添加宣传信息

绘制基本框架

添加部分文字

添加楼盘信息

制作地图及其他图形

► 制作步骤

绘制基本框架

楼盘广告的基本框架一般都较为简单，但却影响着整个画面的设计效果。所以在颜色和造型上，都需要进行精心的设计。

1 绘制矩形

❶ 运行CorelDRAW X5，单击矩形工具，在页面中绘制一个长方形。

❷ 单击矩形，将鼠标放到矩形上方的黑色端点上，按住鼠标左键向下拖动，然后在不松开左键的同时右击，得到一个复制的矩形。

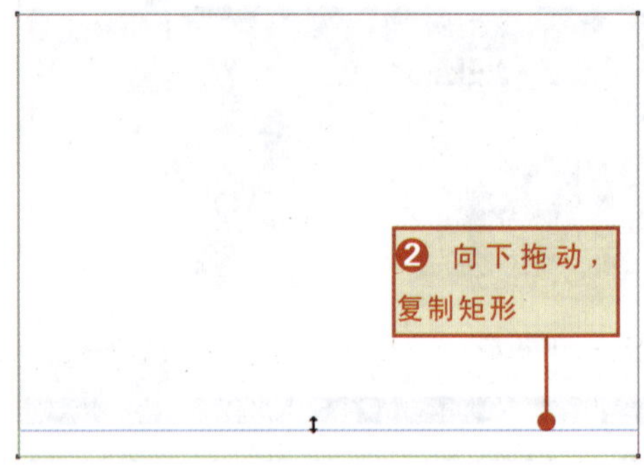

2 设置颜色

❶ 单击填充工具，从列表中选择“均匀填充”选项，打开“均匀填充”对话框。

❷ 设置填充颜色为“绿色”，单击“确定”按钮即可填充矩形颜色。

❸ 单击调色板上的“无填充”按钮☒，取消轮廓线。

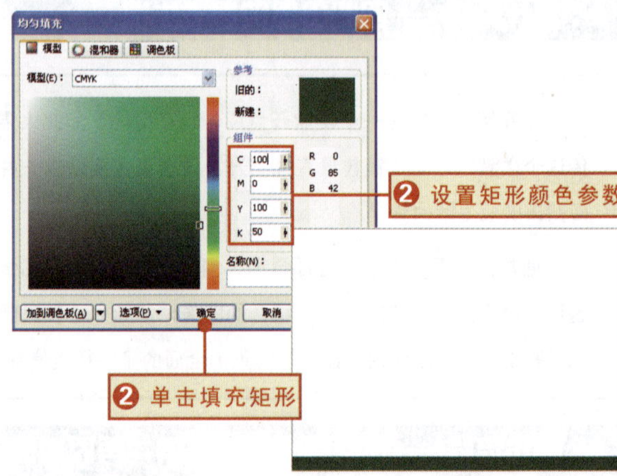

3 复制矩形

❶ 使用同样的方法，在矩形每一个边上都拖动复制出一个矩形。

❷ 将这些矩形都填充为“绿色”。

4 导入素材图像

❶ 选择“文件>导入”命令，在打开的“导入”对话框中选择“家.psd”文件。

❷ 单击“确定”按钮，将该文件导入到页面中，适当调整大小后放到广告画面中。

5

输入文字

❶ 单击文本工具字，在素材图像上方输入文字。

❷ 在属性栏中设置字体为方正超粗黑简体。

6

拆分文字做调整

❶ 选择“排列>打散美术字”命令，将文字拆分为单独的个体。

❷ 选择“9”和“8”，适当将文字放大并倾斜，然后调整文字的位置。

7

复制文字

❶ 选择所有文字，按【Ctrl+G】组合键，群组对象，然后按【+】键原地复制一次对象。

❷ 将文字向上向左移动，并改变文字颜色为“黄色”(C:0,M:0,Y:100,K:0)。

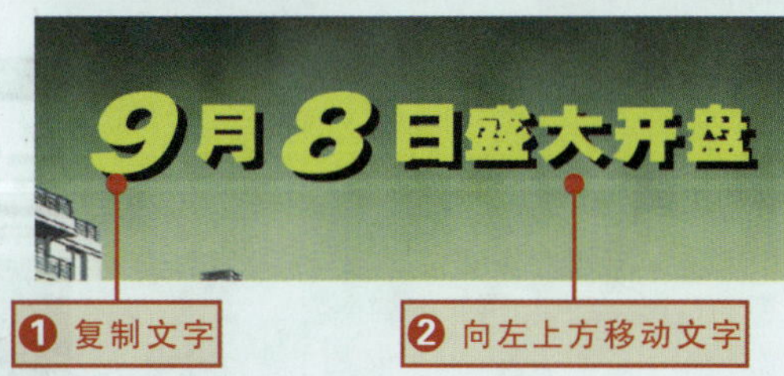

8

添加轮廓线

❶ 按【F12】键，打开“轮廓笔”对话框。

❷ 设置轮廓颜色为“绿色”(C:96,M:39,Y:99,K:7)，再设置轮廓宽度为1.5mm。

❸ 单击“确定”按钮，得到文字描边效果。

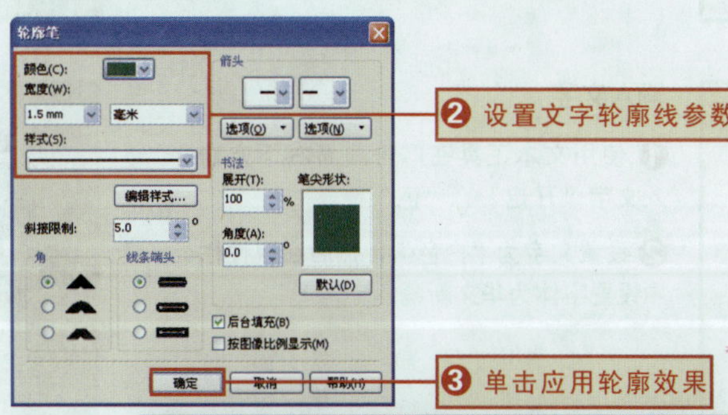

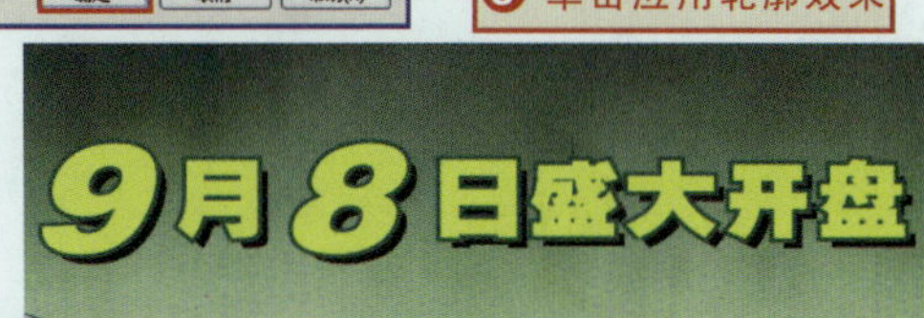

9

输入英文文字

❶ 在文字下方再输入一行英文文字。

❷ 设置文字颜色为“白色”，然后在文字中间绘制一个白色小圆点。

添加楼盘信息

楼盘信息对于整个广告来说，是非常重要的。人们会通过该信息对楼盘有个简单的了解，然后再通过广告上所指示的时间及地点，准确地找到楼盘的位置。

1

输入文字

❶ 单击文本工具字，在画面左上方空白处输入一行文字。

❷ 在属性栏中设置字体为方正粗黑简体，并设置文字颜色为“绿色”(C:100,M:0,Y:100,K:50)。

2

绘制线段

❶ 单击贝塞尔工具，在文字下方绘制一条直线和一条折线。

❷ 设置线条颜色同样为“绿色”(C:100,M:0,Y:100,K:50)。

3

输入文字

❶ 在折线中再输入一行文字，设置字体为宋体，颜色为“绿色”。

4

输入文字

❶ 使用文本工具在广告画面右下方输入文字“开启”、“色”。

❷ 设置文字为“白色”，然后在属性栏中设置字体为华文新魏。

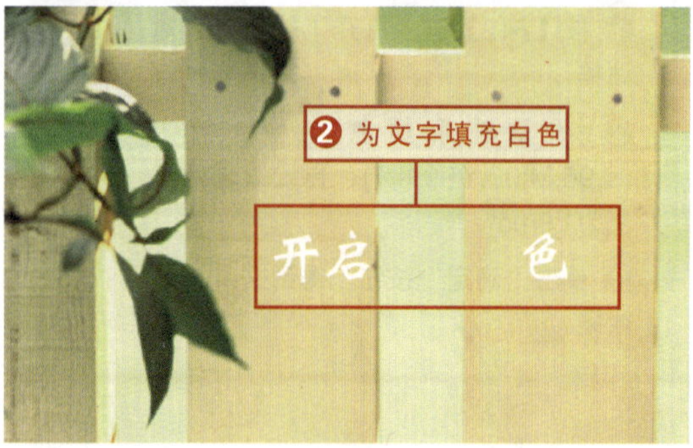

5

设置轮廓线

❶ 按【F12】键，打开“轮廓笔”对话框，为文字设置轮廓线属性。

❷ 设置轮廓宽度为1.5mm，轮廓颜色为“绿色”(C:96,M:51,Y:95,K:22)。

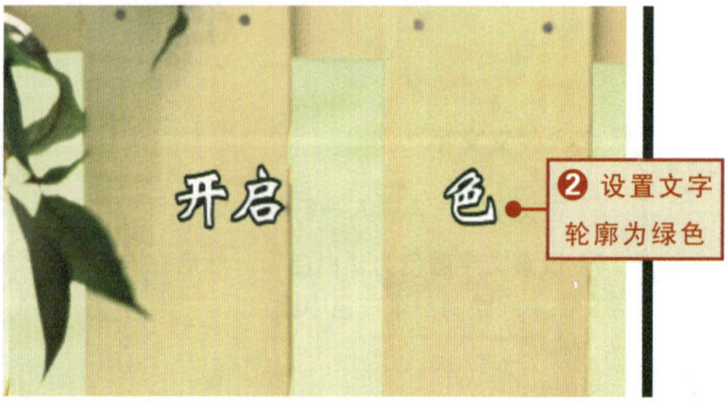

6

导入文件

❶ 选择“文件>导入”命令，打开“文字.cdr”文件。

❷ 将“文字. cdr”放到刚刚输入的文字中间。

7

设置直线

❶ 使用贝塞尔工具在文字下方绘制两条直线，并且设置线条颜色为“绿色”(C:100,M:0,Y:100,K:0)。

❷ 再次输入文字，填充为“绿色”，并将文字适当倾斜，然后在文字中间绘制一个绿色圆点。

8

绘制圆形

❶ 单击椭圆形工具，按住【Shift】键在文字下方绘制一个正圆形。

❷ 将圆形填充为“深绿色” (C:96, M:51,Y:95,K:22)。

9

复制圆形

❶ 按【+】键原地复制一次圆形，按住【Shift】键不放，中心缩小对象。

❷ 改变圆形颜色为“浅绿色”(C:16, M:0,Y:51,K:0)。

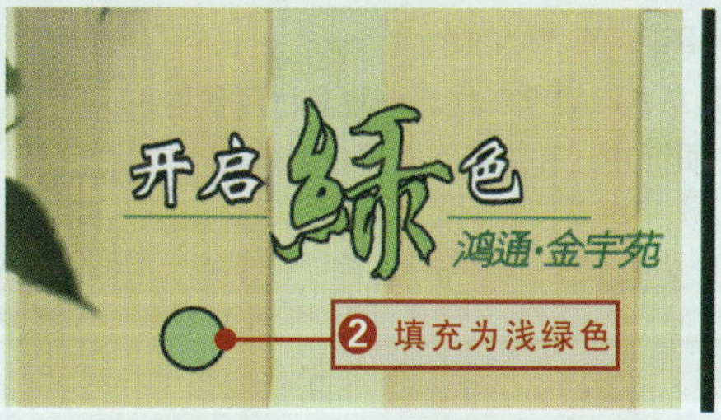

10

输入文字

❶ 选择这两个圆形，复制几次对象后，放到右侧。

❷ 在每一个圆形中都输入一个文字，然后设置文字大小一致，字体为宋体，颜色为“深绿色”(C:96,M:51,Y:95,K:22)。

添加详细文案

在楼盘广告中，文案往往分为两种，一种是用于宣传的文案，另一种是用于介绍项目详细信息的文案，下面就来添加第二种文案。

1 输入介绍文字

❶ 在广告画面左下角空白处输入一段楼盘介绍文字。

❷ 在属性栏中设置字体为黑体，然后适当调整文字大小，并使用矩形工具□在文字中间插入两个黑色矩形。

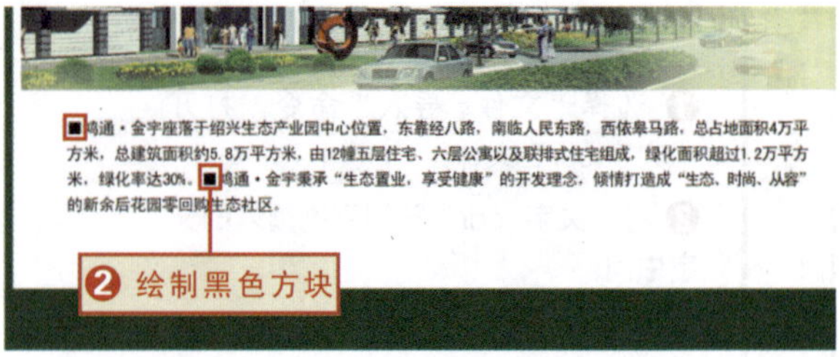

2 输入电话

❶ 在介绍文字下方再输入一行中文文字和电话号码。

❷ 设置字体为方正美黑简体，颜色为“深绿色”(C:100,M:0,Y:100,K:50)，再将数字略微向右倾斜。

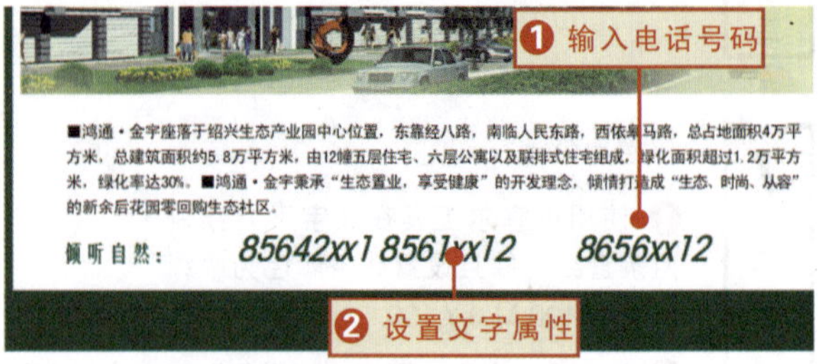

3 输入文字

❶ 在电话号码前面再输入“028”，并设置为方正粗宋简体，颜色为“黑色”，然后在后面输入“市区”、“现场”，并设置为黑体。

❷ 使用贝塞尔工具在文字上方绘制三条直线，填充为“深绿色”。

4 导入素材图像

❶ 选择“文件>导入”命令，在打开的“导入”对话框中选择“家园.psd”。

❷ 单击“确定”按钮，将素材图像导入到页面中，并放置到画面右下方。

5 绘制矩形

❶ 单击矩形工具，在“家园”图像右侧绘制一个矩形，并且填充为“浅绿色”(C:10,M:0,Y:40,K:0)。

6 设置轮廓笔

❶ 单击轮廓工具，选择轮廓笔，打开“轮廓笔”对话框。

❷ 设置轮廓宽度为0.818mm，颜色为“深绿色”(C:100,M:0,Y:100,K:30)，再在“样式”下拉列表框中选择线条样式。

❸ 单击“确定”按钮，得到轮廓线效果。

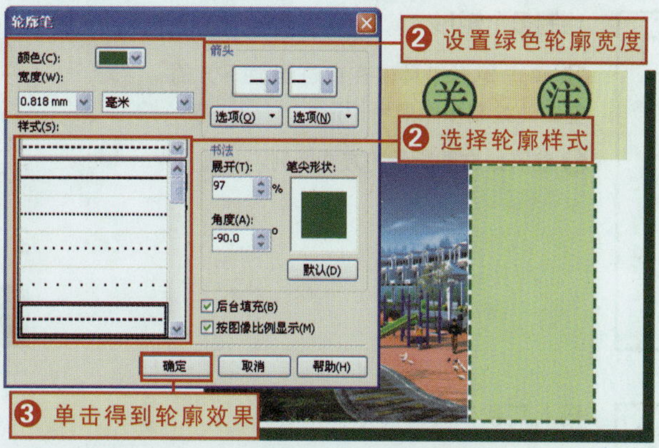

7 输入文字

❶ 单击文本工具，在绿色矩形中输入一段文字。

❷ 设置字体为黑体，颜色为“黑色”。

8 输入文字

❶ 单击文本工具，在广告画面最下方的绿色矩形中分别输入4行文字，分别是售楼地址、开发商名称、策划公司名称和申明。

❷ 设置文字字体为黑体，颜色为“白色”，并且在前三段文字前面添加一个白色边框矩形。

❸ 适当将最后一段文字调小，前面三段文字大小相同。

技巧点拨

在输入文字时，通常情况下默认的颜色为黑色，如果要设置其他颜色，可以直接单击调色板中的色块，或者在“均匀填充”对话框中设置。

绘制地图

一个成功的楼盘开盘广告最关键的一步是让人们了解到楼盘的地址在哪儿，所以绘制地图是必不可少的。这个地图需要简单、清晰，让人能对楼盘的地址，包括周边的环境设施都能一目了然。

1 绘制多个矩形

❶ 单击矩形工具，在广告画面下方的空白处绘制多个黑色矩形。

❷ 参照如右图所示的方式排列。

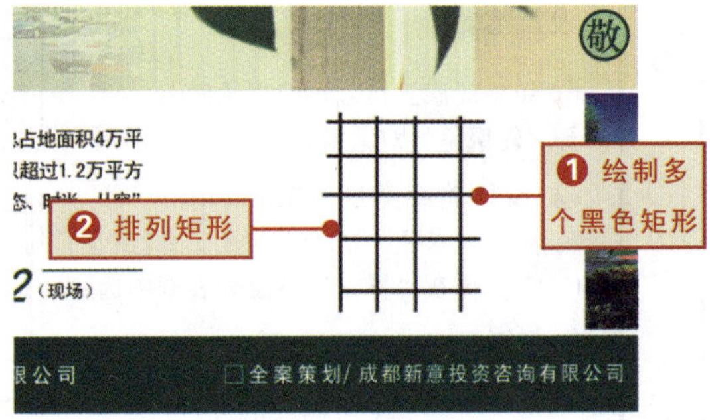

2 输入文字

❶ 分别在这些矩形组成的方框里输入文字。

❷ 使用矩形工具和椭圆形工具再绘制几个灰色矩形和红色圆形，并分别放到方框里。

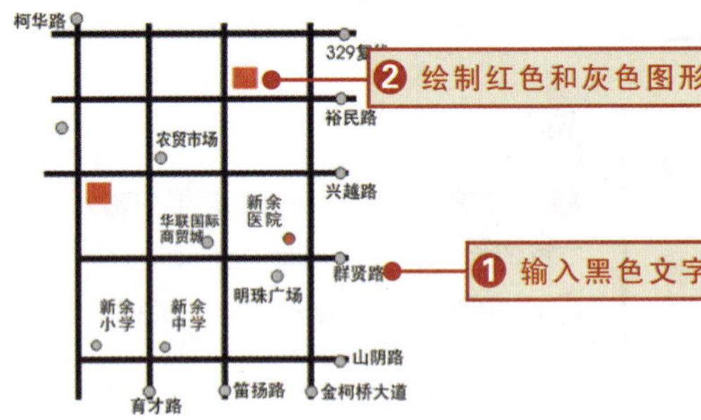

3 绘制图形

❶ 结合贝塞尔工具和形状工具的使用，在地图左侧绘制一个不规则图形。

❷ 单击交互式填充工具，对该图形做线性渐变填充，设置颜色从“蓝色”（C:100,M:0,Y:0,K:0）到“浅蓝色”（C:10,M:0,Y:0,K:0），并取消轮廓线。

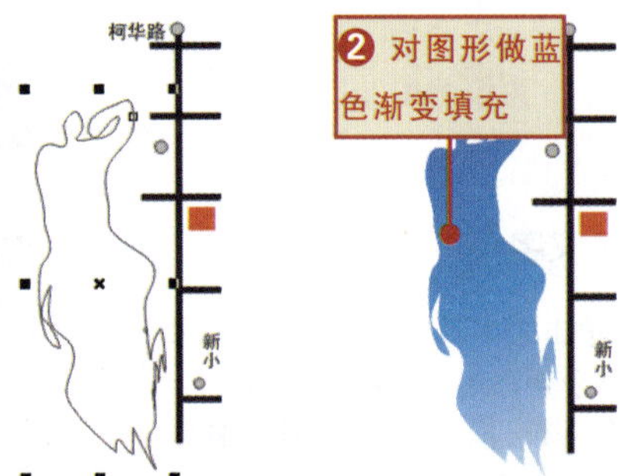

4 输入文字

❶ 选择文本工具，再单击属性栏中的“将文本更改为垂直方向”按钮▥。

❷ 在渐变图形中输入两行文字。

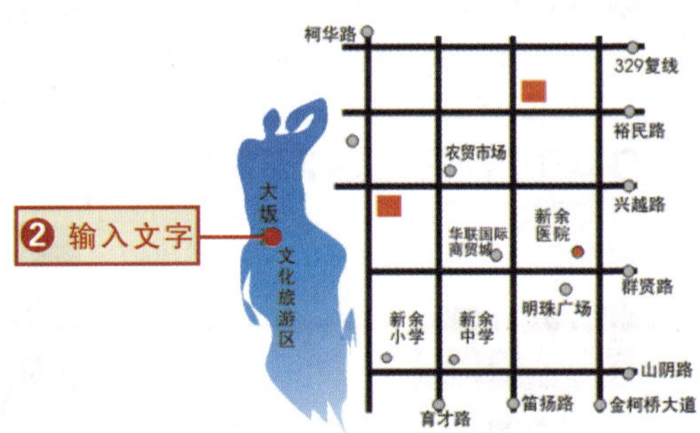

5 绘制图形

❶ 结合椭圆形工具和形状工具的使用，在渐变图形右侧绘制一个圆形坐标。

❷ 填充图形为“白色”，轮廓线为“浅绿色”（C:60,M:0,Y:60,K:20）。

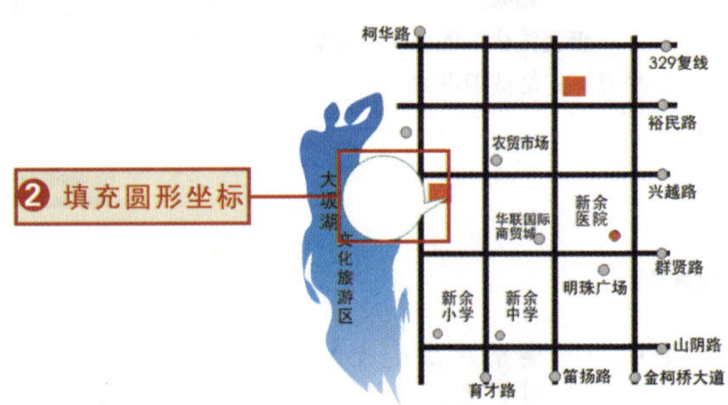

6 添加文字

❶ 在坐标图形中输入文字“项目地址”。

❷ 设置文字颜色为“绿色”(C:100,M:0,Y:100,K:0)，字体为黑体。

► 知识点总结——文本编辑技巧

本例多次使用到文本工具，下面就对文字的编辑进行介绍。

在文字配合图形进行编辑的过程中，经常要对文本间距进行调整，以达到构图上的平衡和视觉上的美观。下面分别介绍在CorelDRAW中使用形状工具调整段落文本和美术文本的方式。

1. 调整段落文本间距

在页面上输入一段美术文本或段落文本，切换到形状工具后，每一个文字的右下角都将出现一个小方框。按下鼠标左键拖动文本框左边的⇹控制符号，拖动到适当位置后放开鼠标，即可调整文本的字间距。

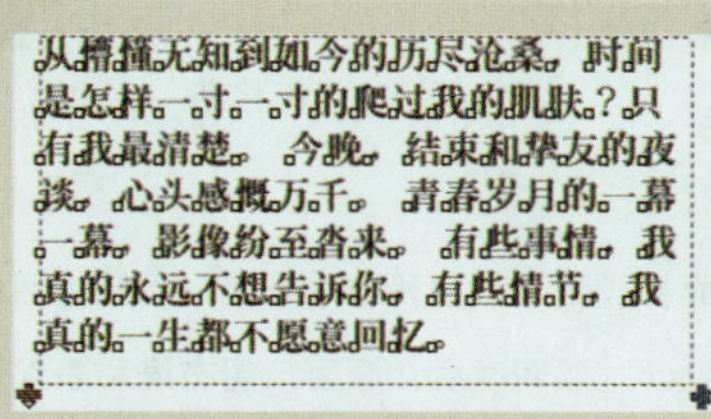

使用形状工具单击文本

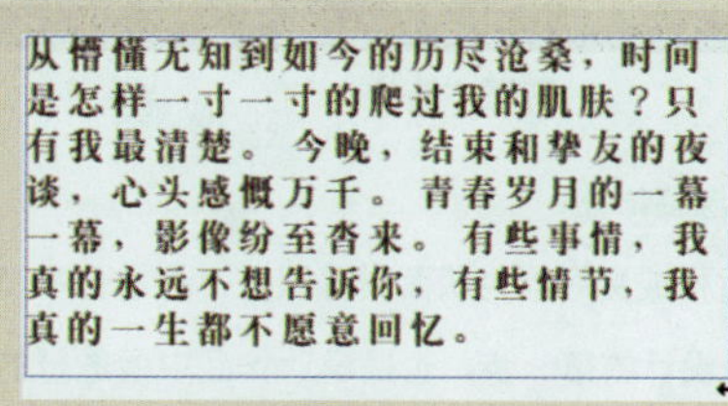

向左拖动

按下鼠标左键拖动文本框下面的⇳控制符号，拖动到适当位置后放开鼠标，即可调整文本的行距。

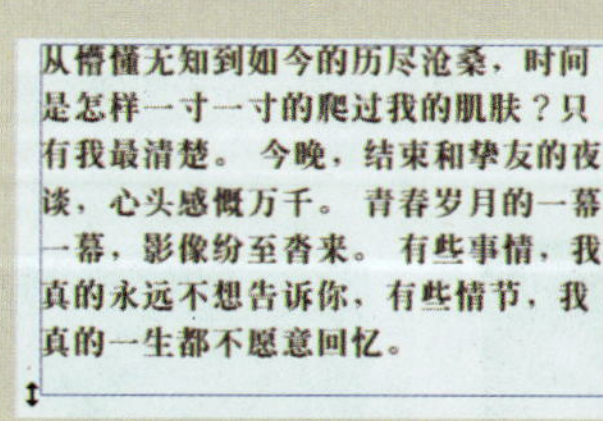

向下拖动

2. 调整美术文本间距

调整美术文本间距的操作方法与调整段落文本间距的方法相同。在调整文本字距或行距的过程中，如果只调整某个字符或部分字符的位置，可以单击需要调整的字符节点，用鼠标拖动字符下的节点，即可移动该字符的位置。如果要同时调整多个字符，可以使用形状工具框选多个节点来进行操作。

调整某一字符位置

框选字符

► 设计理论——版面设计原则

任何广告在设计之前，都需要思考版面的排列，一个好的版面设计是一个广告成功的第一步。下面就来介绍版面设计的两大原则。

1. 思想性与单一性

版面设计本身并不是目的，它只是为了更好地传播客户信息的手段。设计师往往会自我陶醉于个人风格，以及与主题不相符的字体和图形中，这是造成设计平庸或失败的主要原因。一个成功的版面构成，首先必须明确客户的目的，并深入去了解、观察、研究与设计有关的方方面面。简要的咨询是设计良好的开端。版面离不开内容，更要体现内容的主题思想，用以增强读者的注目力与理解力。只有做到主题鲜明突出，一目了然，才能达到版面构成的最终目标。主题鲜明突出，是设计思想的最佳体现。

下面是一则酒类广告和汽车广告，其画面主题突出，构图相当漂亮，可以作为我们学习的典范。

啤酒广告

汽车广告

2. 艺术性与装饰性

为了使版面构成更好地为版面内容服务，寻求合乎情理的版面视觉语言则显得非常重要，也是达到最佳诉求的体现。构思立意是设计的第一步，也是设计作品中所进行的思维活动。主题明确后，版面色图布局和表现形式等则成为版面设计艺术的核心，也是一个艰辛的创作过程。怎样才能达到意新、形美、变化而又统一，并具有审美情趣，这就要取决于设计者文化的涵养。所以说，版面构成是对设计者的思想境界、艺术修养、技术知识的全面检验。

下面是一则洋酒广告和摄影工作室的广告，在其中运用了许多图像元素为画面增添美感，再通过美妙的构图创意达到极美的视觉效果。

洋酒广告

摄影工作室广告

Chapter 05

杂志广告设计

杂志广告的行业针对性很强。企业通常会根据消费者对不同杂志的购买情况进行分类，再将广告投放到相应的杂志上，达到最有效的信息传播。本章将制作三个不同类型的杂志广告，包括香水广告、笔记本广告和汽车广告。通过这三个杂志广告的制作，读者可以学习杂志广告的设计思路、设计原则和要点，以及不同类型杂志广告的设计特点。在软件技法上，读者能够学习CorelDRAW X5处理图像素材的功能、网状填充的高级功能、制作特效的交互式调和功能。

13 香水广告

知识点： 1. 导入素材图形

2. 交互式透明工具的运用

设计理论： 平面广告的构成要素

14 笔记本广告

知识点： 交互式网状工具的运用

设计理论： 广告色彩的配色规律

15 汽车广告

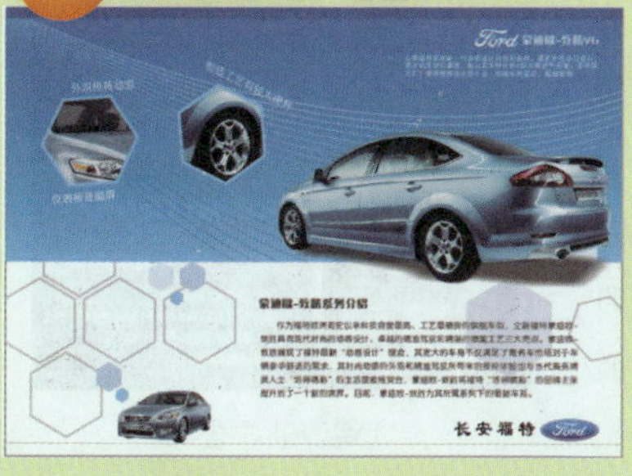

知识点： 交互式调和工具

设计理论： 广告设计常用创意手法

► 理论知识：杂志广告设计

一、杂志广告概述

杂志是视觉媒介中比较重要的媒介。按其内容可以分为综合性杂志、专业性杂志和生活杂志；按其出版周期则可分为周刊、半月刊、月刊、双月刊、季刊及年度报告等；而按其发行范围又可分为国际性杂志、全国性杂志、地区性杂志等。

手表广告设计

二、杂志广告设计的特征

1. 选择性

各类杂志都有不同的办刊宗旨和内容，有着不同的读者群。通过杂志发布广告，能够有目的的针对市场目标和消费阶层，减少不必要的浪费。

2. 优质性

杂志广告可以刊登在封面、封底，封二、封三、中页版，以及内文插页。以彩色画页为主，选用的印刷和纸张精美，能最大限度地发挥彩色效果，具有很高的欣赏价值。杂志广告面积较大，可以独居一面，甚至可以连登几页，形式上不受其他内容的影响，尽情发挥，能够比较详细地对商品的内容进行介绍。

电视机广告

3. 多样性

杂志广告设计的制约较少，表现形式多种多样，有直接利用封面形象和标题、广告语、目录为杂志自身做广告；有独居一页、跨页、或采用半页做广告；可连续登载；还可附上艺术欣赏性高的插页、明信片、贺年片、年历、甚至小唱片。当读者接受这份情意，在领略艺术魅力的同时，也潜移默化地接受了广告设计信息，并通过杂志的相互传阅，以及压在台板下、贴在墙上的插页经常被观摩，不断发挥广告的作用。

三、杂志广告的创作

同报纸广告一样，制作杂志广告时，要求能够充分地利用杂志媒介的优势，并避免其缺陷。因此，在广告创作方面也有一定的技巧。

（1）使用占优势的广告因素，如尽量制作整版广告，在必要时不妨制作跨页广告。

（2）运用精美的设计。由于杂志具有印刷精美、编排细致整齐的特点，因此，必须切实注意广告构图、设计的精细。最好能使用质感细腻的照片。这样图文并茂、色彩鲜明逼真的商品形象容易引人注目，激发购买兴趣。这是专业广告制作时应严格考虑的问题。

（3）运用专业化设计技术。由于杂志具有专业性或阶层性的读者群，具有相对稳定的知识结构和欣赏习惯，因此，应用专业化的设计可以使之产生亲切感，使人更容易接受，并产生深刻印象。

（4）使用突出而醒目的广告主题，使广告具有鲜明的针对性和非凡的吸引力。

（5）运用对比。在杂志上运用对比比在报纸上要方便得多。因为杂志的印刷质量都十分精美，不管是印刷彩色图片还是黑白图片，都能保证广告构图的精细和质感。

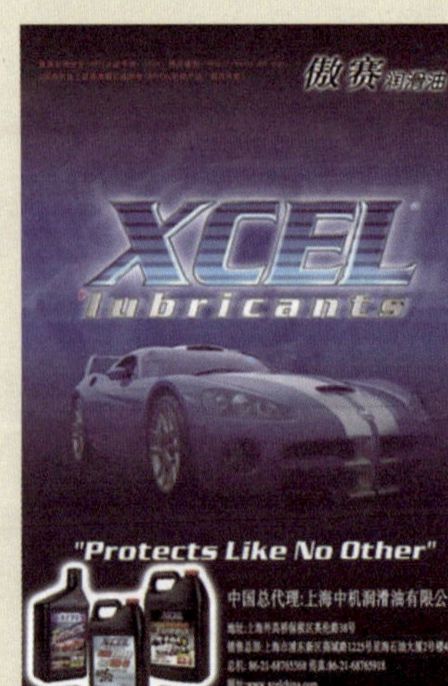

润滑油广告

► 13 香水广告

Chapter 05	杂志广告设计	香水广告

技法表现 运用射线渐变得到背景画面，再通过形状工具编辑图形，然后使用交互式透明工具对图形做透明填充。

包含知识 渐变工具、导入命令、形状工具、贝塞尔工具、交互式透明工具等。

文件路径 Reader\Chapter05\13\complete\香水广告.cdr

► 设计分析——微风拂面的清香夏日

本案例是一个香水杂志广告。该香水味道清新淡雅，感觉犹如夏天的微风轻抚面颊。所以商家将产品对象定位于都市时尚女性，并且是十分具有女人味的优雅白领，同时又且要求在广告画面中能体现出夏季凉爽的感觉，让人在闷热的夏季也感觉到一丝淡淡的清香。

在广告的设计中，需要涉及三个方面：1. 时尚女性；2. 风格清新脱俗；3. 画面漂亮典雅。由于消费群锁定为时尚女性，因此选择了一个穿着轻纱的女子作为主要元素，并且在她身体周围添加了一圈光环图像，让她的动作变得更加生动。然后在画面下方添加了一排荷花、荷叶图像，顿时增添了夏季清爽的感觉。整个画面灵动清澈，充满着夏日清香的同时也有一种微风拂面的感觉，达到的客户要求的感觉。

► 制作流程——先添加模特，再制作细节

绘制背景与添加人物图像

绘制透明心形

绘制立体心形

添加香水瓶

制作广告文字

► 制作步骤

添加素材图像

一般在一个广告画面中都会出现一些导入的素材图像，这些图像往往能成为整个广告设计中的主要元素，为画面带来非同一般的视觉感受。

1

新建文件

❶ 运行CorelDRAW X5，单击工具栏中的“新建”按钮，新建“未命名-1”文件。

❷ 单击属性栏中的“横向”按钮，将页面转换为横向。

❸ 单击矩形工具，在页面中绘制一个矩形。

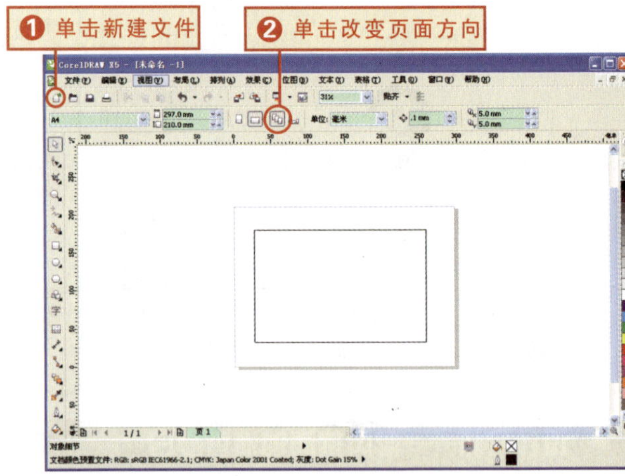

2

渐变填充

❶ 单击渐变工具，在弹出的列表中选择“渐变填充”选项，打开“渐变填充”对话框。

❷ 设置渐变类型为射线，颜色调和从“洋红色”(C:0,M:100,Y:0,K:0)到“白色”。

❸ 单击“确定”按钮，再单击调色板上方的“无填充”按钮，得到矩形渐变填充效果。

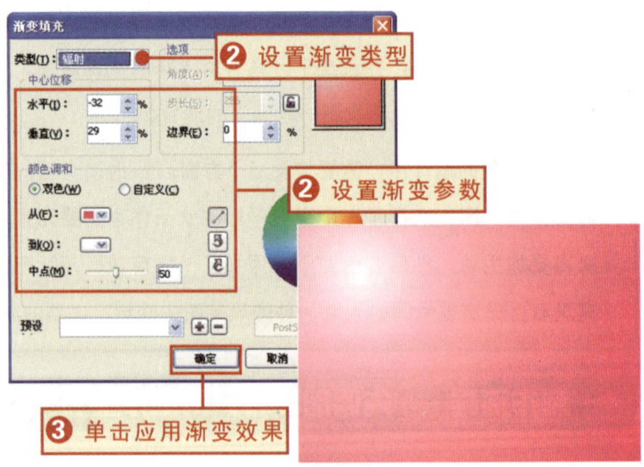

3

导入素材图像

❶ 单击属性栏中的“导入”按钮，打开“导入”对话框。

❷ 找到素材“美女.psd”，单击“导入”按钮，在页面中单击，即可打开素材图像。

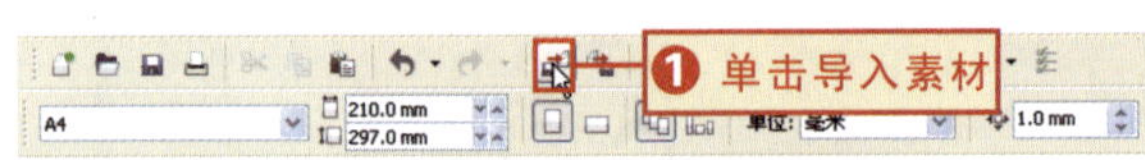

4 放置图像到容器中

❶ 将人物图像放到渐变矩形中。然后选择“效果>图框精确剪裁>放置在容器中”命令。

❷ 这时鼠标变成一个黑色箭头符号，单击矩形即可将图像放置在矩形中。

5 导入素材图像

❶ 选择“文件>导入”命令，导入素材图像“光环.psd”。

❷ 将光环图像放到人物图像的下方。

6 复制并镜像图像

❶ 选择“文件>导入”命令，导入素材图像“荷花1.psd”。

❷ 将图像放到渐变矩形的左下方，然后按小键盘上的【+】键复制一次对象。

❸ 单击属性栏中的“水平镜像”按钮，将翻转后的图像放到右侧。

7 导入其他素材图像

❶ 选择“文件>导入”命令，导入素材图像“荷花2.psd”、“荷花3.psd”。

❷ 将图像放到渐变矩形左下方，复制并镜像几次图像，再适当调整图像大小。

技巧点拨

在复制镜像对象时，可以按住【Ctrl】键的同时拖动鼠标，对对象做水平、垂直或对角复制。

8

导入香水瓶

❶ 选择“文件>导入”命令，导入素材图像“香水瓶.psd”。

❷ 将图像放到渐变矩形左侧，然后复制一次对象，并适当调整位置。

绘制背景中的心形图形

完成了素材图像的添加后，紧接着将在背景画面中绘制一组透明的心形图形，为画面增添一种浪漫的气息。

1

绘制多边形

❶ 单击贝塞尔工具，在人物图像右侧绘制一个多边形。

❷ 单击形状工具，选框所有节点。

2

编辑对象

❶ 单击属性栏中的“到曲线”按钮。

❷ 对形状进行编辑，得到心形图形。

3

设置透明度

❶ 选择心形图形，右击调色板中的“白色”，将图形边框填充为白色。

❷ 单击透明度工具，在属性栏中设置透明度类型为标准，透明度为70，得到透明边框效果。

4 复制对象

❶ 复制一次心形图形，并向左移动一些位置。

❷ 再复制两次对象，适当调整位置后，单击调色板中的白色，为图形填充颜色。

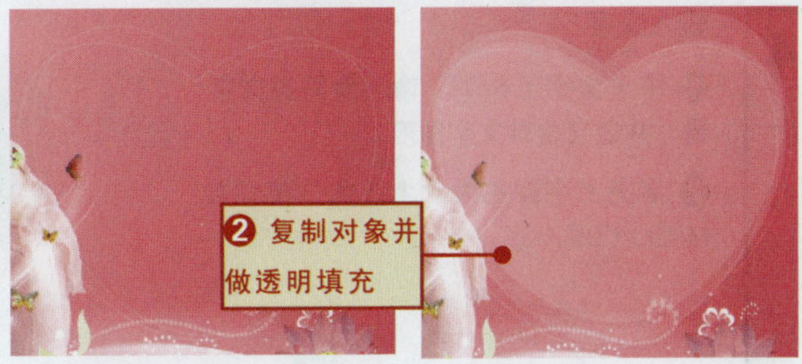

绘制较小的心形

完成了透明心形图形的添加后，下面绘制一组飘动的立体心形。通过这些图形的绘制，让图案产生一种部分错乱但又统一的视觉感受。

1 绘制图形

❶ 使用贝塞尔工具，在页面空白处绘制一个多边形，用于编辑心形造型。

❷ 单击形状工具，对图形进行编辑，得到倾斜的心形图形。

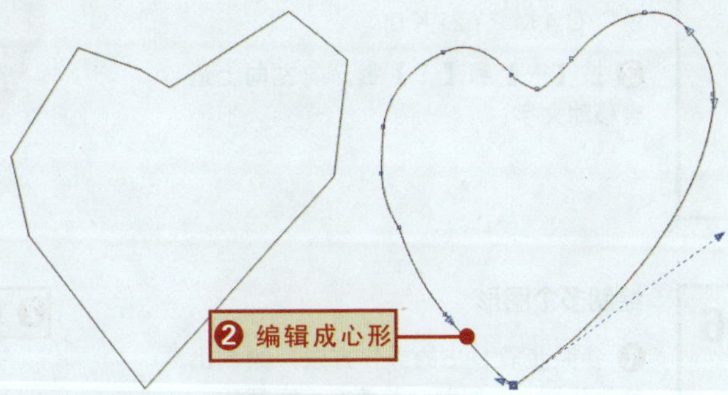

2 填充颜色

❶ 按【Shift＋F11】组合键，打开“均匀填充”对话框，设置颜色为“橘红色”(C:2,M:49,Y: 46,K:0)。

❷ 单击“确定”按钮，填充图形颜色。

❸ 单击调色板上方的“无填充”按钮☒，去除轮廓线。

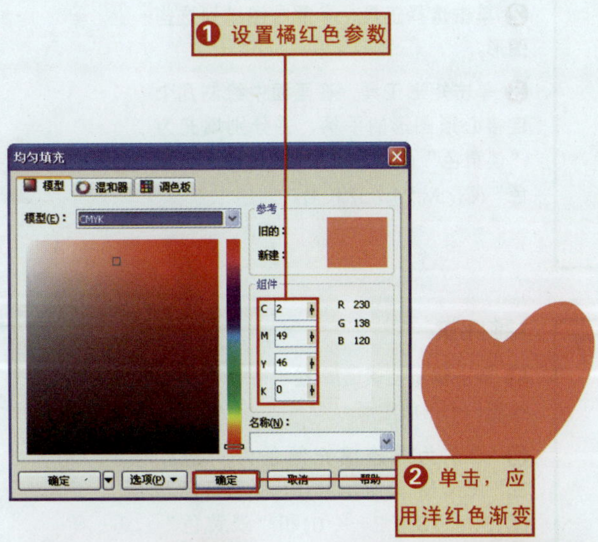

3 绘制图形

❶ 结合贝塞尔工具和形状工具的使用，编辑出心形侧面图形。

❷ 填充图形颜色为“深红色”(C:13, M:93,Y:71,K:50)，然后去除轮廓线。

❸ 按【Ctrl＋PageDown】组合键，将侧面图形放到心形的下方。

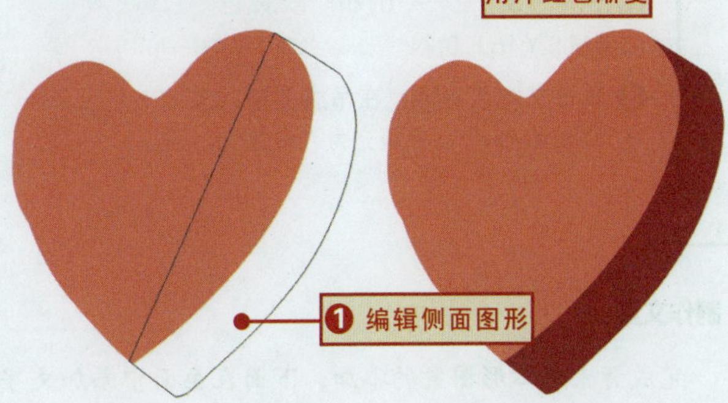

4

输入文字

❶ 单击文字工具[字]，输入大写英文字母，并适当旋转文字角度。

❷ 填充文字颜色为“土红色”(C:37,M:100,Y:98,K:2)。

5

复制文字

❶ 按小键盘上的【+】原地复制一次文字，然后改变为“淡黄色”(C:4,M:2,Y:21,K:0)。

❷ 按【←】和【↑】键，向左向上适当移动文字。

6

绘制多个图形

❶ 参照步骤1~5的操作方法，绘制出其他几个心形图形，并填充不同颜色。

❷ 单击选择工具，参照右图排列这些图形。

❸ 单击矩形工具，在画面中绘制几个连接心形图形的手柄，并分别填充为“淡黄色”(C:4,M:2,Y:7,K:0)和“土黄色”(C:7,M:24,Y:37,K:1)。

7

绘制吊旗

❶ 单击钢笔工具[钢笔]，在每一个手柄上绘制一个吊旗图形。

❷ 分别为吊旗填充颜色为“粉红色”(C:4,M:35,Y:12,K:0)、“桃红色”(C:3,M:73,Y:24,K:0)和“淡黄色”(C:4,M:5,Y:15,K:0)。

❸ 单击文本工具[字]，在吊旗上输入文字“I love you”，并填充为“白色”。

制作文案

完成背景中心形图案的添加，下面在画面中添加文字，以突出广告的主题。

1 群组对象

❶ 结合贝塞尔工具和形状工具的使用，在手柄中再绘制几个蝴蝶结图形。并分别为蝴蝶结图形填充颜色，可根据自己喜好进行设置。

❷ 单击选择工具，选择所绘制的心形图形和蝴蝶结、手柄等图形，按【Ctrl+G】组合键将其组合，并放到广告画面右侧。

2 导入光芒素材

❶ 选择“文件>导入”命令，导入素材图像“光芒.psd”，将图像放到背景中透明心形的左上方。

❷ 使用文本工具在画面左上方输入文字，并填充文字为黑色。至此完成本实例的制作。

► 知识点总结——“导入”命令和交互式透明工具

本例在操作中，运用了CorelDRAW X5中的导入素材图像功能和交互式透明工具。

1. 导入素材图像

有些格式的文件不能直接使用“打开”命令，这时就需要使用“导入”命令将图像文件导入到文件中，以便进行其他操作。

选择“文件>导入”命令，或单击属性栏中的“导入”按钮，打开“导入”对话框。在对话框中单击“文件类型”下拉按钮，选择一种文件格式，再单击需要导入的文件。

在预览框左侧选择导入图像的方式，如选择“全图像”，单击“导入”按钮，在页面中单击鼠标，图像将会以原始大小导入；按住鼠标左键在页面中拖动，可以自定义导入位图的尺寸；配合【Alt】键拖动鼠标，则可以随意更改导入图像的长度比例。

“导入”对话框

2. 交互式透明工具

CorelDRAW X5中的透明度工具是最好的产生梦幻效果的工具，与交互式填充工具一样，有均匀、渐变、图样和底纹等填充方式。在使用交互式透明工具填充颜色时，是用颜色的灰度值来遮罩对象原有的像素，因此，选用颜色的灰度值越高，对象被遮住的像素就越多。

首先在某个对象上方创建一个图形对象。将图形选中，再使用交互式透明工具单击对象，在图形的上方按住鼠标左键不放向某一方向拖动，然后释放鼠标，即可创建出透明效果。

在图像上绘制图形

透明效果

► 设计理论——平面广告的构成要素

1. 标题

标题是表达广告主题的文字内容，只有具有吸引力，才能使读者注目，引导读者阅读广告正文，观看广告插图。标题是画龙点睛之笔。因此，标题要用较大号字体，且安排在广告画最醒目的位置，同时应注意配合插图造型的需要。

2. 正文 1

广告正文是说明广告内容的文本，基本上是标题的详细描述。广告正文只有具体地叙述真实的事实，才能使读者心悦诚服地接受广告宣传的内容。广告正文文字一般都集中安排在插图的左右或上下方。如下图的啤酒广告和显示器广告，都将标题和正文放到了醒目的位置。

啤酒广告

显示器广告

3. 广告语

广告语是配合广告标题、正文，加强商品形象的短语。应顺口易记，且要反复使用，使其成为“文章标志”、“言语标志”，如“带博士伦舒服极了！”。同时广告语必须言简意赅，在设计时可以放置在版面的任何位置。

4. 标志

标志有商品标志和企业形象标志两类。标志是广告对象借以识别商品或企业的主要符号。在广告设计中，标志不是广告版面的装饰物，而是重要的构成要素。在整个广告版面中，标志造型最单纯、最简洁，其视觉效果最强烈，在一瞬间就能识别，并能给消费者留下深刻的印象。

5. 公司名称

一般都放置在广告版面下方次要的位置，也可以和商标放置在一起。

6. 色彩

合理运用色彩的表现力，如同为广告版面穿上漂亮鲜艳的衣服，能增强广告注目效果。

从整体上说，有时为了塑造更集中、更强烈、更单纯的广告形象，以加深消费者的认识程度，便可针对具体情况，对上述某一个或几个要素进行夸张和强调。

下图中的洗发水广告和汽车广告，就是使用漂亮统一的颜色，让整个画面看起来更加生动。

洗发水广告

汽车广告

► 14 笔记本广告

Chapter 05	杂志广告设计	笔记本广告

技法表现 运用交互式网格工具绘制多色背景图形，然后导入素材图像，调整合适的大小和位置。最后输入文字。

包含知识 交互式网格工具、形状工具、文字工具等。

文件路径 Reader\Chapter05\14\complete\笔记本广告.cdr

► 设计分析——青春飞扬的时尚感

本案例是为一家数码科技公司设计的一款新型笔记本广告。这款笔记本主要针对年轻人市场，商家要求广告中能尽量突出青春飞扬的感觉，并且能在画面中很好的展示出笔记本的特性。

数码产品的设计在画面表现上一般都比较硬朗，但我们在制作这一款广告时，却使用了绿色为主要色调，正是为了体现出商家所要求的青春飞扬的感觉，再在画面中添加一个卡通人物，这样在体现青春的同时也突出了时尚的气息。最后在画面中将笔记本的各种性能、参数都一一排列出来，让人一目了然。

► 制作流程——先绘制插画，再添加产品

绘制多色背景

绘制花瓣图形

添加素材图形

绘制立体心形

制作广告文字

▶ 制作步骤

绘制多色背景

对于较为复杂背景颜色，首先要考虑颜色的配搭问题，然后再通过工具将这些颜色添加进去，让所有颜色达到一种协调的境界。

1 绘制矩形

❶单击矩形工具，在页面中按住鼠标左键拖动，绘制一个矩形。然后单击调色板中的“绿色”(C:100,M:0,Y:100,K:0)，为矩形填充颜色。

❷ 单击调色板上方的“无填充”按钮☒，去除轮廓线。

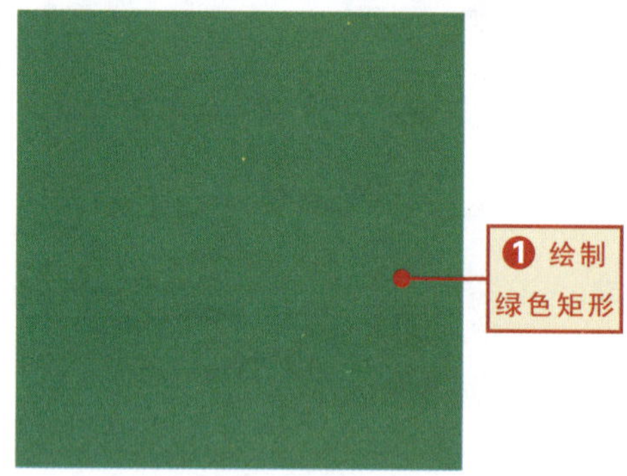

2 添加网格

❶ 单击网状工具，在属性栏中设置网格大小为4和3。

❷ 这时网格将均匀分布在矩形中。

> **技巧点拨**
>
> 使用网状填充工具，可以对图形做复杂多变的网状填充效果，并且在不同的网点上可填充不同的颜色，并定义颜色的扭曲方向，使图形产生色彩变化的空间感。

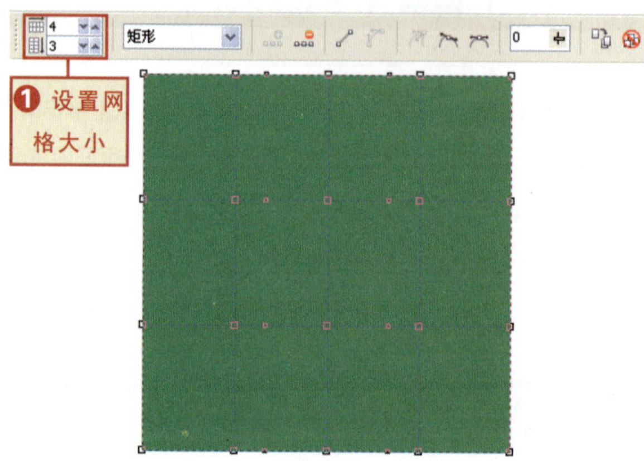

3 编辑节点

❶ 使用鼠标框选第1条竖式节点，向左拖动。

❷ 再框选第2条竖式节点，向右拖动。

❸ 分别拖动矩形中的节点，参照右图所示的方式进行编辑。

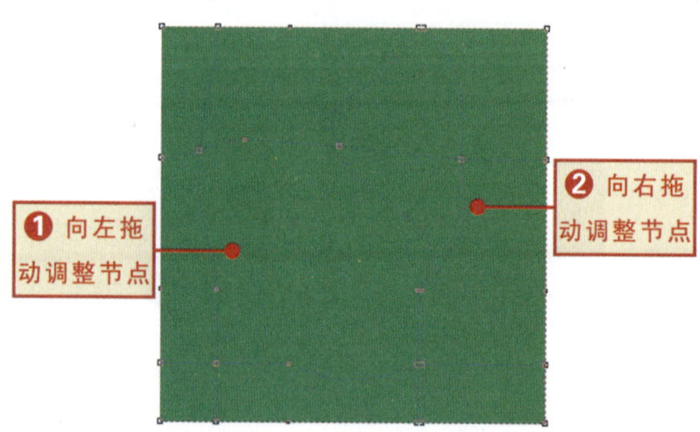

4 拖动颜色

❶ 单击调色板中的“青色”(C:100, M:0, Y:0,K:0)，按住鼠标左键，将该颜色拖动到左上方和右下方的节点中。

❷ 选择调色板中的“浅黄色”(C:0, M:0,Y:60,K:0)，将其拖动到左下角的节点中。

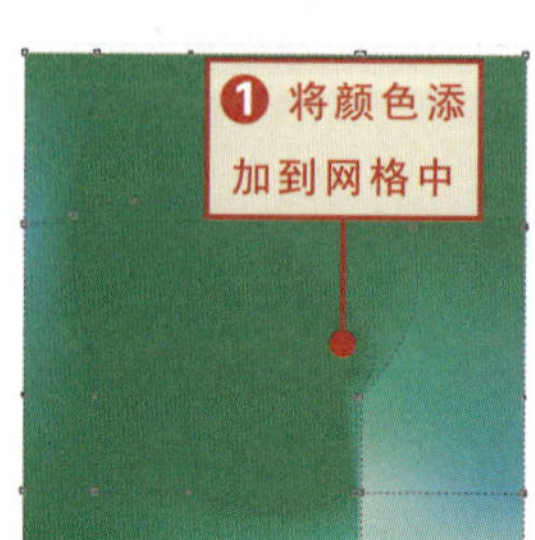

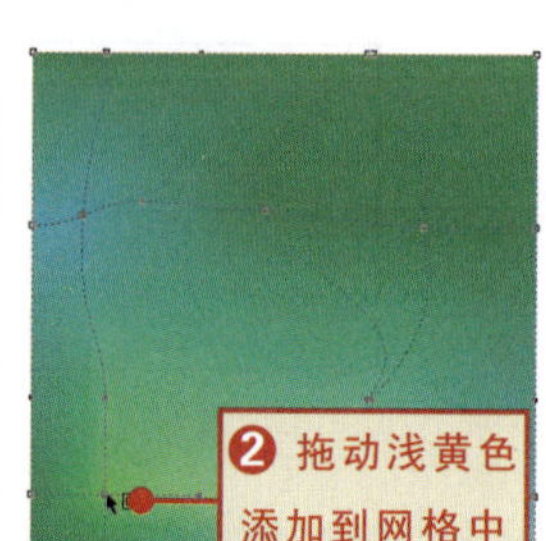

5 添加其他颜色

❶ 使用相同的方法，在网格上方再添加“浅黄色”(C:0,M:0,Y:60,K:0)和“粉蓝色”(C:20,M:20,Y:0,K:0)。

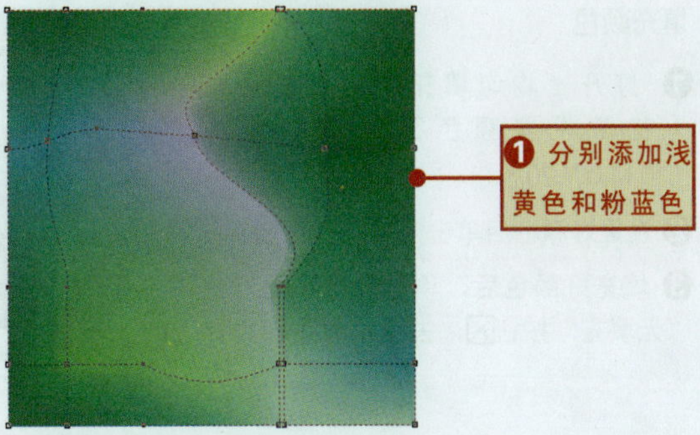

添加花瓣图形

花瓣图形是本案例中的一个底纹图形，虽然不是很起眼，但却起着非常重要的作用。所以在绘制花瓣图形时，需要通过形状工具对其进行仔细的编辑。

1 绘制花瓣图形

❶ 单击贝塞尔工具，绘制一个不规则多边形。

❷ 单击形状工具，对多边形进行编辑，得到一个花瓣形状。

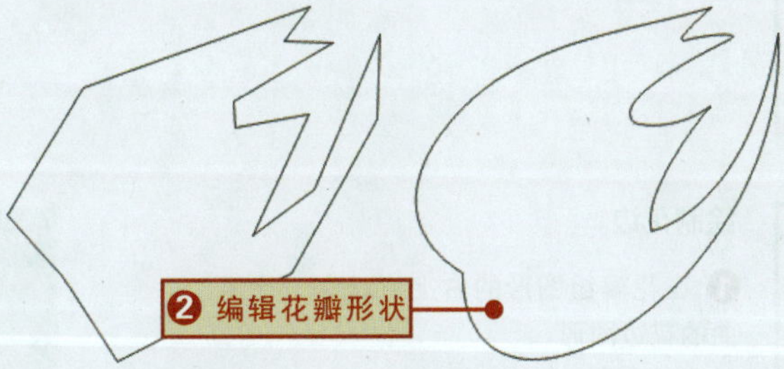

2 绘制出其他花瓣图形

❶ 结合贝塞尔工具和形状工具的使用，绘制出其他几个花瓣图形。

❷ 将绘制出的花瓣图形按照右图的方式进行排列。

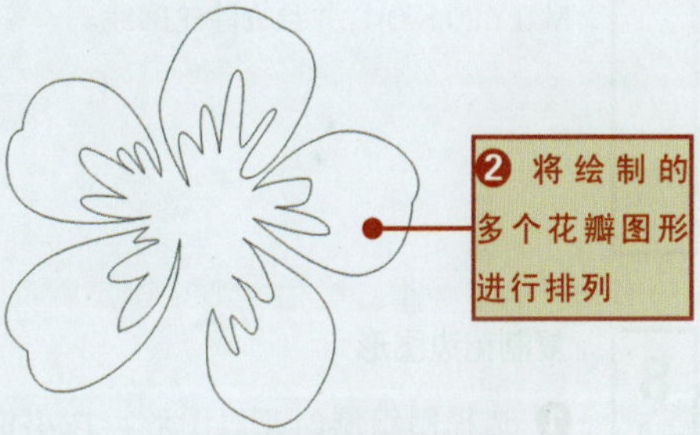

3 绘制茎杆图形

❶ 单击钢笔工具，在花瓣下方缺口处绘制一个茎杆的初步形状。

❷ 使用形状工具对茎杆图形进行编辑，得到圆滑的图形。

4 结合图形

❶ 单击选择工具框选所有花瓣图形，然后单击属性栏中的“结合”按钮结合图形。

❷ 单击填充工具，在弹出的菜单中选择“颜色”选项。

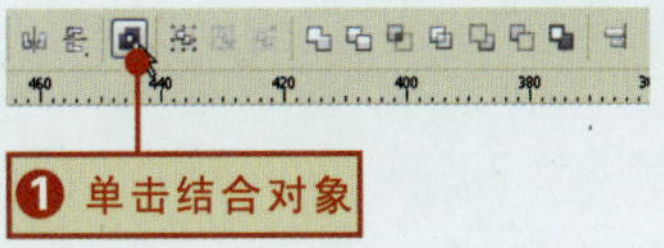

5

填充颜色

❶ 打开“均匀填充”对话框后，为花瓣设置颜色为“淡黄色”(C:0,M:0,Y:20,K:0)。

❷ 设置好颜色后单击“确定”按钮。

❸ 填充好颜色后，单击调色板上方的“无填充”按钮☒，去除轮廓线。

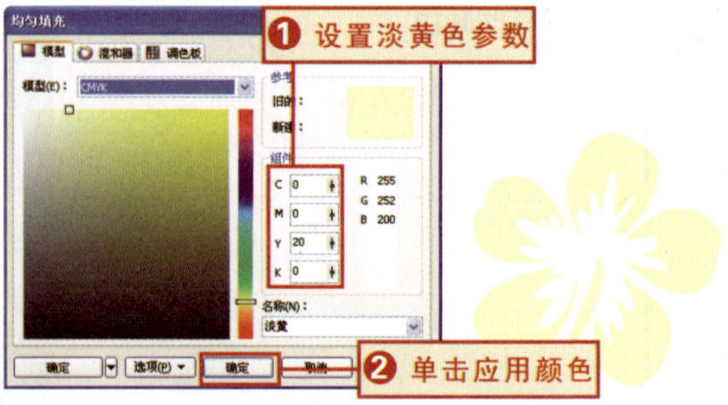

6

复制对象

❶ 将花瓣图形放到多色背景中。

❷ 复制几次花瓣图形，并且分别调整复制对象的大小、方向等。

❸ 参照如右图所示的方式排列。

7

绘制花边

❶ 在花瓣组图形的右上方绘制一个弯曲的花边图形。

❷ 为花边图形填充“淡黄色”(C:0,M:0,Y:20,K:0)，并且去除轮廓线。

8

复制花边图形

❶ 选择刚绘制的花边图形，按小键盘上的【+】键复制一次对象，放到下方。

❷ 为花边图形填充“淡黄色”(C:0,M:0,Y:20,K:0)，并且去除轮廓线。

9

绘制复杂花边图形

❶ 结合贝塞尔工具和形状工具，绘制出一个较为复杂的花边图形。

❷ 同样为图形填充“淡黄色”(C:0,M:0,Y:20,K:0)。

10

复制对象

❶ 将对象放到花瓣组中，去除图形轮廓线。

❷ 复制一次对象，分别单击一次属性栏中的“水平镜像”按钮和“垂直镜像”按钮，将图形放到花瓣组图形的上方。

11

设置透明对象

❶ 选择所有花瓣和花边图形，单击透明度工具，在属性栏中设置透明度各项参数。

❷ 设置完成后，将得到透明效果的花瓣图形和花边图形。

添加图像素材

很多设计作品都不可能完全通过手绘来完成，设计师常常会在其中添加一些重要的素材图像，而这些图像是最能突出画面中心思想的元素，所以在素材图像的选择上需要多下工夫。

1

导入素材图像

❶ 选择“文件>导入”命令，导入素材图像“星光.psd”。

❷ 分别将这两个图像放到背景图像中。

2

导入素材图像

❶ 选择“文件>导入”命令，导入素材图像“少女.psd”、“树叶.psd”、“笔记本.psd”。

❷ 分别将这三个图像放到背景图像中的左侧。

3 添加笔记本画面

❶ 这时的笔记本看起来有些单调。选择“文件>导入”命令，导入素材图像“画面.jpg”。

❷ 放到笔记本屏幕中，使用形状工具调整至屏幕大小。

❸ 导入“蝴蝶.psd”文件，将蝴蝶放到笔记本左侧。

4 输入文字

❶ 单击文本工具字，在笔记本图像上方输入文字，并填充为“白色”。

❷ 在属性栏中设置字体为大标宋体，然后适当调整文字大小。

5 变换图形

❶ 选择文字“般的品质”，按【Ctrl+Q】组合键，将文字转换为曲线。

❷ 使用形状工具对“质”字进行编辑，将文字最后一笔变为曲线形状。

6 添加投影

❶ 单击阴影工具，在文字中间向右平行拖动鼠标，得到投影效果。

❷ 在属性栏中设置阴影的其他参数。

❸ 使用相同的方法，为第一段文字添加投影效果。

技巧点拨

使用交互式投影工具时，单击“阴影羽化方向”按钮，即可打开“羽化方向”面板，可在该面板中设置阴影的羽化方向。

7

导入图像

❶ 选择“文件>导入”命令，导入素材图像“精灵.psd”、“钻石.psd”。

❷ 将这两个文件分别移动到文字的上方，并适当调整图像大小。

8

输入文字

❶ 单击文字工具，在空白处输入“钻石”，并在属性栏中设置字体为黑体。

❷ 按【Ctrl+K】组合键将文字拆分为单独的个体，并适当放大和旋转“钻”字。

9

变形文字

❶ 分别选择文字，按【Ctrl+Q】组合键转换为曲线。

❷ 使用形状工具对这两个字的边角进行变形处理。

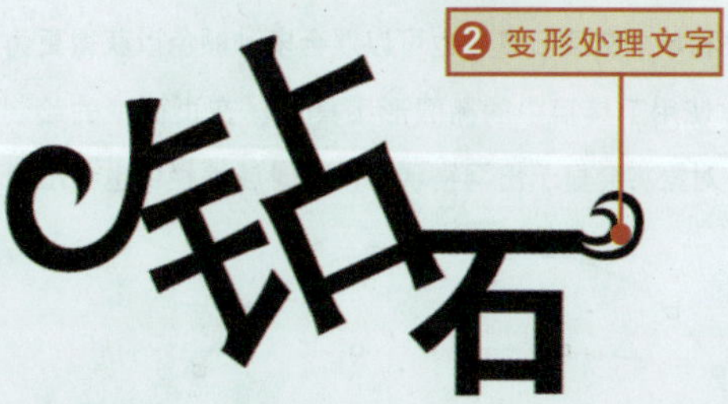

10

添加投影效果

❶ 将钻石文字放到笔记本图像的上方，并且填充为“白色”。

❷ 单击阴影工具为其添加黑色投影效果。

11

输入文字

❶ 在多色背景右上角输入笔记本文字介绍信息。

❷ 在属性栏中设置字体为黑体，然后填充为“黑色”。

12 绘制矩形

❶ 在“可选颜色”右侧绘制几个相同大小的矩形。

❷ 依次为这几个矩形填充颜色为“白色”、“红色”、“黄色”、“粉色”、“黑色”。至此完成本实例的制作。

► 知识点总结——交互式网状工具

本例运用了交互式网状工具来绘制背景图形。

在对象中应用交互式网状填充可以产生独特效果。应用网状填充时，可以指定网格的列数和行数，而且可以指定网格的交叉点。创建网状对象之后，可以通过添加和移除节点或交点来编辑网状填充网格，也可以移除网状。

网状填充只能应用于封闭对象或单条路径。如果要在复杂的对象中应用网状填充，可以将颜色添加到网状填充的一块和单个交叉节点。也可以混合多种颜色以获得更为混合的外观。

使用工具箱中的椭圆形工具，在页面中的绘制一个椭圆，然后使用交互式网格填充工具，在椭圆形中单击，对象将会显示出网格状态，同时属性栏中也会出现交互式网状填充工具设置选项。

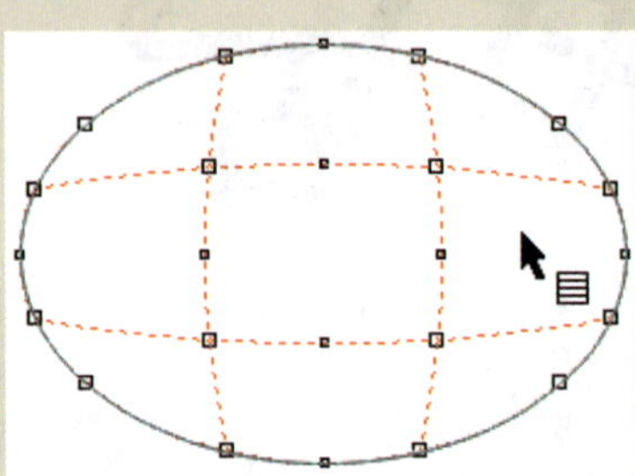

显示网格

工具属性栏

在“网格大小”栏中可以设置图形中网格的行数和列数，如设置行和列都为5，则网格将会变小。选中网格中的节点，在调色板中单击需要的颜色，可以为当前选中的节点填充颜色。

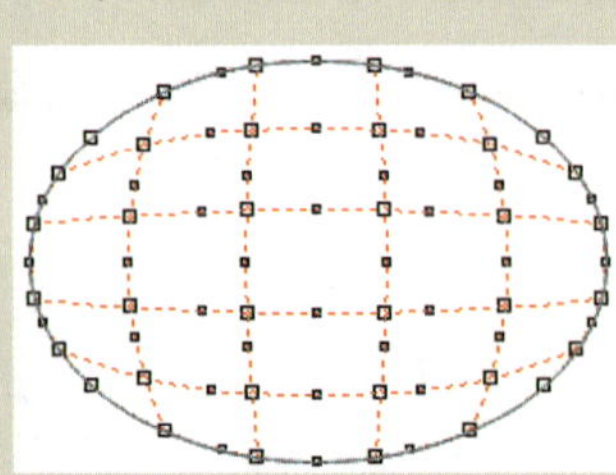

增加网格

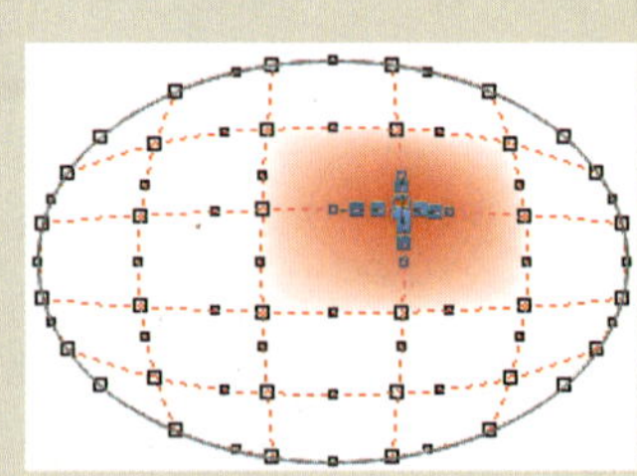

添加颜色

在网格虚线上单击，定位一个点，然后单击属性栏中的“添加相交”按钮即可添加一个网格点；也可直接将鼠标移动到所需添加网格点的虚线上双击。

按下【Shift】键的同时双击网格中的虚线，可以在双击的位置添加一个节点但不增加网格线的数目。

► 设计理论——广告色彩的配色规律

1. 广告色彩的整体效果

一幅广告的色彩，是倾向于冷色或暖色，是倾向于明朗鲜艳或素雅质朴，这些色彩倾向所形成的不同色调给人们的印象，就是广告色彩的总体效果。广告色彩的整体效果取决于广告主题的需要，以及消费者对色彩的喜好，并以此为依据来决定色彩的选择与搭配。如药品广告的色彩大都是白色、蓝色、绿色等冷色，这是根据人们心理特点决定的。这样的总体色彩效果，才能给人一种安全、宁静、可靠的印象，使广告宣传的药品易于被人们接受。如果不考虑广告内容与消费者对色彩的心理反应，凭主观想象设计色彩，其结果必定适得其反。

下图的啤酒广告和招商广告就是一个冷色调一个暖色调，啤酒广告为了突出清凉的感觉，所以运用了绿色为主的冷色调，而招商广告为了突出其热闹的场景则使用了喜气的红色为主要色调。

冷色调广告

暖色调广告

2. 主色调的确定

广告的色调一般是由多个色彩组成。为了获得统一的整体色彩效果，要根据广告主题和视觉传达要求，选择一种处于支配地位的色彩作为主色，并以此构成画面的整体色彩倾向。其他色彩围绕主色变化，形成以主色为代表的统一的色彩风格。

下图是三个房地产广告，分别都有非常统一的主色调，在此基础上又添加了一些其他的图像元素。

房地产广告1

房地产广告2

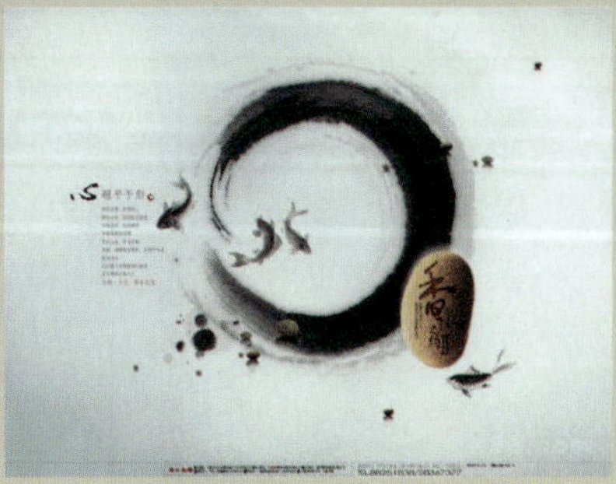

房地产广告3

3. 主体色与背景色的关系

广告画面中既然有突出商品主题形象的主体色，就必须有衬托主体色的背景色。主体与背景所形成的关系，是平面广告设计中主要的对比关系。为了突出主体，广告画面背景色通常比较统一，多用柔和、相近的色彩或中间色突出主体色，也可用统一的暗色彩突出较明亮的主体色，背景色彩明度的高低，视主体色明度而定。一般情况下，主体色彩都比背景色彩更为强烈、明亮、鲜艳。这样既能突出主题形象，又能拉开主体与背景的色彩距离，形成醒目的视觉效果。因此，我们在处理主体与背景色彩关系时，一定要考虑两者之间的适度对比，以达到主题形象突出，色彩效果强烈的目的。

15 汽车广告

Chapter 05	杂志广告设计	汽车广告

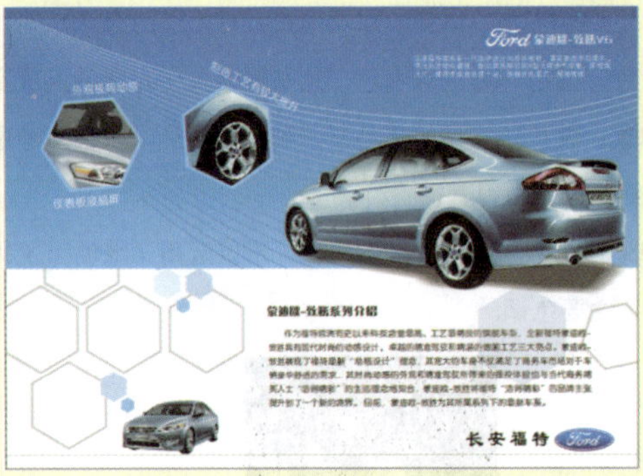

技法表现 运用交互式调和工具绘制出具有动感的线条图形，再使用多边形工具绘制多个六边形，让画面有一些现代感。

包含知识 多边形工具、交互式调和工具、形状工具、渐变填充、文字工具等。

文件路径 Reader\Chapter05\15\complete\汽车广告.cdr

设计分析——具有现代气息的商务车

本案例是为一家汽车公司即将推出的新型商务车“制胜V6”设计的杂志广告。该汽车是为成功人士或公司洽谈业务所设计的一款具有现代气息的商务车，比较适合男人使用，所以在设计上需要突出成功男士的刚硬的一面。

在进行这款汽车广告的设计之前，首先要考虑到汽车所针对的是男士，因此采用冷色调为主要颜色。在画面中运用了蓝色和白色的对比，让整个画面充满着一种时尚且冷峻的感觉，再加以柔和的线条作为背景，委婉的表达出了汽车流畅的线条设计，并通过一些线框图形，让画面紧凑且具有艺术感。最后添加汽车的文字介绍等内容，丰富整个画面，起到画龙点睛的作用。

制作流程——先绘制图形，再将产品放置到图形中

绘制基本图形

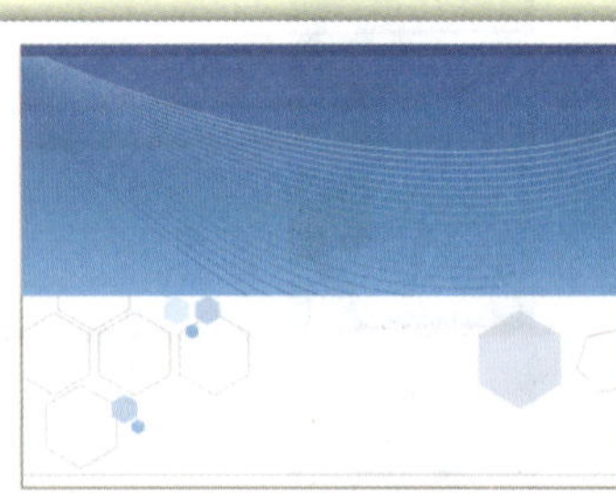
绘制调和对象

添加素材图像

放置图像到容器中

添加文字

► 制作步骤

绘制背景图形

本案例的背景图形，主要是通过手绘来完成的。首先绘制一个六边形，然后对图形轮廓线做一些编辑，再对矩形进行渐变填充。

1 绘制矩形

❶ 运行CorelDRAW X5，单击矩形工具，在工作区中按住鼠标左键拖动，绘制出一个矩形。

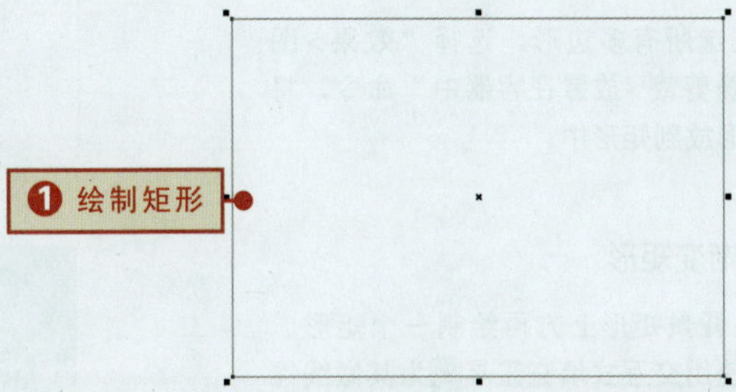

2 绘制多边形

❶ 单击多边形工具，在属性栏中设置边数为6，然后按住【Ctrl】键，拖动鼠标绘制出一个六边形。

❷ 在属性栏中设置轮廓宽度为1.mm，得到边框较粗的多边形。

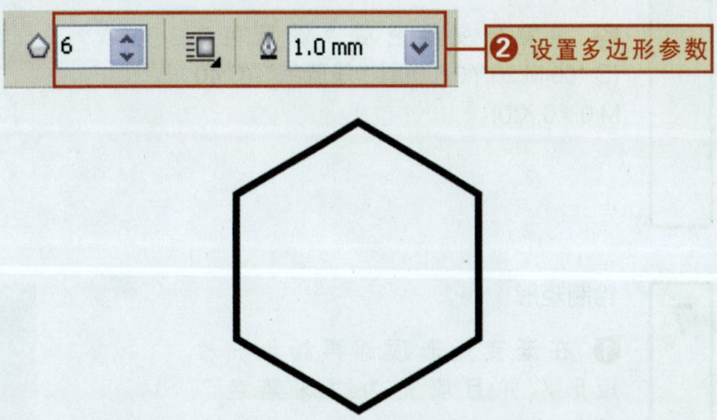

3 复制对象

❶ 右击调色板中的20%黑色，设置轮廓线颜色。

❷ 复制几次对象，按照如右图所示的方式进行排列。

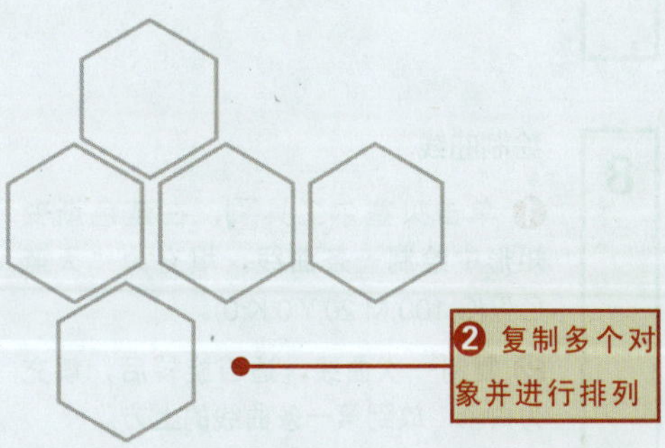

4 放到矩形中

❶ 单击选择工具框选这些多边形，并放到矩形中。

❷ 再复制一次多边形，放到矩形右侧，并适当旋转对象。

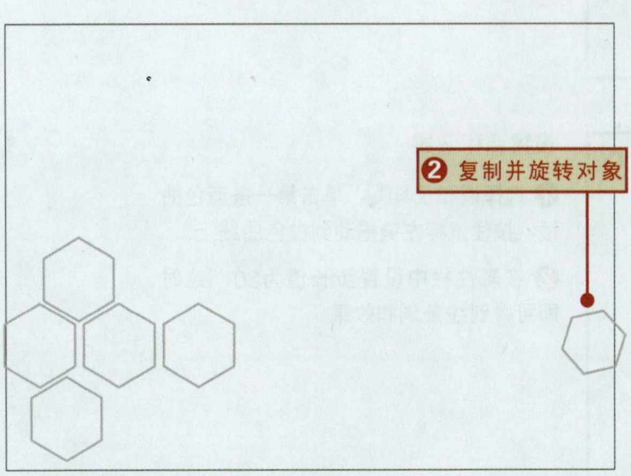

5

为对象填充颜色

❶ 再次复制几个多边形，分别调整不同的大小和角度，并将其填充为不同深浅的“蓝色”。

❷ 分别去除这几个蓝色多边形的轮廓线。

❸ 框选所有多边形，选择“效果>图框精确剪裁>放置在容器中”命令，将多边形放到矩形中。

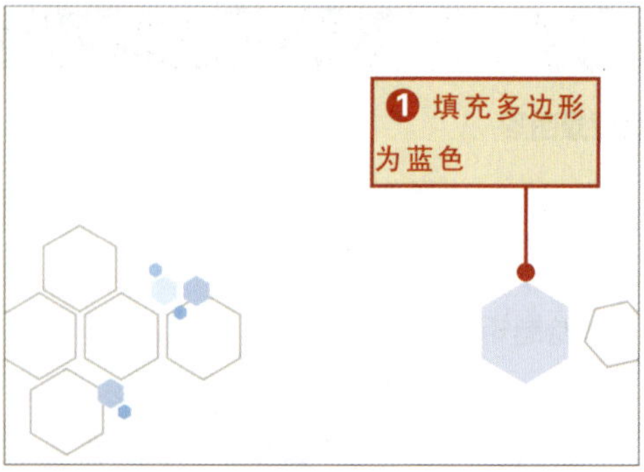

6

绘制渐变矩形

❶ 在背景矩形上方再绘制一个矩形，并且使用交互式填充工具为其做线性渐变填充。

❷ 设置渐变颜色从“深蓝色”(C:100,M:20,Y:0,K:0)到“浅蓝色”(C:40,M:0,Y:0,K:0)。

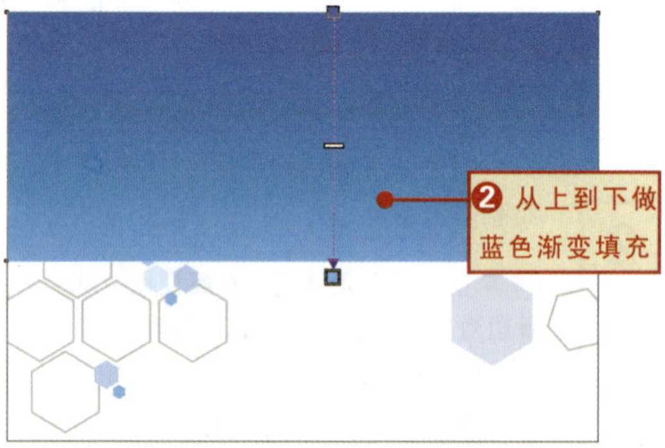

7

绘制矩形

❶ 在渐变矩形顶部再绘制一个矩形，并且填充为“深蓝色”(C:97,M:38,Y:0,K:0)。

8

绘制曲线

❶ 单击贝塞尔工具，在蓝色渐变矩形中绘制一条曲线，填充为“天蓝色”(C:100,M:20,Y:0,K:0)。

❷ 复制一次曲线，适当旋转后，填充为白色，放到第一条曲线的上方。

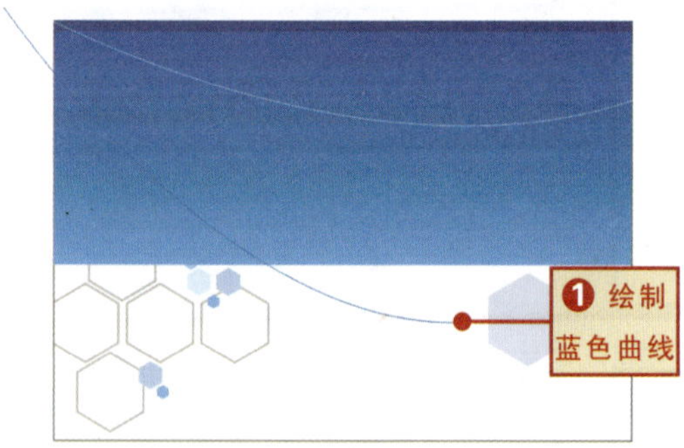

9

设置调和效果

❶ 选择调和工具，单击第一条蓝色曲线，按住鼠标左键拖动到白色曲线上。

❷ 在属性栏中设置步长值为20，这时即可得到线条调和效果。

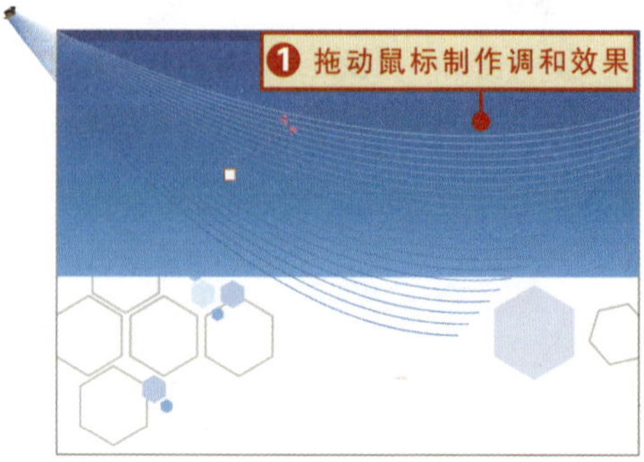

10

设置调和效果

❶ 选择“效果>图框精确剪裁>放置在容器中”命令，将调和对象放置到蓝色矩形中。

❷ 使用钢笔工具在画面底部绘制一条直线，填充直线为20%黑色，并设置轮廓宽度为1.mm。

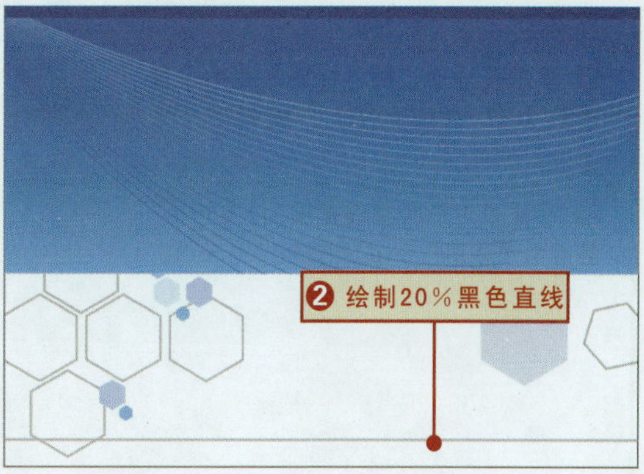

添加素材图像和文字

当背景画面完成后，就需要添加一些必备的素材图像和文字了。添加这些元素一个是为了方便人们记忆，另一个也是为了让整个广告更加完整。

1

导入素材图像

❶ 选择“文件>导入”命令，将“汽车1.psd”、“汽车2.psd”文件导入到画面中。

❷ 适当调整图像大小，并分别放到画面的右上方和左下方。

2

添加阴影

❶ 单击阴影工具，选择右上方的汽车图像。

❷ 按住鼠标左键在汽车图像中从下到上略微拖动，添加阴影效果。

3

调整阴影

❶ 选择“排列>打散”命令，将投影与汽车图像分离。

❷ 适当缩小投影图像，然后再调整投影图像的旋转角度，让投影在汽车底部更加真实。

4

绘制多边形

❶ 单击多边形工具，在属性栏中设置边数为6，在画面左上方绘制两个六边形。

❷ 设置多边形轮廓线宽度为1.5mm，颜色为“冰蓝色”（C:40,M:0,Y:0,K:0）。

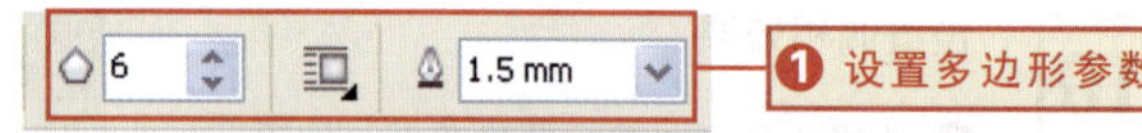

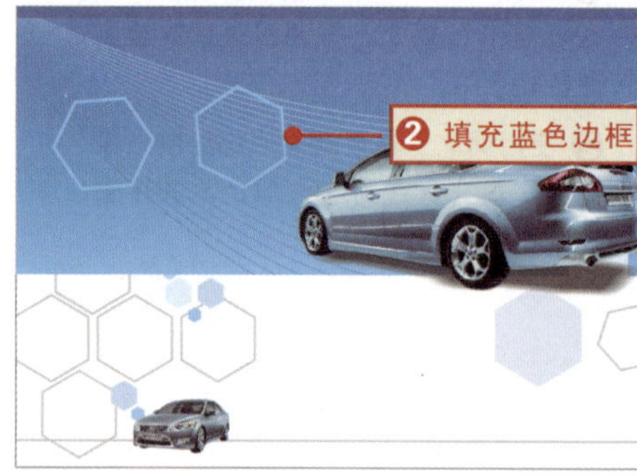

5

置入图像

❶ 选择导入到画面中的两个汽车图像，并各复制一次对象。

❷ 适当调整复制汽车图像大小后，选择“效果>图框精确剪裁>放置在容器中”命令，分别将汽车图像放置到两个多边形中。

6

输入文字

❶ 单击文字工具[字]，在多边形周围输入文字。

❷ 在属性栏中设置字体为方正粗圆简体，颜色为“白色”，然后适当旋转文字。

7

输入文字

❶ 在画面右上角输入两段文字，并设置字体颜色为白色。

❷ 在属性栏中设置第一段字体为方正大标宋体，第二段文字为黑体。

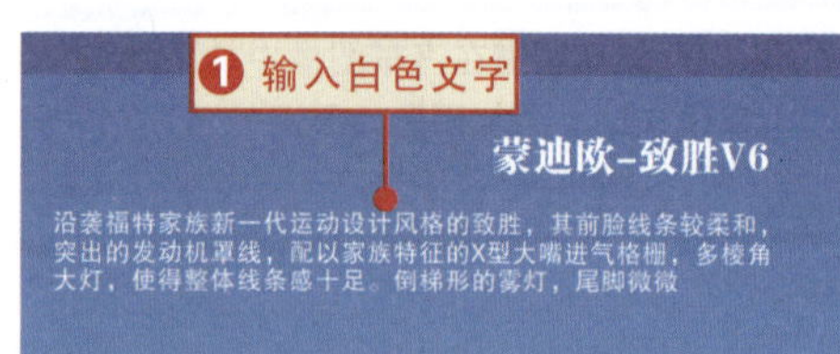

8

输入段落文字

❶ 使用文字工具在画面中下方再输入汽车介绍文字，并设置字体颜色为黑色。

❷ 在属性栏中设置第一段文字的字体为方正大标宋体，第二段文字的字体为方正准圆简体。

绘制标志

标志是广告画面中很重要的一个元素，它能反映出商品所属的公司，更能凸显产品的身份和地位。通常我们会将标志放到画面的某一角上，让它起到一个平衡画面的作用。

1 绘制椭圆形

❶ 单击椭圆形工具，在页面空白处按住鼠标左键拖动，绘制出一个椭圆形。

❷ 适当调整图像大小，并放到画面的右下方。

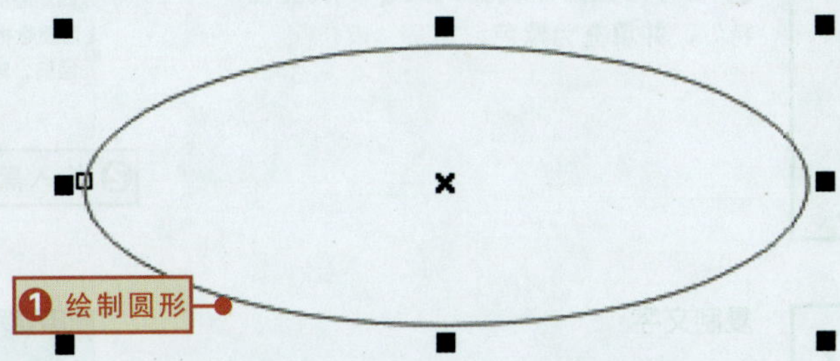

2 设置渐变颜色

❶ 单击填充工具，为椭圆形做线性渐变填充，设置渐变颜色从“深蓝色”(C:100,M:100,Y:0,K:0)到“蓝色”(C:100,M:1,Y:0,K:0)。

❷ 去除图形的轮廓线。

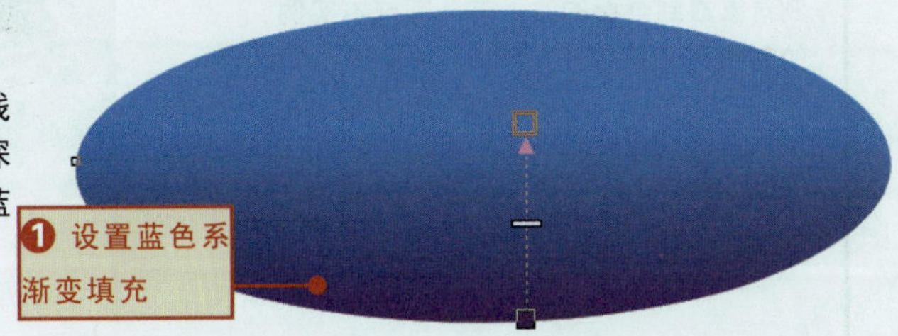

3 设置轮廓线

❶ 按小键盘上的【+】键，原地复制一次对象。

❷ 按住【Shift】键中心缩小对象，单击调色板上方的无填充按钮，取消填充，再右击“白色”，然后在属性栏中设置轮廓宽度为0.3mm。

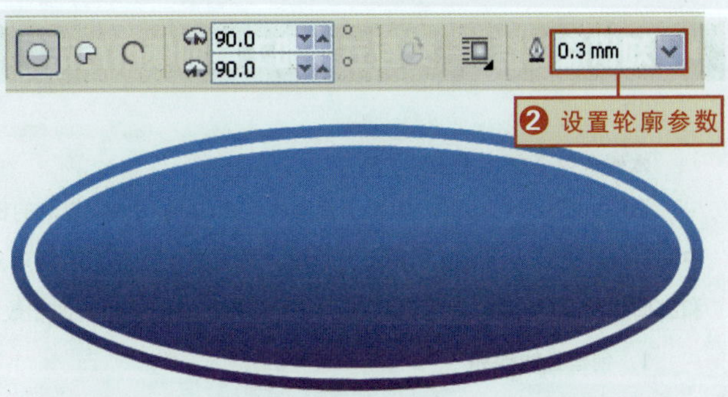

4 复制对象

❶ 选择圆环图形，再在原地复制一次对象。

❷ 填充复制对象颜色为“深蓝色”(C:100,M:100,Y:0,K:0)。

❸ 按【Ctrl+PageDown】组合键，将图形向后一层，然后略微向下向左移动，得到投影效果。

5 导入文字

❶ 选择“文件>打开”命令，打开“文字.cdr”文件，将文字复制到当前页面中。

❷ 适当调整文字大小，放到蓝色椭圆形中。

6

输入文字

❶ 将绘制好的标志图形放到广告画面的右下方。

❷ 在标志图形左侧输入文字“长安福特”，并填充为黑色。

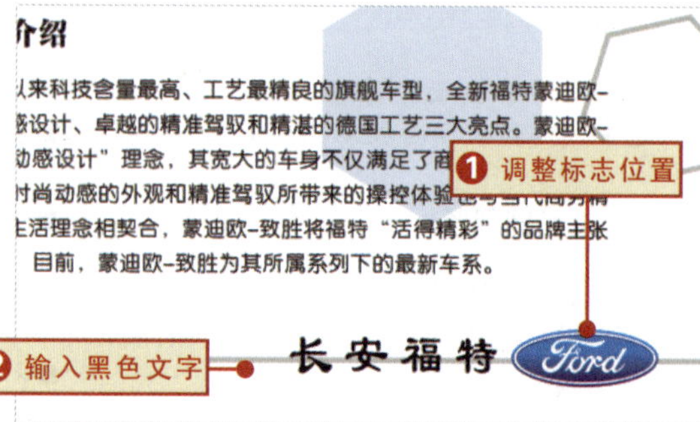

7

复制文字

❶ 复制一次标志中的英文文字，将复制对象放到画面的右上方，完成本实例的制作。

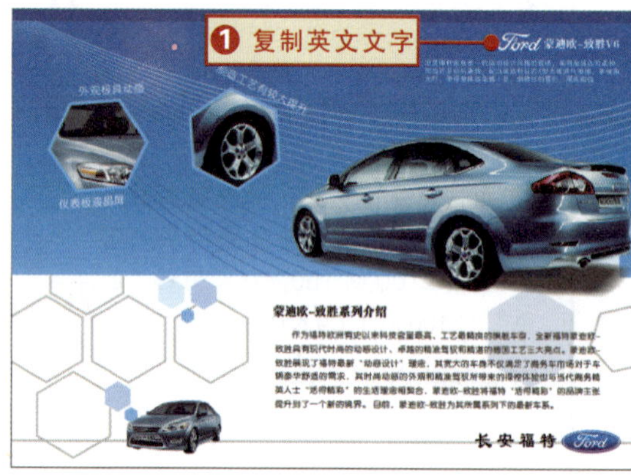

▶ 知识点总结——交互式调和工具的使用方法

本例运用了交互式调和工具。

在CorelDRAW X5中，调和主要应用于由CorelDRAW创建的任何两个对象上，当调和两个对象时，会生成一系列中间对象，这些对象会互相重叠并偏移，而且显示了两个原始对象的形状和颜色（轮廓和填充）之间的平滑过渡。调和主要包括3种类型：直线调和、沿路径调和和复合调和。调和效果可应用于图形或者是文本对象。

1. 创建直线调和

直线调和用于显示形状和大小从一个对象到另一个对象的渐变。中间对象的轮廓和填充颜色在色谱中沿直线路径渐变，即中间对象的轮廓显示了厚度和形状的渐变。

使用调和工具，在起始图形上按住鼠标左键不放并拖动到终止对象，松开鼠标后就可创建出直线调和效果，此时在控制柄之间产生了一系列的混合对象。

直线调和对象

2. 沿路径调和

沿路径调和指沿着任意路径来调和对象，这些路径可以是图形、线条或是文本。根据要创建的效果，调和可以沿着整个路径或只沿其中的一部分路径进行。还可以设置调和，使中间对象旋转到与路径形状相匹配的位置。

先创建两个图形的直线调和效果，再绘制一条任意路径。选中调和对象，单击属性栏中的“路径属性”按钮，在弹出的菜单中选择“新建路径”命令，当光标变为状态时单击路径，即可将调和的对象绑定到路径。

单击路径

将调和的对象绑定到路径

3. 复合调和

复合调和是指由两个或者两个以上相互连接的调和所组成的调和，可以用来生成链状的系列调和。用户可以在现有调和对象的基础上继续添加一个或多个对象，创建出复合的调和效果。

创建一个直线调和效果，在调和对象的附近创建一个五角星，单击调和工具，在新绘制的图形上按下鼠标左键不放，然后向调和对象两端的起始或者终止图形拖动。松开鼠标即可创建出3个图形间的复合调和效果，如下图所示。

绘制新图形

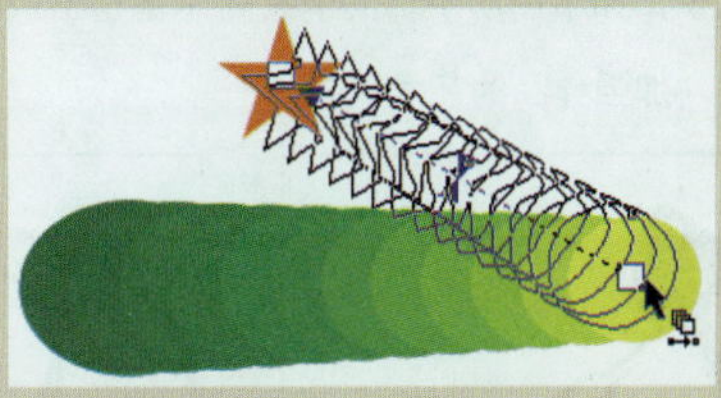

拖动新图形到调和对象

复合调和效果

► 设计理论——广告设计常用创意手法

1. 直接展示法

这是一种运用十分广泛的表现手法。它将某产品或主题如实地展示在广告版面上，充分运用摄影或绘画等技巧的写实表现能力，着力渲染产品的质感、形态和功能用途，将产品精美的质地引人入胜地呈现出来，给人以逼真的现实感，使消费者对所宣传的产品产生一种亲切感和信任感。

2. 对比衬托法

对比是一种趋向于对立冲突的艺术美中最突出的表现手法。它把作品中所描绘的事物的性质和特点放在鲜明的对照和直接对比中来表现，借彼显此，互比互衬，从对比所呈现的差别中，达到集中、简洁、曲折变化的表现。通过这种手法，能够更鲜明地强调或提示产品的性能和特点，给消费者以深刻的视觉感受，如下图所示。

作为一种常见的行之有效的表现手法，可以说，一切艺术都受惠于对比表现手法。对比手法的运用，不仅加强了广告主题的表现力度，而且饱含情趣，扩大了广告作品的感染力。对比手法运用的成功，能使貌似平凡的画面处理隐含着丰富的意味，展示出广告主题表现的不同层次和深度。

对比衬托法

3. 合理夸张法

借助想象，对广告作品中所宣传的对象的品质或特性的某个方面进行相当明显的过分夸大，以加深或扩大受众对这些特征的认识，如下图所示。文学家高尔基指出：“夸张是创作的基本原则。”通过这种手法能更鲜明地强调或揭示事物的实质，加强作品的艺术效果。

百事流行鞋1

百事流行鞋2

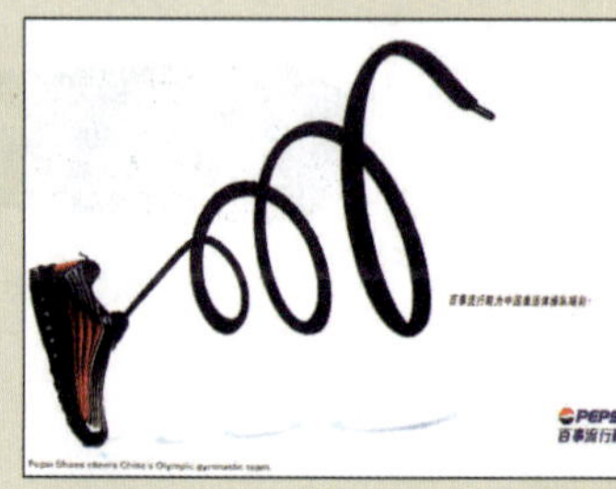

百事流行鞋3

4. 运用联想法

这是一种合乎审美规律的心理现象。在审美的过程中通过丰富的联想，突破时空的界限，扩大艺术形象的容量，加深画面的意境，如下图所示。

运用联想法

联想设计

通过联想，人们在审美对象上看到自己或与自己有关的经验，其美感往往会显得特别强烈，从而使审美对象与审美者融合为一体，在产生联想过程中引发了美感共鸣，使其感情的强度更加激烈丰富。

Chapter 06

户外广告设计

户外是一种开放式的信息载体。和杂志不同，它是通过地理位置和户外形式的差异形成不同的传播效果。本章将制作三个不同行业的户外广告，包括家用电器的大型户外广告、房地产灯箱广告、医院的户外广告。行业和户外形式的不同，广告的表现形式也不同。通过这三个户外广告的制作，读者可以学习户外广告的设计思路、设计原则和要点，以及不同类型户外广告的设计特点。在软件技法上，读者能够学习CorelDRAW X5变换图形、绘制图形和修剪图形的功能。

16 冰箱广告

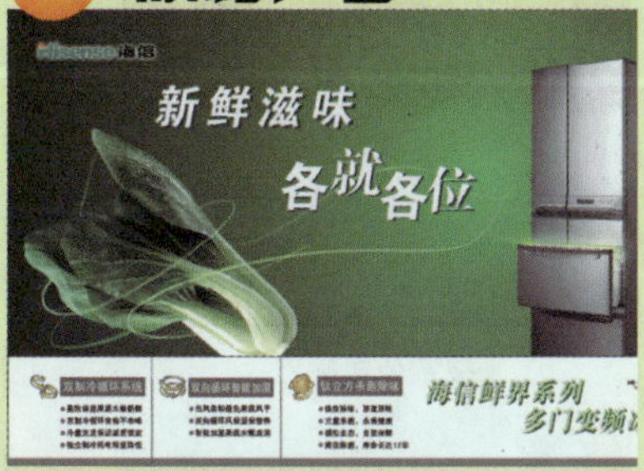

知识点： 1. 变换图形位置

2. 变换图形大小

设计理论： 广告创意设计的原则

17 房地产灯箱广告

知识点： 广告创意设计的原则

设计理论： 广告文案艺术

18 健康基金广告

知识点： 1. 修剪功能

2. 简化功能

设计理论： 广告创意技巧

理论知识：户外广告设计

一、什么是户外广告

户外广告是指利用公共或自有场地的建筑物、空间、交通工具等形式设置、悬挂、张贴的广告。

护肤品广告

二、户外广告的特点

户外广告作为与影视、平面、广播并列的媒体，有其鲜明的特性。相比于其他媒体，它在“时间”上拥有绝对优势——发布持续、稳定，不会和电视、广播一样一闪即逝，但它在“空间”上处于劣势——受区域视觉限制大，视觉范围窄。不过，候车亭、公交车等网络化分布的媒体已经将这种缺憾做了相当大的弥补。

1. 选择性强

户外广告一方面可以根据地区的特点选择广告形式，如在商业街、广场、公园、交通工具上选择不同的广告表现形式，而且户外广告也可以根据某地区消费者的共同心理特点、风俗习惯来设置；另一方面，户外广告可为经常在此区城内活动的固定消费者提供反复的宣传，使其印象强烈。

搜索公司标志

2. 诉求强迫性

户外广告具有一定的强迫诉求性质，既使匆匆赶路的消费者也可能因对广告的随意一瞥而留下一定的印象，并通过多次反复而对某些商品留下较深印象。

三、户外广告的形式

霓虹灯、路牌、灯箱是户外广告的三种主要形式，也是迅速提高企业知名度、展示企业形象的有力途径。

饮料广告

1. 霓虹灯广告

霓虹灯广告的优点：简单明了，可重复出现，引人注目，且光亮艳丽，宣传效果较好，有利于突出企业的名称、厂牌和商标。

霓虹灯的制作要求：文字、图案要力求简化，既清晰易认，又具有艺术性。色彩选择要适合消费者心理，不可过于眩目，使人眼花缭乱。

2. 路牌广告

路牌广告常设在繁华街道、交通要道等人群密集之处。其优点是时效较长，通常可保留一到数月，可使来往行人不止一次地看到；位置适中，制作精美的路牌还可美化环境及市容；一般不成群设立，同一地点一般不会出现彼此竞争的局面；对观众无选择性。

汽车广告

3. 灯箱广告

灯箱可分有机玻璃灯箱和柔性灯箱两种，一般前者面积较小，后者面积较大。此外，还有单面灯箱，双面灯箱和立式灯箱之分。灯箱广告具有图文清晰、维修概率较低、便于宣传较细腻的广告内容等特点，适于安装在路边或门脸旁边等距住所较近的场所。

► 16 冰箱广告

Chapter 06 | 户外广告设计 | **冰箱广告**

技法表现 运用渐变工具得到射线渐变背景，然后通过形状工具的编辑，得到弯曲的白色图像。再添加各种素材图像，输入文字，完成画面制作。

包含知识 文字工具、矩形工具、形状工具、导入命令等。

文件路径 Reader\Chapter06\16\complete\冰箱广告.cdr

► 设计分析——强调对保鲜的需求

本案例制作的是一个冰箱广告，冰箱的主要功能就是保鲜。对于一个家庭来说，将买来的蔬菜、水果等放入冰箱最大的目的，就是为了在今后的几天内拿出来都能鲜美如新。而这款冰箱正好符合消费者的需求，厂商在设计冰箱原理时，也充分考虑到了保鲜的功能，也要求我们在制作广告时能充分将保鲜功能展现出来。

在这款广告的设计中，首先要了解这款冰箱最突出的功能，然后针对它的特性进行设计，才能制作出完美的广告。首先我们使用了绿色渐变效果作为底色，绿色是一种环保的颜色，与画面中的蔬菜融合在一起，再通过冰箱打开抽盒中的轻烟，暗语出冰箱温度的设置，能够让蔬菜水果保持足够的鲜美度。

► 制作流程——先制作主题图形，再添加文字

绘制渐变矩形和白色矩形

绘制辅助图形

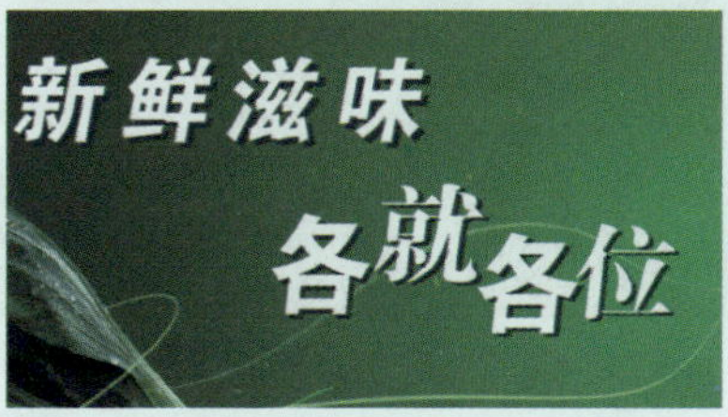

制作文字效果

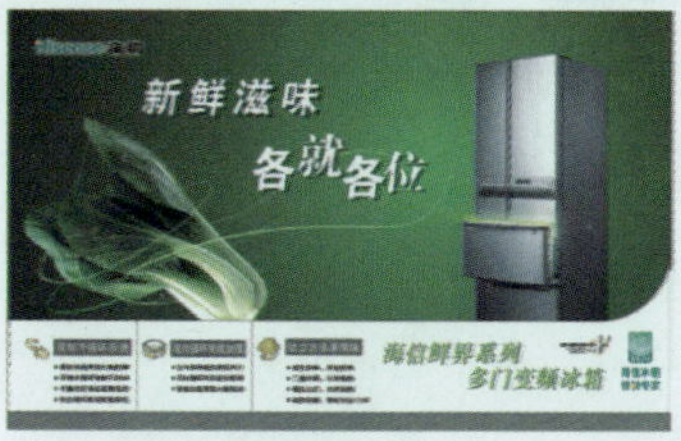

导入素材图形

▶ 制作步骤

绘制整体画面

制作渐变背景，可以让画面不那么呆板，充满着变化。而画面中的空白处，则是为了产品介绍而特意留出的，这也能为画面带来一种不紧绷的感觉。

1 绘制渐变矩形

❶ 运行CorelDRAW X5，单击矩形工具，在页面中按住鼠标左键绘制一个矩形。

❷ 单击填充工具，选择渐变填充，打开“渐变填充”对话框，设置渐变类型为射线，然后设置颜色从“墨绿色”(C:88,M:67,Y:100,K:50)到“绿色”(C:54,M:0,Y:90,K:0)。

❸ 单击“确定”按钮，得到矩形渐变效果。

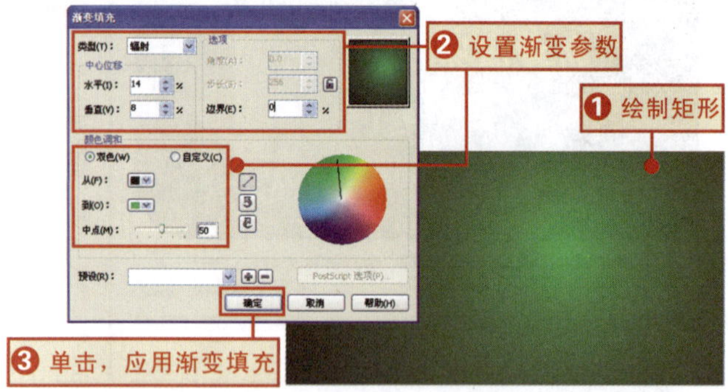

2 绘制白色矩形

❶ 在渐变矩形下方，再绘制一个矩形，并填充为“白色”。

❷ 调整白色矩形，使其与渐变矩形的长度一样。

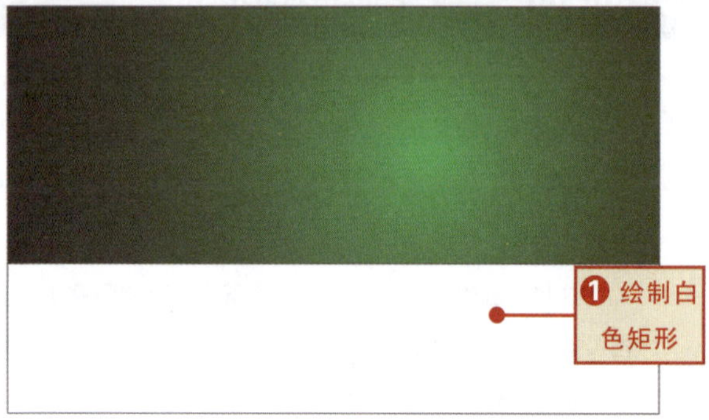

3 添加节点

❶ 选择“排列>转换为曲线”命令，将矩形转换为曲线。

❷ 单击形状工具，在矩形右侧上方双击，添加一个节点。

❸ 选择右侧上方的节点，按住【Ctrl】键向上拖动。

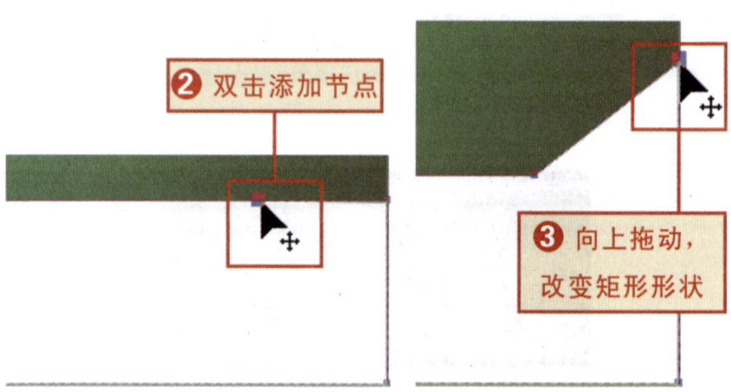

4 编辑曲线

❶ 选择添加的节点，单击属性栏中的“到曲线”按钮。

❷ 使用形状工具对斜线进行编辑，得到曲线状态。

5

绘制矩形

❶ 单击矩形工具，在画面底部绘制一个矩形，并填充为70%黑色。

❷ 设置矩形长度，使其与渐变矩形长度相同。

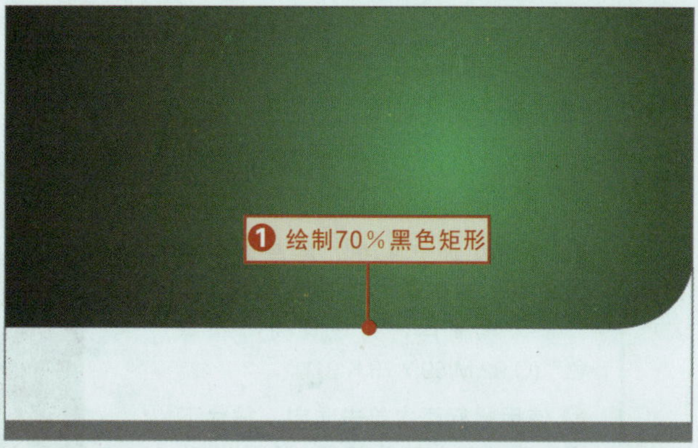

6

导入素材图像

❶ 选择“文件>导入”命令，打开“导入”对话框，找到“冰箱.psd”、“蔬菜.psd”文件。

❷ 单击“确定”按钮，将素材图像导入进来，适当调整大小后放到渐变矩形中。

7

调整对象顺序

❶ 选择下面的白色图形和灰色矩形。

❷ 选择“排列>顺序>到图层前面”命令，使白色图形遮住冰箱和蔬菜下方。

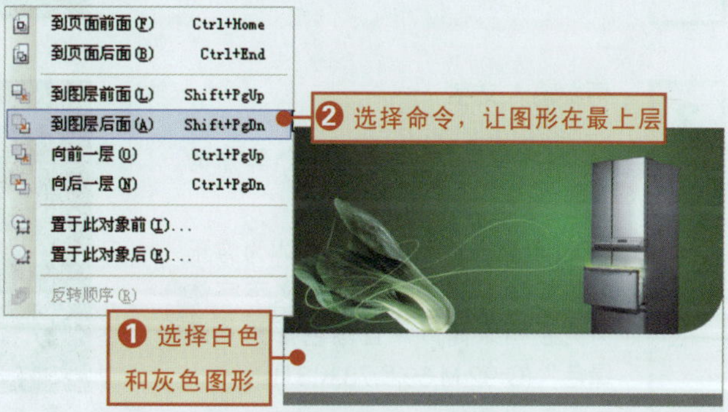

8

导入标志

❶ 单击属性栏中的“导入”按钮，打开“导入”对话框中，找到“标志.psd”文件。

❷ 单击“确定”按钮，将素材图像导入，并放到画面的左上角。

技巧点拨

CorelDRAW中的属性栏中有一排按钮，这些按钮的功能都是可以在菜单命令中找到的，但放置在属性栏中可以方便用户的操作。

添加文字

广告画面中经常需要添加文字，但是如何将文字更好地运用到广告中，使文字与画面融为一体，这就需要设计者在文字的颜色、字体、形式上多下工夫了。

1 输入文字

❶ 单击文本工具[字]，在画面中输入文字，并在属性栏中设置字体为方正大黑简体，再设置为“深绿色”(C:92,M:59,Y:78,K:31)。

❷ 使用鼠标两次单击文字，按住下方出现的双向箭头符号，向左拖动鼠标，倾斜文字。

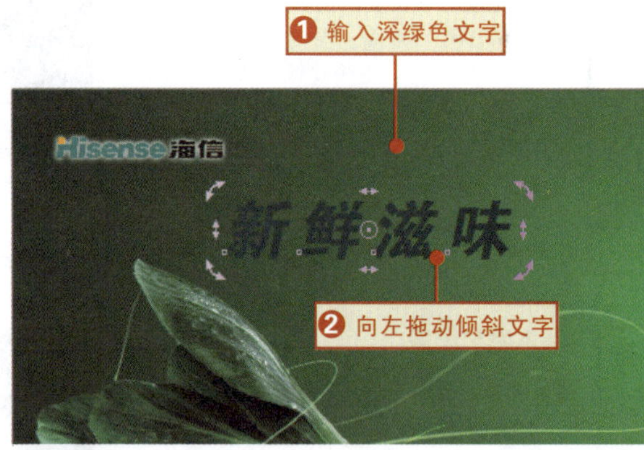

2 复制文字

❶ 按小键盘中的【+】键原地复制一次文字。

❷ 改变文字颜色为“白色”，并且略微向上向左移动文字。

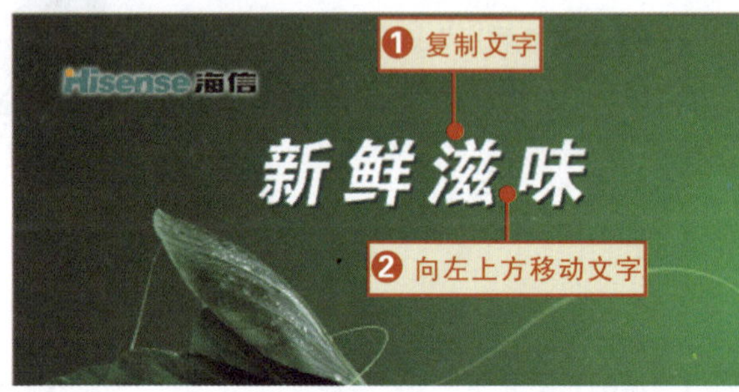

3 再次输入文字

❶ 在文字下方再输入几个单独的文字。

❷ 设置第一个和第三个字体为方正大黑简体，第二和第四个文字字体为方正粗宋简体，且颜色都为“深绿色”(C:92,M:59,Y:78,K:31)。

❸ 分别调整文字大小和位置，参照如右图所示的方式排列。

4 改变填充颜色

❶ 选择这几个文字，按【Ctrl+G】组合键，将其群组。

❷ 复制一次对象，改变文字颜色为白色，然后向上向左略微移动。

5 输入文字

❶ 单击文本工具字，在画面下方的空白处输入两行中文文字。

❷ 设置字体为方正粗宋简体，颜色为“墨绿色”(C:96,M:51,Y:95,K:22)。然后适当倾斜文字。

6 复制文字

❶ 复制一次该文字，改变颜色为“绿色”(C:20,M:0,Y:60,K:0)。

❷ 适当将文字向上向左移动，得到重叠文字。

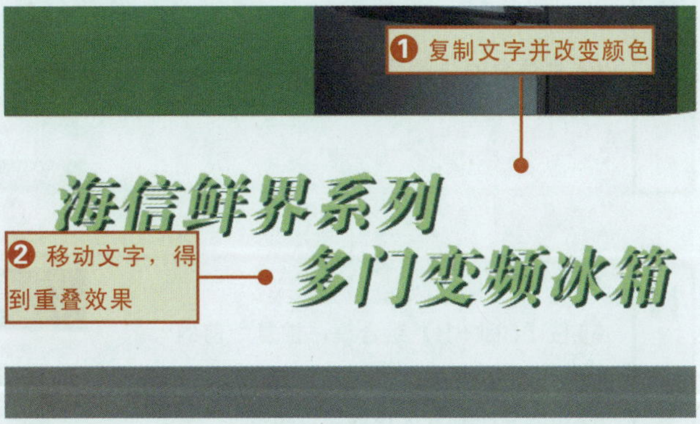

7 导入素材图像

❶ 选择“文件>导入”命令，打开“导入”对话框，找到“图标1.psd”、“图标2.psd”文件。

❷ 将这两个图像导入后，放到画面右下角，也就是文字右侧。

8 绘制直线

❶ 单击手绘工具，按住【Ctrl】键不放，拖动鼠标绘制两条直线，并填充轮廓颜色为70%黑色。

❷ 在属性栏中设置轮廓宽度为0.265mm，然后将这两条直线放到白色图形中。

9

绘制矩形

❶ 单击矩形工具，在这两条直线之间绘制一个矩形。

❷ 填充矩形为70%黑色，再单击调色板上方的“无填充”按钮☒，去除轮廓线。

10

复制矩形

❶ 单击矩形，按住【Ctrl】键并向右拖动对象。

❷ 到适合的位置后右击，得到水平复制的矩形。

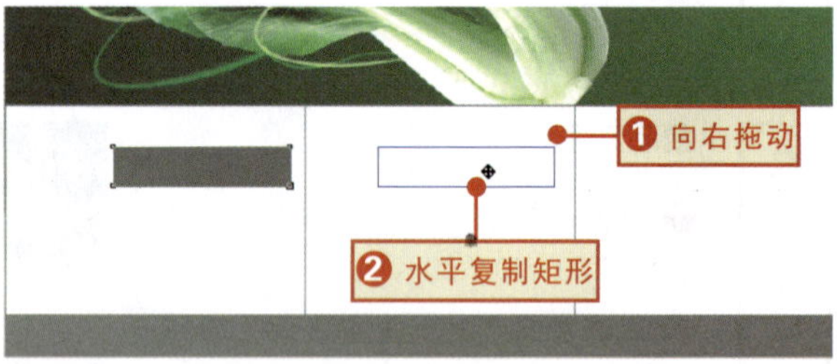

11

重复操作

❶ 按【Ctrl+R】组合键，重复之前的操作。

❷ 得到三个相同大小的灰色矩形。

12

输入文字

❶ 单击文本工具，在这三个灰色矩形中分别输入文字，并调整为相同的大小。

❷ 在属性栏中设置字体为黑体，并填充为“白色”。

13

输入文字

❶ 在这三个灰色矩形下方，分别输入产品介绍文字，并调整为相同的大小。

❷ 在属性栏中设置字体为黑体，并填充为“黑色”。

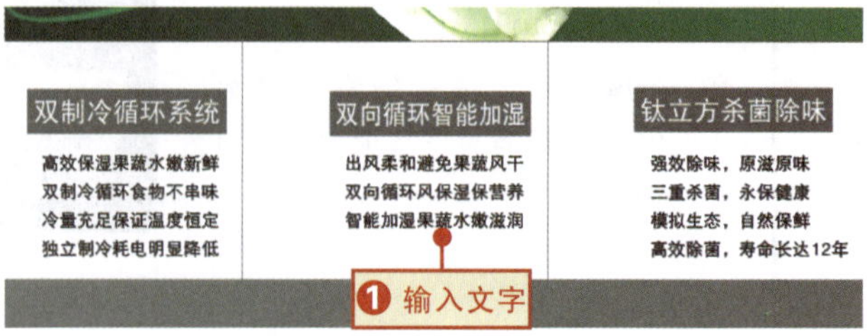

14 绘制圆形

❶ 单击椭圆形工具，在每一行文字前面绘制一个圆形。

❷ 设置圆形大小相同，颜色为70%黑色。

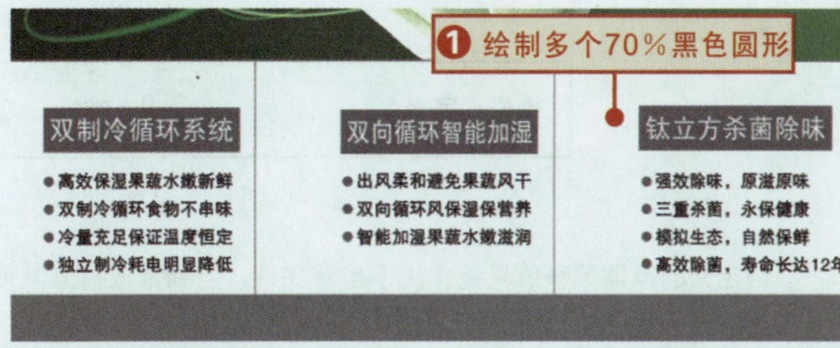

15 导入图形

❶ 单击属性栏中的“导入”按钮，打开“导入”对话框中，找到“箭头1.cdr”、“箭头2.cdr”、“箭头3.cdr“文件。

❷ 将素材图像导入进来，放到灰色矩形前面。

16 显示全部图像

❶ 按【F4】键显示全部图形，可以看到完成后的实例效果。

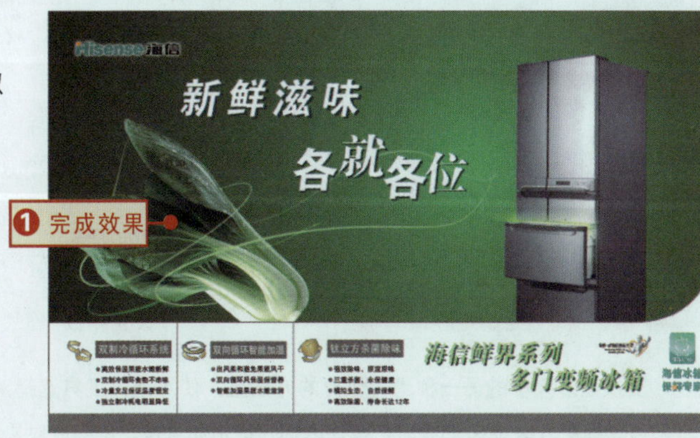

► 知识点总结——变换图形的方法

本实例运用了变换图形大小、倾斜图形、变换图形位置等操作。

1. 变换图形位置

在选取对象后，用户可以使用挑选工具按住对象拖动到指定的位置，也可通过按键盘上的【←】、【→】、【↑】、【↓】方向键来移动图形的位置，在默认情况下，按一次方向键后，对象的偏移量为2.54mm。在选择工具无任何选取的情况下，用户可在属性栏中的“微调偏移”文本框中设置偏移的数值。

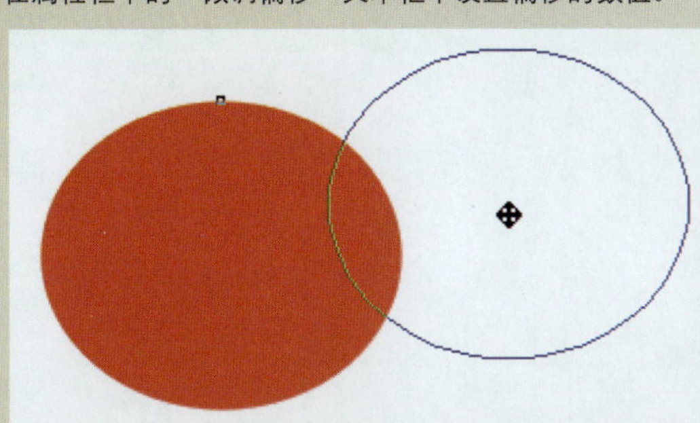

拖动对象

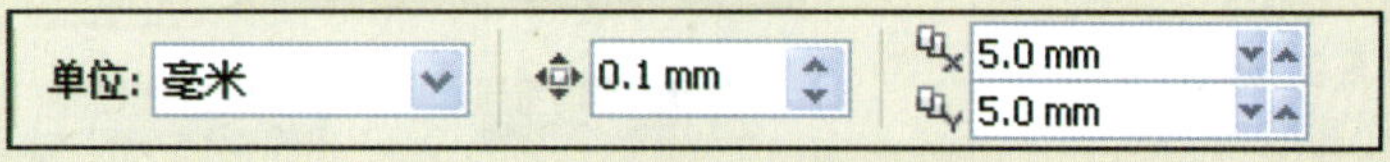

设置微距

自定义的微调偏移值只能作用于当前文件，当新建或打开其他的文件时，微调偏移值又恢复为默认的2.54mm。

2. 变换图形大小

要精确地变换图形的大小，可通过“变换”面板中的“大小”功能来完成。在页面上绘制一个矩形，选择矩形对象后，选择“排列>变换>大小”命令，打开“变换”泊坞窗。在“H”（水平）和“V”（垂直）文本框中输入指定的图形大小，选择勾选左下方的复选框，单击“应用到再制”按钮后，即可得到调整大小后的复制图形。

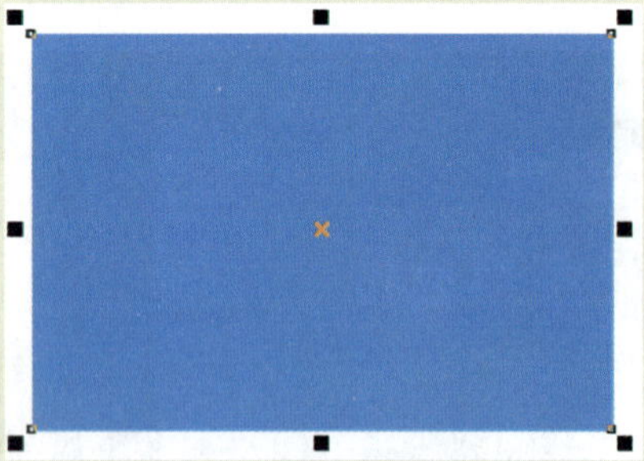
绘制矩形

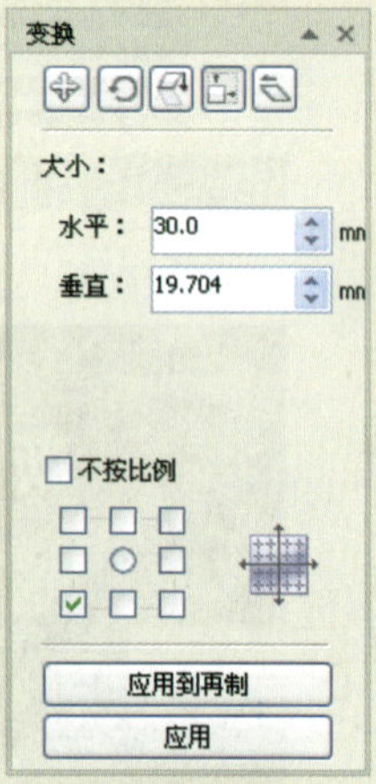

设置参数

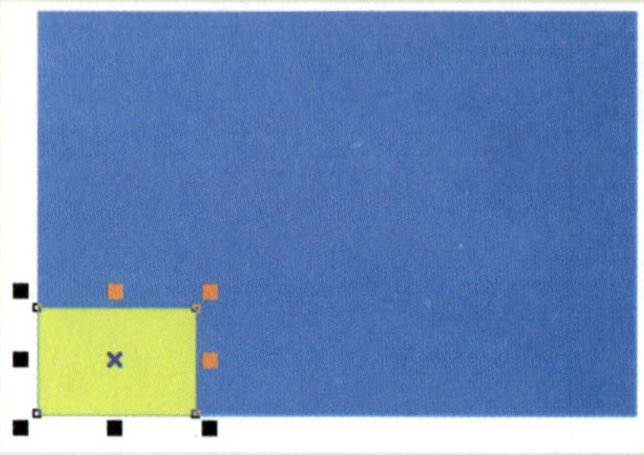
完成编辑

变换图形大小的另一种更为快捷的方法是：使用选择工具选择对象后，将光标移动到四个角的任意一个控制点上，当光标变为↗或↖形状时，按住鼠标左键拖动可按比例缩放对象，当对象缩放到适当的大小后释放鼠标即可。

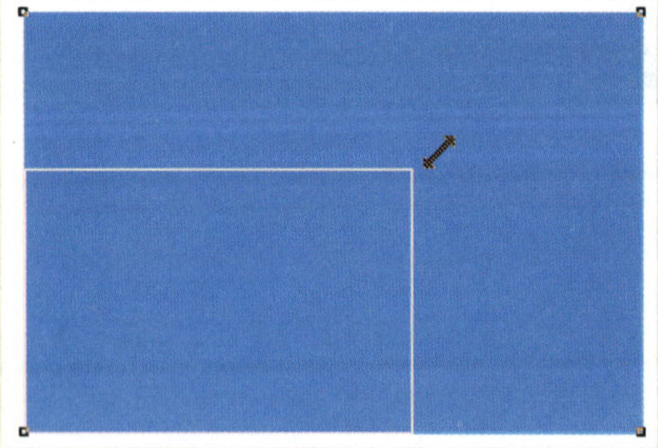
缩小矩形

缩小的效果

► 设计理论——广告创意设计的原则

优秀的广告，其画面中都充满了令人羡慕的创意。所以，在设计广告之前，首先要了解广告创意的几点原则。

1. 务实原则

了解了应该知道的信息以后，就可以开启智慧思想了。设计时一定要有耐心去探求消费者、市场情况、产品的详细说明，以及制定下来的广告策略，不要让客户感觉到我们所做的广告缺乏行业知识。

2. 骨气原则

每个创意人都渴望创作出叫座的广告，个人天分固然关键，但客户能否接受，以及个人的机遇也是影响因素。无论你的天分是否被埋没，无论你是否自认平凡，既然选择了创意这个行业，就要有越来越平凡的骨气，避免满足于自己所谓的六十分创意的惰性中。

饮料创意广告

3. 效率原则

由于创意是主观的思维产物，如设计师把大量的时间用到苦思一个想法，很容易钻进牛角尖而不自觉，即使想法有问题，而主观上对这个想法的执著往往会阻碍其他想法的产生，以及接受其他想法的肚量。所以在思考创意的时候，不妨先三百六十度地思索一下，从不同的角度去切入，生成不同的想法。不要着急计较一个想法的文字和视觉表现，要多想一些点子，再筛选出最好的几个进行仔细推敲。你会发现，这种先求广再求精的原则会让你的创意事半功倍。

4. 余地原则

创意人求好的心理是不容置疑的，一般是不到最后时限绝不拍板。但等到有问题被发现的时候却没有时间修改了，只有硬着头皮照做不误，这有违专业精神。所以一般情况下，任何创意都应该在时间流程上留出两天时间冷静反省再做决定。

5. 负责原则

想法和执行之间还有很长的一条路要走，很多想法在转为设计稿的时候没有什么问题，但在执行的时候因为技术限制或者预算限制根本无法完成，如果不在创意实现前估量执行因素，会在后期出现很多麻烦。记住：想到的创意，要卖得出去也要做得出来。

珠宝广告

▶ 17 房地产灯箱广告

Chapter 06	户外广告设计	房地产灯箱广告

技法表现 导入输出图像作为主要背景，然后在画面中添加文字，并设置文字轮廓线，复制文字，制作出叠加效果。

包含知识 交互式渐变工具、复制命令、文字工具、导入命令等。

文件路径 Reader\Chapter06\17\complete\房地产灯箱广告.cdr

▶ 设计分析——对楼盘的感官认知

本案例制作的是一个房地产灯箱广告设计，灯箱广告在夜色中能带给人一种温暖的感觉，并且能比其他广告吸引人们的注意。在设计上，户外广告的画面一般都较为简洁，只需要体现主要的几个元素即可。在本广告的设计中，以塑造形象为主，给人一种对楼盘的感官认知效果。

在制作该广告时，首先导入一幅图片铺满整个画面，作为主要背景素材。在素材画面的选择上也是经过了精心构思的，首先蓝天白云占据了大半个画面，这为文字的输入提供了足够的空间。另外，画面下方的绿色超频，也给人一种视觉上的享受，让整个广告有一种清新的感觉。

▶ 制作流程——先制作背景，再添加信息

导入素材图像

连接绿球

制作文字效果

导入素材图形

► 制作步骤

导入素材图像

一般的广告设计中都会运用一些素材图像作为辅助元素。如果要运用大面积的素材图像作为背景，那在选择素材上就需要考虑到画面中文字和其他图形的排列方式。

1

绘制矩形

❶ 打开CorelDRAW X5，单击矩形工具，在页面中按住鼠标左键拖动，绘制出一个长方形。

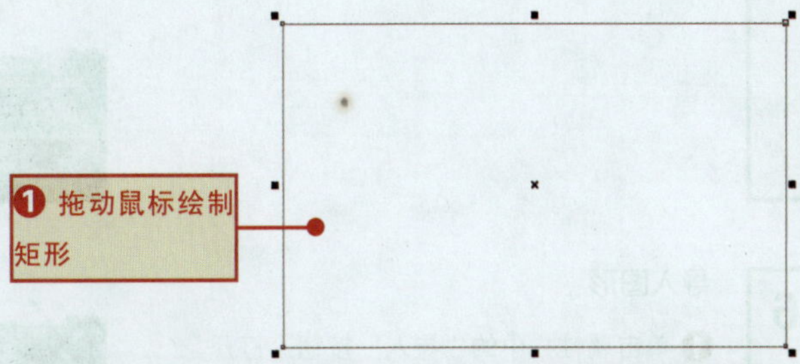

2

放置图像到容器中

❶ 选择“文件>导入”命令，在打开的“导入”对话框中找到“风景.jpg”文件。

❷ 单击“确定”按钮，将图像导入到页面中。

❸ 调整图像使其与矩形的大小相似，然后选择“效果>图框精确剪裁 >放置在容器中”命令，将图像放置到矩形中。

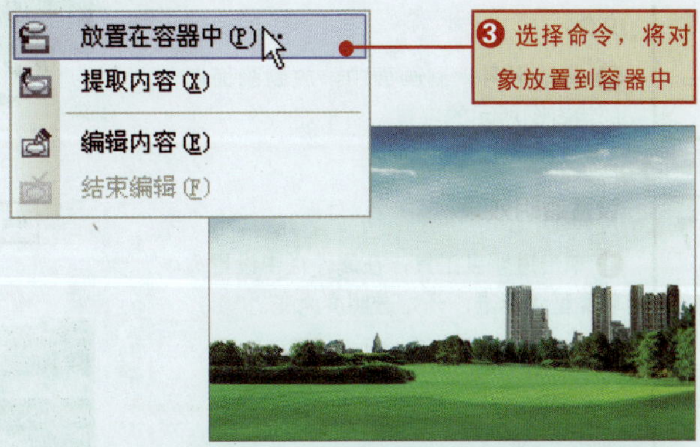

3

导入素材图像

❶ 选择“文件>导入”命令，导入“绿球.psd”文件到页面中。

❷ 将该文件放到画面左上方，并且复制多个对象，调整成不同的大小，并参照如右图所示的方式排列。

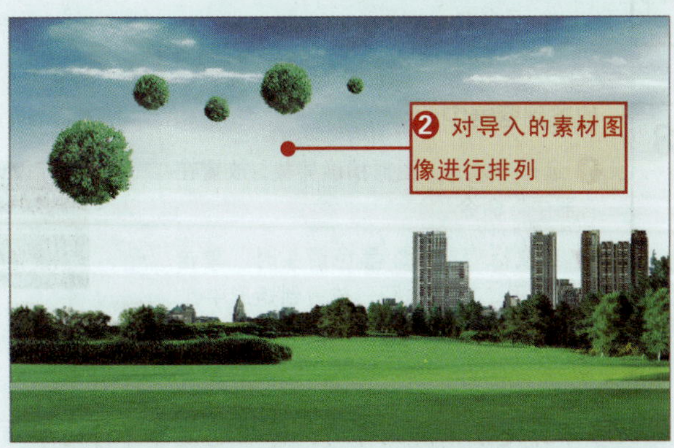

4

绘制直线

❶ 单击贝塞尔工具，在每一个“绿球”之间都绘制一条直线。

❷填充直线颜色为“绿色”(C:100, M:0,Y:100,K:60)，然后在属性栏中设置轮廓宽度为0.567mm。

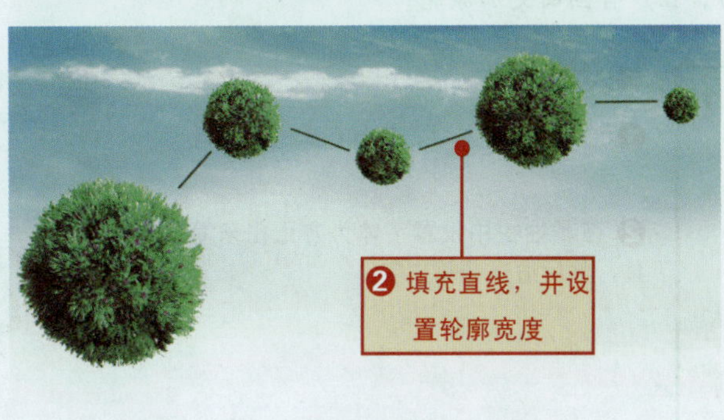

5

绘制矩形

❶ 单击矩形工具，在画面下方绘制一个矩形，调整矩形长度使其与画面长度一致。

❷ 填充矩形颜色为“深绿色”(C:100,M:20,Y:100,K:40)。

6

导入图形

❶ 单击属性栏中的“导入”按钮，打开“导入”对话框中，找到“花纹.cdr”文件。

❷ 将图形导入到画面中，放到画面底部如右图所示的位置。

7

设置透明效果

❶ 单击透明度工具，在属性栏中设置透明类型为标准，开始透明度为85。

❷ 按【Enter】键，得到标准透明效果。

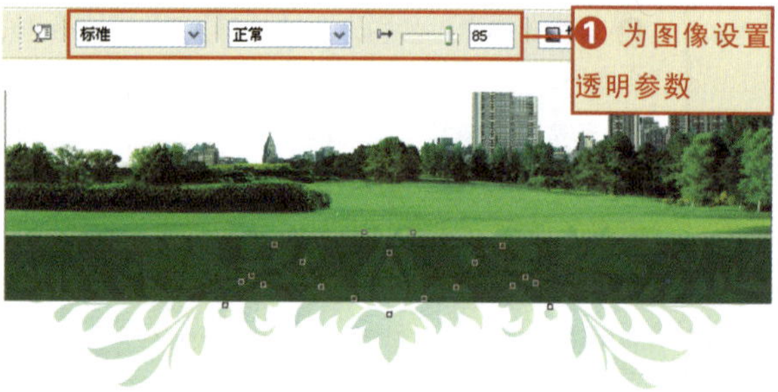

8

放置到容器中

❶ 选择“效果>图框精确剪裁>放置在容器中”命令。

❷ 当鼠标变成一个黑色箭头时，单击绿色矩形，将花边图形放置到矩形中。

添加文字

文字本身是很平淡无奇的，但经过设计师对文字颜色、造型等方面的修饰后，会赋予文字感染力，让广告画面更加漂亮。

1

输入文字

❶ 单击文本工具字，在绿色球形中输入文字。

❷ 在属性栏中设置字体为方正粗宋简体，然后适当倾斜文字。

2 设置渐变颜色

❶ 单击填充工具，选择渐变填充，打开“渐变填充”对话框。

❷ 设置渐变类型为射线，颜色从0%“洋红”(C:0,M:100,Y:0,K:0)到44%“橘红色”(C:0,M:40,Y:100,K:0)到100%“黄色”(C:0,M:0,Y:100,K:0)。

❸ 单击“确定”按钮，得到渐变效果。

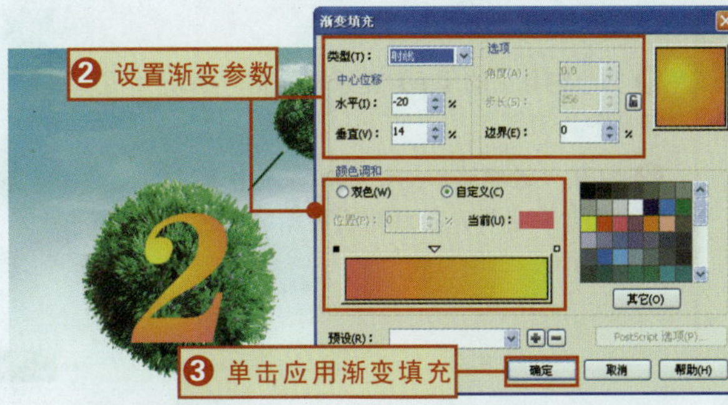

3 输入文字

❶ 在“2”字后面输入一个文字“期”。

❷ 设置字体为方正大黑简体，颜色为“黑色”。

❸ 复制一次该文字，填充为“白色”，再略微向上向左移动。

4 设置文字渐变色

❶ 在画面上方输入一行中文字，设置字体为方正粗黑简体。

❷ 使用填充工具对文字做射线渐变，设置颜色从0%“深绿色”(C:100,M:100,Y:0,K:40)到46%“绿色”(C:86,M:0, Y:100,K:0)到100%“浅绿色”(C:40,M:0,Y:100,K:0)。

❸ 单击“确定”按钮，得到渐变效果。

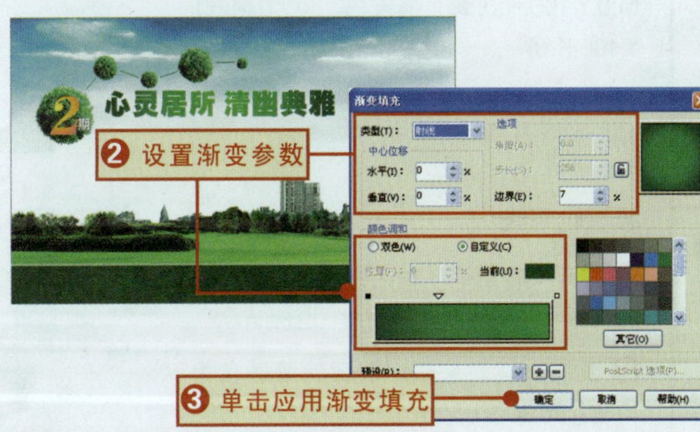

5 设置轮廓线

❶ 按【F11】键，打开“轮廓笔”对话框。

❷ 设置轮廓颜色为70%黑色，然后再设置轮廓宽度为3.0mm。单击“确定”按钮，应用样式。

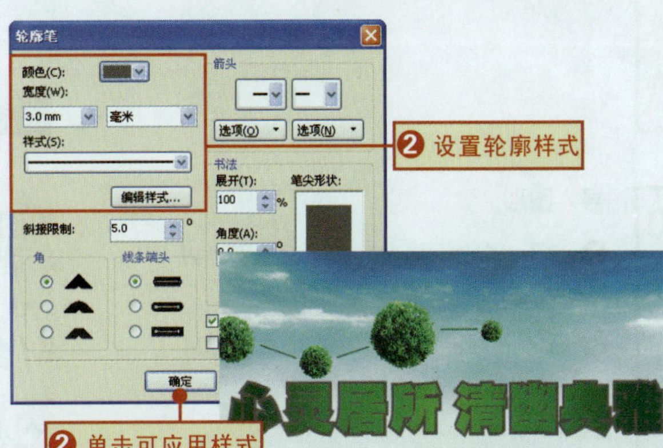

技巧点拨

对于文字，属性栏中没有轮廓宽度设置选项，如果要设置轮廓宽度，就只能打开“轮廓笔”对话框进行调整。

6

改变轮廓线

❶ 按小键盘上的【+】键原地复制一次该文字。

❷ 打开“轮廓笔”对话框，改变轮廓颜色为“白色”，然后再设置轮廓宽度为1.5mm。

7

输入文字

❶ 单击文本工具，在渐变文字下方再输入一行文字。

❷ 在属性栏中设置字体为方正大黑简体，颜色为“黑色”。

8

输入文字

❶ 输入文字，使用交互式填充工具为文字做线性渐变填充。

❷ 设置填充颜色从“绿色”(C:100, M:0,Y:100,K:0)到“橘黄色”(C:0,M:60, Y:100,K:0)。

9

设置轮廓线

❶ 打开“轮廓笔”对话框，为文字设置轮廓颜色为70%灰色，宽度为2.5mm。

❷ 复制一次对象后，改变轮廓颜色为白色，宽度为1.5mm。

10

导入图形

❶ 选择“文件>导入”命令，找到“树叶.cdr”文件。

❷ 将图形导入到页面中，并且放到第三行文字右侧。

11

复制对象

❶ 复制一次对象，然后单击属性栏中的“水平镜像”按钮。

❷ 将镜像后的图形放到第三排文字的左侧。

12

导入对象

❶ 选择“文件>导入”命令，在打开的对话框中找到“标志.cdr”文件。

❷ 将文件导入到页面中，并放到画面的右上方。

13

输入文字

❶ 使用文本工具在画面下方的绿色矩形中输入电话号码。

❷ 在属性栏中设置字体为Script MT Bold，填充为“白色”。

14

输入文字

❶ 在画面右下角再输入两行文字，设置为黑体，颜色为“白色”。

❷ 使用椭圆形工具在文字前方绘制两个白色同心圆，调整为不同的大小。

15

设置轮廓线

❶ 单击手绘工具，在文字下方绘制一条直线。

❷ 按【F11】键，打开“轮廓笔”对话框，设置轮廓颜色为“白色”，宽度为0.5mm，然后在样式中选择一种线条。至此完成本实例的制作。

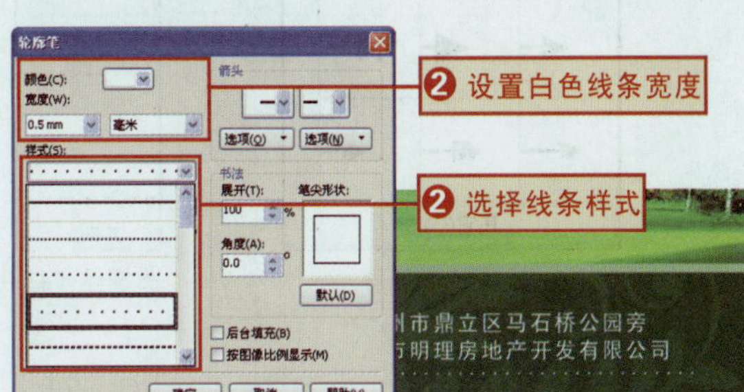

► 知识点总结——手绘工具的使用方法

本例运用了手绘工具绘制直线，手绘工具除了绘制直线外，还可以绘制折线和曲线，下面详细介绍手绘工具的使用方法。

使用手绘工具，可以绘制出直线和折线。在工具箱中选择手绘工具。在工作区中单击鼠标，确定直线的起点；将鼠标移到终点处单击，即可完成直线的绘制。使用鼠标单击第一段直线的终点，来确定出第二段直线的起点，将鼠标移动到其他的位置上单击，即可绘制出折线。

绘制直线

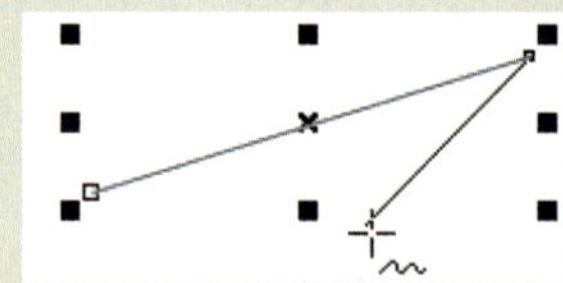

绘制折线

在绘制折线的过程中，单击折线的起始节点，可绘制出封闭的图形。

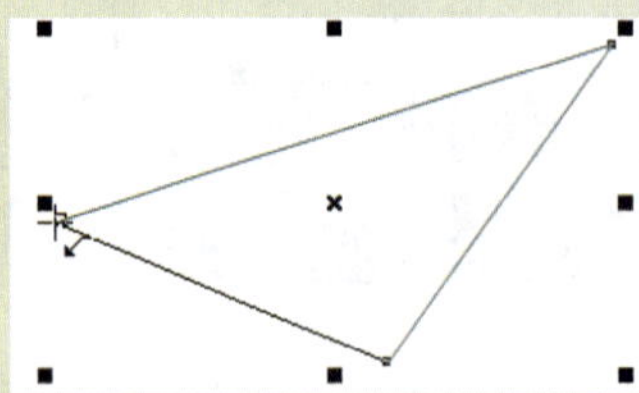

单击起点

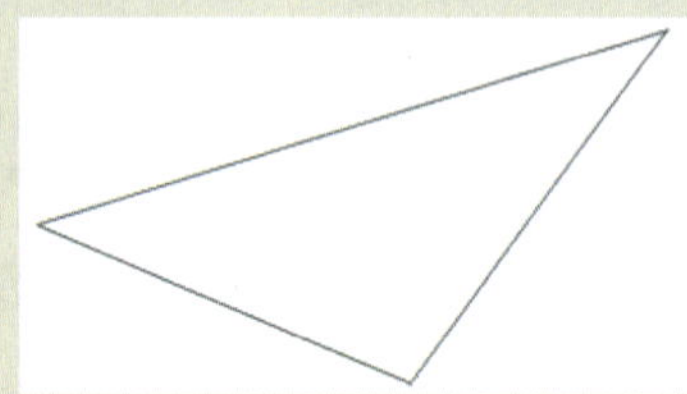

封闭的图形

使用“手绘工具”还可绘制出任意的曲线。在按住鼠标并任意拖动鼠标后，即可绘制出任意的曲线，释放鼠标可结束曲线的绘制。

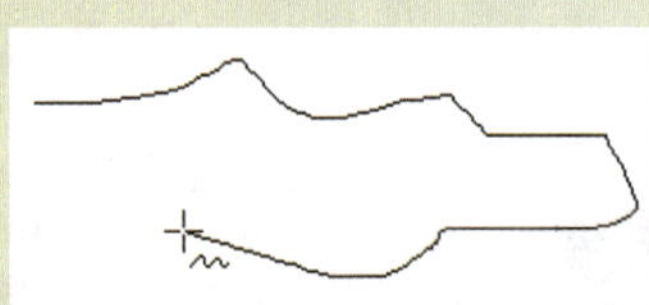

按住鼠标拖动

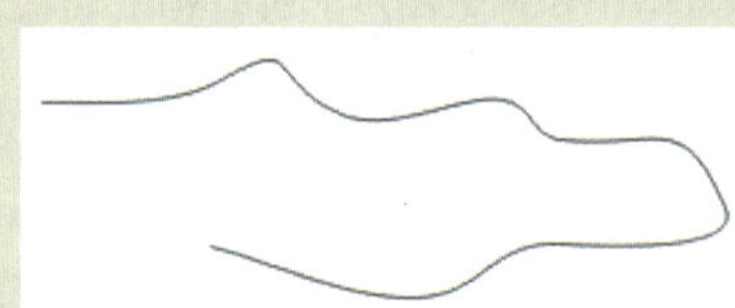

手绘图形

手绘工具除了可以绘制简单的直线和折线外，还可以配合属性栏绘制出各种粗细、样式的直线或箭头符号。

单击属性栏中的“起始箭头选择器”或“终止箭头选择器”，在其下拉列表框中选择箭头符号；在轮廓宽度数值框中输入2.5mm；单击轮廓样式编辑器，在下拉列表框中选择一种线条样式，即可改变线条属性。

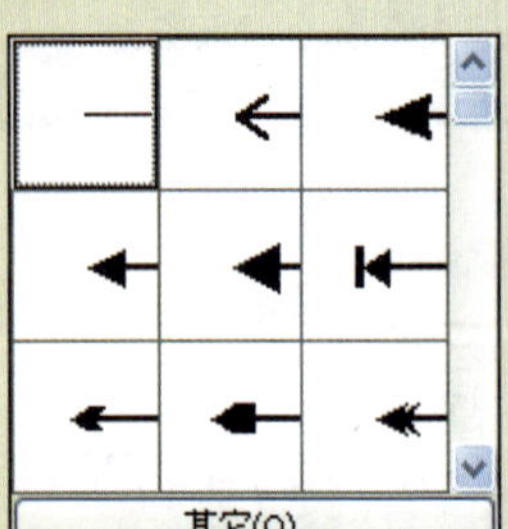

选择箭头符号

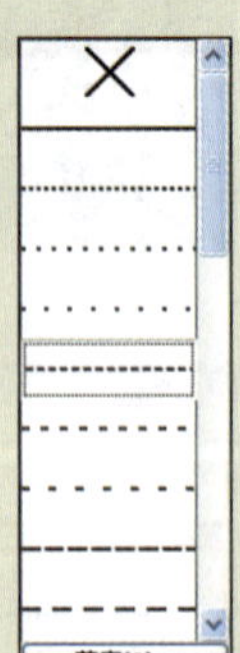

选择线条样式

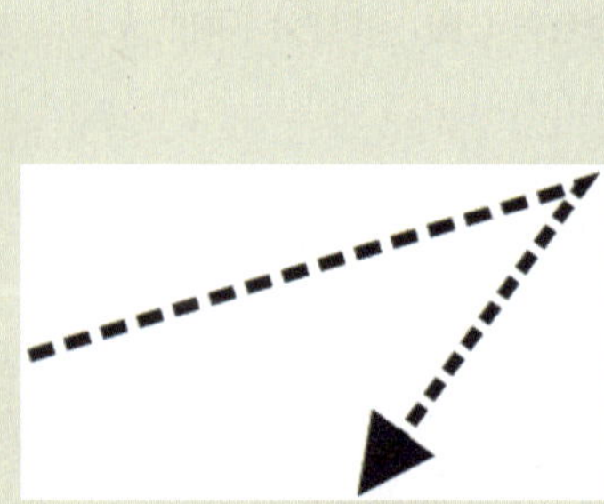

完成线条设置

► 设计理论——广告文案艺术

1. 广告文案艺术

广告文案艺术的灵魂是产品，它的作用在于形象刻画产品的个性（或调性），引发消费者的情感共鸣，增加消费者对产品的亲和力，诱导消费者产生购买行为。

广告文字凝聚了人类的精神和思维，形象反映广告的内涵，它是不同于音乐、舞蹈的另一种艺术形式，是商品艺术和人性化的承载工具。可以说，没有人性情感的广告文案就如没有血肉的骷髅，拒人于千里之外。

广告文案感染力是一门难以捉摸的艺术，它与目标消费人群的需要有着千丝万缕的联系，怎样用感人的文案去吸引消费者，发挥文字的销售魅力，值得我们每个广告人用心去推敲。

感染情感的手段主要有以下几种方式：

（1）以情感人。直接抒情、含蓄婉转，或者朴实自然、情挚理真，或曲意道来、委婉动人。

（2）以理示人。文稿之中蕴涵哲理或深意，有的言简意赅，语短情长；有的启人深思，暗寓禅机。例如，科技以人为本，科技以健康为美；钻石恒久远，一颗永流传。

（3）以势服人。广告文案中充满自信、强劲、雄浑之气，慷慨之语，劲健中有新奇，豪迈处有惊喜，激荡人心。

下面两则广告，在文案上简洁明了，但表意清楚，不失为两款优秀的广告。

饮料广告

纯净水广告

2. 企业广告定位

企业形象广告定位就是：在消费者心目中找到位置并占据某一特殊的位置，以促使消费者在思想行为（特别是消费思想与行为）上产生有利于企业发展的倾向性。

（1）企业形象广告定位是广告定位发展的必然结果，广告定位从产品、品牌走到企业形象是广告定位的不断升级，是市场走向企业形象竞争阶段的必然要求。企业的广告定位必须与广告的发展状况相适应，目前有竞争力的广告已不再是吆喝产品怎么好的“叫卖口号”，而是突出企业形象提高知名度和美誉度的“情感引导”。

（2）企业形象广告定位具有不可复制性和排他性，企业形象广告定位的形成可以在企业内外形成对企业看法的定性思维，它很难被外来的思想所转化。同时，企业形象定位的过程是不可能一蹴而就的，需要长时间的积累。因而，在广告宣传中突出企业形象，给企业形象一个鲜明突出的定位是企业实行差异化战略，形成竞争优势的最好选择。

► 18 健康基金广告

Chapter 06	户外广告设计	健康基金广告

技法表现 运用射线渐变填充背景图形，接着通过修剪功能得到圆环图形。再将鲜花图形放置到绘制的图形中。最后输入文字，并做描边效果。

包含知识 渐变工具、交互式透明、文字工具、圆形工具、放置到容器中命令等。

文件路径 Reader\Chapter06\18\complete\健康基金广告.cdr

► 设计分析——让普通医疗浪漫化

本案例制作的是一个医院的健康基金广告设计，该医院是一个女子医院，主要医疗力量都集中在妇女疾病的治疗。医院想通过这次健康基金的计划，让广大妇女了解到妇科疾病对人体的伤害，更想让广大妇女有定期做妇科检查的计划。另外，在画面设计上要求简洁明了，突出主题。

在做广告设计之前，首先需要了解广告针对的客户，是广大女性。所以我们采用了暖色调的橘红色为主题颜色，然后在画面中绘制了一些橘红色的圆环，给人一种浪漫的感觉，让人觉得只是普通的医疗检查，不是什么害怕的事情。

► 制作流程——先制作图形，再制作文字

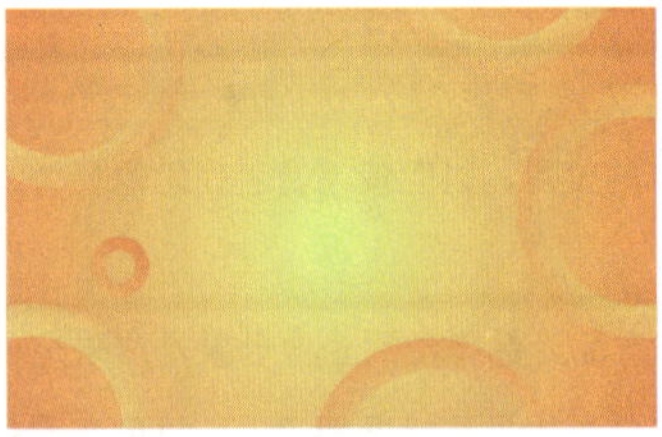
绘制圆环图像

置入鲜花图像

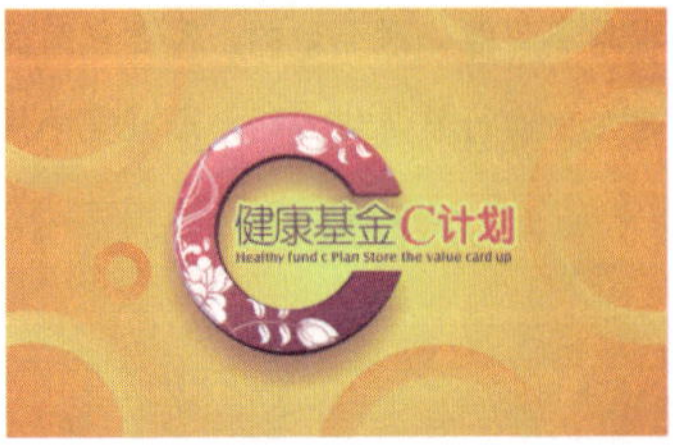

制作文字

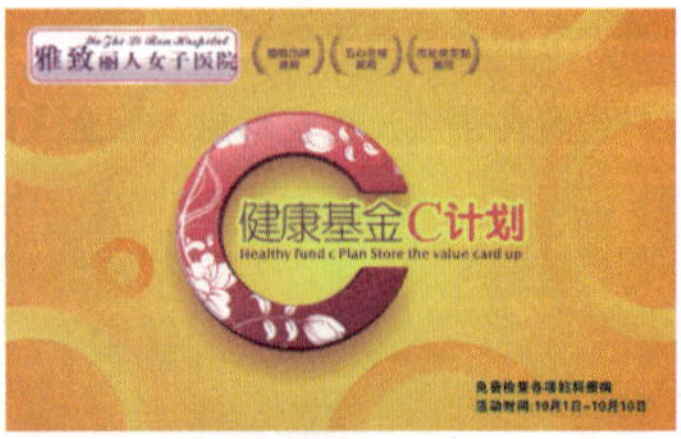

添加其他文字

► 制作步骤

绘制渐变圆环

在CorelDRAW中有多个基本绘图工具，运用这些工具可以很轻松的绘制出各种各样的图形，再通过其他工具对绘制的图形加以修饰，就能得到意想不到的效果。

1

填充矩形

❶ 运行CorelDRAW X5，单击矩形工具，在页面中按住鼠标左键拖动，绘制出一个矩形。

❷ 单击填充工具，选择渐变填充，打开“渐变填充”对话框，设置渐变类型为射线，颜色从“橘红色”(C:0,M:60,Y:100,K:0)到“黄色”(C:0,M:0,Y:100,K:0)。

❸ 单击“确定”按钮，得到矩形渐变效果。

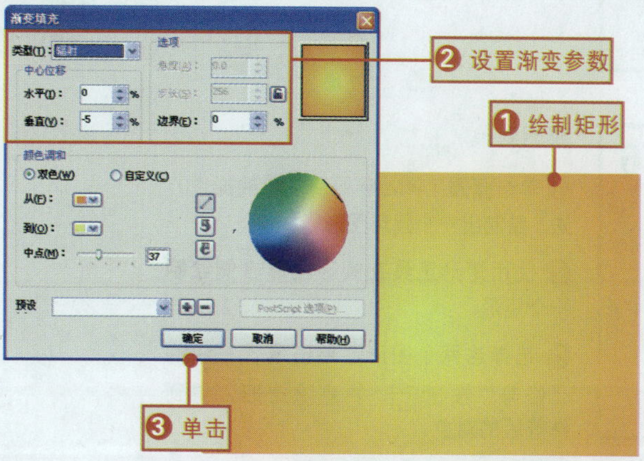

2

绘制圆形

❶ 单击椭圆形工具，按住【Ctrl】键绘制一个正圆形。

❷ 按【+】键复制一次对象，按住【Shift】键中心缩小复制的圆形。

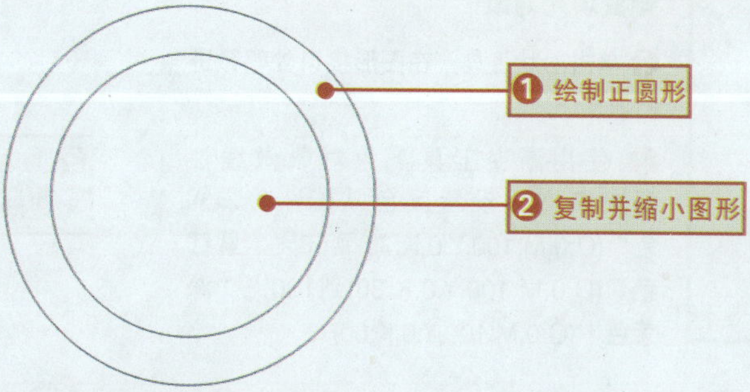

3

填充圆环图形

❶ 选择这两个圆形，单击属性栏中的“结合”按钮，得到一个圆环。

❷ 单击交互式渐变工具，为圆环图形做射线渐变填充，设置颜色从“橘红色”(C:0,M:60,Y:100,K:0)到“黄色”(C:0,M:0,Y:100,K:0)。

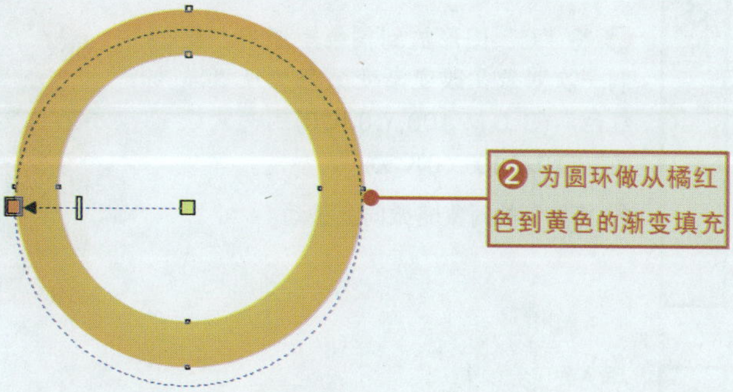

4

复制对象

❶ 复制多个圆环图形，分别调整大小。

❷ 将这些复制得到的对象放到渐变矩形中。

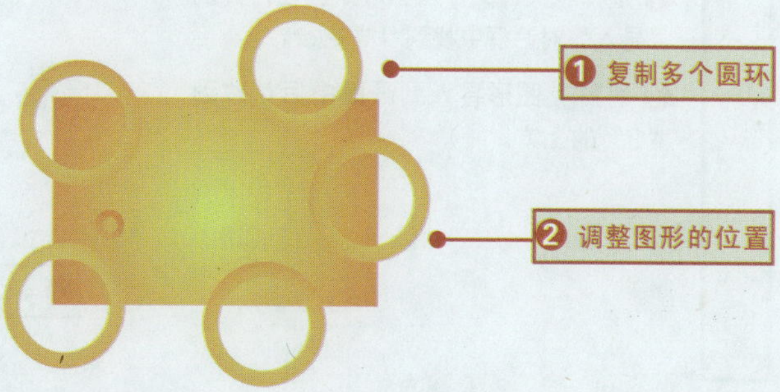

5

放置图形到容器中

❶ 选择所有的圆环图形，选择“效果>图框精确剪裁>放置在容器中”命令。

❷ 当光标变为黑色箭头时，单击渐变矩形，将对象放置到渐变矩形中。

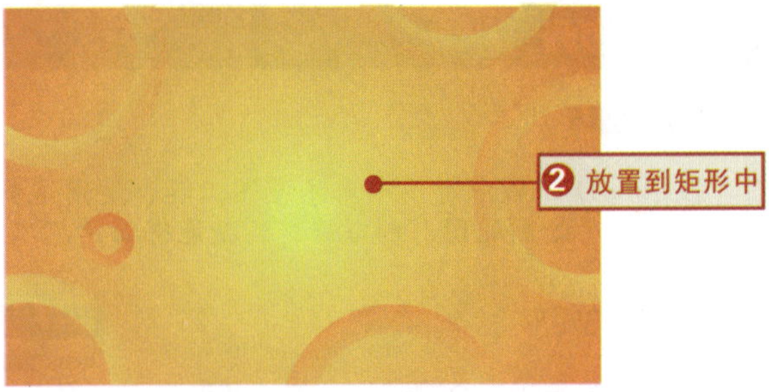

6

修剪对象

❶ 单击椭圆工具，参照前几步的操作方法，绘制出一个圆环图形。

❷ 使用矩形工具在圆环图形右侧绘制一个矩形。

❸ 选择这两个图形，单击属性栏中的“修剪”按钮，再删除矩形，得到修剪后的对象。

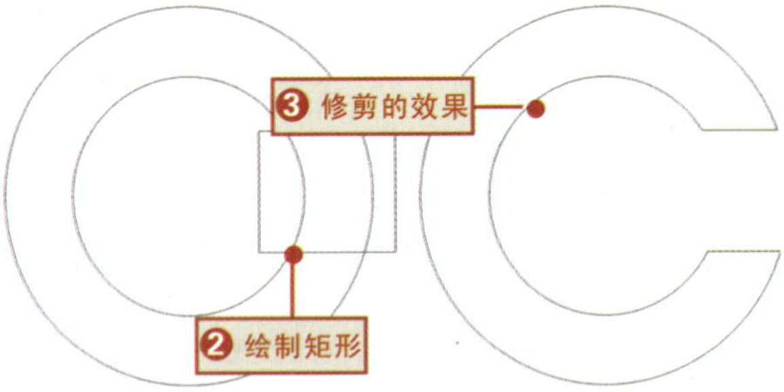

7

渐变填充对象

❶ 单击形状工具，在图形接口处略微进行调整。

❷ 使用渐变工具为对象做线性渐变填充，设置颜色从0%“深紫色”(C:0,M:100,Y:0,K:70)到58%“紫红色”(C:0,M:100,Y:0,K:30)到100%“深紫色”(C:0,M:100,Y:0,K:60)。

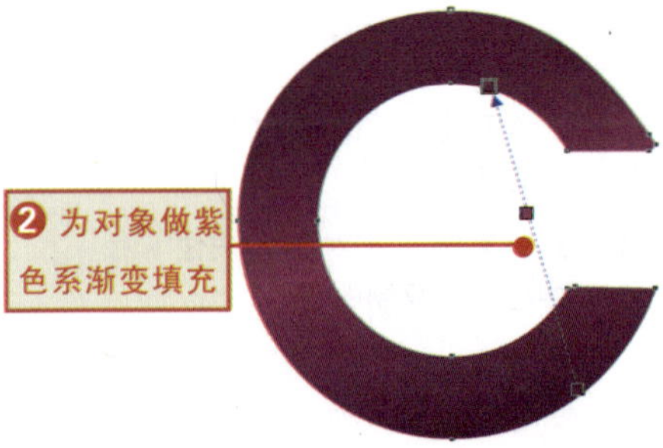

8

改变对象颜色

❶ 将“C”图形放到橘色矩形中，复制一次对象，改变渐变颜色为从“洋红色”(C:0,M:100,Y:0,K:0)到“紫红色”(C:0,M:100,Y:0,K:30)。

❷ 将复制的对象略微向上移动。

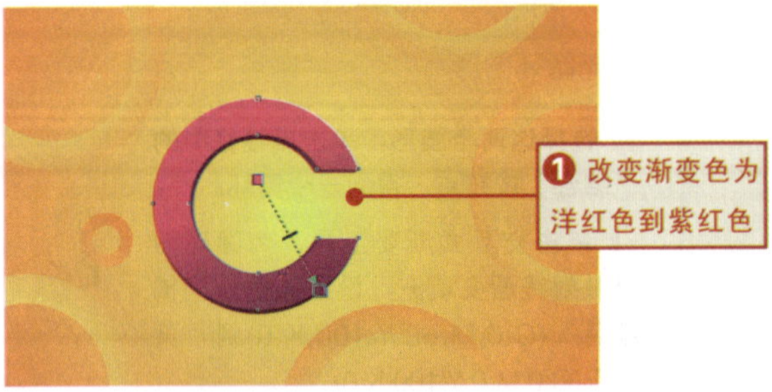

9

导入图形

❶ 选择“文件>导入”命令，在打开的“导入”对话框中找到“鲜花.cdr”。

❷ 将鲜花图形导入到画面中后，放到“C”的上方。

10 复制图形

❶ 复制一次该对象，单击属性栏中的“水平镜像”按钮和“垂直镜像”按钮。

❷ 将镜像后的图形放到“C”图形下方。

11 放置对象到容器中

❶ 选择“效果>图框精确剪裁>放置在容器中”命令。

❷ 分别将这两个图形放到“C”图形中。

12 复制对象

❶ 复制一次“C”图形，将其略微缩小，并且填充为“白色”。

❷ 单击透明度工具，对图形应用线性渐变透明效果。

技巧点拨

在CorelDRAW中有多种复制方式，这里采用的是原地复制方法，在前几步的操作中已经有用到。

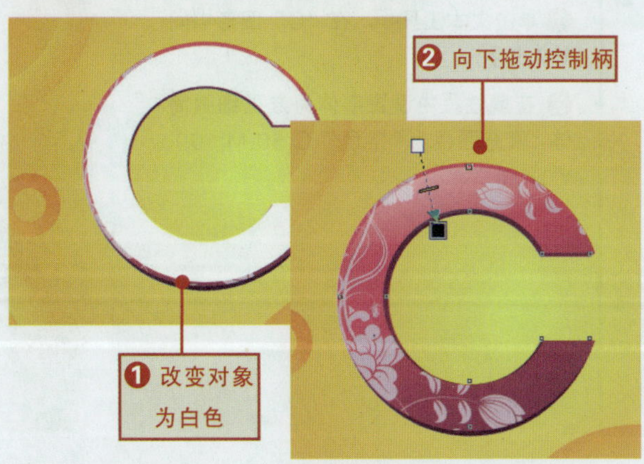

13 放置对象到容器中

❶ 再次导入鲜花图形，将其按照下一层相同的方式排列。

❷ 对鲜花图形使用“图框精确剪裁”命令，将其放置到透明“C”图形中。

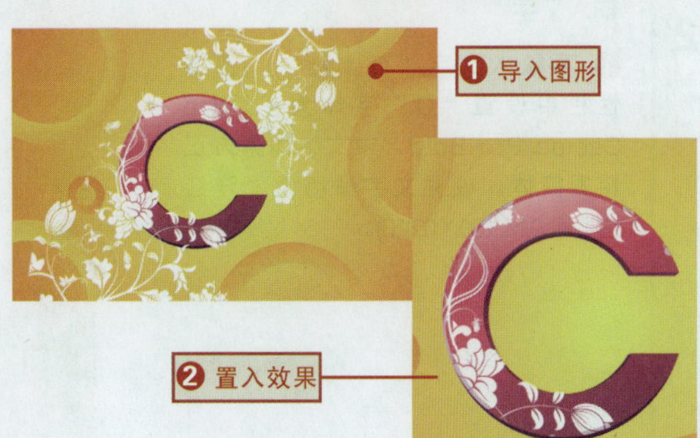

14

添加投影

❶ 单击阴影工具，将鼠标放到“C”中间。

❷ 按住鼠标向下拖动，将拖出投影效果来。

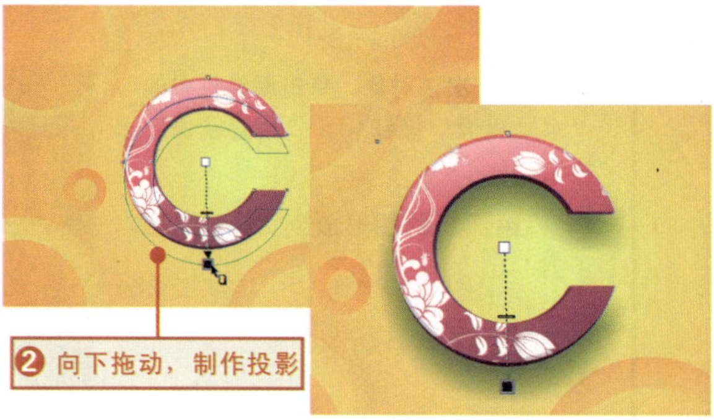

15

设置投影颜色

❶ 单击属性栏中的阴影颜色，在打开的调色板中选择“紫色”(C:20,M:80,Y:0,K:20)。

❷ 这时将得到紫色的投影效果。

添加文字

在任何一个广告设计中，文字都是不可缺少的元素。对字体，以及颜色的选择，也是设计师在做设计时就需要考虑到的。

1

输入文字

❶ 单击文本工具，在“C”图形中间输入文字。

❷ 在属性栏中设置字体为方正细圆简体，填充颜色为“紫色”(C:50,M:100,Y:0,K:0)。

2

输入文字

❶ 再输入文字“C计划”，在属性栏中设置“C”字体为Adobe Caslon Pro Bold，中文字体为方正粗圆简体。设置文字颜色为“洋红色”(C:0,M:100,Y:0,K:0)。

3 设置轮廓线

❶ 选择所有文字，按【F11】键打开“轮廓笔”对话框。

❷ 设置轮廓颜色为“黄色”，再设置其他参数。

❸ 单击“确定”按钮，得到文字描边效果。

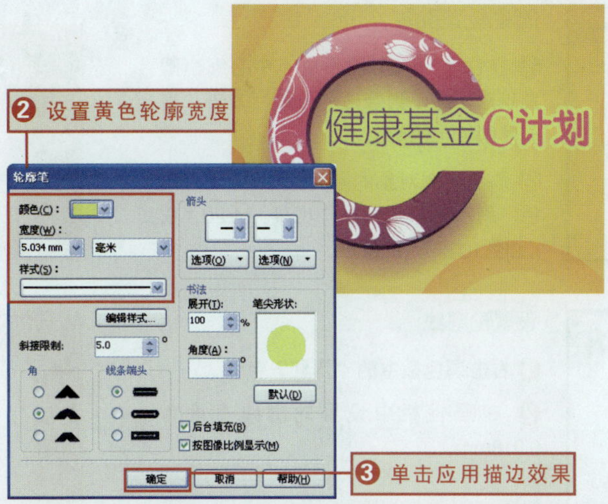

4 输入文字

❶ 单击文本工具，在文字下方再输入一行英文文字。

❷设置文字颜色为“紫色”(C:50,M:100,Y:0,K:0)。

5 绘制圆角矩形

❶ 单击矩形工具，在画面左上方绘制一个矩形。

❷在属性栏中的边角圆滑度数值框中，设置角度为35，得到圆角矩形。

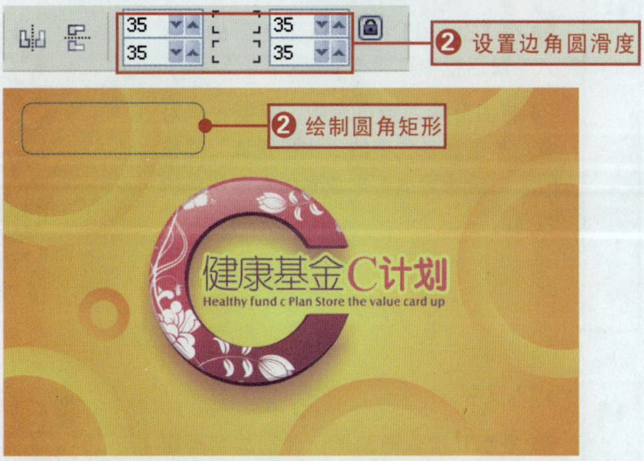

6 设置渐变颜色

❶ 单击交互式填充工具，为对象做线性渐变填充，设置渐变颜色从0%“粉紫色”(C:5,M:10,Y:0,K:0)到60%“白色”到100%“粉紫色”(C:5,M:10,Y:0,K:0)。

❷单击调色板上方的“无填充”按钮☒，去除轮廓线。

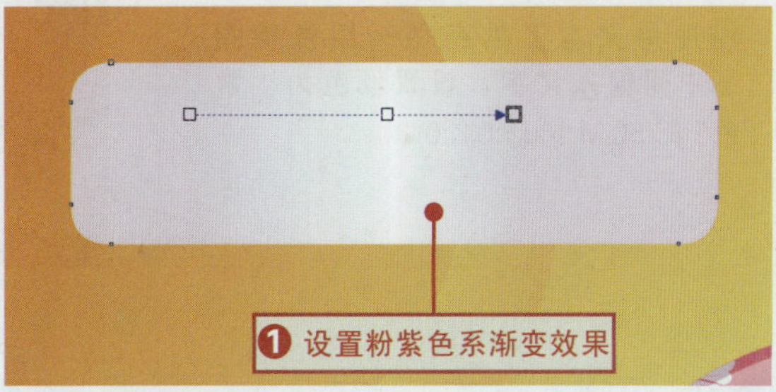

7

改变渐变颜色

❶ 按住【Shift】键不放，中心缩小圆角矩形，缩小到合适的位置后右击，得到复制缩小的图形。

❷ 改变复制对象的渐变颜色从0%“白色”到71%“淡紫色”(C:10,M:20,Y:0,K:0)到100%“白色”。

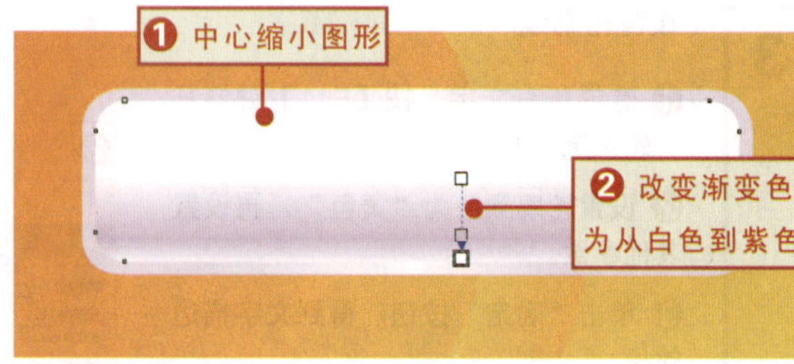

8

设置轮廓线

❶ 右击调色板中的“洋红”色块。

❷ 在属性栏中设置轮廓线宽度为0.918mm。

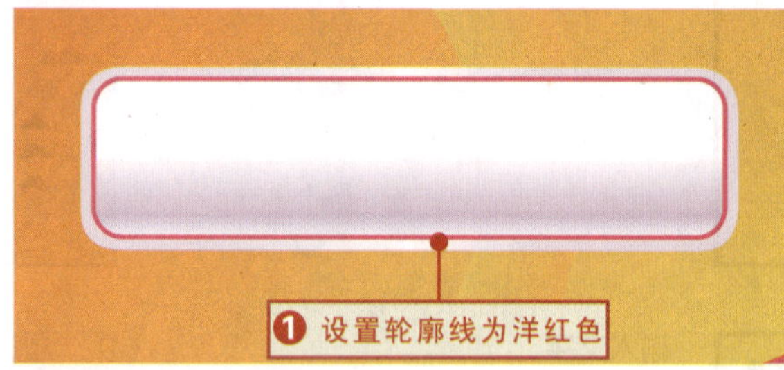

9

输入文字

❶ 使用文本工具在圆角矩形中输入一行中文字，设置字体为方正粗宋简体，颜色为“紫色”(C:50,M:100,Y:0,K:0)，并适当调整前两个字的大小。

❷ 在中文字上方再输入一行英文字，同样设置为“紫色”

10

导入图形

❶ 按【Ctrl+I】组合键，在打开的“导入”对话框中找到“麦穗.cdr”文件。

❷ 将图形导入到页面中，复制一次对象，单击属性栏中的“水平镜像”按钮，将镜像后的图形放到如右图所示的位置。

11

输入文字

❶ 复制几次麦穗图形，分别放到画面上方。

❷ 使用文本工具在每一组麦穗图形中间输入文字，设置颜色为“紫色”(C:50,M:100,Y:0,K:0)。

12 输入文字

❶ 单击文本工具，在画面右下角输入两行文字。

❷ 在属性栏中设置字体为黑体，颜色为“黑色”。

► 知识点总结——修建图形的方法

本例在操作中，运用了CorelDRAW X5中的修剪功能来为对象进行操作。另外，简化功能也与修剪功能类似，下面进行一些简单的介绍。

1. 修剪功能

修剪功能就是使用一个对象去修剪另一个对象，两个对象重叠的部分将被修剪。在工作区中绘制一个矩形和一个正圆形，选取正圆后，移动圆形的位置，使它们互相重叠。

按【Shift】键的同时单击矩形对象，使它们同时被选取。单击属性栏中的“修剪”按钮，即可对矩形进行修剪，选择正圆形，按【Delete】键将其删除，得到修剪后的图形。

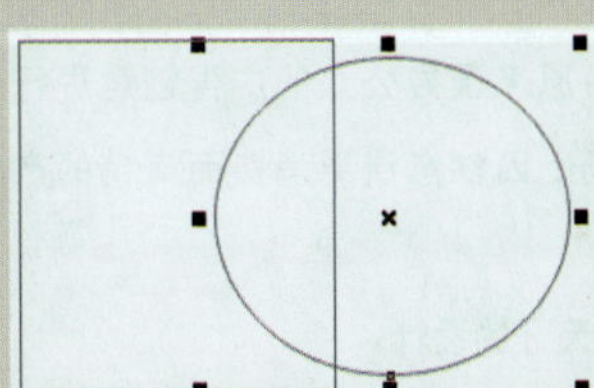
绘制图形

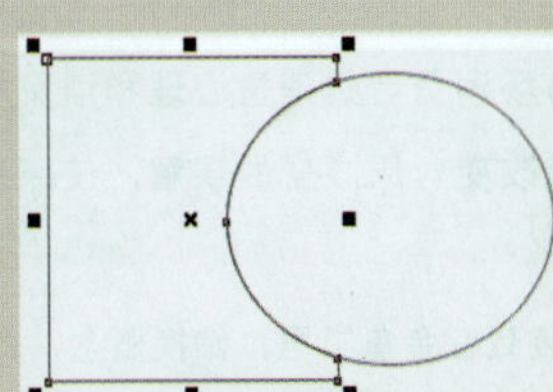
修剪对象

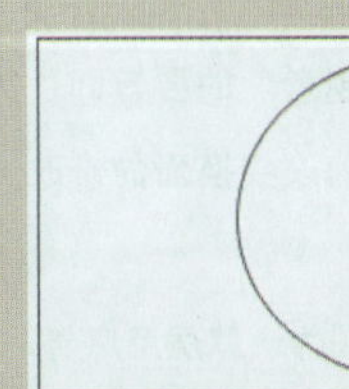
删除对象

在修剪对象时，先选取的对象将修剪后选取的对象；使用框选的方法选取多个对象时，位于最下层的对象将被上层的所有对象修剪，而位于上层的对象将保持不变。

2. 简化功能

对象的简化功能与修剪功能相似。在两个对象之间执行简化命令后，简化后的效果与执行修剪命令所产生的效果相似，但在多个对象之间执行简化命令时，除了最上层的对象保持不变外，位于下面图层的所有对象都将被修剪。

从简化后的效果可以看出，不管采用何种方式来选择对象，都是使用上一层对象来修剪下面图层对象中的重叠部分，依此类推，得到最后的简化效果。

使用矩形工具绘制三个矩形，将它们移动到互相重叠的位置，并按从上到下的顺序将矩形填充为红色色、蓝色和白色。同时选择3个矩形，单击属性栏中的“简化”按钮，对图形进行简化。分别移动3个对象后，即可看到对象简化后的效果。

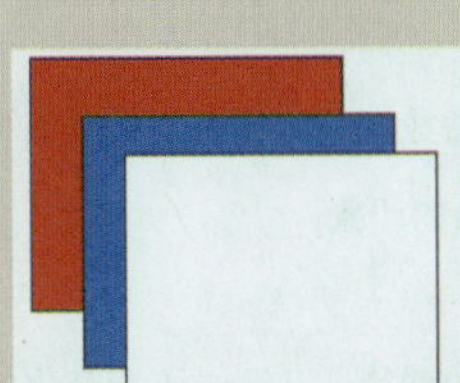
绘制矩形

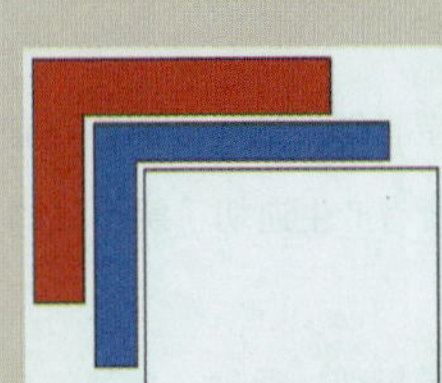
简化效果

▶ 设计理论——广告文案艺术

"创意"是当前愈演愈烈的"广告征服战"中最常见且常用常新的技法之一。企业为参与市场竞争，通过广告扩散其视觉形象设计，有意识地造出个性化的视觉效果，以便唤起尽可能多的广告对象注意。所以在广告创意上掌握一些技巧，就可以令工作事半功倍。

1. 创形法

此类广告"创意"的要旨在于：以推销企业为主，使企业形象得到良好定位。企业是其产品的决定性因素，先有企业后才有产品。企业素质高，产品品质才高；企业形象好，产品销路才好。

2. 音乐法

其"创意"的要旨即：通过精炼短小、高度概括、通俗明快、形象鲜明、个性突出、制作精致的广告音乐与画面和广告的丝丝入扣，使广告的艺术创意得到淋漓尽致的体现，从而达到其真正能具备发掘商品内涵、点缀商品特色、提高商品身价、增强商品魅力的功能，并使广大消费者一听就爱、一哼就会、一想就懂、百听不腻，在愉悦的音乐启迪中愉快地购买所需产品。

3. 包装法

其"创意"要旨在于：通过在商品包装上狠下工夫，使产品的包装精巧。然后再在精美的包装上打上企业的名称，列出其生产经营范围和详细介绍产品功能、性能及其使用方法的文字。这样，不仅会给消费者带来美感和方便，而且花钱不多，却给企业带来很大的效益，此可谓两全其美的广告创意方法。

4. 换意法

其"创意"的要旨即：为顺应市场消费者的消费心理和消费水平，将原来误导公众的广告创意进行一番无损本来面目的改头换面的修改，使公众改变对原广告的误解，使原来在市场上因创意误导消费而滞销的产品变为畅销产品。

如下图为一款房产广告，将楼盘装载在金鱼缸里，偷换概念，真是异想天开的设计。

房产广告

5. 省略法

其"创意"的要旨即：通过省略广告信息的关键之处或主要内容，制造或明或暗的悬念，从而使受众产生急切的期待心理，刺激消费者产生迫切了解产品的兴趣与欲望，并由此加深对产品的印象。

6. 系列法

其"创意"的要旨即：通过一系列的广告形式加强受众对下一项广告的期待，又通过不断变化的形式强化受众的关注热情，直到合适的时候，才适合缓解受众的期待心理。而在这整个过程中，都不会致使受众感到呆板、乏味。

Chapter 07

DM单设计

DM单能将广告信息直接传达给目标消费者，是信息传达最有效的广告形式。本章将制作三个不同领域的DM单，包括电视台的歌唱比赛DM单、企业定期的形象展示DM单、美容院的促销活动DM单。行业不同，DM单的表现形式也不同。通过这三个DM单的制作，读者可以学习DM单的设计思路、设计原则和要点，以及不同类型DM单的设计特点。在软件技法上，读者能够学习CorelDRAW X5变换图形、导入图像等功能。

19 歌唱比赛DM单

知识点： 1. 位置变换
2. 旋转变换

设计理论： 解读平面设计

20 企业形象宣传DM单

知识点： 导入素材图像

设计理论： 1. 广告策略
2. 大众传播媒介的功能和特点

21 美容院宣传DM单

知识点： 视图显示模式

设计理论： 设计中传统文化的艺术运用

理论知识：DM单设计

一、DM单概述

DM是英文Direct Mail Advertising的简称，最早的中文名字叫“直接邮送广告”。早期的DM还有许多小名，如“邮送广告”、“直邮广告”、“小报广告”等，一般认为只有通过邮局的广告才可能称为DM广告。

DM是区别于传统的广告刊载媒体，如报纸、电视、广播、因特网等的新型广告发布载体。传统广告刊载媒体贩卖的是内容，然后再把发行量二次贩卖给广告主，而DM 则是贩卖直达目标消费者广告通道。

科技产品 DM 单

二、DM单设计准则

成功的DM单设计应该具有以下四个原则：

（1）DM设计与创意要新颖别致，制作精美，内容设计上确保其有吸引力和保存价值。如古井贡在非典期间以幽默的表现手法宣传防治非典知识，就深受广大消费者的喜爱，吸引消费者争相传阅。

（2）主题口号一定要响亮，要能抓住消费者的眼球。好的标题是成功的一半，其不仅能给人耳目一新的感觉，而且还会产生较强的诱惑力，引发读者的好奇心，吸引他们不由自主地看下去，使DM广告的广告效果最大化。

（3）纸张、规格的选取大有讲究。一般画面的选铜版纸；文字信息类的选新闻纸，对于选新闻纸的一般规格要求最好是报纸的一个整版面积，至少也要半版版面；彩页类，一般不能小于B5纸，太小了不行，一些二折、三折页更不要夹，因为读者拿报纸时，很容易将他们抖掉。

（4）随报投递应根据目标消费者的接触习惯，选择合适的报纸。如针对男性的就可选择新闻和财经类报刊，如参考消息、环球时报、南风窗、中国经营报和当地的晚报等。

手机宣传 DM 单

三、DM单的优点

（1）DM不同于其他传统广告媒体，它可以有针对性地选择目标对象，做到有的放矢，减少浪费。

（2）DM是对事先选定的对象直接实施广告，容易使广告接受者产生其他传统媒体无法带来的优越感，使其更自主关注产品。

（3）一对一地直接发送，可以减少信息传递过程中的客观挥发，使广告效果达到最大化。

（4）不会引起同类产品的直接竞争，有利于中小型企业避开与大企业的正面交锋，潜心发展壮大企业。

（5）可以自主选择广告时间、区域，灵活性大，更加适应善变的市场。

（6）内容自由，形式不拘，有利于第一时间抓住消费者的眼球。

（7）信息反馈及时、直接，有利于买卖双方双向沟通。

青年聚会 DM 单

19 歌唱比赛DM单

Chapter 07	DM单设计	歌唱比赛DM单

技法表现 首先运用文字工具输入文字，转换为曲线后，使用形状工具对其进行造型编辑。为文字制作重叠效果和渐变效果。

包含知识 文字工具、形状工具、渐变填充、矩形工具等。

文件路径 Reader\Chapter07\19\complete\歌唱比赛DM单.cdr

设计分析——体现出青春活力

本案例绘制的是一个歌唱比赛DM单，在这个各种选秀活动进行得如火如荼的时代，如何才能让本次歌唱比赛在众多比赛中脱颖而出，其广告设计与宣传起到重要的推动作用。考虑到参加比赛的大多数为年轻人，所以在设计中必须体现出青春活力的主题，这也是本次比赛的主题。

在DM设计的过程中，使用渐变的橘红色为背景色调，主要为了突出比赛的激烈气氛，暖色调更能激发人们的斗志。其次，使用了一个带着耳机的女孩作为图像素材，是为了体现出具有青春活力的新时代青年，能让人在看到DM单的时候产生共鸣。而在文字上做了一些造型上的变化，更是为了能多吸引人们的注意力，达到宣传的目的。

制作流程——先制作背景，再制作主体文字

制作渐变背景

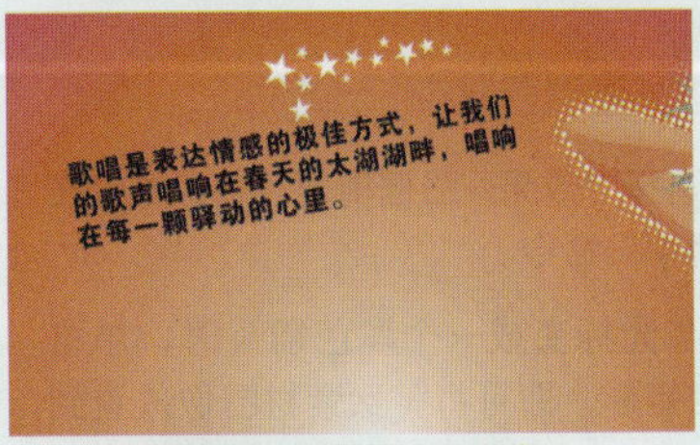

绘制五角星并输入文字

制作倾斜的文字

制作变形文字

▶ 制作步骤

制作背景效果

在本实例中运用了暖色调来设置背景效果，主要通过渐变工具来完成。然后在背景中添加素材图像和五角星，丰富画面效果。

1 绘制渐变矩形

❶ 运行CorelDRAW X5，单击矩形工具▢，在页面中按住鼠标左键拖动，绘制出一个矩形。

❷ 单击填充工具，选择渐变填充，打开“渐变填充”对话框，在其中设置渐变类型为射线，渐变颜色从“橘红色”(C:0,M:58,Y:100,K:13)到“洋红色”(C:0,M:100,Y:0,K:0) 到“橘黄色”(C:0,M:47,Y:100,K:0) 到“白色”。

❸ 单击“确定”按钮，得到矩形的渐变填充效果。然后再单击调色板上方的“无填充”图标，即可去除轮廓线。

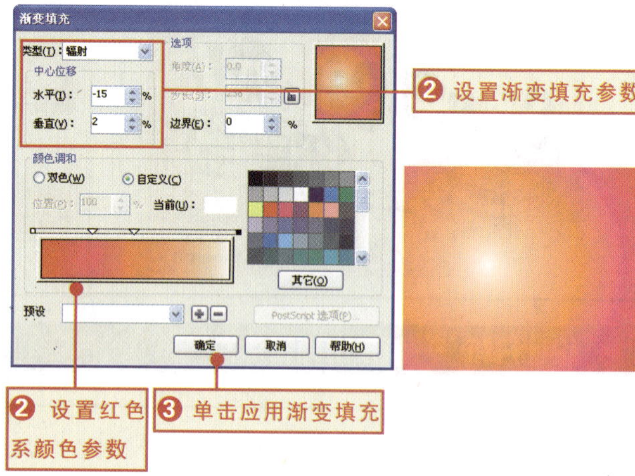

2 导入素材图像

❶ 选择“文件>导入”命令，在打开的“导入”对话框中找到“美女.psd”文件。

❷ 单击“导入”按钮，将文件导入到页面中，并将素材图像放到渐变矩形右上方。

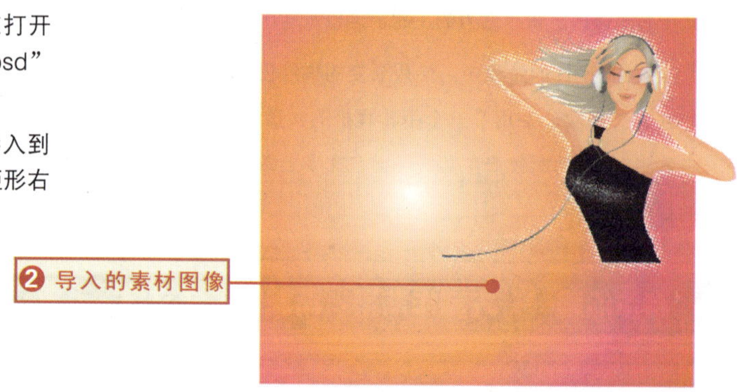

3 放置图像到容器中

❶ 选择“效果>图框精确剪裁>放置在容器中”命令。

❷ 当光标变成一个黑色箭头时，单击渐变矩形，即可将美女素材图像放置到矩形中。

技巧点拨

当使用“放置在容器中”命令后，默认情况下对象会自动居中放置，如果要取消这一功能，可以按【Ctrl+J】组合键打开“选项”对话框，选择“工作区>编辑”选项，取消“新的图框精确剪裁内容自动居中”选项即可。

4 绘制五角星

❶ 单击星形工具，按住【Ctrl】键绘制一个五角星，并填充为“白色”，然后去除轮廓线。

❷ 多次复制五角星，并适当调整角度及大小，然后将其放到渐变矩形的左上方。

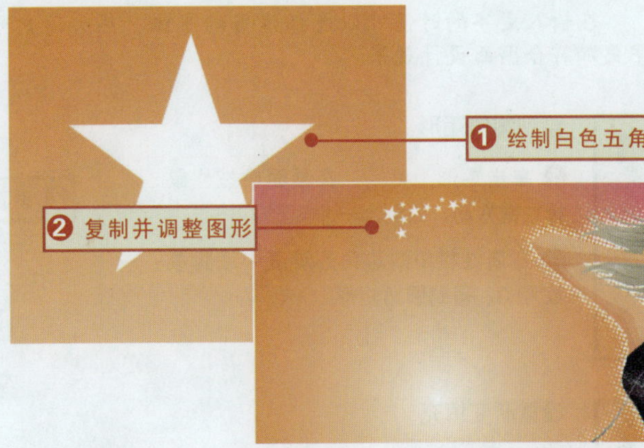

5 输入文字

❶ 单击文本工具，在五角星下方输入一段文字。

❷ 在属性栏中设置字体为黑体，填充颜色为黑色。

6 旋转文字

❶ 选择文字后，再次单击文字，然后将鼠标放到任意一角上，按住鼠标向左拖动旋转文字。

❷ 旋转到合适的位置后松开鼠标，得到文字旋转效果。

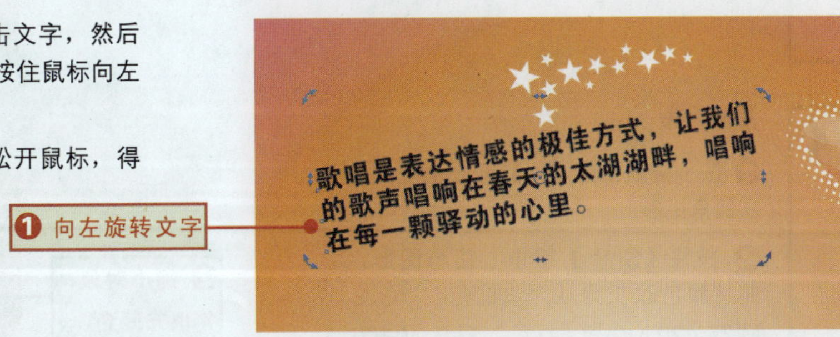

7 输入文字

❶ 单击文本工具，在画面右下方再输入两行文字。

❷ 填充文字为“黑色”，然后在属性栏中设置字体为黑体。

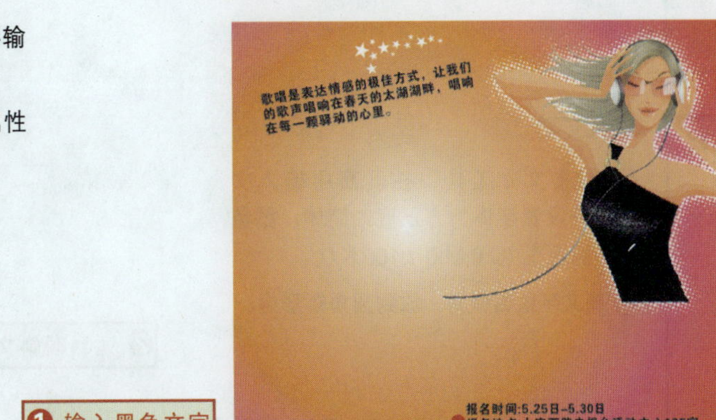

制作变形文字

在输入文字的时候可以选择适当的字体，然后用户可以根据字体来对文字做一些特殊造型，让文字更加符合画面设计效果。

1 绘制圆角矩形

❶ 单击矩形工具，在画面中按住鼠标左键拖动，绘制出一个矩形。

❷ 在属性栏中的边角圆滑度中设置参数为50，得到圆角矩形。

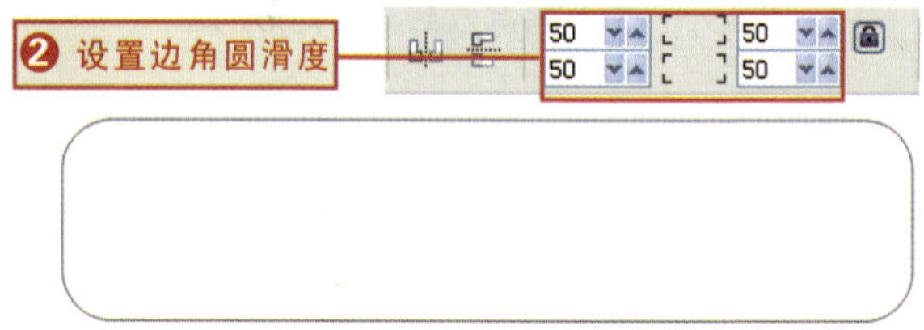

2 设置渐变填充

❶ 单击交互式填充工具，为圆角矩形做线性渐变填充。

❷ 设置渐变颜色从“洋红色”(C:0, M:100,Y:0,K:0)到“白色”。

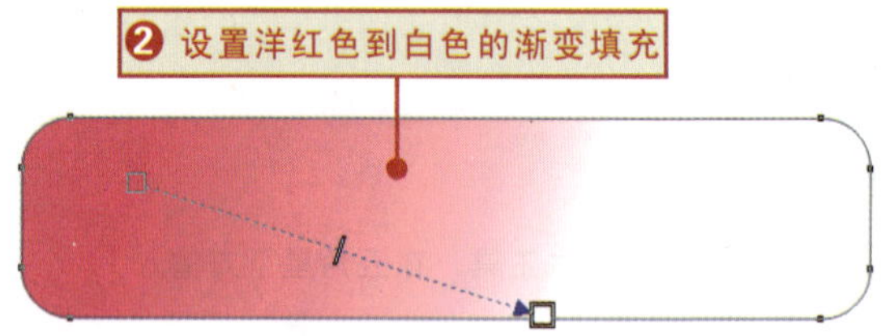

3 旋转图形

❶ 单击调色板上方的“无填充”按钮，去除轮廓线，并放到画面中。

❷ 在选择圆角矩形的情况下，再次单击对象，进入旋转状态后，将鼠标放到下方，按住鼠标向左拖动，适当倾斜对象，然后再将图形旋转。

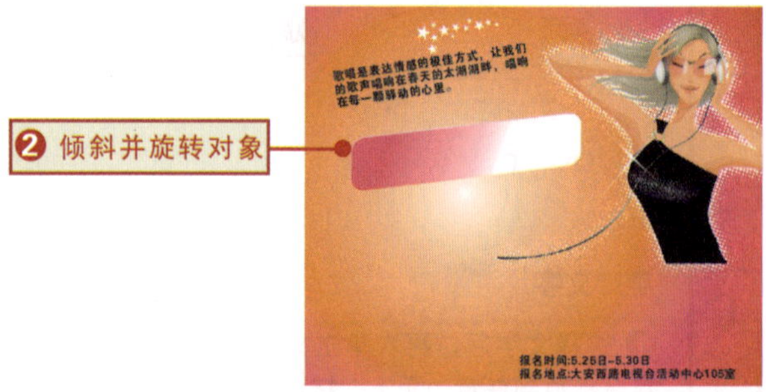

4 复制对象

❶ 按小键盘上的【+】键原地复制一次圆角矩形。

❷ 按住【Shift】键中心缩小图形，并将颜色改变为从“浅红色”(C:2, M:77,Y:20,K:0)到“红色”(C:0, M:100, Y:100,K:0)。

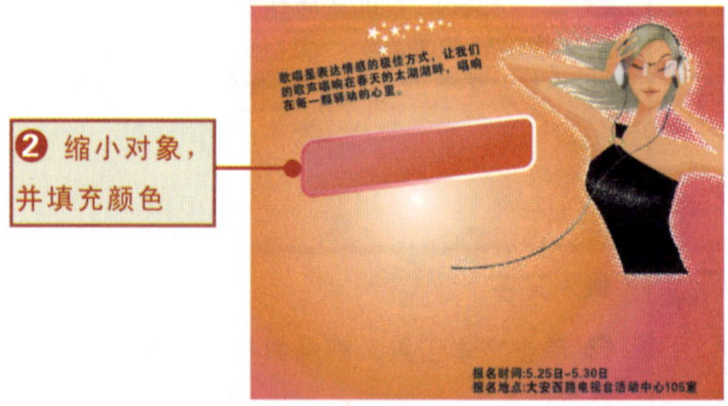

5 输入文字

❶ 单击文本工具，在画面中输入文字，并设置字体为方正琥珀简体，颜色为“黄色”(C:0,M:0,Y:100,K:0)。

❷ 将文字适当倾斜，放到圆角矩形中。

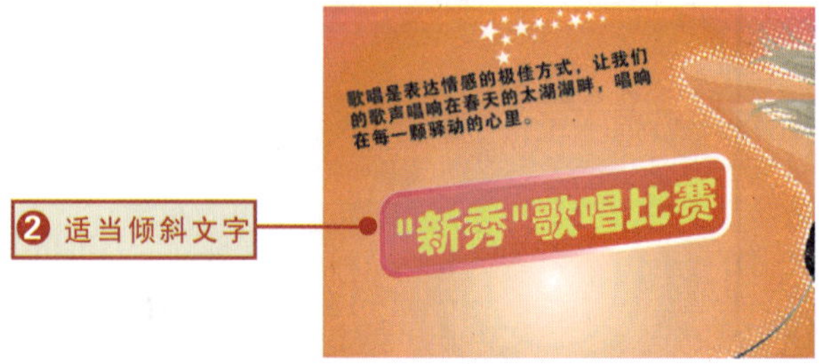

6 旋转文字

❶ 单击文本工具，在页面中输入一行英文和一行中文，并设置字体为方正大黑简体，颜色为“黑色”。

❷ 将文字放到画面中，并适当倾斜。

技巧点拨

在CorelDRAW中可以对对象做各种变换，如果做简单旋转，可以通过手动旋转来操作，如果要精确旋转对象，则需要在属性栏中的“旋转角度”文本框中设置参数。

7 编辑文字

❶ 按【Ctrl+K】组合键，打散文字，再按【Ctrl+Q】组合键，将文字转换为曲线，然后单击形状工具对文字进行造型编辑。

❷ 单击调色板中的40%黑色，改变文字颜色。

8 设置文字透明度

❶ 单击透明度工具，在属性栏中设置相应的参数。

❷ 设置好透明度参数后，得到文字透明效果。

9 调整文字颜色

❶ 原地复制一次刚刚编辑的文字，并适当向左向上移动，在选择交互式透明工具的状态下，单击属性栏中的“清除透明度”按钮，即可清除透明度。

❷ 分别调整单个文字的颜色，可根据自己的喜好设置颜色。

10

绘制图形

❶ 结合贝塞尔工具和形状工具的使用，在画面中围绕文字绘制一个不规则图形。

❷ 单击交互式填充工具，为图形做线性渐变填充，设置颜色从“黄色”（C:0, M:0,Y:100,K:0）到“白色”，然后单击调色板上方的“无填充”按钮，去除轮廓线。

❸ 按两次【Ctrl+PageDown】组合键，将图形放置到文字阴影的下方。

11

复制图形

❶ 按小键盘上的【+】键原地复制一次黄色渐变图形。

❷ 改变对象颜色为“黑色”，然后使用交互式透明工具对其应用透明效果。

❸ 按【Ctrl+PageDown】组合键，将图形放置到黄色图形的下方。

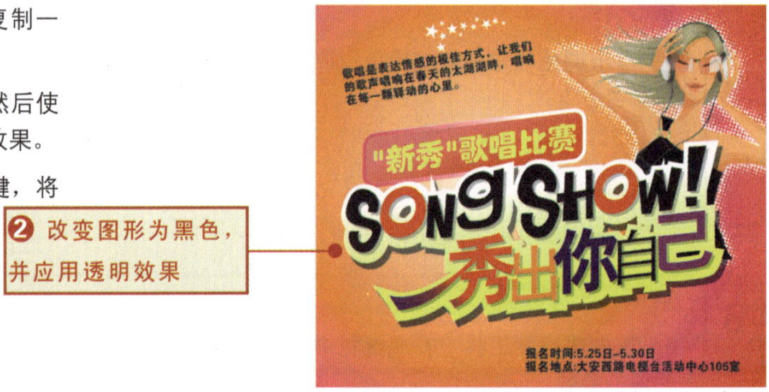

12

绘制十字图形

❶ 单击贝塞尔工具，绘制一个十字星光图形。

❷ 填充十字图形为“白色”，并去除轮廓线。

❸ 将图形放置到画面中，并复制多个对象，适当调整大小，完成本实例的制作。

► 知识点总结——变换位置和旋转的方法

在本实例的操作中，运用了多次对象的位置变换与旋转操作。

1. 位置变换

选择“排列>变换>位置”命令，工作区的右边将弹出“变换”泊坞窗，在此可以通过调整参数精确定位对象的位置。

设置了对象的水平或垂直位置参数，选择对象移动的相对位置后，单击“应用”命令，即可按参数设置移动对象；单击“应用到再制”按钮，即保留原来对象，并将设置应用到复制的对象上。此外，将对象拖动到新位置，然后微调或指定其水平和垂直位置也可以定位对象。也可以直接设置水平与垂直位置值来定位对象。

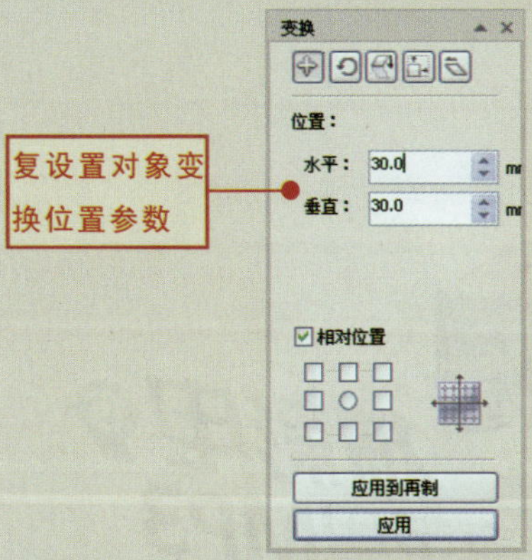

“变换”泊坞窗

图形变换位置效果

如果按微调距离来调整选定的对象，即按键盘上箭头键。按微调距离的一小部分来调整选定的对象，即按住【Ctrl】键的同时，按键盘上的箭头键。按微调距离的倍数来调整选定的对象，即按住【Shift】键的同时，按键盘上的箭头键。

2. 旋转变换

选择“排列>变换>旋转”命令，工作区右边将弹出“变换”泊坞窗。系统默认对象当前中心点为对象旋转中心。调整要更改对象的旋转角度与旋转中心的参数，单击“应用”按钮，即可按参数值旋转对象；单击“应用到再制”按钮，即保留原来对象，并将设置应用到复制的对象上。

用户也可以通过选择对象的相对中心来确定对象的旋转中心。使用挑选工具连续单击对象，控制节点变为↖形状时，移动鼠标至四周的控制节点上。鼠标变成↻状时，单击鼠标并围绕对象旋转中心旋转对象。

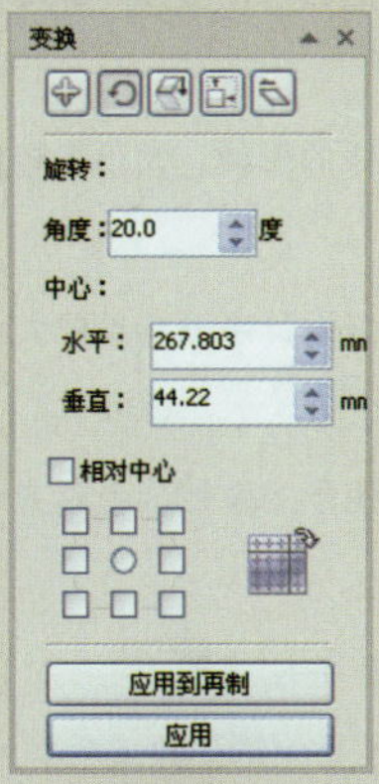

设置旋转参数

手动旋转对象

用户还可以使用选择工具移动旋转中心⊙，使对象围绕新的中心旋转。也可以按顺时针或逆时针方向旋转手柄，来旋转选定的对象。

► 设计理论——解读平面设计

当翻开一本版式明快、色彩跳跃、文字流畅、设计精美的杂志时，即使对其中的文字内容并没有什么兴趣，一些精致的广告图像也能吸引受众的目光。这就是平面设计的魅力，它能把一种概念，一种思想通过精美的构图、版式和色彩，传达给看到它的人。其实只要掌握一些平面设计的规律，灵活运用，我们也能做出美妙的画面。

平面设计是将不同的基本图形，按照一定的规则在平面上组合成图案的。主要用于在二度空间范围之内以轮廓线划分图与地之间的界限，描绘形象。而平面设计所表现的立体空间感，并非实在的三度空间，而仅仅是在图形对人的视觉引导作用下形成的幻觉空间。

下图中的化妆品广告和电信广告，无论在色彩上还是立体空间效果上，都运用的非常到位，能瞬间吸引人们的注意。

化妆品宣传广告

电信宣传 DM 单

平面设计包含以下几种术语：

❶和谐：从狭义上理解，和谐的平面设计可以使统一与对比两者之间不再乏味单调或杂乱无章。广义上理解，是在判断两种以上的要素，或部分与部分的相互关系时，各部分给我们的感觉和意识是一种整体协调的关系。

❷对比：又称对照，把质或量反差很大的两个要素成功的配列在一起，使人感觉鲜明强烈而又具有统一感，同时使主体更加鲜明，作品更加活跃。

❸对称：假定在一个图形的中央设定一条垂直线，将图形分为相等的左右两个部分，其左右两个部分的图形完全相等，这就是对称图。

❹平衡：在物理上，其所指的是重量关系，在平面设计中所指的是图像的形状、大小、轻重、色彩和材质的分布作用与视觉判断上的平衡。

❺比例：是指部分与部分，或部分与整体之间的数量关系。比例是构成设计中一切单位大小，以及各单位间编排组合的重要因素。

❻重心：画面的中心点，就是视觉的重心点，画面图像轮廓的变化，图形的聚散，色彩或明暗的分布都可对视觉中心产生影响。

❼节奏：节奏具有时间感，在构成设计上指同一要素连续重复时所产生的运动感。

❽韵律：在平面构成中，单纯的单元组合重复易于单调，而由有规律变化的形象或色群间以数比、等比处理排列，则会使之产生音乐的旋律感，这就是韵律。

► 20 企业形象宣传DM单

Chapter 07	DM单设计	企业形象宣传DM单

技法表现 运用绘图工具绘制基本图形，然后导入素材图像进行编辑。最后输入文字。

包含知识 矩形工具、椭圆形工具、形状工具、渐变填充、文字工具等。

文件路径 Reader\Chapter07\20\complete\企业形象宣传DM单.cdr

► 设计分析——严肃且不失人情味

本案例是为海关制作的一款形象宣传DM单，海关是一个特殊的单位，宣扬的是庄严、廉洁，在设计DM的时候应该保持画面不应有浮躁、轻率的感觉，同时需要制作出既体现单位性质，又能树立威信的视觉效果，对人们传达出一种严肃且不失人情味的形象特点。

这款设计在素材图像的选择上需要多花点功夫，否则将会让整个画面黯然失色。这里，我们首先使用了较为传统的设计模式，使整个画面表现出具有中国古代风韵的感觉。再通过祥云、狮子、红色的花朵等图像，为画面营造出一种庄严肃穆，但又亲切大方的企业形象，使整个设计完美的体现出企业所要求的各种效果。

► 制作流程——先构图，再添加细节

绘制矩形和月牙图形

添加素材图像

绘制其他图形

添加文字

▶ 制作步骤

绘制底层图形

对于一个成功的广告来说，底色和背景图像都是非常重要的，往往能影响画面的整体设计效果。在本案例中，使用了红色和黄色对比的效果，在设计中突出浓烈的中国味。

1 绘制矩形

❶ 运行CorelDRAW X5，单击矩形工具，在页面中按住鼠标左键拖动，绘制出一个矩形。

❷ 单击填充工具，从列表中选择“均匀填充”选项，打开“均匀填充”对话框，设置颜色为“红色”。

❸ 单击“确定”按钮，即可为矩形填充颜色。

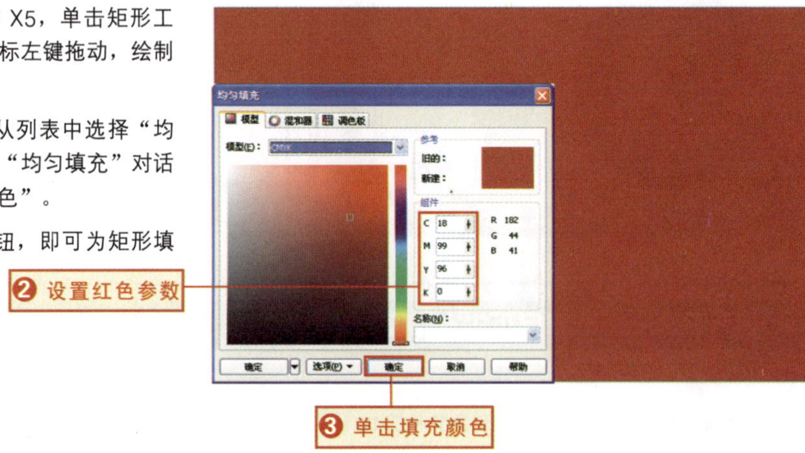

2 编辑图形

❶ 按小键盘上的【+】键原地复制一次对象。

❷ 单击形状工具，对图形右侧进行编辑，形成一个圆弧图形。

❸ 填充图形颜色为“淡黄色”(C:0, M:0,Y:10,K:0)。

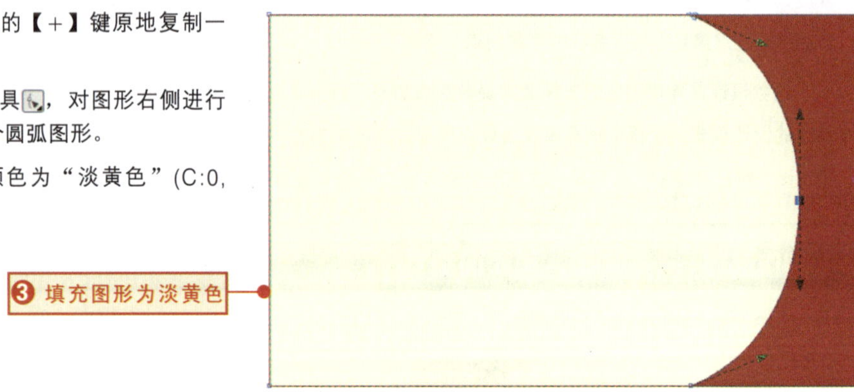

3 渐变填充对象

❶ 结合贝塞尔工具和形状工具，在淡黄色图形的右侧再绘制一个月牙图形。

❷ 单击交互式填充工具为对象做线性渐变填充，设置颜色从0%“红色”(C:0,M:100,Y:100,K:0)到54%“黄色”(C:0,M:0,Y:100,K:0)到100%“红色”(C:0,M:100,Y:100,K:0)。

❸ 单击“确定”按钮，得到图形的渐变填充。

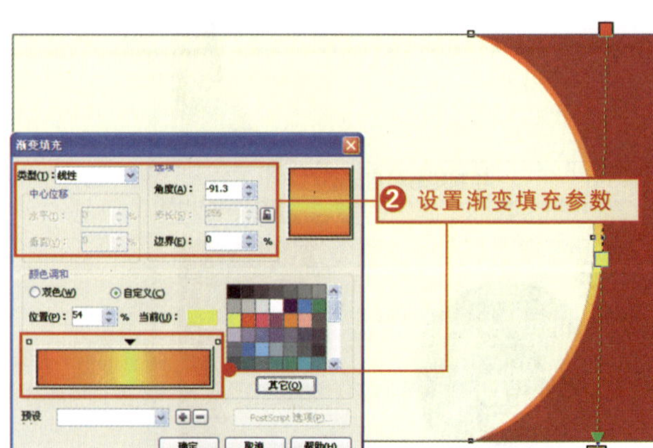

4

导入素材图像

❶ 选择“文件>导入”命令，在打开的“导入”对话框中选择“花朵1.psd”、“花朵2.psd”、“底纹.psd”。

❷ 单击“确定”按钮，分别将这三个素材图像放到画面中。

❷ 导入的素材图像

5

放置对象到容器中

❶ 单击其中一个素材图像，选择“效果>图框精确剪裁 >放置在容器中”命令。

❷ 单击淡黄色图形，即可将对象放置到容器中。

❸ 分别将其他两个图像放置到黄色图形中。

❷ 放置图像到淡黄色图形中

添加其他图形和文字

每一个广告中的素材图像都是最能体现广告特色的一个重要指标，人们通常是被添加的图像和文字所吸引，从而让人流连于某个广告。

1

导入素材图像

❶ 选择“文件>导入”命令，找到“圆环.psd”、“中国结.psd”。

❷ 将这两个图像导入到画面中，并且调整图像大小和位置。

❷ 调整素材图像大小和位置

2

绘制圆形

❶ 单击椭圆形工具，按住【Shift】键在圆环图像中绘制一个正圆形。

❷ 这里为了与圆环图像中的黑色做区别，特意将正圆形边框填充为白色。

❷ 绘制正圆形

3 导入素材图像

❶ 选择“文件>导入”命令，在打开的“导入”对话框中找到“狮子.psd”、“大楼.psd”。

❷ 单击“确定”按钮，将这两个文件导入到画面中。

❷ 导入狮子素材图像

❷ 导入大楼素材图像

技巧点拨

可以在“导入”对话框中选择文件格式，这样能快速找到所需的文件。

4 放置图像到容器中

❶ 选择刚导入的两个素材图像，分别做适当的旋转。

❷ 使用“图框精确剪裁”命令，将图像放置到圆形中。

❷ 将图像放置到圆形中

5 导入素材图像

❶ 使用“导入”命令，导入“石头.psd”文件。

❷ 将该文件放到画面底部，并适当调整图像大小。

❷ 调整素材图像大小

6 绘制图形

❶ 单击贝塞尔工具，在页面中绘制一个多边形。

❷ 单击形状工具，为图形做曲线编辑，得到一个祥云图形。

❶ 绘制多边形

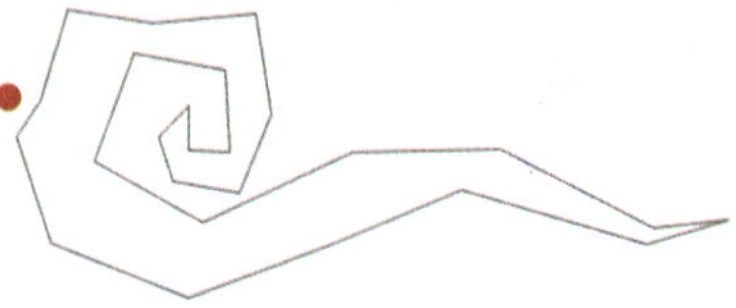

❷ 编辑成祥云图形

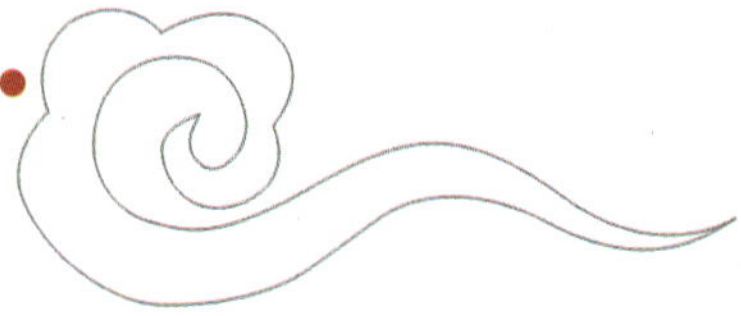

7 调整图形位置

❶ 结合贝塞尔工具和形状工具的使用，再绘制一个祥云图形，放到右面。

❷ 填充对象颜色为“土黄色”(C:0,M:1,Y:31,K:8)，去除轮廓线，然后将对象放到画面的右下方。

8 复制图形

❶ 复制一次祥云图形，适当缩小对象，并将图形放到画面的上方。

9 输入文字

❶ 单击文本工具，在画面中输入文字，并单击属性栏中的“将文本更改为垂直”按钮。

❷ 设置文字字体为宋体，颜色为“黑色”。

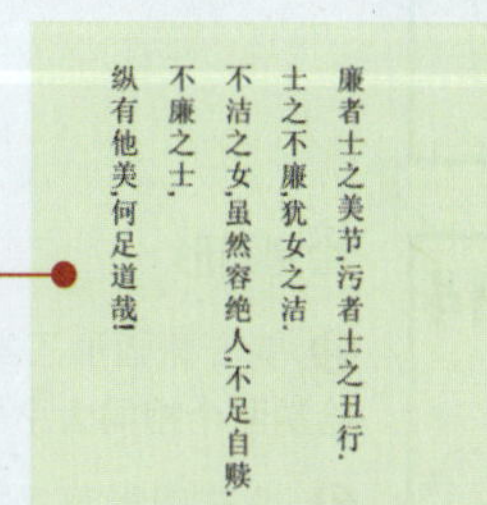

10 输入文字

❶ 在该文字右侧再输入一行文字，并设置字体为行楷。

❷ 按【Ctrl+K】组合键，打散文字，然后将第一个字放大，并调整文字位置。

11 设置投影参数

❶ 选择“廉”字，单击交互式阴影工具对其应用投影。

❷ 在属性栏中设置投影为“黑色”，然后设置其他参数，即可得到投影效果。

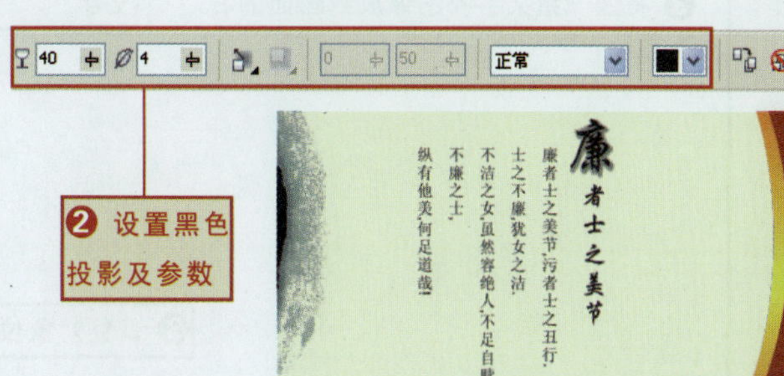

12

绘制图形

❶ 使用贝塞尔工具和形状工具，再绘制一个祥云图形。

❷ 将图形放到画面中，并填充为“土黄色”（C:0,M:1,Y:31,K:8)，再去除轮廓线。

13

导入图像

❶ 选择“文件>导入”命令，打开“文字1.psd”、“文字2.psd”文件。

❷ 适当调整文字大小，并调整文字位置。

14

绘制圆形

❶ 单击椭圆形工具，按住【Shift】键绘制两个相同大小的正圆形。

❷ 填充圆形颜色为“淡黄色”（C:0,M:0,Y:7,K:0)。

15

输入文字

❶ 单击文本工具字，在两个圆形中输入文字，并在属性栏中设置字体为方正大标简体。

❷ 在其下方再输入两行英文，并设置字体为黑体。

❸ 将这一组文字和图像放到画面的右下方。

16

输入文字

❶ 单击文本工具字，在画面最右侧的红色图形中输入几行文字。

❷ 在属性栏中设置字体为方正粗圆简体，并且设置颜色为“白色”。

► 知识点总结——“导入”命令的使用

本例运用了“导入”命令，下面详细介绍“导入”命令的使用方式。

在CorelDRAW X5中导入文件的方法有3种：选择“文件>导出”菜单命令；按【Ctrl+I】组合键；单击工具栏中的“导入”按钮。

选择“文件>导入”命令，在打开“导入”对话框中，可以选择非CorelDRAW格式的图片。

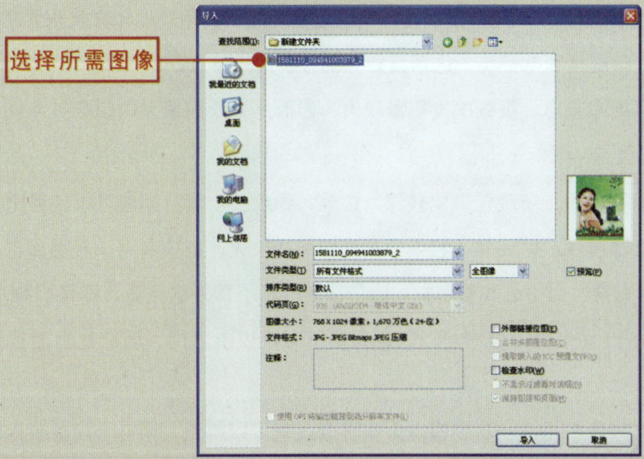

“打开”对话框

在“导入”对话框中选定需要导入的图片后，对话框会显示有关图片格式、大小等信息。当鼠标变成直角形状后，单击鼠标左键，即可导入图片。

鼠标变成直角形状

导入图片

► 设计理论——什么是广告策略

1. 什么是广告策略

广告策略是指广告策划者在广告信息传播过程中，为实现广告战略目标所采取的对策和应用的方法、手段。广告策略是广告战略的核心内容之一。广告战略是带有方向性的，而广告策略则是为实现战略目标而采取的手段和方法；广告战略是全局性的，而广告策略仅仅是一个组成部分，广告策略要服从广告战略；广告战略在一定时期内具有相对稳定性，而广告策略则具有更多的灵活性，广告策略是保证广告战略实现的基础。具体的广告活动中，广告策略的表现形式是独特的，但通常有如下5种内容的广告策略：

❶配合产品策略而采取的广告策略，即广告产品策略；

❷配合市场目标采取的广告策略，即广告市场策略；

❸配合营销时机而采取的广告策略，即广告发布时机策略；

❹配合营销区域而采取的广告策略，即广告媒体策略；

❺配合广告表现而采取的广告策略，即广告表现策略。

广告策略必须围绕广告目标，因商品、因人、因时、因地而异，同时还应符合消费心理。

2. 大众传播媒介的功能和特点

大众传播媒介主要是指报纸、杂志、广播、电视等,这些传播媒介传播信息具有速度快、范围广、影响大等特点。大众传播媒介具有5项功能，即宣传功能、新闻传播功能、舆论监督功能、实用功能和文化积累功能。

大众传播媒介主要分为两大类：印刷类和电子类。这两类媒介都有各自的特点。

印刷类大众传播媒介主要包括报纸和杂志。报纸的发行量较大，因而是受众面最大的印刷类大众传播媒介，是企业比较青睐的传播工具。报纸有如下优点：

❶信息较为详细。同电视比较而言，报纸所载信息比较深入细致、详细、全面，读者可以获得比较系统的信息。

❷信息具有可选择性。现代生活节奏快、时间紧，报纸虽刊载信息量较大，但读者可以根据自己的需要和爱好，在众多信息中选择自己有兴趣的加以阅读，而不必和看电视、听广播那样，不管喜欢与否，都得照看（听）不误。

❸信息具有可保留性。遇到好的商品信息，读者可以长期保留下来，以备索用。而电视画面虽生动，却转瞬即逝，难以在记忆中长期保留。

❹信息成本低廉。报纸价格相对较低，不必一次性投入大量资金，就可以得到。而电子设备投入较高，且需要特别接收设备，而且计算机还需要一定的操作技术。

下图为一家食品店的宣传DM单。

食品店 DM 宣传单

21 美容院宣传DM单

Chapter 07	DM单设计	美容院宣传DM单

技法表现 运用绘图工具绘制出背景中的心形对象，然后渐变填充图形。再绘制出大拇指造型，并在其中输入文字，做层叠编辑。

包含知识 贝塞尔工具、形状工具、渐变填充、“导入”命令、文字工具等。

文件路径 Reader\Chapter07\21\complete\美容院宣传DM单.cdr

设计分析——突出促销主题

本案例是为一家美容院制作的DM宣传单，在本DM单中重点不是突出美容的效果，而是要突出本次活动的主题，所以不需要使用什么美女或者自然的图像元素，只需在文字宣传上多下工夫即可。

在制作案例时，使用了满天星的方式，并在背景图形中绘制出心形造型和星光图形，然后重点绘制了一个大拇指手势的造型，并且在该图形中添加文字，让主体更加突出，同时翘起的大拇指也非常吸引人的注意，最后在图像中添加了一些人物剪影，与美容院相呼应。

制作流程——先绘制图案，再添加文字

绘制背景图像

绘制大拇指图形

导入素材图形

输入文字

整体效果

▶ 制作步骤

绘制背景图像

本案例的背景颜色以橘红色为主，在图像中绘制了多个心形对象作为点缀，并且还添加了星光图形，让画面充满浪漫的感觉。

1 绘制渐变矩形

❶ 运行CorelDRAW X5，单击矩形工具，在页面中绘制一个矩形。

❷ 单击填充工具，选择渐变填充，打开“渐变填充”对话框，设置渐变类型为线性，颜色从0%“黄色”(C:0,M:17,Y:100,K:0)到14%“橘红色”(C:0,M:58,Y:100,K:13)到26%“紫红色”(C:0,M:100,Y:100,K:26)到57%“红色”(C:0,M:88,Y:50,K:13)到100%“粉色”(C:0,M:75,Y:0,K:0)。

❸ 单击“确定”按钮，得到渐变填充效果。

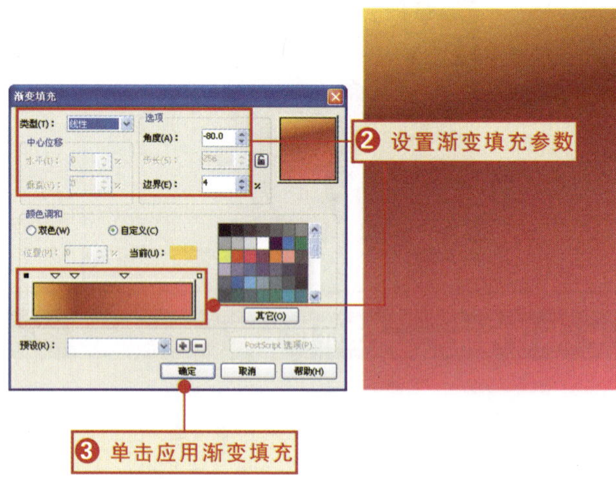

2 编辑图形

❶ 单击贝塞尔工具，在页面中绘制一个多边形。

❷ 单击形状工具，选择多边形后，框选所有节点，并单击属性栏中的“转换直线为曲线”按钮。

❸ 对图形的每一条直线段进行编辑，制作成一个心形的造型。

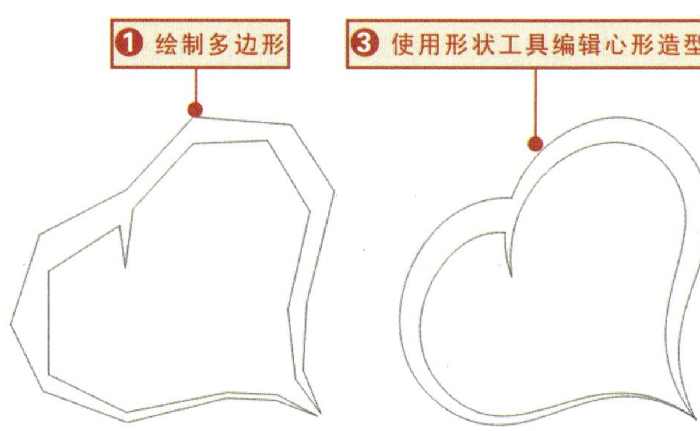

3 填充图形颜色

❶ 按【Shift+F11】组合键，打开“均匀填充”对话框，设置颜色为“橘黄色”（C:0,M:47,Y:100,K:0）。

❷ 单击“确定”按钮，得到图形填充效果。

❸ 右击调色板上方的“无填充”按钮，去除图形轮廓线。

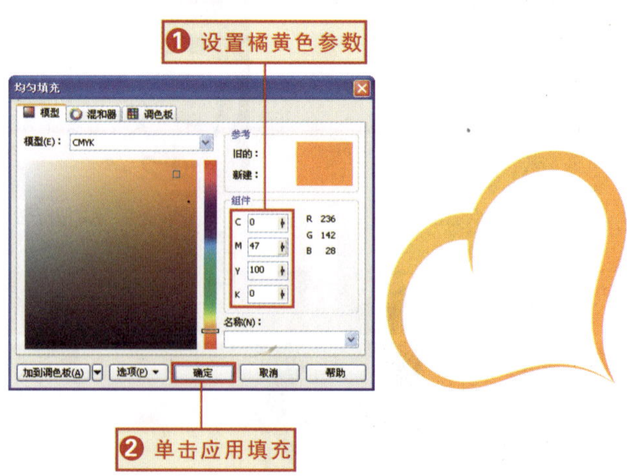

4

多次复制对象

❶ 将绘制好的心形图形放到渐变矩形中。

❷ 复制多次对象，并适当调整对象大小，再旋转对象，并参照右图所示的方式排列图形。

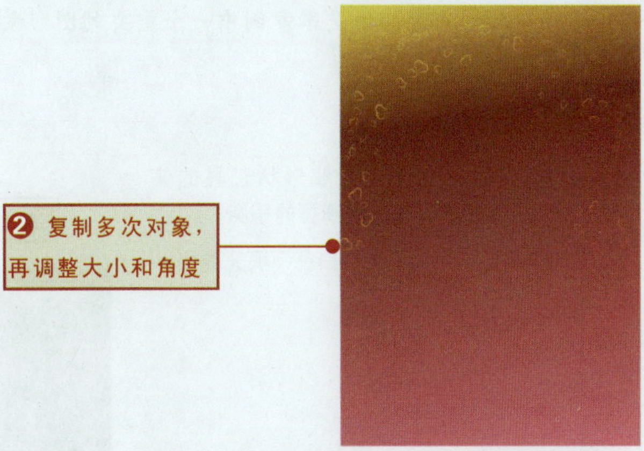

5

绘制椭圆形

❶ 单击椭圆形工具，按住鼠标左键拖动，在画面中绘制一个椭圆形。

❷ 按【Ctrl+Q】组合键，将其转换为曲线，使用形状工具进行编辑。

❸ 将图形填充为“白色”，然后去除轮廓线

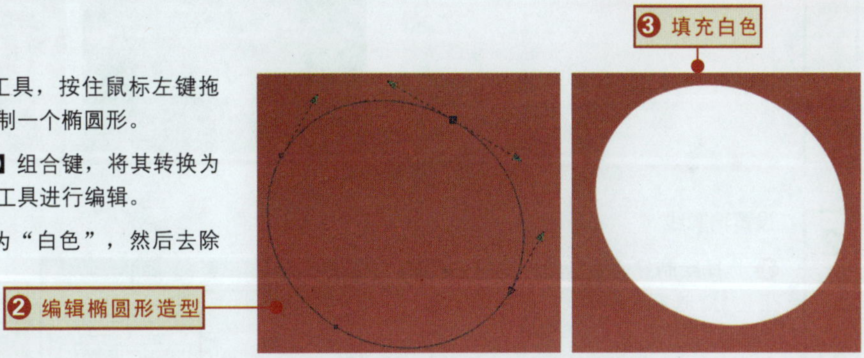

6

应用透明效果

❶ 单击透明度工具，选择椭圆形，在属性栏中设置透明类型为射线，再设置其他参数。

❷设置好参数后，椭圆形得到透明效果。

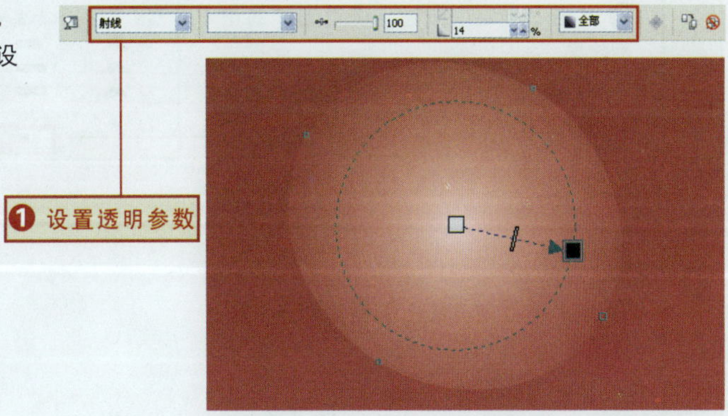

7

复制多个对象

❶ 复制多个透明椭圆形，分别调整不同的大小。

❷ 参照右图所示的方式，在红色渐变矩形下方排列这些透明椭圆形。

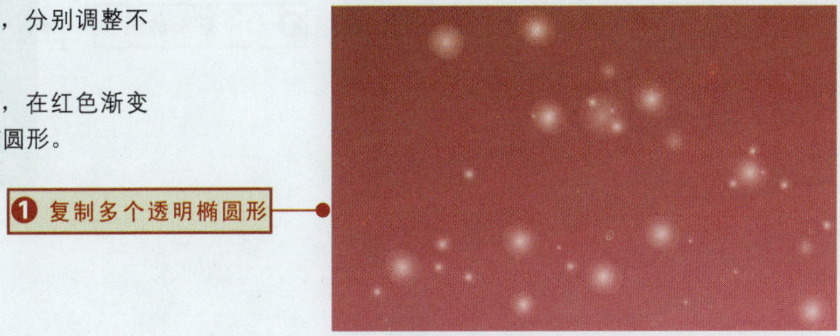

绘制手势标语

下面绘制的手势标语是本案例中一个重要的图形素材，主要是想通过它表现出本次活动的主题，并且带给人一种视觉冲击力。

1 绘制图形

❶ 结合贝塞尔工具和形状工具的使用，编辑出一个翘大拇指的手势。

❷ 单击调色板中的“白色”填充颜色。

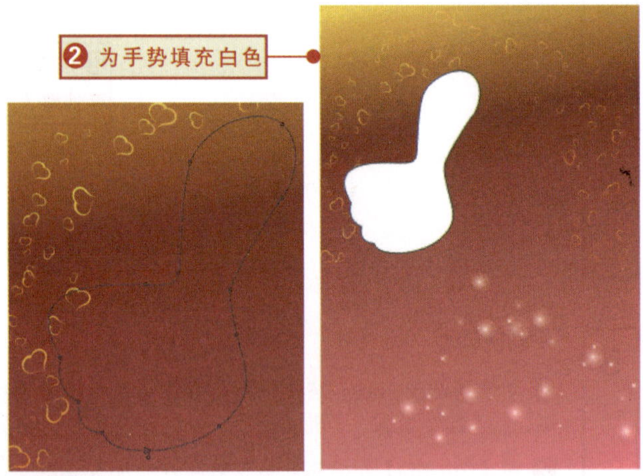

2 设置轮廓线

❶ 选择绘制好的手势图形，单击轮廓工具，选择轮廓笔，打开“轮廓笔”对话框。

❷ 设置轮廓笔颜色为“黑色”，轮廓宽度为2.0mm。

❸ 单击“确定”按钮，得到图形的轮廓效果。

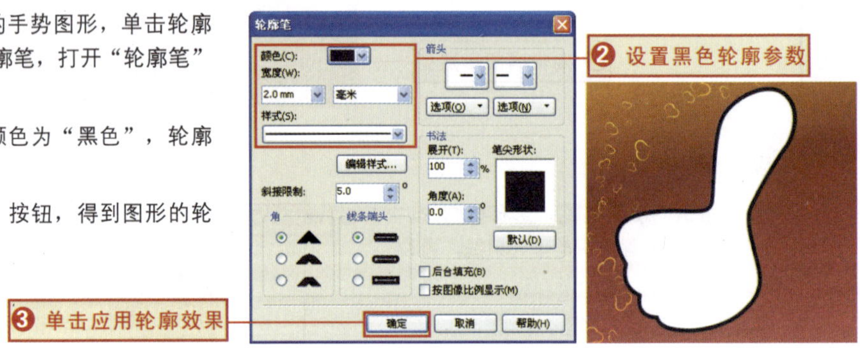

3 复制对象

❶ 按小键盘中的【+】键复制一次手势图形。

❷ 适当缩小对象，并调整位置，改变颜色为“粉红色”(C:3,M:11,Y:2,K:0)。

❸ 右击调色板上方的“无填充”按钮去除轮廓线。

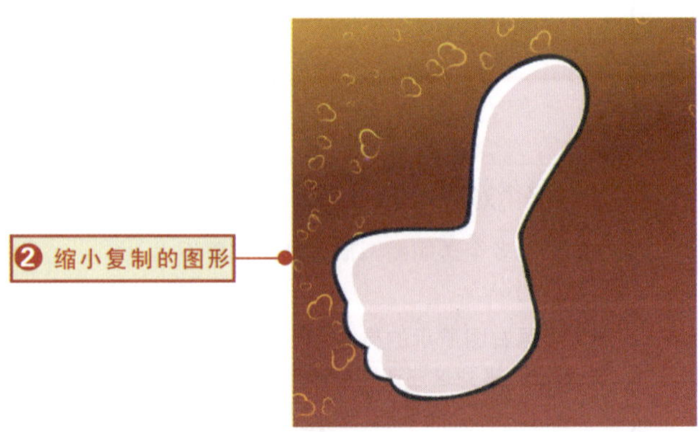

4 绘制曲线

❶ 再次结合贝塞尔工具和形状工具的使用，编辑出大拇指手势中的黑色曲线。

❷ 打开“轮廓笔”对话框，设置轮廓颜色为黑色，宽度为2.0mm。

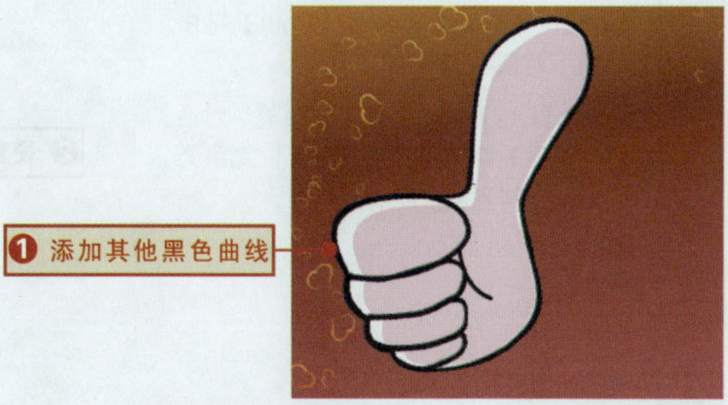

5 绘制图形

❶ 在手势图形周围绘制一个背景图形。

❷ 选择“排列>顺序>向后一层”命令，将图形调整到手势图形的后一层，并且填充为白色，再去除轮廓线。

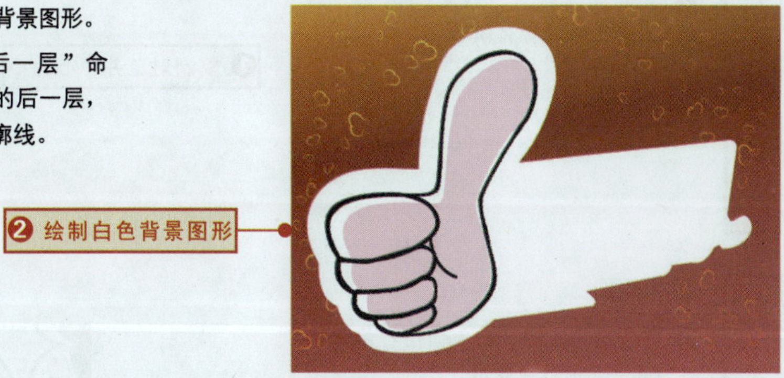

6 复制对象

❶ 复制一次白色图形，中心缩小后，改变为“水红色”(C:0,M:77,Y:0,K:0)。

❷ 使用形状工具对图形的右下角进行适当的调整，得到如右图所示的形状。

7 绘制菱形

❶ 单击贝塞尔工具，在大拇指顶上绘制一个菱形。

❷ 使用形状工具调整造型，然后填充为“白色”，并去除轮廓线。

技巧点拨

如果要绘制很规整的菱形，可以先通过矩形工具绘制出矩形，然后旋转45°即可得到菱形。

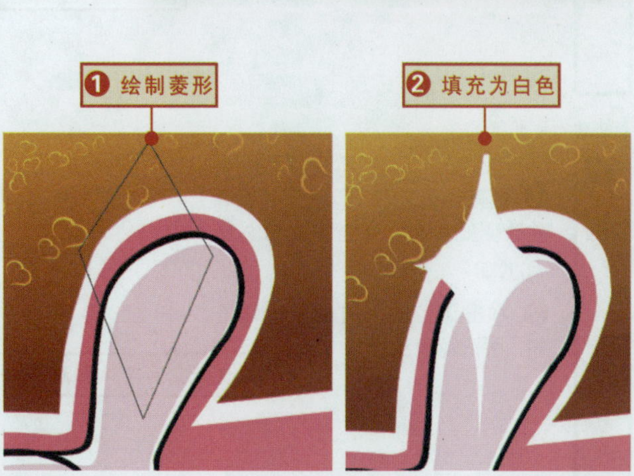

8

添加轮廓线

❶ 复制一次菱形，按住【Shift】键中心缩小对象。

❷ 按【F12】键，打开“轮廓笔”对话框，设置轮廓颜色为“黑色”，宽度为2.0mm，得到图形轮廓线效果。

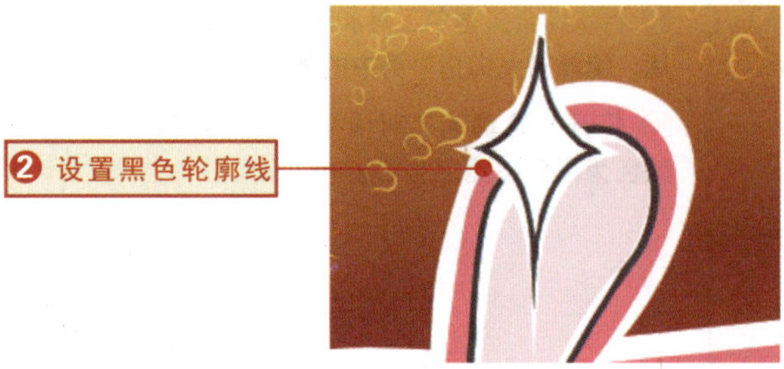

9

复制对象

❶ 再复制一次菱形并中心缩小对象。

❷ 去除轮廓线后，改变颜色为“灰色”(C:13,M:9,Y:7,K:0)。

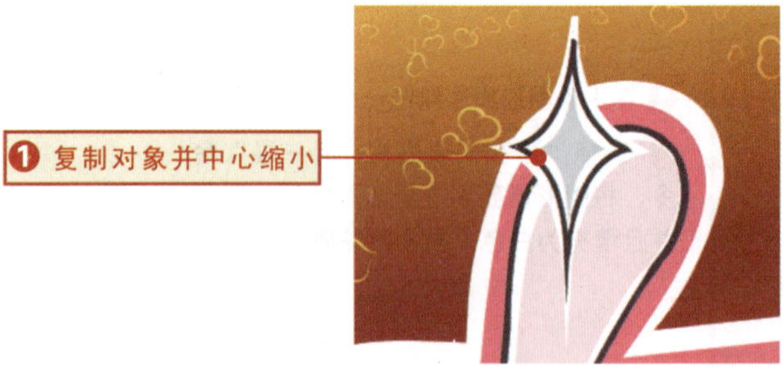

10

输入文字

❶ 单击文本工具，在大拇指右侧输入一行文字，并适当倾斜。

❷ 在属性栏中设置文字字体为黑体，填充颜色为“黑色”。

11

添加轮廓线

❶按【F12】键，打开“轮廓笔”对话框。

❷ 设置轮廓颜色为“白色”，轮廓宽度为2.822mm。

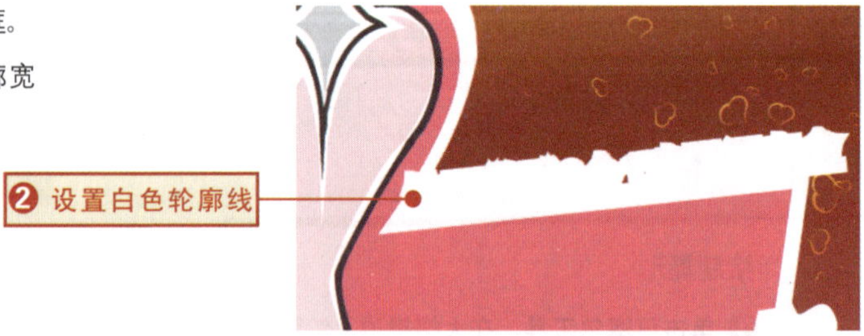

12

改变文字属性

❶ 复制一次文字，改变字体为宋体，并改变颜色为“洋红色”(C:0,M:100,Y:0,K:0)。

❷ 右击调色板上方的“无填充”按钮，去除轮廓线。

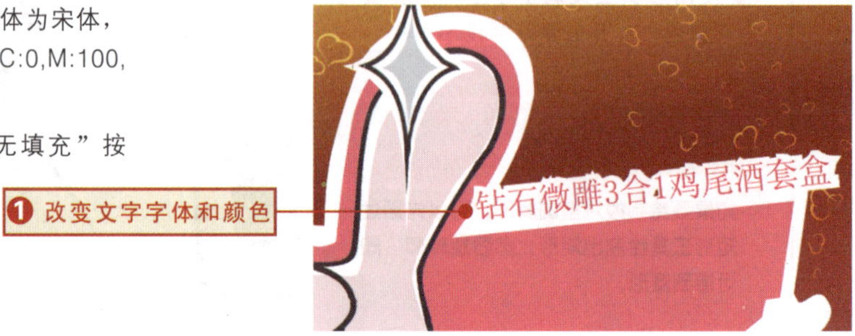

13

输入文字

❶ 单击文本工具[字]，在大拇指右侧输入文字，并适当倾斜、旋转文字。

❷ 在属性栏中设置字体为黑体，填充颜色为“黄色”(C:0,M:0,Y:100,K:0)。

14

设置轮廓属性

❶按【F12】键，打开“轮廓笔”对话框。

❷ 设置轮廓颜色为“白色”，轮廓宽度为3.528mm。

❸ 单击“确定”按钮，得到文字轮廓效果，可以看到白色轮廓线已经将文字掩盖了起来。

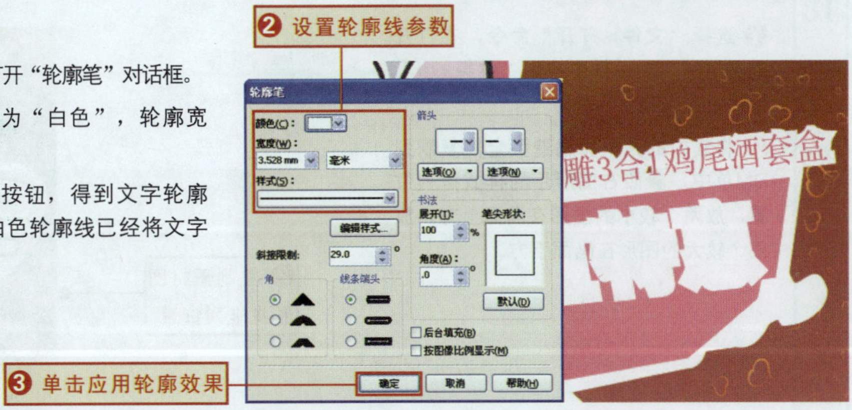

15

编辑轮廓属性

❶ 原地复制一次文字，打开“轮廓笔”对话框。

❷ 设置轮廓颜色为“黑色”，轮廓宽度为2.117mm，并勾选“后台填充”复选框。

❸ 单击“确定”按钮，得到文字轮廓效果。

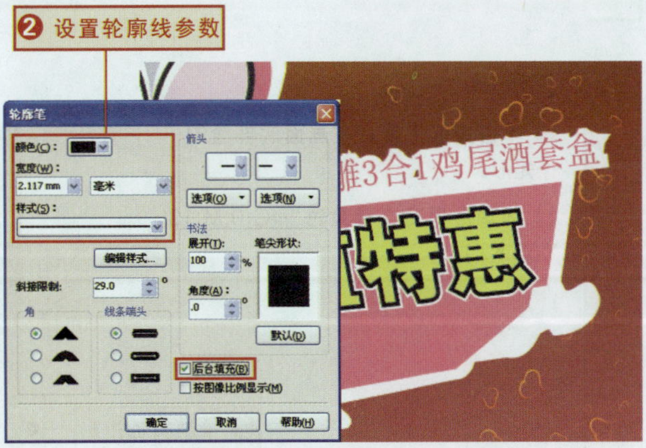

16

绘制图形

❶ 选择贝塞尔工具[工具图标]，在文字下方绘制一个多边形。

❷ 单击调色板中的白色，为其填充颜色，然后再去除轮廓线。

17 输入文字

❶ 使用文本工具在多边形中输入一行文字。

❷ 填充文字为“黑色”，设置字体为方正小标宋体，然后适当倾斜和旋转文字。

❸ 单击贝塞尔工具，在白色底图的右侧绘制几个四边形，并填充为“绿色”。

18 打开素材图形

❶ 选择“文件>打开”命令，在打开的“打开”对话框中找到“跳舞.cdr”文件。

❷ 将其中的几个舞蹈造型全部复制到DM单中，参照右图所示的样式排列位置，放两个较小的图形在画面上方，放四个较大的图形在画面下方。

19 绘制矩形

❶ 单击矩形工具，在画面底部绘制一个矩形。

❷ 为矩形填充“橘黄色”(C:0,M:13, Y:63, K:0)。

20 绘制圆角矩形

❶ 在橘黄色矩形中再绘制一个较小的白色矩形。

❷ 在属性栏中设置白色矩形的四个角的边角圆滑度为30。

21 打开素材图形

❶ 选择“文件>打开”命令，在“打开”对话框中找到“标志.cdr”文件。

❷ 将文件复制到DM单中，放到白色圆角矩形左侧。

22 输入文字

❶ 单击文本工具，在标志右侧输入企业名称等信息，并填充为“绿色”（C:90, M:30,Y:90,K:17）。

❷ 在圆角矩形右侧再输入一行中文和一行英文，填充为“黑色”。

23 打开素材文件

❶ 选择“文件>打开”命令，在打开的“打开”对话框中找到“蝴蝶.cdr”文件。

❷ 将该文件复制到DM单中，放到白色圆角矩形上方。

24 输入文字

❶ 选择文字工具，在画面中输入两行文字。

❷ 分别设置文字字体为宋体和黑体，宋体的颜色为“红色”(C:0,M:100, Y:100, K:13)，黑体的颜色为“洋红色”(C:0, M:77,Y:0,K:0)。

25 设置轮廓线

❶ 按【F12】键，打开“轮廓笔”对话框。

❷ 分别设置宋体文字的轮廓线为“黄色”(C:0,M:0,Y:100,K:0)，宽度为1.764mm；设置黑体文字的轮廓线为“白色”，宽度为1.058mm。至此，完成本实例的制作。

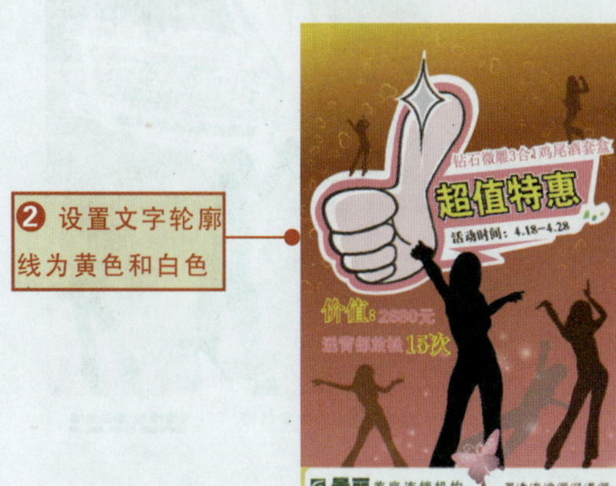

► 知识点总结——显示模式的转换

在CorelDRAW中，视图的显示模式包括简单线框、线框、草稿、正常和增强5种，显示模式只改变图形显示的速度，对打印结果没有影响。

1. 简单线框模式

矢量图形只显示外框线；所有变形对象（渐变、立体化、轮廓效果）只显示原始图像的外框；位图显示为灰度图。

2. 线框模式

与简单线框显示模式类似，显示立体模型、轮廓线和中间调和形状；位图显示为单色。

3. 草稿模式

图形以低分辨率显示；花纹填色、材质填色和PostScript图案填色等均以一种基本图案显示；滤镜效果以普通色块显示；渐层填色以单色显示。

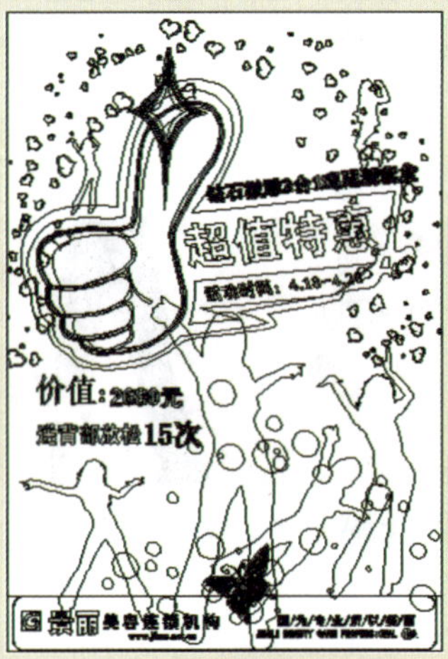

简单线框模式

草稿模式

4. 正常模式

位图以高分辨率显示，其他图形均正常显示。其刷新和打开速度比增强视图稍快。

5. 增强模式

系统以高分辨率显示图形对象，并使图形尽可能的平滑，但会耗用大量内存和时间；拖动直线形成椭圆形。

正常模式

增强模式

► 设计理论——设计中的传统文化艺术运用

中国传统平面设计艺术源远流长，发展到今天已有几千年的历史。早在文字诞生之前，远古的手工艺人就开始使用图形来传达思想与沟通感情，新石器时代的彩陶纹与刻绘在崖壁上的岩石刻等不仅记载下了他们对自然的理解，同时也成为人类最早的图形艺术。

中国传统设计元素是东方文化的一处独特景观和宝贵财富，它题材广泛、内涵丰富、形式多样、流传久远，是其他艺术形式难以替代的，在世界艺术之林中，它那独特的东方文化魅力正熠熠生辉。当然，继承并不意味着拘泥，在设计中单纯地奉行“拿来主义”，并不能推陈出新，这需要在对传统艺术表现方式的理解基础上，对传统的元素加以改造、提炼和运用，使其更富有时代的特色。

如下图为中国传统的龙图腾，这种图案可以运用到具有中国特色的广告中。

传统图案

中国传统艺术强调运用空白，把它当有画的部位，同样费尽心思去考虑。为什么要留下一些空白呢？这好比戏剧、电影中人物的潜台词，如果把话都说尽了，没留下一点潜台词，就叫做平铺直叙。画面上展现一片空间，我们会感到画家的思想在这段空间里驰骋，这在米氏的云山画中是常见的手法，一片白云横在山腰，山随云活。强调变化中的均衡，这既符合科学上相对的原理，也符合艺术上形式美的规律。这种统一的、生动的、有韵律和节奏的审美感觉，在我国的招贴画中，动与静，疏与密，多样统一，宾主呼应，虚实相生，纵横曲直，黑白对比，重叠交错等传统构图法则中也屡见不鲜。此外，远古的铜器纹样、画像石、金石篆刻，特别是中国画，巧妙的运用白底，可谓颇具匠心。民间剪纸和兰花布粗犷豪放的黑白关系，明代木刻插图的疏密聚散都可以在现代招贴艺术的构图中得到印证。

如下图所示的具有水墨效果的画面。

水墨图画

读书笔记

NOTEPAPER

Chapter 08

画册设计

和DM单比较，企业或产品画册对设计和制作的要求更高。如果说标志是代表企业或产品形象的视觉符号，那么画册则是企业或产品形象更加丰富的展示。本章将制作三个不同画册，包括房地产画册、皮蛋商品画册、电子产品画册。行业不同，画册的表现形式也不同。通过这三种画册的制作，读者可以学习画册的设计思路、设计原则和要点，以及不同类型画册的设计特点。在软件技法上，读者能够学习运用CorelDRAW X5制作特殊效果和立体效果的方法。

22 房地产画册设计

知识点： 添加透视点

设计理论： 画册设计一般常识

23 皮蛋画册设计

知识点： 图框精确剪裁

设计理论： 画册排版艺术原理

24 电子产品画册设计

知识点： 交互式填充工具

设计理论： 画册完稿印刷前须知

理论知识：画册设计

画册设计基础知识

画册设计的灵魂在于准确地勾勒出中心点，并用艺术的手法巧妙的表现出来，才能使作品在众多的竞争者中脱颖而出。

如何准确地把握这个中心点，就需要设计公司不仅具备非常专业的设计水准，更要有丰富的营销策划经验，才能将文案和画面巧妙地结合在一起，完美地展现企业和产品的形象和特色。

1．企业画册设计的分类

画册设计按照目的不同，大致分为企业形象画册设计、企业产品画册设计。

企业形象画册的设计通常要体现企业的企业精神、企业文化、企业发展定位、企业性质等。其重点是以形象为住，产品为辅。因此需首先确定创意定位，设计风格及行业定位等，再通过版面设计、图片选取、摄影等手段来塑造企业的整体形象。

企业产品画册的设计重点要体现产品的功能、特性、用途、服务等，通常从企业的行业定位和产品的特点出发，来确定产品的风格定位，或简洁、大方、厚重、时尚等。

2．画册的其他名称

画册根据当地的人文、习惯、文化、用途等的不同，它的叫法也略有所不同。大致如画册、样本、宣传册、产品说明书、宣传单、招商手册、楼书等。

3．企业为什么需要做画册

当今社会，竞争日趋加强，企业为增强企业市场竞争力，巩固品牌实力，都会运用不同的形式来扩大公司的对外宣传，画册就是最重要的表现形式之一。

画册的优点在于：能够最直接地把企业及产品信息反映给消费者，进而提高品牌地位，达到销售目的。

画册可以说是企业对外交流的窗口，一本好的画册设计能体现企业的规模、性质、产品特点等，给消费者留下视觉美感，让人过目不忘。

4．画册企业设计时常见的问题

有的企业在做画册时，并不考虑应该怎么去做，只是按照市场上流通的画册，进行模仿、照搬、草草了事，这样不但不能提供企业形象，反而会带来负面影响。

设计画册时，首先应该从企业自身的特点出发，确定画册结构、目录、风格、开本等；其次根据以上确定的风格，进行画册表现形式、摄影、版面布置、色调等的设计。

有的企业为了省钱，会减少开本页数，或用质地较差的纸张，或压缩工艺，这些做法是不可取的，最终会出现画册版面拥挤、没档次、单薄等情况，使企业的品牌地位下降。

国外画册设计

画册展开效果

玉器艺术画册

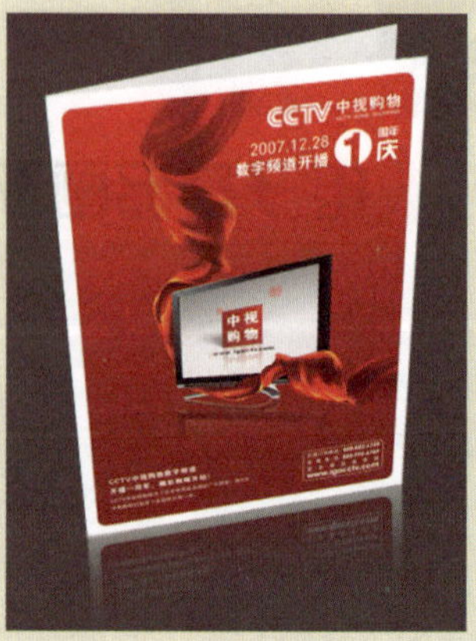

购物画册

► 22 房地产画册设计

Chapter 08	画册设计	房地产画册设计

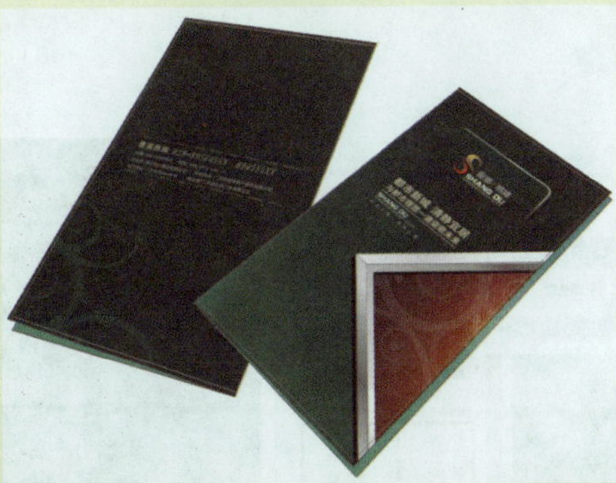

技法表现 运用填充工具和交互式渐变填充工具制作出画册的整体颜色，然后再使用矩形工具绘制出画册中的主要图形，最后输入文字进行编辑。

包含知识 渐变工具、填充工具、文字工具、矩形工具、“放置在容器中”命令等。

文件路径 Reader\Chapter08\22\complete\房地产画册设计.cdr

► 设计分析——第一时间吸引目光

本案例是一个房地产画册设计，制作了正反两面的效果图。现在楼市的火爆，促使房地产开发商开始追求广告宣传方式的多样化，制作画册就是一种方便消费者保存信息的方式。该楼盘属于生活住宅，追求一种温馨、自然的感觉，所以在画册的封面设计中，需要表现出一种让人一看就身心愉悦的感觉，第一时间吸引住人们的目光。

在画册的设计过程中，首先采用绿色，体现出大自然的感觉。然后再将一个橘红色的菱形置入到画面中，在颜色上造成一种对比，并且还可以丰富画面效果。最后对文字进行编辑，得到多层次、多颜色的文字效果。

► 制作流程——先制作设计稿，再制作效果图

绘制背面图形

绘制橘红色图形

制作文字

制作透视效果

▶ 制作步骤

绘制画册背面

画册的制作分为封面、封底和内页，有些画册内容较多的，可以达到十多页。但无论多少，画册封面、封底的设计都是最为重要的。

1 绘制渐变矩形

❶ 运行CorelDRAW X5，单击矩形工具▢，在页面中按住鼠标左键拖动，绘制出一个矩形。

❷ 单击填充工具，从列表中选择“均匀填充”选项，打开“均匀填充”对话框，设置矩形颜色为“墨绿色”（C:90,M:60,Y:65,K:50）。

❸ 单击“确定”按钮，得到墨绿色矩形。

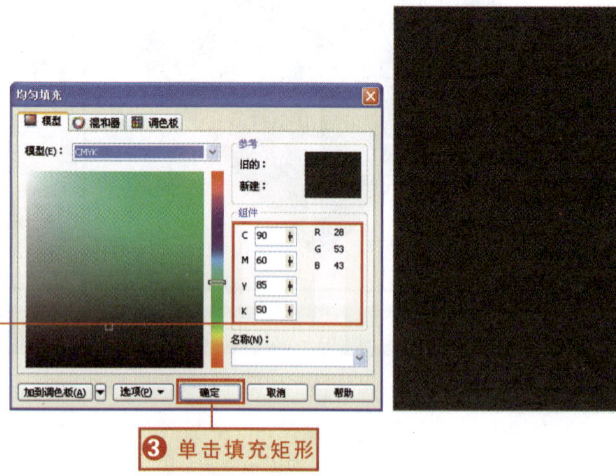

2 水平复制对象

❶ 单击矩形，将鼠标放到左侧中间的黑色方块上。

❷ 按住【Ctrl】键的同时向右拖动鼠标左键，在不松开左键的情况下右击，得到水平复制图形。

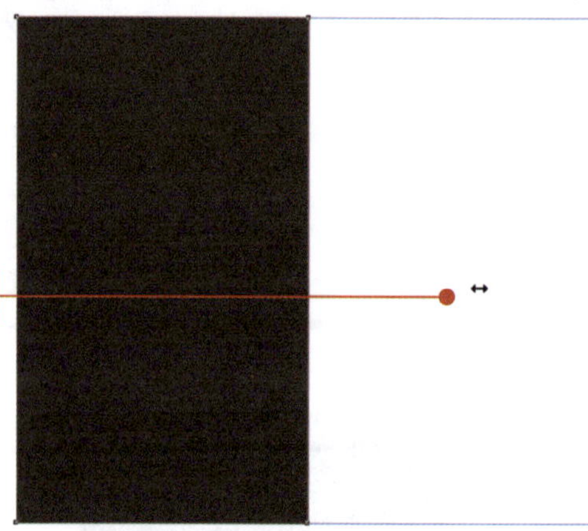

3 渐变填充图形

❶ 选择右边的矩形，按【F11】键打开“渐变填充”对话框。

❷ 设置渐变类型为线性，渐变颜色从“绿色”(C:96,M:25,Y:94,K:25)到“墨绿色”(C:90,M:60,Y:65,K:50)。

❸ 单击“确定”按钮，得到渐变色矩形。

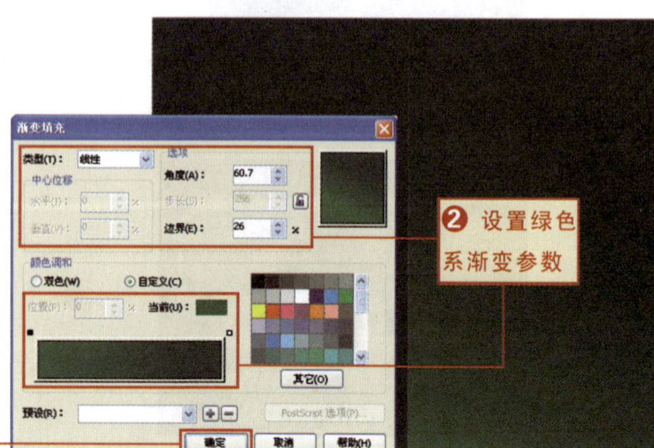

4

绘制花纹图形

❶ 单击贝塞尔工具，绘制一个多边形。

❷ 单击形状工具，选择每一条线段进行编辑，得到一个螺旋状花纹图形。

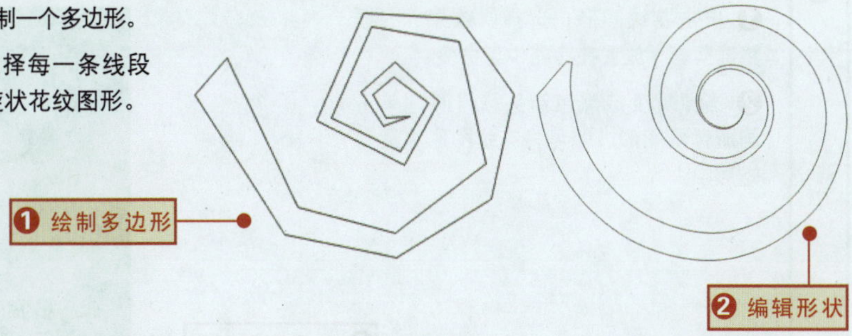

5

编辑图形填充颜色

❶ 结合贝塞尔工具和形状工具的使用，绘制多个螺旋状花纹图形。

❷ 单击椭圆形工具，在花纹图形中绘制5个大小不同的正圆形。

❸ 单击调色板中的“绿色”填充颜色，再去除轮廓线。

6

调整花纹图形位置

❶ 选择花纹图形和圆形，按【Ctrl+G】组合键群组对象。

❷ 将群组后的花纹图形放到画册背面图形的左下角。

❸ 这里复制一个花纹图形放在旁边，在下面设计画册正面时还将用到该图形。

7

设置图形透明度

❶ 单击透明度工具，然后单击花纹图形。

❷ 在属性栏中设置透明度类型为标准，透明度为76，得到图形透明效果。

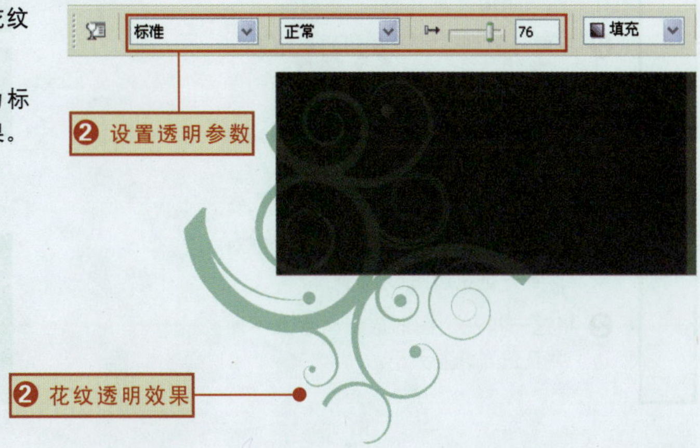

8

放置图形到容器中

❶ 单击花纹图形，选择“效果>图框精确剪裁>放置在容器中”命令。

❷ 当鼠标变成黑色箭头符号时，单击画册背景图形，即可将花纹图形放置到矩形中。

❷ 放置到矩形中

9

输入文字

❶ 单击文本工具[字]，在画册背面矩形中间输入一行文字。

❷ 设置文字颜色为“土黄色”(C:11, M:18,Y:40,K:0)，中文字体为方正大黑简体，数字字体为方正大标宋体，并适当倾斜数字。

❷ 输入土黄色文字

10

输入其他文字

❶ 在“贵宾热线”下方再输入三行文字。

❷ 设置文字颜色为“白色”，字体为黑体，然后分别调整文字大小。

❶ 输入文字

❷ 设置文字大小及颜色

11

导入花边图形

❶ 选择“文件>导入”命令，打开“导入”对话框，选择“花纹.cdr”文件导入到画册背面中。

❷ 将鼠标放到该图形左侧的黑色方块上，按住【Ctrl】键向右拖动图形，得到水平复制图形。

❷ 向右拖动，水平复制对象

12

复制花边图形

❶ 按【Ctrl+R】组合键，重复复制对象，得到一排花边图形。

❷ 将这一排花边图形放到文字上下两边，并且适当调整大小。

❶ 重复复制，得到一排花边图形

13 画册背面效果

❶ 按【F4】键显示所有图像，可以看到画册背面已经绘制完成。

❶ 显示所有对象

技巧点拨

在CorelDRAW中可以通过快捷键对图形进行缩放。按【F3】键可以缩小图形，按【Shift+F4】组合键可以显示页面，按【F4】键可以显示全部对象。

绘制橘色菱形

能吸引人们目光的设计才能算是成功的设计。在画册封面中绘制具有强烈对比的图案，不仅能吸引人们的目光，而且能促使人们翻阅画册。

1 绘制矩形

❶ 单击矩形工具▢，按住【Ctrl】键绘制一个正方形，并填充为黑色。

❷ 在属性栏中设置旋转角度为135，然后按【Enter】键得到一个菱形。

❷ 设置旋转参数

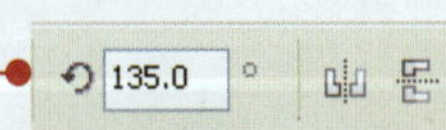

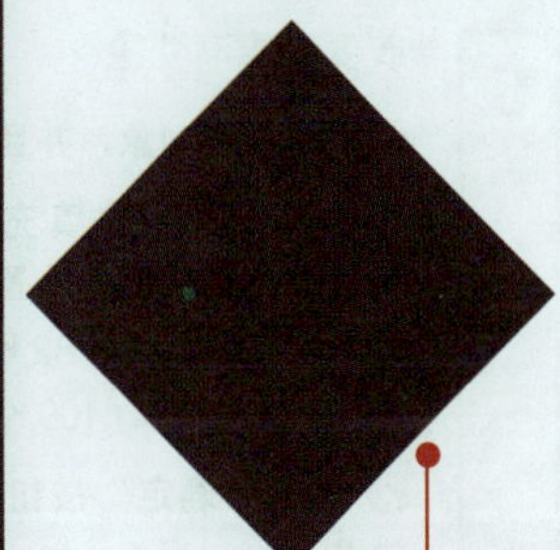

❷ 得到菱形效果

技巧点拨

任何图形都可以设置旋转角度，用户可以手动旋转图形，也可以设置参数对图形做精确的旋转设置。

2 设置渐变颜色

❶ 按【+】键原地复制一次菱形，然后按住【Shift】键，中心缩小图形。

❷ 单击交互式填充工具，打开“渐变填充”对话框为对象做线性渐变填充，设置颜色为10%黑色、11%黑色、50%黑色、10%黑色、100%白色。

❸ 单击“确定”按钮，得到图形填充效果。

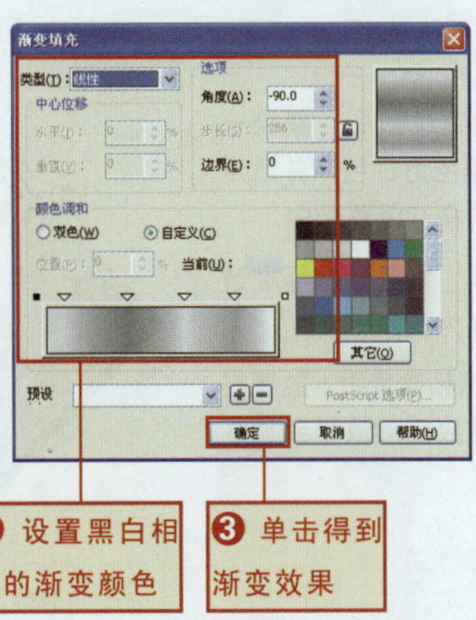

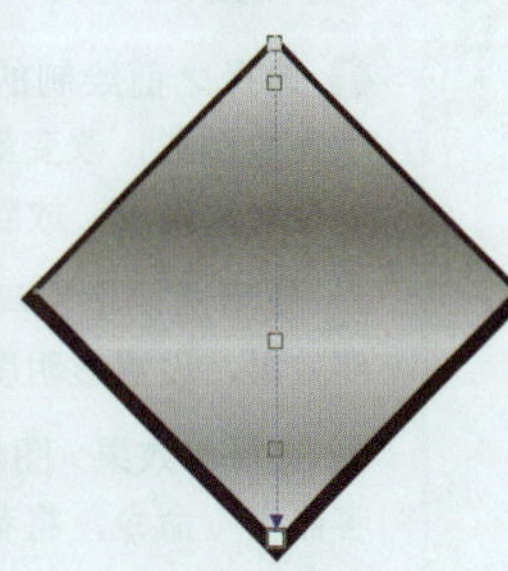

❷ 设置黑白相间的渐变颜色

❸ 单击得到渐变效果

3

复制并移动对象

❶ 复制一次渐变对象，将渐变颜色设置为100%白色、27%黑色、70%黑色、35%黑色、100%白色、70%黑色。

❷ 略微缩小并向上移动对象，然后设置颜色。

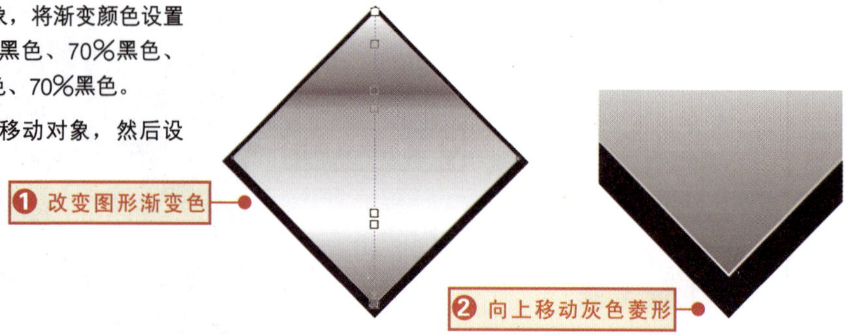

4

复制对象

❶ 再复制一次对象，按住【Shift】键中心缩小图形。

❷ 改变图形颜色为黑色。

5

改变对象渐变色

❶ 再次复制对象，并且中心缩小图形。

❷ 使用交互式填充工具为对象做射线渐变填充，设置颜色从“深红色”(C:76,M:85,Y:82,K:54)到62%“红色”(C:0,M:100,Y:100,K:0)到“白色”。

❸ 单击“确定”按钮，得到渐变填充效果。

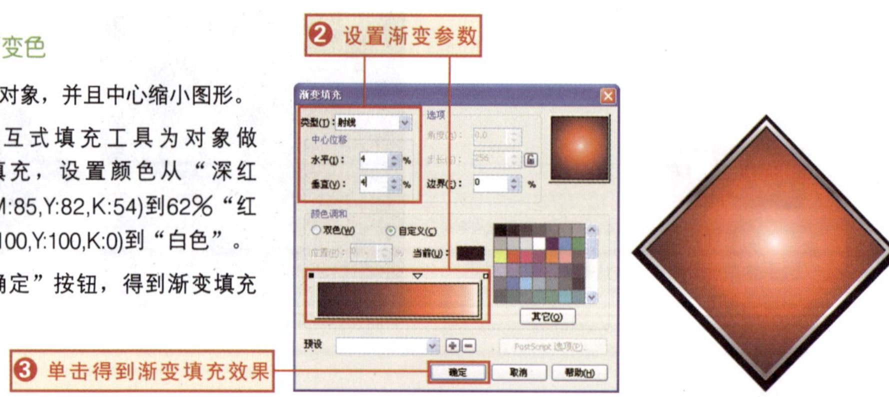

6

设置对象透明度

❶ 选择之前绘制的花纹图形，复制一次花纹图形，改变颜色为白色，并适当调整对象角度，放到橘红色菱形中。

❷ 使用透明度工具为图形做标准透明效果，设置透明度为85。

❸ 选择“效果>图框精确剪裁>放置在容器中”命令，将花纹图形放置到橘红色菱形中。

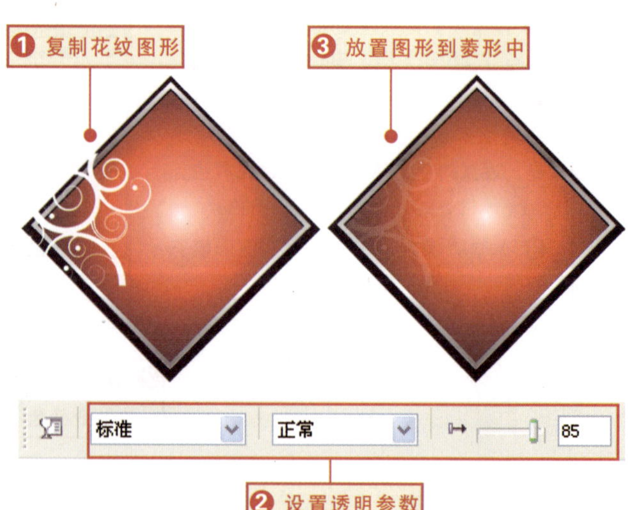

7

设置渐变色

❶ 单击钢笔工具，在菱形左侧绘制一个边框。

❷ 为对象做线性渐变填充，设置其颜色与第一个灰白渐变菱形一样。

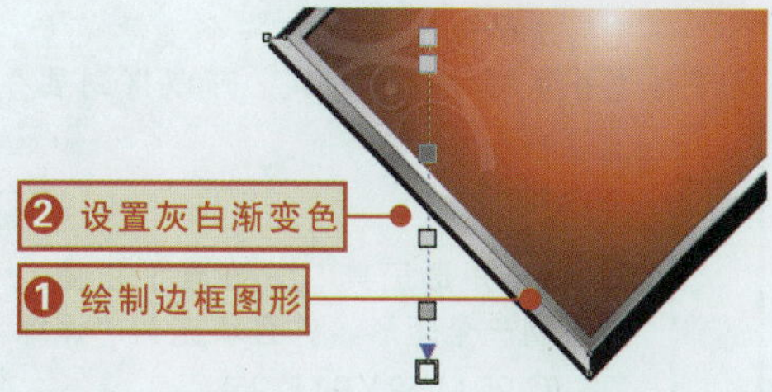

8

绘制其他三侧

❶ 在菱形另外三个边都绘制一个相同的图形。

❷ 使用交互式渐变工具为对象做灰色线性渐变填充。

❸ 选择所有菱形中的对象，按【Ctrl+G】组合键，群组对象。

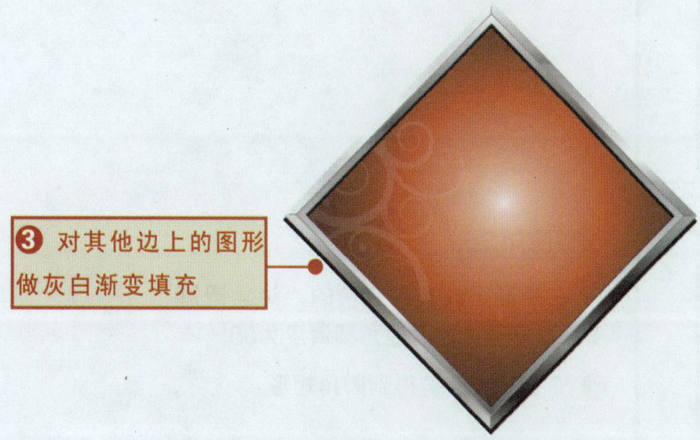

9

设置透明填充

❶ 回到画面正面图形中，原地复制一次正面矩形，将其改变为“白色”。

❷ 单击透明度工具为图形做线性渐变填充。

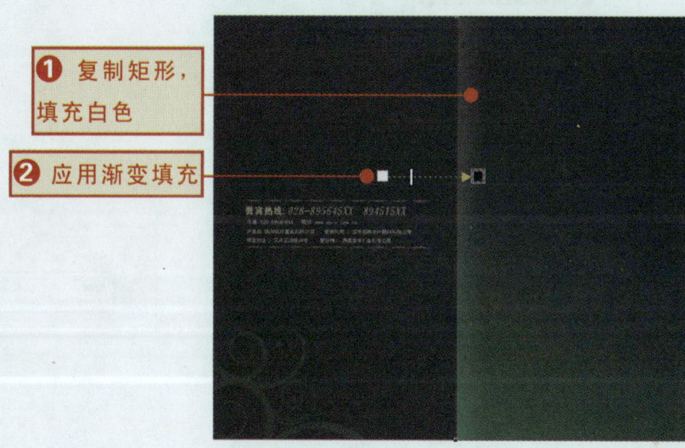

10

放置图形到容器中

❶ 选择“效果>图框精确剪裁>放置在容器中”命令，将橘色菱形放置到透明矩形中。

❷ 单击透明度工具为图形做线性渐变填充。

添加正面图案

一般画册的封面都会有一个主要元素，就是产品名称。在这里就表现为楼盘名称的设计，运用对文字描边并复制的操作方式，可以得到层叠的文字效果。

1 绘制矩形

❶ 单击矩形工具，在画册正面上方绘制一个矩形，并且填充为“深绿色”(C:95,M:52,Y:94,K:25)。

❷ 单击调色板上方的“无填充”按钮，为图形去除轮廓线。

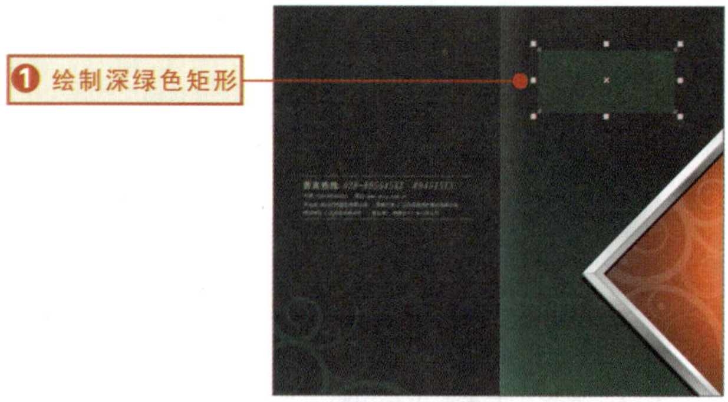

2 设置圆角矩形

❶ 在矩形工具属性栏中的“边角圆滑度”数值框中输入边角圆滑度为30°。

❷ 按【Enter】键得到圆角矩形。

技巧点拨

在设置圆角矩形时，若数值框右侧的“全部圆角”按钮为激活状态，则所有数值框中的参数相同，否则将可以只设置单个圆角参数。

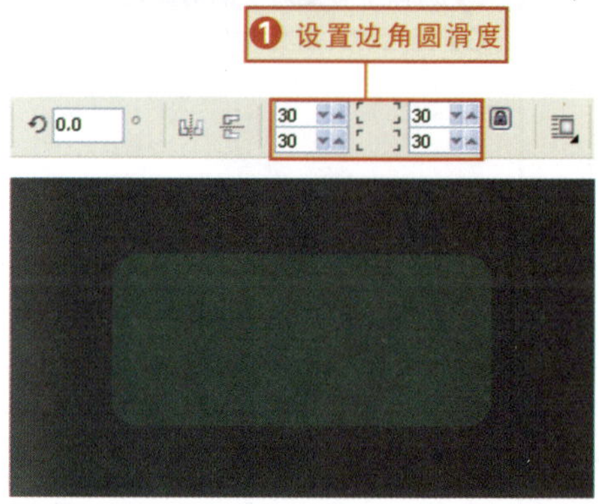

3 设置透明效果

❶ 单击透明度工具，在属性栏中设置透明类型为线性，然后再设置参数。

❷ 按【Enter】键，得到圆角矩形透明效果。

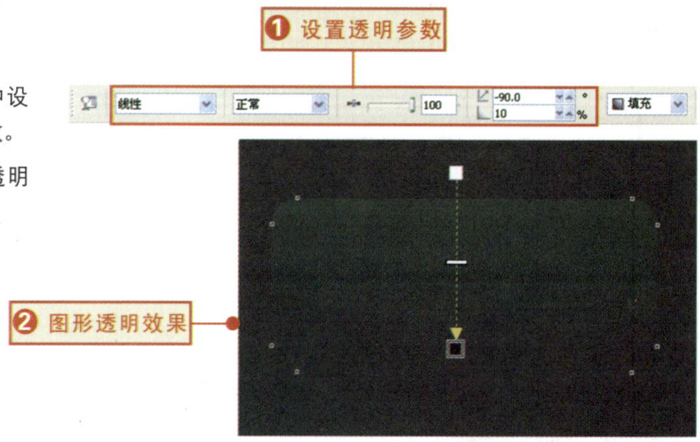

4 渐变填充图形

❶ 结合贝塞尔工具和形状工具的使用，在透明圆角矩形旁边绘制一个转角图形。

❷ 单击交互式填充工具，为图形做线性渐变填充，设置为灰色和白色交替的渐变效果。

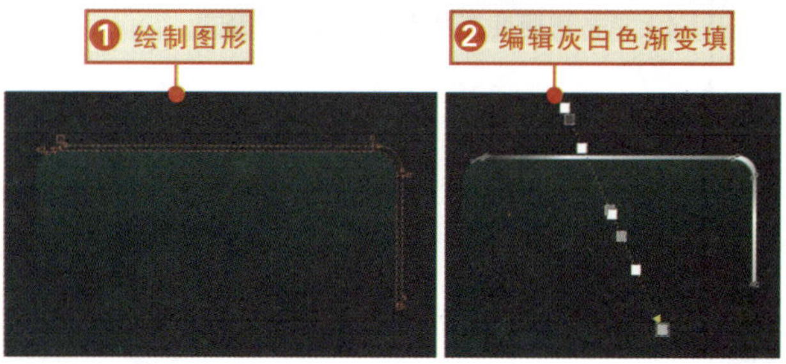

5 设置透明效果

❶ 使用透明度工具，向下拖动鼠标为渐变图形做线性透明效果。

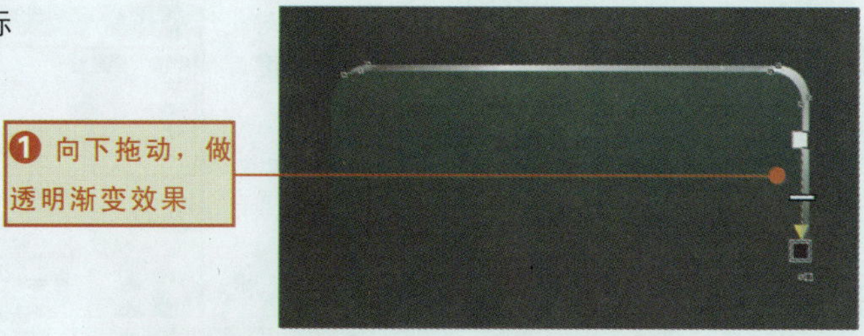

6 复制花纹图形

❶ 复制一次画册背面图形中的花纹图形，放到圆角矩形右上方。

❷ 使用透明度工具，单击花纹图形，在属性栏中设置透明类型为标准，透明度为76，得到图形的透明效果。

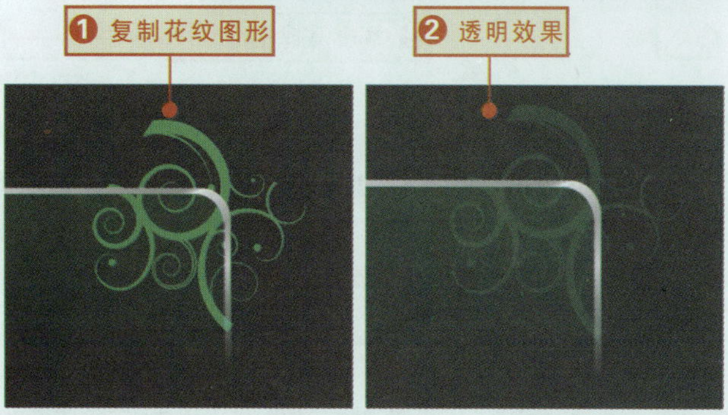

7 放置图形到容器中

❶ 选择“效果>图框精确剪裁>放置在容器中”命令。

❷ 使用鼠标单击圆角矩形，将花纹图形放置到该图形中。

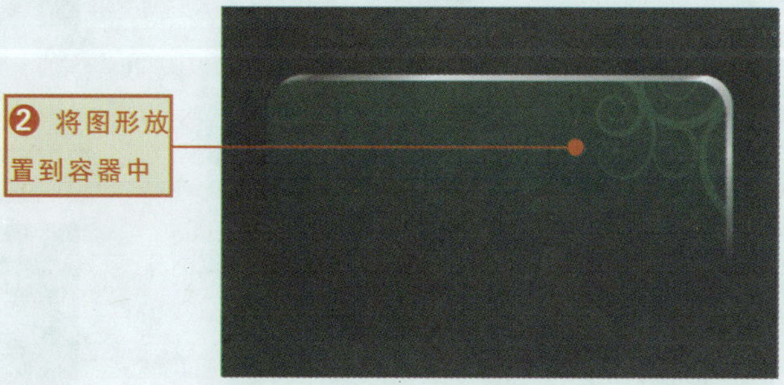

8 导入文件

❶ 选择“文件>导入”命令，打开“导入”对话框，找到“S.cdr”文件，将其放到圆角矩形中。

9 输入文字

❶ 单击文本工具，在“S”图形右侧输入文字。

❷ 在属性栏中设置字体为黑体，并填充为“黑色”。

10 设置轮廓线

❶ 按【F12】键打开“轮廓笔”对话框，设置轮廓线为黑色，宽度为0.842mm。

❷ 设置好其他参数后，单击“确定”按钮，将文字填充为白色。

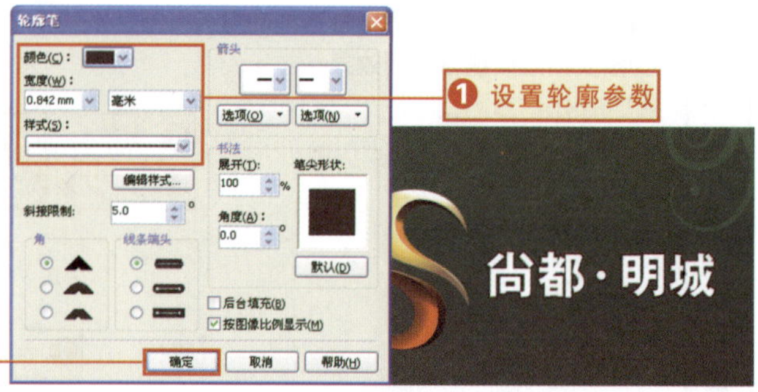

11 复制文字

❶ 按小键盘中的【+】键原地复制一次文字。

❷ 将文字略微缩小，改变颜色为60%黑色。

12 设置透明效果

❶ 再在原地复制一次文字，略微缩小后填充为白色。

❷ 单击透明度工具，在属性栏中设置渐变参数，得到文字的渐变透明效果。

13 输入文字

❶ 单击文本工具，在中文字的下方输入两行英文字。

❷ 分别调整这两行英文文字的大小，然后设置颜色为“金色”(C:0,M:20,Y:60,K:20)。

14 制作重叠文字

❶ 使用与中文文字一样的方式，为英文文字添加轮廓线，然后复制并缩小对象，得到重叠文字效果。

❷ 对最上一层的白色文字应用透明渐变效果。

15 输入文字

❶ 单击文本工具，在画册正面中间输入两行中文字。

❷ 设置字体为方正大黑简体，并且分别调整文字大小，填充颜色为“土黄色”(C:11,M:18,Y:42,K:0)。

16 绘制直线

❶ 单击手绘工具，按住【Ctrl】键在文字下方绘制一条直线。

❷ 设在属性栏中设置线条宽度为0.5mm，并填充颜色为“土黄色”(C:11,M:18,Y:42,K:0)。

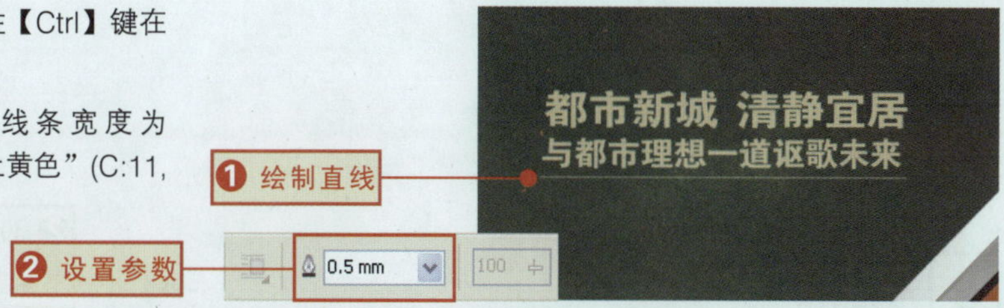

17 输入文字

❶ 在直线下方输入几行文字，并填充为白色，字体可以依据自己喜好设置。

18 复制对象

❶ 单击矩形工具，在画册正面中绘制一个矩形，填充轮廓线为60%黑色。

❷ 向左水平复制一次该对象，为画册正面和背面都添加一个轮廓线效果。

绘制透视效果

制作好平面图像后，对图像应用透视效果，能更好地展现出作品的效果。这里运用了添加透视点命令对画册做透视效果。

1 旋转对象

❶ 选择画册正面所有图形，按【Ctrl+G】组合键群组对象。

❷ 选择画册正面图形，使用鼠标向左适当旋转对象。

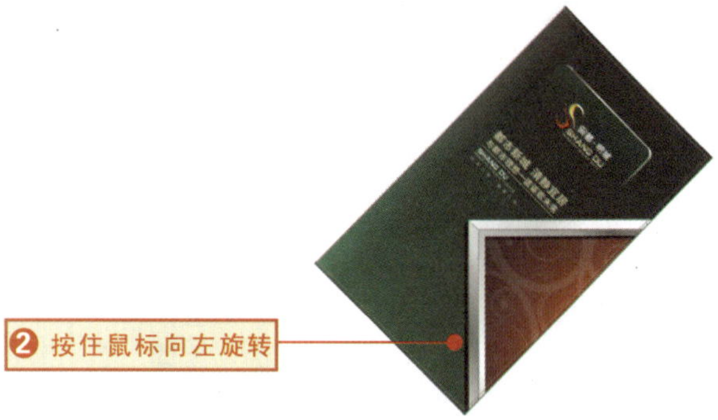

2 设置圆角矩形

❶ 选择“效果>添加透视”命令，这时对象中将呈现虚线网格状。

❷ 使用鼠标按住对象上面两个角拖动，得到图形的透视效果。

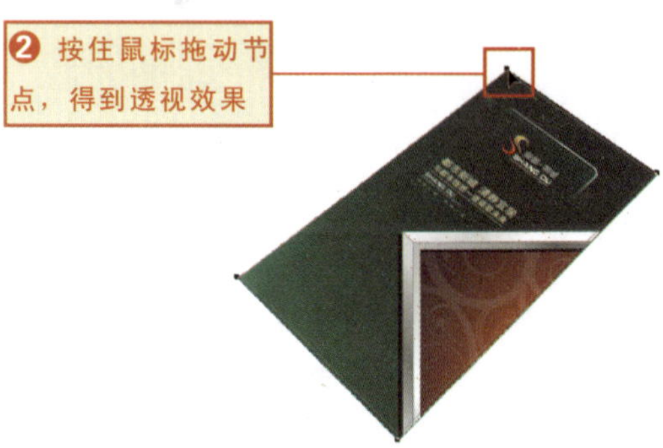

3 绘制渐变图形

❶ 单击贝塞尔工具，绘制一个四边形。

❷ 使用交互式填充工具为对象做线性渐变填充，设置颜色从“绿色”(C:60,M:0,Y:60,K:20)到“蓝色”(C:60,M:0,Y:20,K:20)。

❸ 选择“排列>顺序>到图层后面”命令，将对象放到图层的下方。

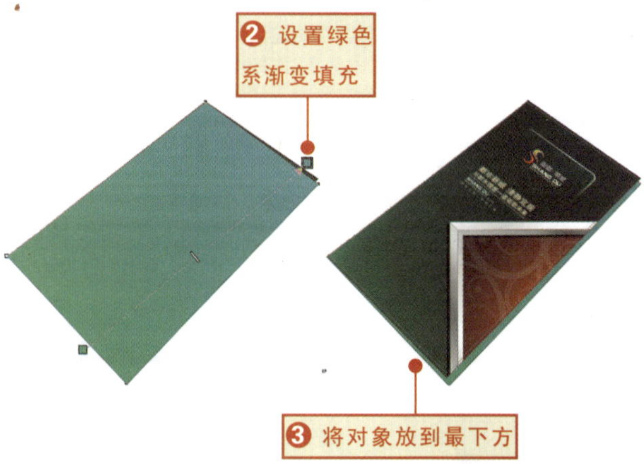

4 背面透视效果

❶ 群组画册背面所有对象，将该对象向左适当旋转。

❷ 为背面图形应用“添加透视”命令，得到背面透视效果。

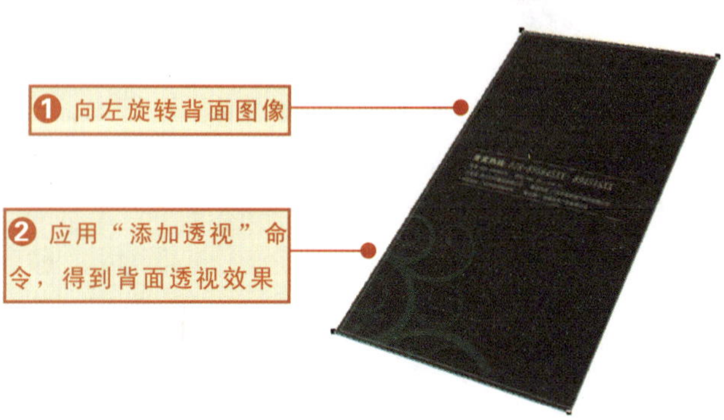

5

绘制渐变图形

❶ 单击贝塞尔工具，绘制一个四边形，然后对其应用线性渐变填充，设置颜色从“绿色”到“蓝色”。

❷ 选择“排列>顺序>到图层后面”命令，将对象放到图层的下方。

技巧点拨

在CorelDRAW中也可以将一个对象称为一个图层，选择“窗口>泊坞窗>对象管理器”命令，打开“对象管理”泊坞窗进行更加系统的管理。

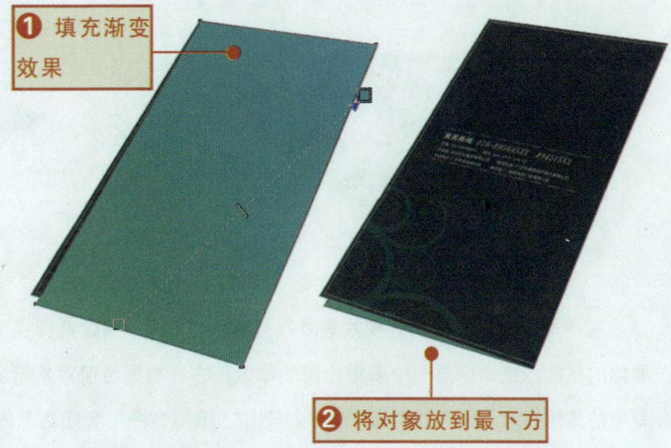

6

调整对象顺序

❶ 群组背面透视图对象，放到正面图中。

❷ 选择“排列>顺序>到图层后面”命令，将对象放到图层的下方。至此，完成本实例的制作。

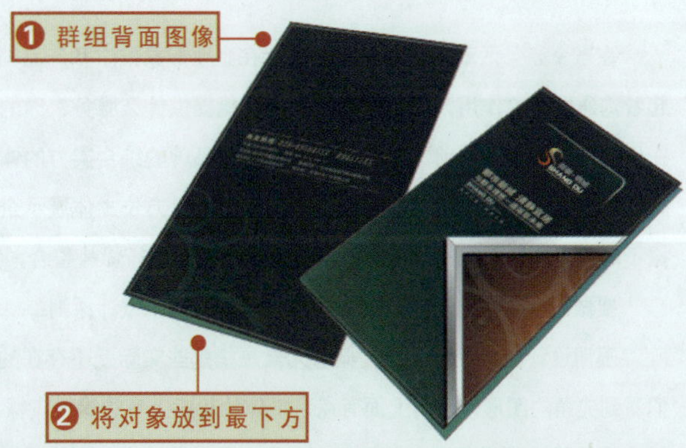

► 知识点总结——添加透视点的方法

本例在制作中，运用了CorelDRAW X5中的添加透视点功能来为对象做透视操作。

CorelDRAW X5中提供的透视点功能，能在平面对象上表现出具有透视立体感的效果。其在操作上也有一些简便的方法，下面做详细的介绍。

选取工作区中需要应用透视效果的对象，再选择“效果>添加透视点”命令，对象四角会出现黑色的小点，同时对象会被红色的虚线框所覆盖。拖拽其中任意的点，就可为对象应用透视效果，并出现此时透视的消失点。

红色虚线框

拖动任意点

在拖动对象四角的控制点时，按【Ctrl+Shift】组合键，可为对象应用单点透视，即透视末端的两个控制点会同时进行调整。

使用透视点命令

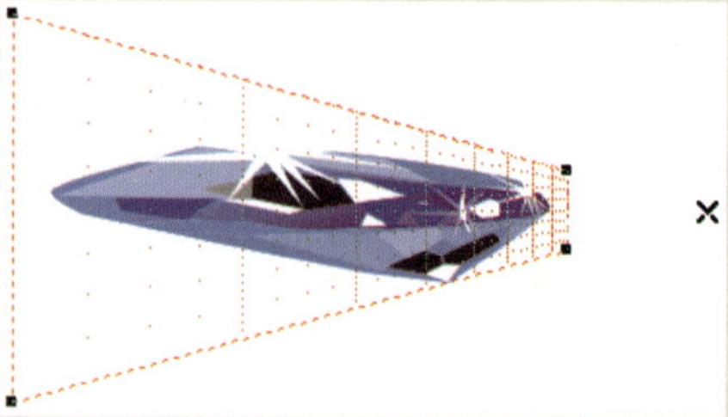

单点透视效果

在不需要对对象应用透视效果时，可选择“效果>清除透视点”命令来取消对象的透视效果，此时对象会返回至原始的状态。该命令是一个多重作用的命令，它会根据当前对象所应用的效果来改变其功能。如果对象应用了效果菜单中的其他效果，例如“封套”命令，则该“清除命令”会随之变成“清除封套”命令。

▶ 设计理论——画册设计一般常识

在当今商务活动中，企业画册设计在企业形象推广和产品销售中的作用越来越重要，在远距离的商业运作中，画册起着沟通桥梁的作用。你是做什么的、你能提供什么服务、你的优势在哪等情况，都可以通过精美的画册，静态地展现在你的目标消费人群前。高档画册是企业或品牌的综合实力的体现，采用美学的点线面，既统一又有变化的视觉语言，高质量的插图，配以我们资深策划师的文字，全方位立体展示企业的文化、理念、品牌形象。创意的过程中，我们会依据不同的内容、不同的诉求、不同的主题特征，进行优势整合，统筹规划，在整体和谐中求创新。

要做出一个好的画册，首先需要知道以下几个设计原则：

画册设计概念元素：所谓概念元素是指那些实际上不存在的、不可见的，但人们的意识又能感觉到的东西。例如我们看到尖角的图形，感到上面有点，物体的轮廓上有边缘线。概念元素包括点、线、面。

画册设计视觉元素：概念元素不在实际的设计中加以体现，它将是没有意义的。概念元素通常是通过视觉元素体现的，视觉元素包括图形的大小、形状、色彩等。

画册设计关系元素：视觉元素在画面上如何组织、排列，是靠关系元素来决定的。包括方向、位置、空间、重心等。

画册设计实用元素：指设计所表达的含义、内容、设计的目的及功能。

下图为两款企业画册设计，都是标准的、包含完整设计元素的设计。

画册内页设计

画册封面设计

► 23 皮蛋画册设计

Chapter 08	画册设计	皮蛋画册设计

技法表现 导入两张素材图像，然后分别在素材图像上输入文字，再通过形状工具、艺术笔工具等，对文字做编辑。

包含知识 导入命令、艺术笔工具、形状工具、文字工具等。

文件路径 Reader\Chapter08\23\complete\皮蛋画册设计.cdr

► 设计分析——让实物展现其说服力

本案例是为上清园公司制作的一款皮蛋产品宣传画册。上清园公司生产的皮蛋、盐蛋等产品深受广大人民的喜爱。所以在画册宣传中，不需要华丽、复杂的设计，只需要将产品图片很好地表现出来，所谓眼见为实，让人们能看到实物图片，是最具有说服力的设计。

在设计本画册时，在画册左侧运用了一整幅产品图片，给人造成一种很大气，不怕将产品展示出来的感觉，然后在画面右侧再加以文字说明，和其他一些产品的图片，让人在了解产品的过程中，更增加一种认同感。

► 制作流程——先添加实物图像，再输入文字信息

添加背景图像

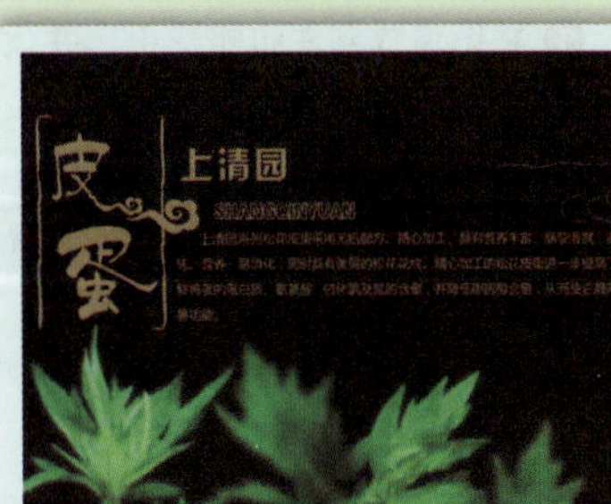

添加文字

添加右侧文字

制作完成

► 制作步骤

绘制画面左侧图形

在画册左侧图像中，素材图像占据了大部分空间，文字只起到画龙点睛的作用。虽然如此，在文字的设计上，仍然需要选择合适的字体，然后配上一些漂亮的图案，使画面效果更加丰富。

1 绘制矩形

❶ 单击矩形工具，按住【Ctrl】键在页面中拖动鼠标左键，绘制一个正方形。

❷ 将鼠标移动到矩形左侧的黑色方块上，按住【Ctrl】键向右拖动，再右击得到水平复制对象。

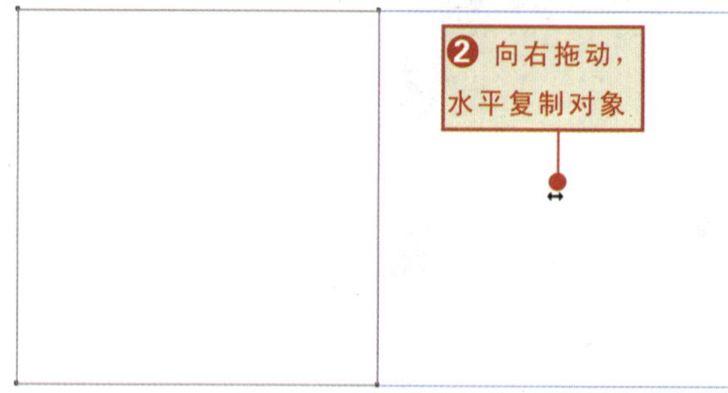

2 导入素材图像

❶ 选择“文件>导入”命令，打开“导入”对话框，找到“皮蛋.jpg”文件。

❷ 单击“确定”按钮，将文件导入到页面中。

3 放置图像到容器中

❶ 将图像放到左边矩形中，并适当调整画面大小，以适合整个矩形。

❷ 选择“效果>图框精确剪裁>放置在容器中”命令，将图像放置到矩形中。

4 输入文字

❶ 单击文本工具，在画面左上方输入文字“皮蛋”。

❷ 按【Ctrl+K】组合键拆分文字，分别调整文字大小和位置后，设置颜色为“金色”(C:0,M:20,Y:60,K:20)。

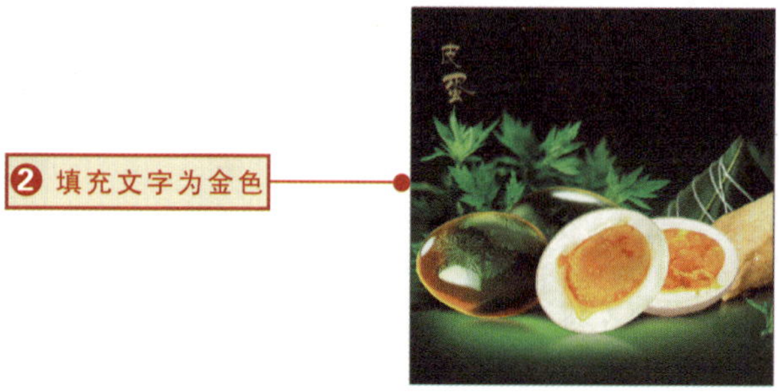

5

使用压力画笔

❶ 单击艺术笔工具，在属性栏中单击“压力”按钮，然后设置参数。

❷ 使用鼠标在“皮蛋”文字左右两边绘制两条不规则图形，并且填充为“金色”(C:0,M:20,Y:60,K:20)。

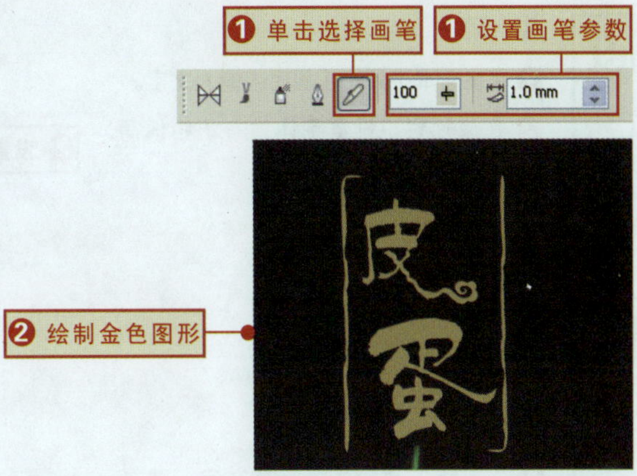

6

绘制图形

❶ 单击贝塞尔工具，绘制一个类似祥云图案的直线图形。

❷ 使用形状工具框选对象，单击属性栏中的“到曲线”按钮，将所有直线转换为曲线。

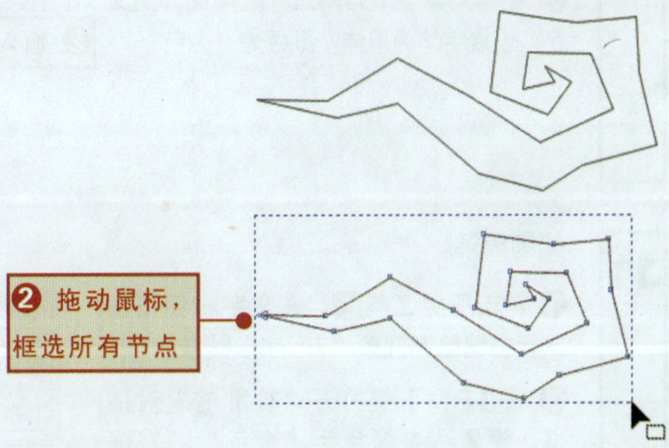

7

编辑图形

❶ 使用贝塞尔工具对图形进行编辑，得到一个祥云图形。

❷ 填充图形颜色为“金色”，再右击调色板上方的“无填充”按钮⊠，去除图形轮廓线。

❸ 将祥云图形放到“皮蛋”文字右侧，并适当调整图形大小。

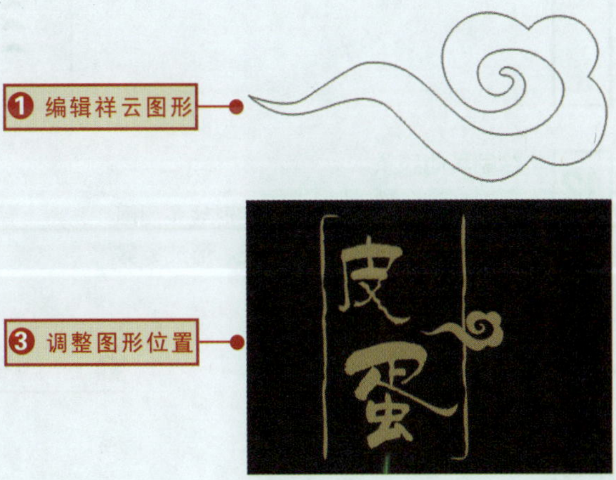

8

复制对象

❶ 复制一次祥云图形，并适当缩小对象。

❷ 将复制的对象放到“皮”字的右下方，使图形与文字结合在一起。

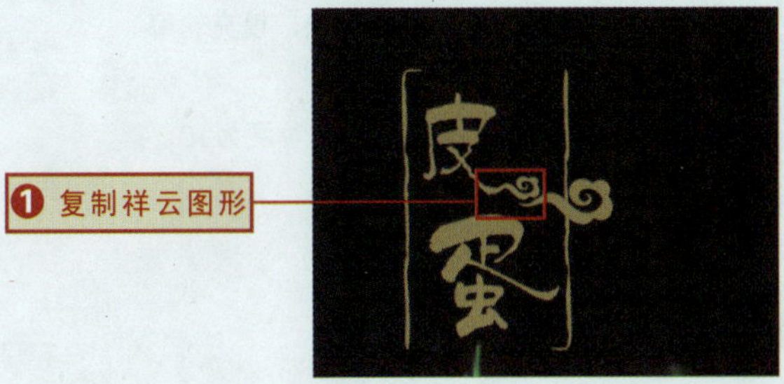

9 输入文字

❶ 单击文本工具，在画面中输入文字。

❷ 在属性栏中设置字体为方正粗倩简体，颜色为“金色”。

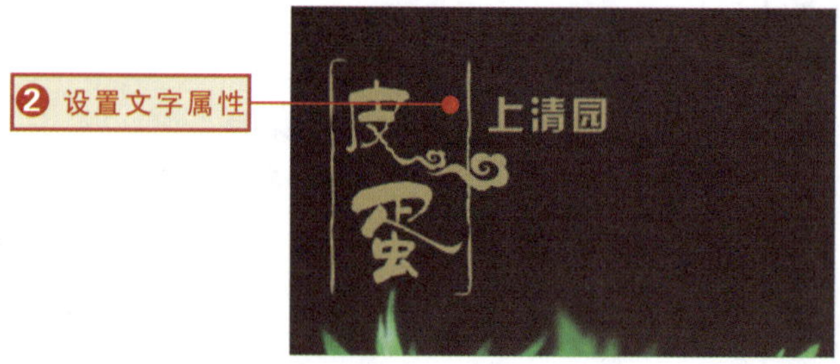

10 输入文字

❶ 在其下方再输入一行英文字，选择空心字体，颜色为“金色”。

❷ 在英文文字下方输入一段商品介绍文字，设置字体为黑体，颜色为“金色”。

11 绘制线条

❶ 单击手绘工具，在文字右侧按住鼠标左键绘制几条“Z”字形线条。

❷ 按【F11】键打开“轮廓笔”对话框，设置线条颜色为“金色”，宽度为0.265mm。

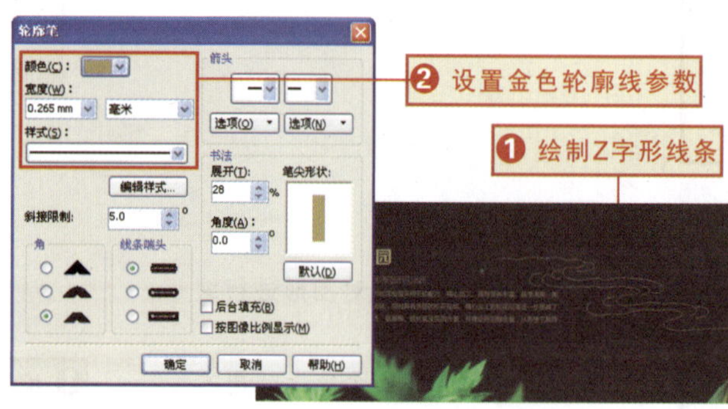

12 绘制其他线条

❶ 使用手绘工具在“Z”字形线条周围再添加一些“C”字形线条，形成云雾环绕的线条效果。

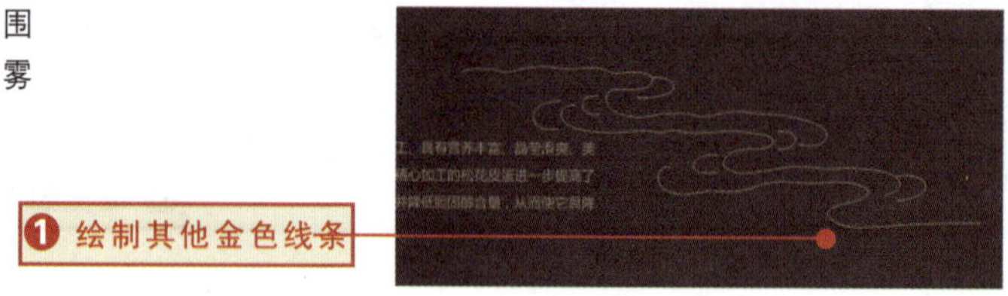

13 绘制圆角矩形

❶ 单击矩形工具，按住【Ctrl】键不放，在画面中绘制一个略小一些的正方形，右击调色板中的白色块，填充轮廓线颜色。

❷ 在属性栏中设置边角圆滑度为10，得到圆角矩形。

14

调整轮廓线

❶ 在属性栏中的轮廓宽度中设置数值为2mm。

❷ 按【Enter】键，得到较宽的轮廓线效果。

15

设置轮廓透明度

❶ 单击透明度工具，在属性栏中设置透明类型为标准，透明度为50。

❷ 按【Enter】键，得到较宽的轮廓线效果。

技巧点拨

使用透明度工具做渐变透明编辑时，可以单击属性栏中的“编辑透明度”按钮，打开“渐变透明度”对话框做精确设置。

绘制画面右侧图形

对于设计中的一些辅助图形，通常由线条、复杂的曲线图形组成，在编辑这些图形时，可以充分运用形状工具属性栏中的一排造型按钮，得到完美的编辑效果。

1

导入素材图像

❶ 选择“文件>导入”命令，打开“导入”对话框，找到“背景.jpg”文件，将文件导入到页面中。

❷ 选择“效果>图框精确剪裁>放置在容器中”命令，将图像放置到画册右方的矩形中。

2

绘制线条

❶ 单击钢笔工具，按住【Ctrl】键不放，在画面左上方分别绘制两条直线，填充轮廓色为“栗色”(C:0,M:20,Y:40,K:60)。

❷ 在属性栏中设置一条轮廓宽度为0.5mm，另一条轮廓宽度为0.2mm。

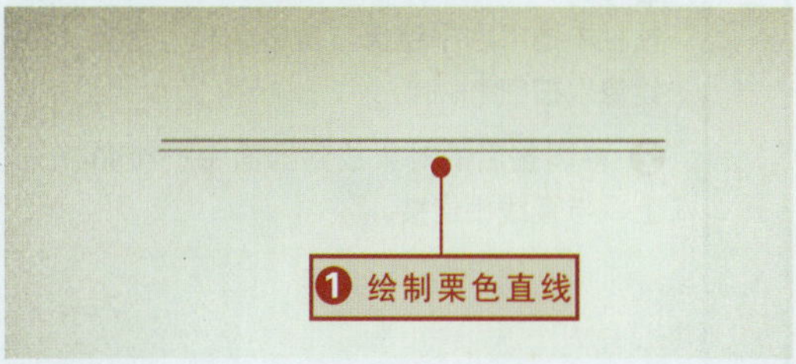

3 绘制多条直线

❶ 使用同样的方法，在画面的上、下、左、右都绘制两条直线。

❷ 参照右图所示的方式进行排列。

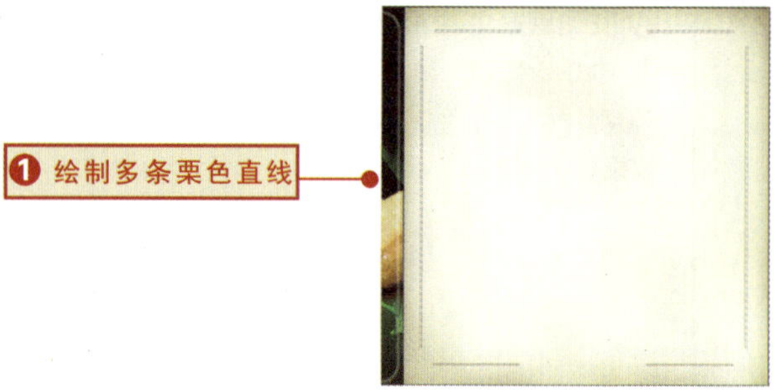

4 绘制花纹图形

❶ 结合贝塞尔工具和形状工具的使用，绘制出一个花纹图形。

❷ 复制一次对象，水平翻转到右侧。

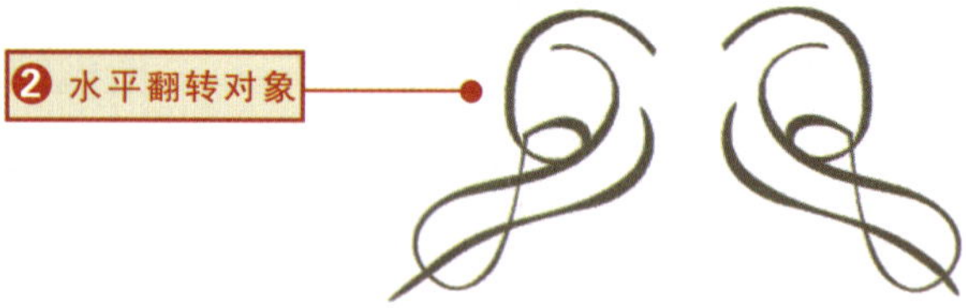

5 绘制桃心图形

❶ 在花纹图形上方再绘制一个桃子形状，将两个图形连接在一起。

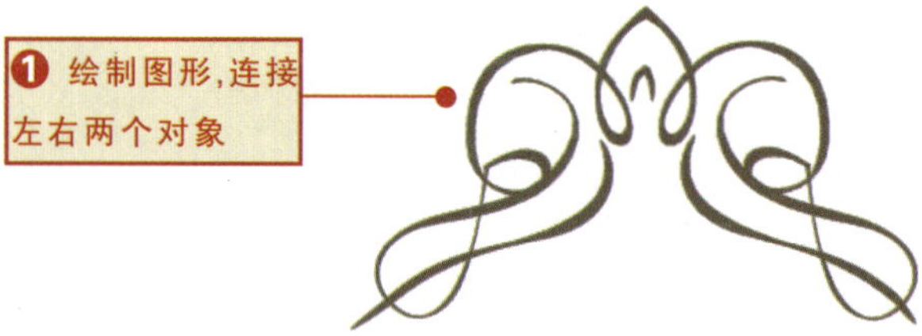

6 旋转对象

❶ 选择所有花纹图形，按【Ctrl+G】组合键群组对象。

❷ 适当向左旋转对象，放到画面中上方和左侧线条交汇的位置。

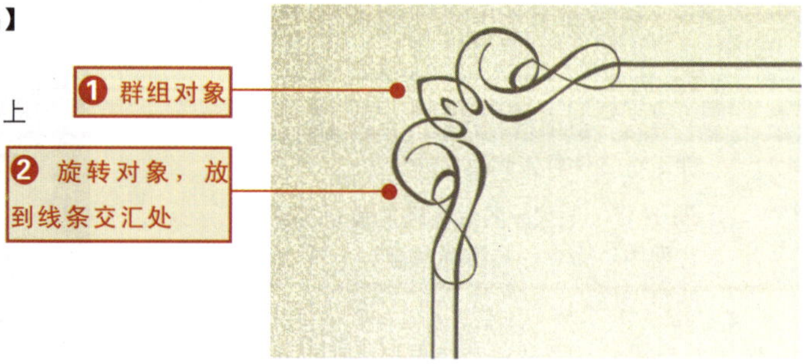

7 复制对象

❶ 复制三个花纹对象，并分别单击属性栏中的“水平镜像”按钮和“垂直镜像”按钮。

❷ 将调整后的对象放到画面每一个角上，与直线相连接。

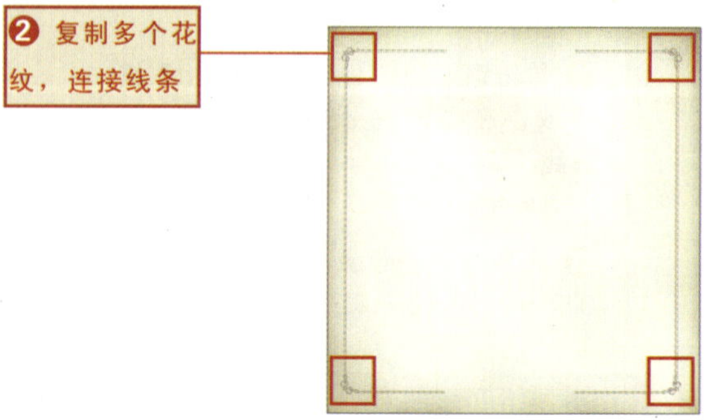

8 导入图形

❶ 选择“文件>导入”命令，打开“导入”对话框，找到“复杂花边.cdr”文件，将图形导入到页面中。

❷ 适当缩小对象，并且旋转270°。

9 复制并镜像对象

❶ 将花边图形放到画面中上方线条中间的空白处。

❷ 复制一次对象，对其做水平镜像操作，并放到右侧。

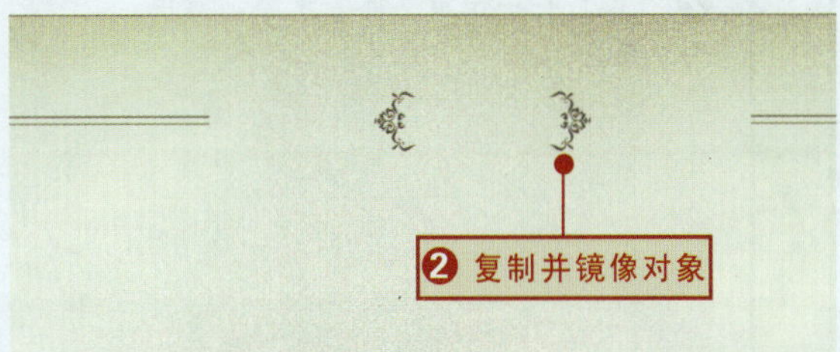

10 绘制线条

❶ 单击贝塞尔工具，在两个复杂花边对象中间绘制一个边框。

❷ 填充线条轮廓颜色为“栗色”(C:0, M:20,Y:40,K:60)。

❸ 在边框上下两端都绘制两条直线，同样填充为“栗色”。

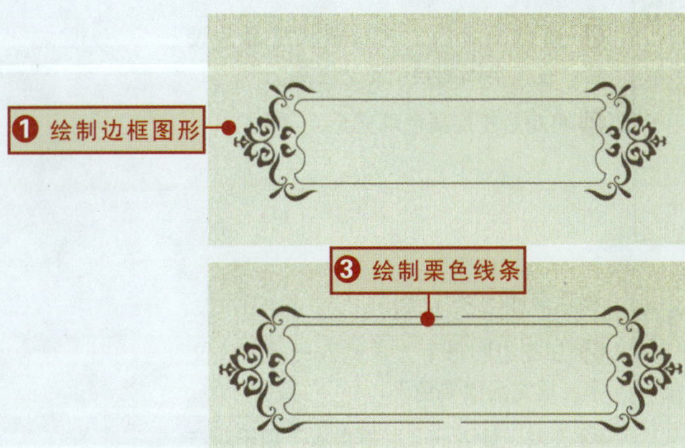

11 输入文字

❶ 单击文本工具，在边框中间输入文字“吉百年”，设置字体为方正粗倩简体，颜色为“栗色”。

❷ 在花边左右两侧再输入相同属性的英文字母，并填充为“栗色”。

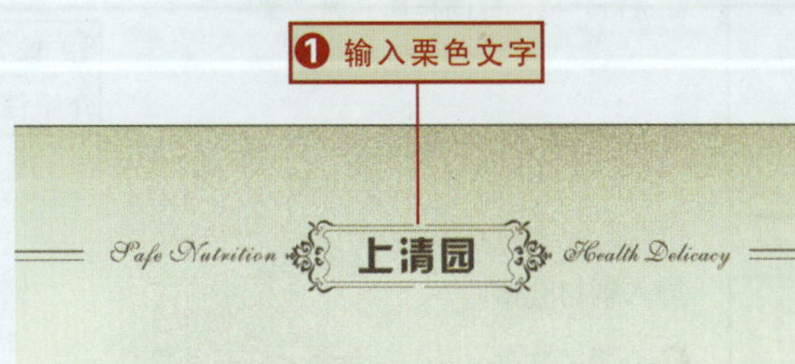

12 绘制圆形

❶ 单击椭圆形工具，在中文文字的上下两侧各绘制一个圆形。

❷ 在英文文字两侧也各绘制一个圆形，并填充为“栗色”。

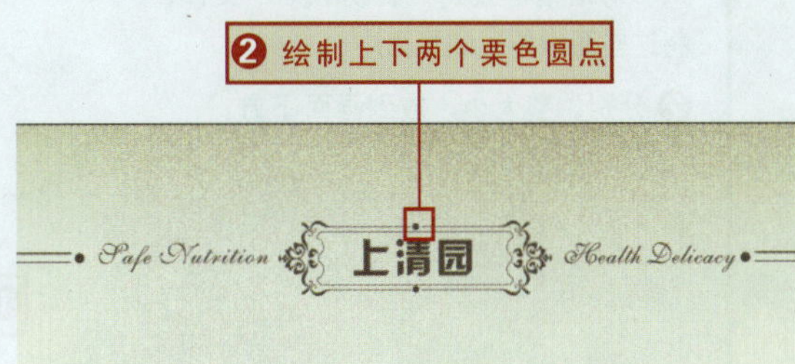

13 复制对象

❶ 选择这一组图形和文字，复制一次对象，按住【Ctrl】键水平向下移动。

❷ 将对象放到画面底部线条中间的空白处，并且将中间的中文文字修改为英文文字。

14 输入文字

❶ 单击文本工具，在画面上方输入文字“松花皮蛋知多少？”。

❷ 在属性栏中设置字体为宋体，颜色为“栗色”。

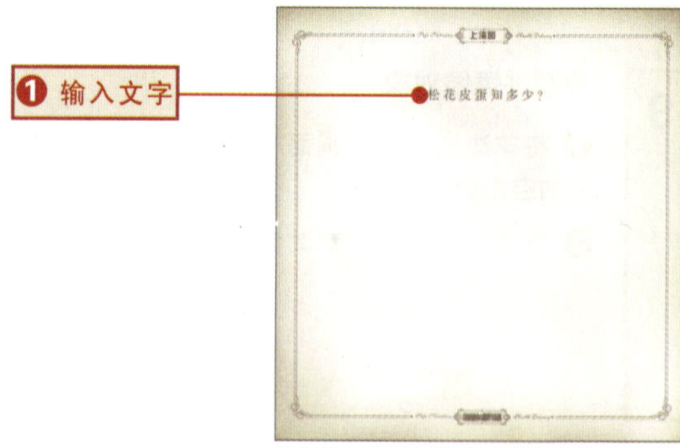

15 绘制图形

❶ 结合贝塞尔工具和形状工具的使用，在文字周围绘制花边图形。

❷ 将花边轮廓颜色填充为“栗色”。

16 输入文字

❶ 在花边图形下方再输入一行英文文字，填充为“栗色”。

❷ 在其下输入一个段落文本，用于对产品进行介绍，并同样填充为“栗色”。

17 导入素材图像

❶ 选择“文件>导入”命令，打开“导入”对话框，找到“食物.psd”文件，将这些图像导入到页面中。

❷ 分别调整大小，放到画面下方。

18

输入文字

❶ 使用文本工具在素材图像下方输入产品名称等信息。

❷ 在属性栏中设置合适的字体及大小。

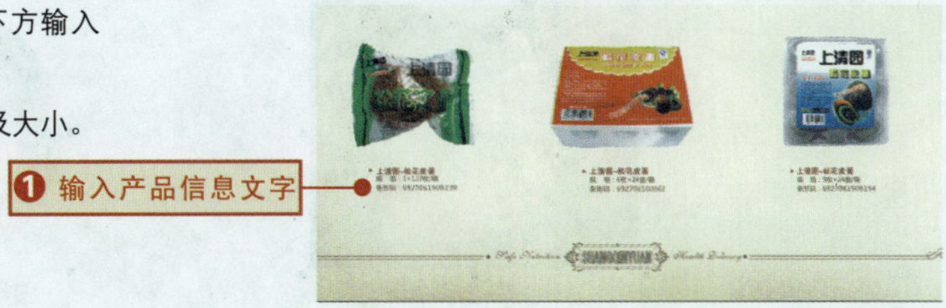

19

绘制三角形

❶ 单击多边形工具，在属性栏中设置边数为3，拖动鼠标，在画面中绘制三个相同大小的三角形。

❷ 填充三角形颜色为“栗色”。至此，完成本实例的制作。

► 知识点总结——“图框精确剪裁”命令的使用

本例运用了图框精确剪裁命令，将对象放置到容器中。

对象的精确剪裁命令可以使绘制好的图形或位图只显示特定的形状范围，也就是将所选择的对象放置到指定的容器中。如果对象大小超出容器的范围，则超出的部分就会被自动隐藏；被置于容器中的对象，还可进行大小、位置等的编辑。

使用“选择工具”单击目标对象，选择“效果>图框精确剪裁>放置在容器中”命令，当光标变为➡形状时单击容器对象，即可将对象放置到指定的容器中。

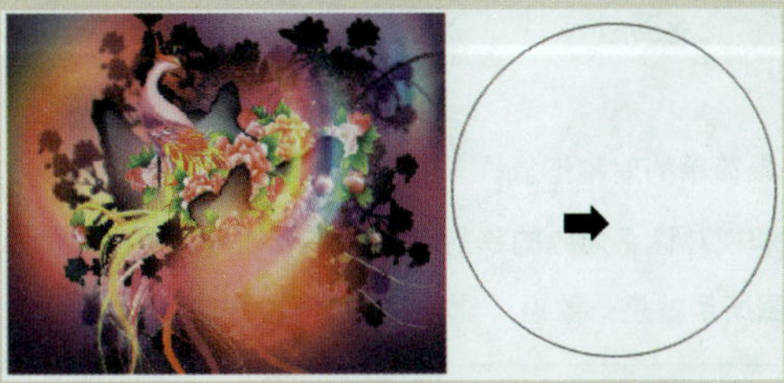
使用放置在容器中命令

剪裁后的图像

执行“效果>图框精确剪裁>编辑内容”命令，可进入容器内部。在容器内部，选择置入的对象后，可执行大小、位置上的调整，还可以即时地新增和删除对象。完成置入对象的编辑后，执行“效果>图框精确剪裁>结束编辑”命令，或单击工作界面左下角的“完成编辑对象”按钮，即可返回至工作区中。

进入容器内部或返回工作区的操作，可以使用更快捷的方法来完成。在工作区中时，按住【Ctrl】键并在容器对象上单击，即可进入容器的内部；按住【Ctrl】键在容器中的空白处单击，可返回至工作区中。

编辑内容

完成编辑

► 设计理论——画册排版艺术原理

电脑排版离不开艺术表现，美的形式原理是规范形式美感的基本法则。它是通过重复与交错、节奏与韵律、对称与均衡、对比与调和、比例与适度、变异与秩序、虚实与留白、变化与统一等形式的美构成法则来规划版面，把抽象美的观点及内涵诉诸于读者，并从中获得美的教育和感受。各种形式美之间是相辅相成、互为因果的，可以既对立又统一地共存于一个版面之中。

下面介绍两种排版的艺术原理。

1. 重复与交错

在排版设计中，不断重复使用的基本形或线，它们的形状、大小、方向都是相同的。重复使设计产生安定、整齐、规律的统一。但重复构成的视觉感受有时容易显得呆板、平淡、缺乏趣味性的变化，因此我们在版面中可安排一些交错与重叠，打破版面呆板、平淡的格局，如下图所示。

企业画册

2. 对称与均衡

两个相同形状图形的并列与均齐，实际上就是最简单的对称形式。对称是同等同量的平衡。对称的形式有以中轴线为轴心的左右对称；以水平线为基准的上下对称和以对称点为源的放射对称；还有以对称面出发的反转形式。其特点是稳定、庄严、整齐、秩序、安宁、沉静。如下图所示就是一款设计非常优秀的画册内页。

画册内页

24 电子产品画册设计

Chapter 08	画册设计	电子产品画册设计

技法表现 先运用交互式填充工具对画面做方角渐变填充，然后绘制图形，制作调和效果，最后输入文字和导入图像进行编辑。

包含知识 椭圆形工具、交互式调和工具、渐变填充、交互式阴影工具、文字工具等。

文件路径 Reader\Chapter08\24\complete\电子产品画册设计.cdr

设计分析——用柔和线条调和高科技的冷峻

本案例是一款电子产品画册，该产品属于高科技产品，是公司许多高级人才经过多年研究开发而成的。所以该公司要求在画册设计上以简洁大方为主，并且要突出高科技元素，在颜色的选择上，要让整个画面有一种严肃但又不枯燥的感觉。

在做这款画册设计之前，首先要考虑到该产品的特点，因此采用冷色调为主要颜色。在画面中运用了深蓝色，让整个画面充满着一种冷峻的感觉，这是高科技企业和商务公司经常使用的一种颜色。再加以柔和的线条和图形作为背景，不让整个画面有枯燥的感觉。

制作流程——先制作背景，再进行排版

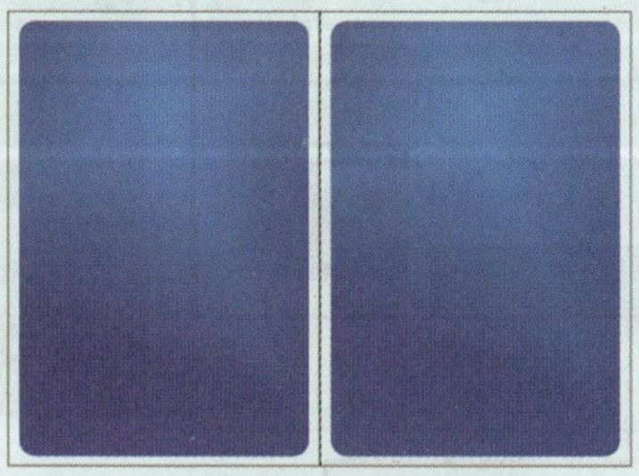
绘制渐变矩形

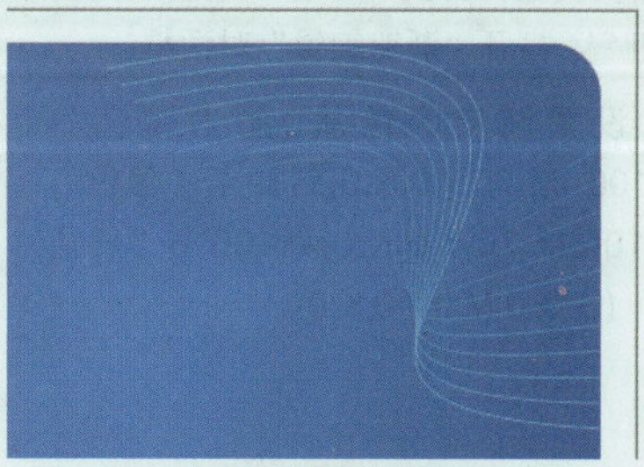
绘制调和线条

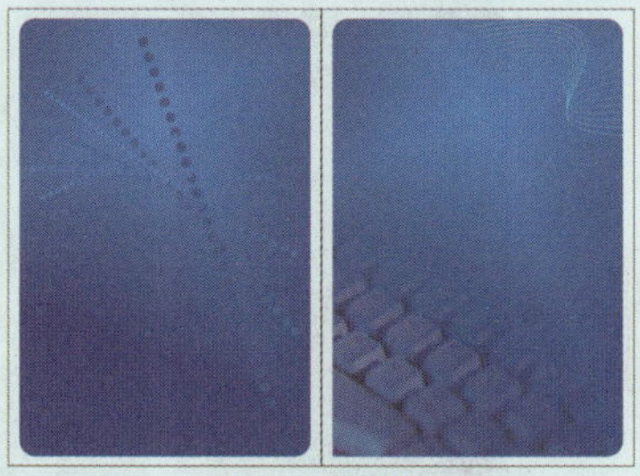
添加其他图形

输入文字

► 制作步骤

绘制背景图形

在绘制图形之前，首先要考虑好颜色的选择与填充方式，这里我们使用方角渐变填充，并且选择深蓝色，是为了与客户的要求相对应。

1 绘制矩形

❶ 运行CorelDRAW X5，单击矩形工具□，在工作区中按住鼠标左键拖动，绘制出一个矩形，并填充为“白色”。

❷ 将鼠标移动到矩形左侧的黑色方块上，按住【Ctrl】键向右拖动，再右击，即可得到水平复制对象。

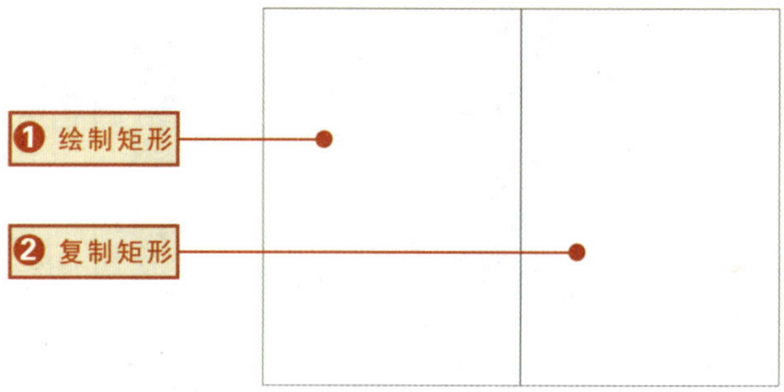

2 设置边角圆滑度

❶ 按小键盘上的【+】键，原地复制一次左边的矩形，按住【Shift】键中心缩小对象。

❷ 在属性栏中设置边角圆滑度为11，得到圆角矩形。

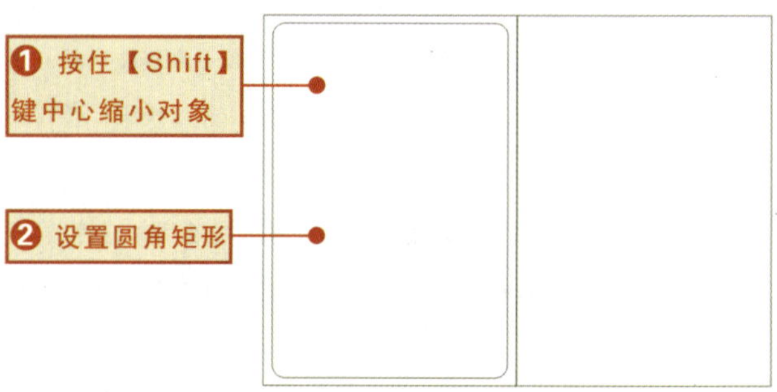

3 设置边角圆滑度

❶ 单击交互式填充工具，在属性栏中设置渐变类型为方角，单击“编辑填充”按钮，打开“渐变编辑”对话框。

❷ 设置渐变颜色从0%“蓝色”(C:100, M:70,Y:0,K:0)到39%“蓝色”(C:100,M:70,Y:0,K:0)到100%“浅蓝色”(C:100,M:0,Y:0,K:0)。

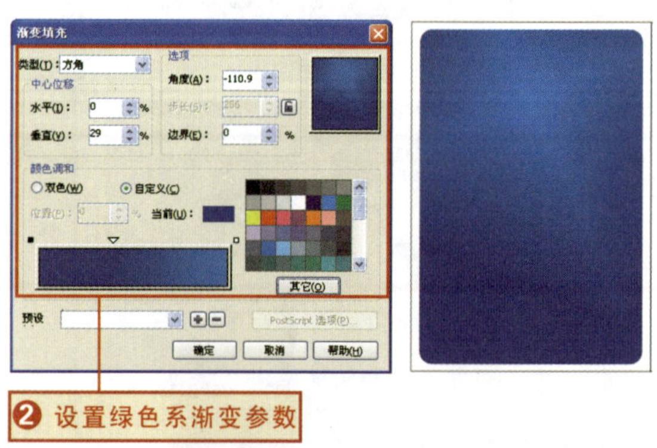

4 复制对象

❶ 原地复制一次圆角矩形，按住【Ctrl】键水平移动对象，放到画面右侧。

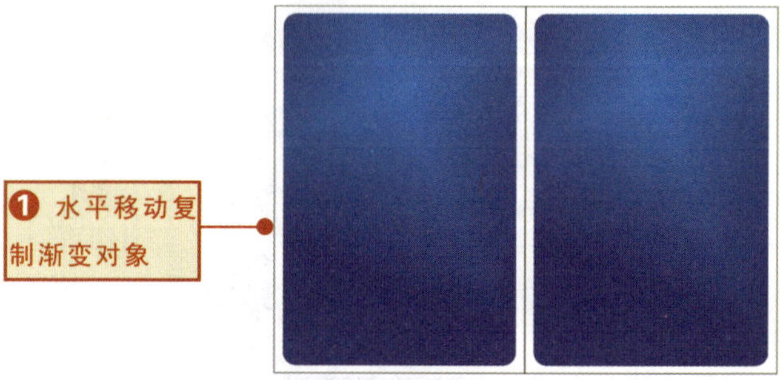

5 导入素材图像

❶ 选择“文件>导入”命令，打开“导入”对话框，找到“键盘.jpg”文件导入到页面中。

❷ 调整文件大小后，放到右侧矩形的左下角。

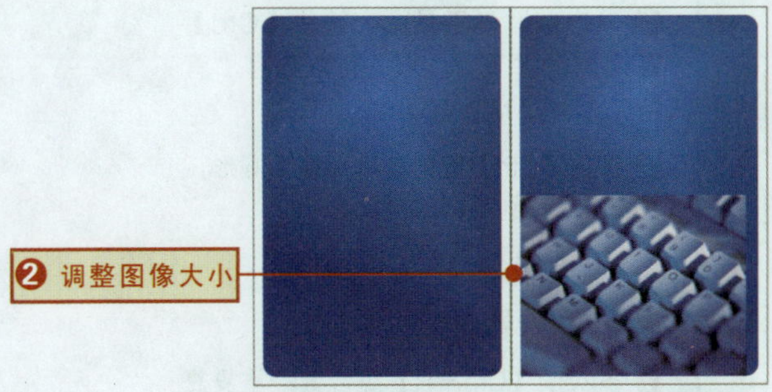

6 设置透明效果

❶ 单击透明度工具，对素材图像做线性渐变透明效果。

❷ 按住鼠标，从左下角向右上角拖动，得到画面透明效果。

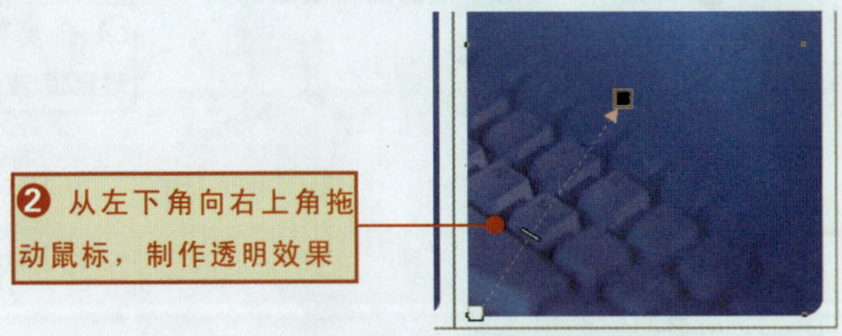

7 绘制线条

❶ 单击贝塞尔工具，在画面右上角绘制两条的线条。

❷ 设置长的一条轮廓颜色为“淡蓝色”(C:27,M:0,Y:0,K:0)，短的一条轮廓颜色为“白色”。

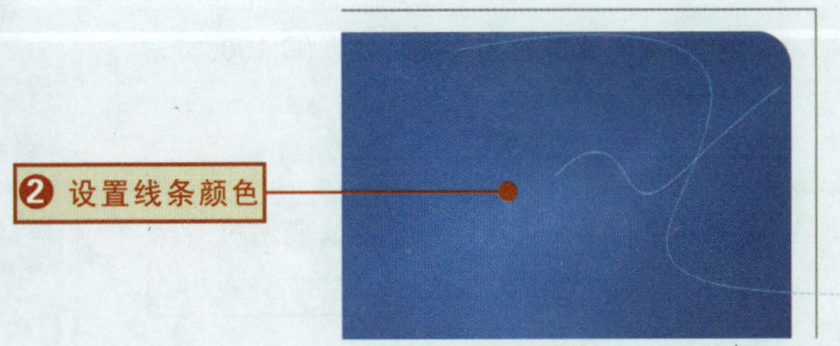

8 设置调和效果

❶ 单击调和工具，选择长的曲线，按住鼠标左键向短的曲线拖动。

❷ 这时在两条曲线间产生调和效果。

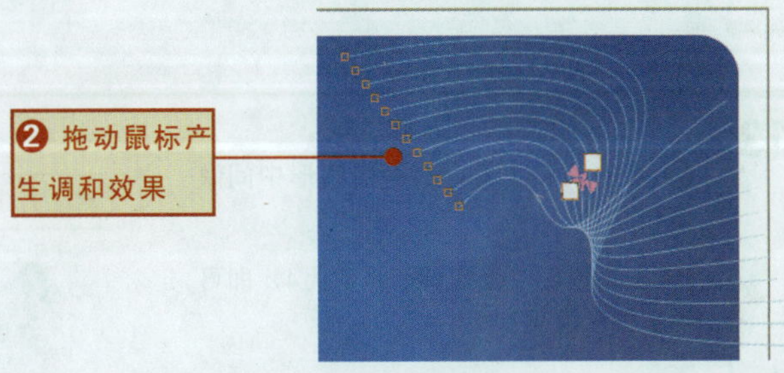

9 放置对象到容器中

❶ 单击短的曲线，改变轮廓颜色为“天蓝色”(C:100,M:20,Y:0,K:0)。

❷ 单击整个调和对象，选择“效果>图框精确剪裁>放置在容器中”命令，将对象放置到渐变矩形中。

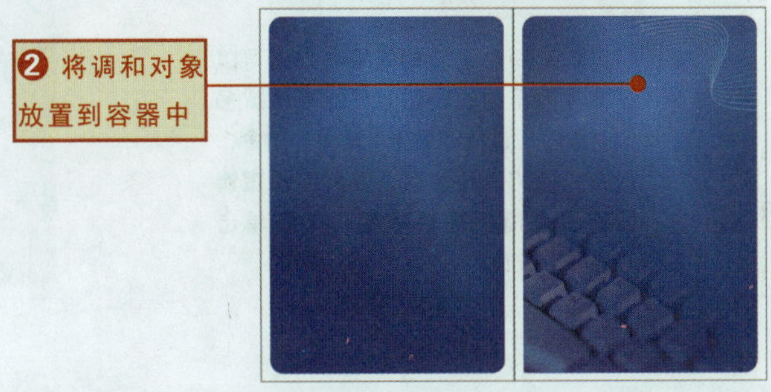

10 绘制圆形

❶ 单击椭圆形工具，按住【Ctrl】键绘制一个正圆形，并填充为“青色”(C:100, M:0,Y:0,K:0)。

❷ 按住【Ctrl】键向右水平移动圆形，并右击，得到复制的对象。

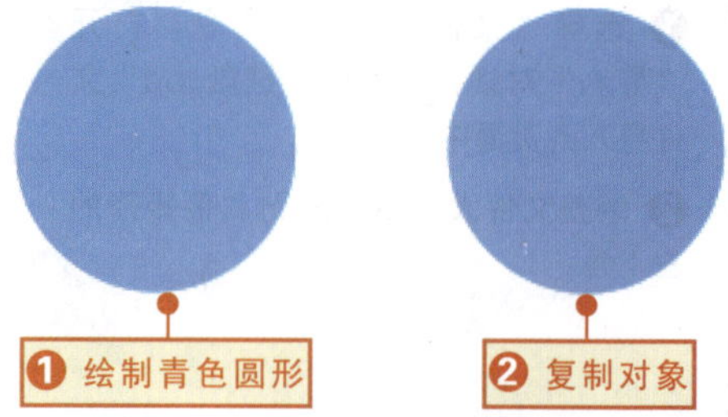

11 复制多个对象

❶ 多次按【Ctrl+R】组合键，重复复制命令，得到一排间距相同的圆形。

❷ 群组所有圆形，适当旋转后放到画面中。

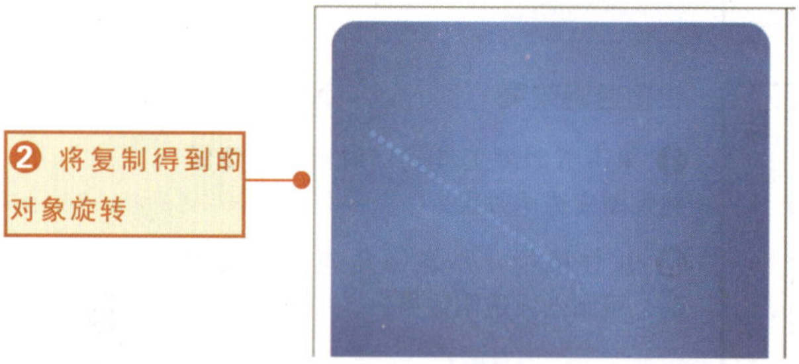

12 改变对象颜色

❶ 复制这一组圆形，适当放大后再向右旋转。

❷ 改变对象颜色为“深蓝色”(C:100, M:50,Y:0,K:0)。

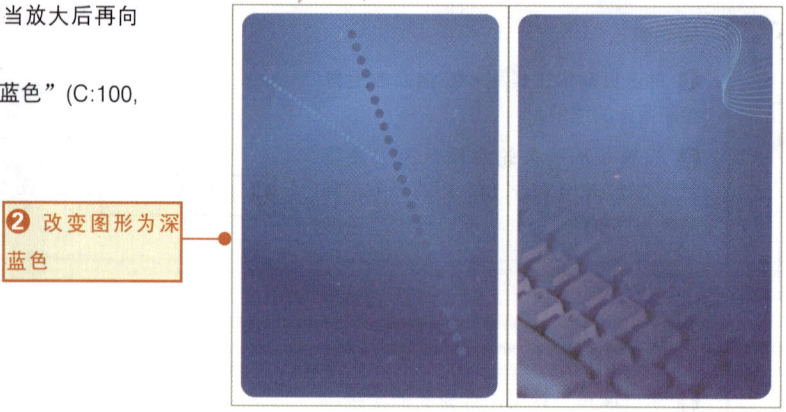

13 设置调和效果

❶ 单击调和工具，为两组圆形中间做调和。

❷ 在属性栏中设置调和步数为4，即可得到调和效果。

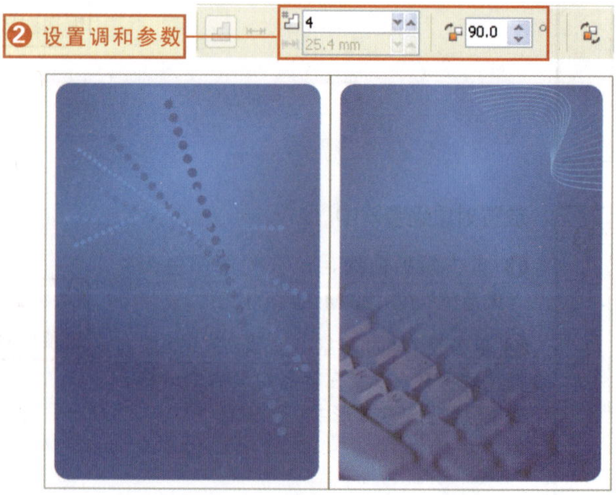

技巧点拨

在对象之间创建调和效果时，还可以在选择用于创建调和效果的两个或多个对象后，选择“效果>调和”命令，开启“调和”泊坞窗，在其中设置调和的步长值和旋转角度，然后单击“应用”按钮。

添加素材图像和文字

一个完整的画册设计，其文字和素材图像都是必不可少的。因此画册素材图像的选择就显得非常重要，一定要选择适合画面、适合产品的图像，否则将会与整个设计显得格格不入。。

1 输入文字

❶ 单击文本工具，在画面左侧下方输入文字。

❷ 设置文字为“白色”，然后在属性栏中设置字体为方正综艺简体。

❷ 输入白色文字

2 输入文字

❶ 单击文本工具，画面右侧中间输入两行文字。

❷ 设置文字为“白色”，然后在属性栏中设置字体为方正粗黑简体，并适当调整文字大小。

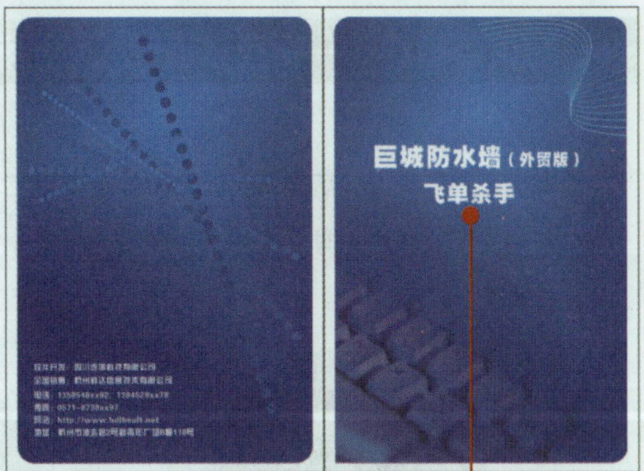

❷ 输入白色文字

3 制作投影

❶ 单击阴影工具，为这两行文字添加投影。

❷ 在属性栏中设置投影为“黑色”，然后再设置其他参数，得到文字投影效果。

❷ 设置投影参数

❷ 文字投影效果

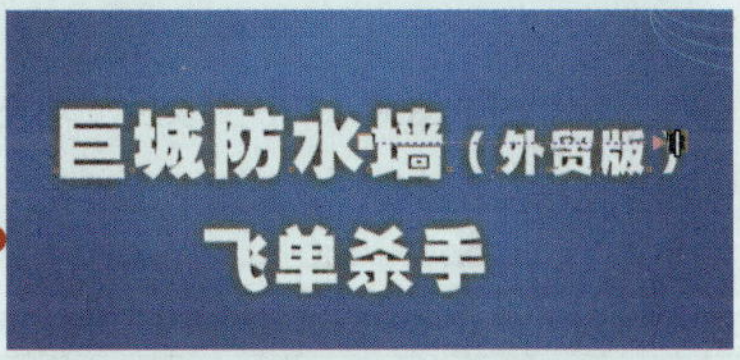

4 绘制圆角矩形

❶ 单击矩形工具，在文字下方绘制三个大小相同的矩形，设置边框为白色。

❷ 在属性栏中设置边角圆滑为26，得到三个圆角矩形。

❷ 设置矩形边角圆滑度

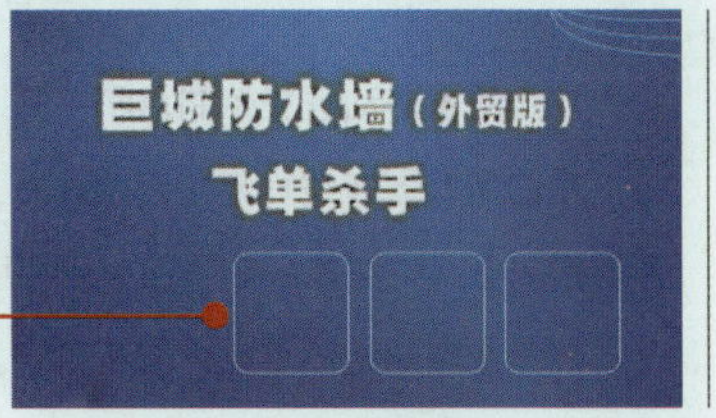

5 导入素材

❶ 选择“文件>导入”命令，打开“导入”对话框，选择“素材1.jpg”、“素材2.jpg”、“素材3.jpg”文件。

❷ 分别对这3张素材图像应用“图框精确剪裁”命令，放置到圆角矩形中。

❷ 置入素材图像

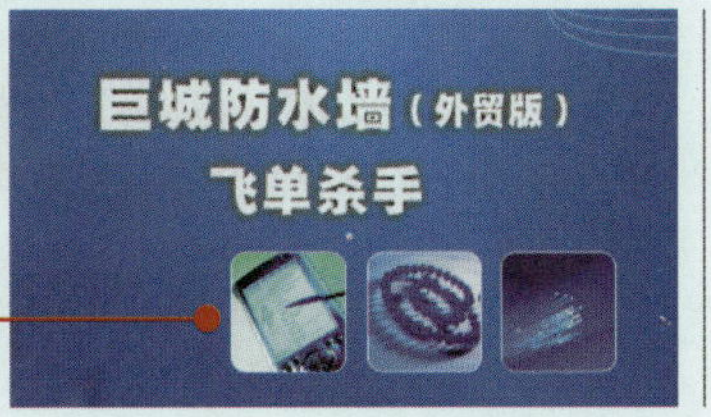

6

绘制圆角矩形

❶ 单击文本工具在圆角矩形下方输入文字，设置字体为方正粗圆简体，颜色为“白色”。

❷ 在画面最下方中间位置，再输入“中国•杭州”，也填充为白色。至此，完成本实例的制作。

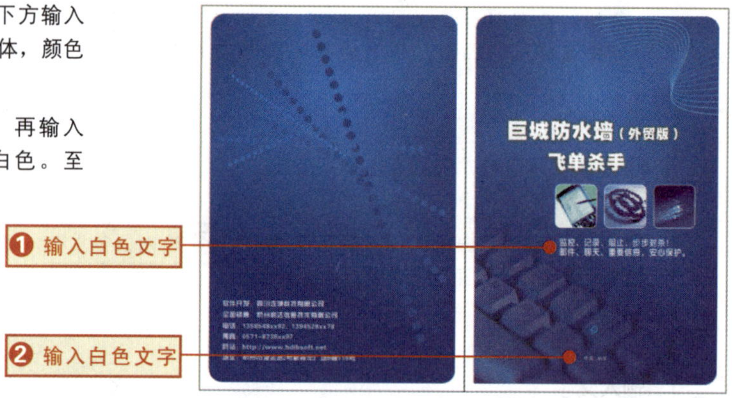

► 知识点总结——交互式填充工具的使用方法

本例运用了交互式填充工具为画面做渐变填充。

使用交互式填充工具可以为对象应用标准填充、渐变色和各种图案效果等。用户还可在对象上直接对颜色或图案进行调整。

均匀填充

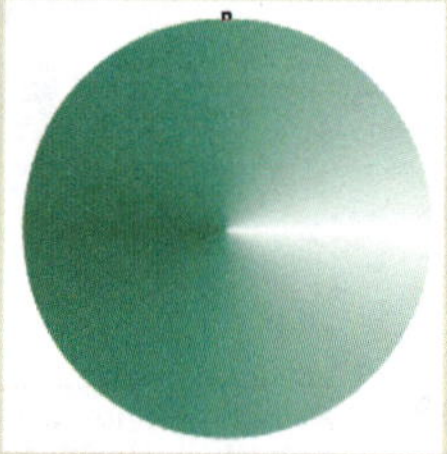
圆锥填充

图案填充

绘制一个图形，切换到交互式填充工具，在该工具属性栏中的“填充类型”下拉列表中选择“线性”类型，此时属性栏设置与图形效果如下图所示。

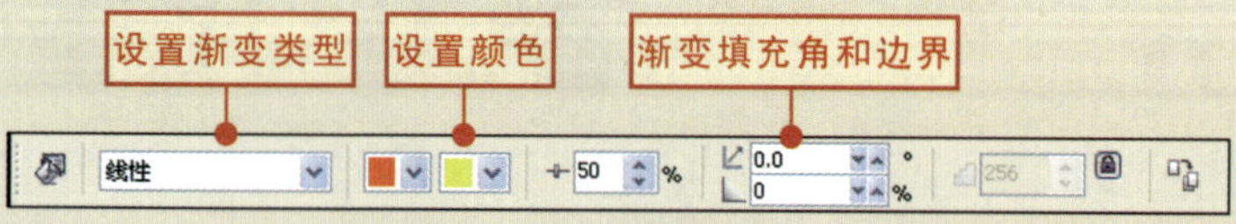

工具属性栏

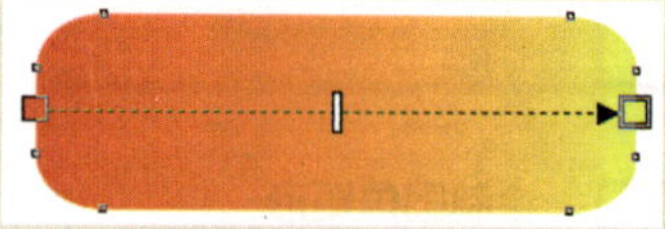
设置得到的渐变效果

用户还可手动调整控制点和控制线的位置，或在控制线上增加或删除控制节点。

手动调整：在线性起始点或终点上按下鼠标左键，拖动控制点，可调整控制线的角度和边衬；拖动线性中心点，可调整中心点的位置；拖动控制线，可移动控制线的位置。

增加或删除控制节点：使用鼠标左键在控制线上双击，可在双击位置处增加一个新的线性控制节点；单击新增的控制节点，使其成为选取状态；可使用鼠标选择调色板中的色块，按住鼠标左键拖动色块到控制线中，即可将颜色应用到该节点处的线性渐变中。

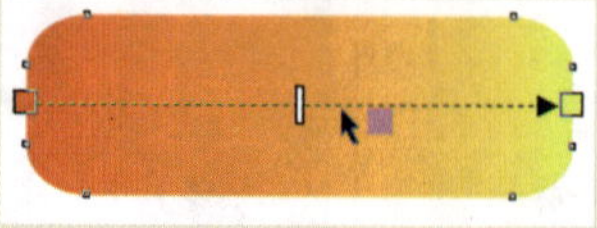
拖动色块

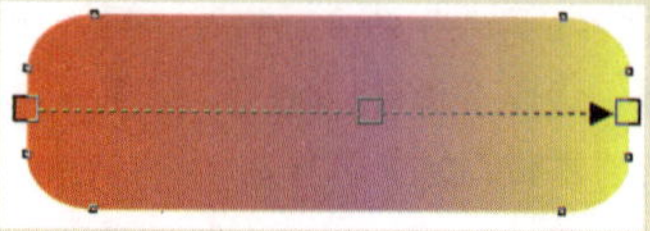
增加的颜色

► 设计理论——画册完稿印刷前须知

宣传画册是当今公司做宣传时十分流行，且引人注目的广告方式，也是一种最有效的方法。宣传画册的设计涉及各个领域，它们试图为公司做广告、促销，或仅仅是扩大影响力。画册的广泛宣传作用要归功于每年大量的、各种各样的画册作品的问世。在设计每一个宣传画册时，需要考虑许多因素，诸如标题、公司特点、创意和材料的质地。

下面是几款画册设计欣赏，读者可以在其中找到一些画册设计的灵感。

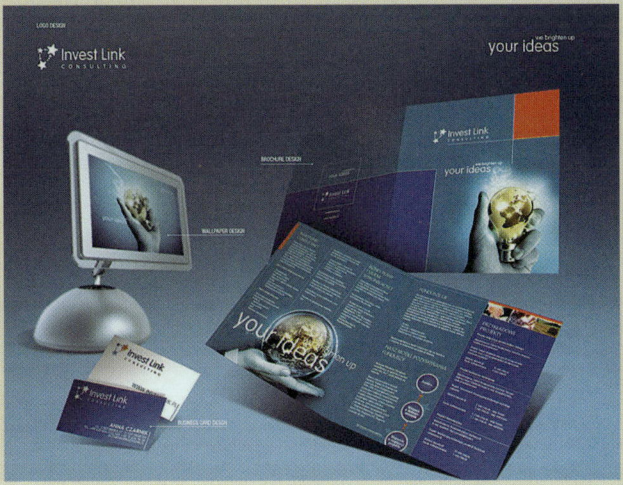

企业形象画册

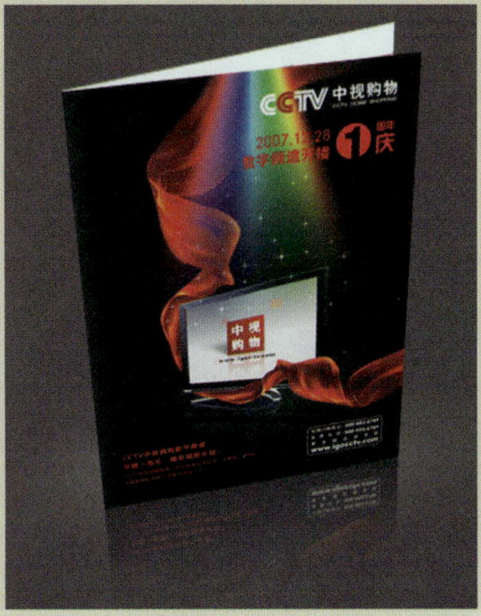

画册封面设计

在设计师完成画册的整体设计后，就需要对画册进行输出印刷，这需要具备一些印刷前的基本知识。

❶版面上的文字距离裁切边缘必须大于3mm，以免裁切时被切到。文字不要使用系统字，若使用会造成笔画交错处有白色节点，如果笔画交错处有白色节点时，以打散的指令处理即可。文字必须转曲线或描外框，文字转成曲线后，请注意字间或行间是否有跳行或互相重叠的错乱现象。黑色文字不要选用套印填色。

❷不能以屏幕或打印机列印的颜色来要求印刷色，客户制作时必须参照CMYK色谱的百分数来决定制作填色。同时注意不同厂家生产的CMYK色谱受纸张、油墨种类、印刷压力等因素的影响，同一色块会存在差异。

❸同一文档在不同次的印刷时，色彩都会有差异，色差度在10%内为正常（因墨量控制每次都会有不同所致），大机印刷，顾此失彼，如有旧档要加印，为避免色差过大，只能参照本公司所出的数码色样。不同次的印刷成品所出现的色差，不得作为退货理由。

❹色块的配色请尽量避免使用深色或满版色的组合，否则印刷后裁切容易产生背印的情况。名片印刷由于量少，正反面有大面积相同色块的地方，难以保证一致及毫无墨点，不得因此作为退货理由。

❺底纹或底图颜色不要低于10%，以避免印刷成品时无法呈现。

❻所有输入或自绘的图形，其线框粗细不可小于0.1mm，否则会出现印刷品断线或无法呈现的状况。另外，线框不可设定为“随影像缩放”，否则印刷输出时会形成不规则线。

读书笔记

NOTEPAPER

Chapter 09

装帧设计

装帧设计，是指对书籍的封面和内页版式的设计。装帧设计具有鲜明的书籍设计规范和特点，是平面商业设计的一大类型。本章将制作两种类型的书籍装帧，包括时尚美容书籍和酒店内部管理书籍。内容不同，装帧设计的表现形式也不同。通过这两种装帧设计的制作，读者可以学习装帧设计的思路、设计原则和要点，以及不同类型装帧设计的特点。在软件技法上，读者能够学习CorelDRAW X5中各种填充的方法。

25 美容书籍装帧设计

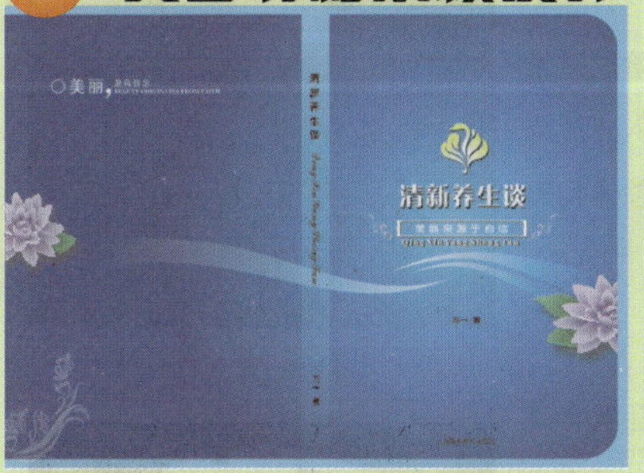

知识点： 颜色模式的运用

设计理论： 版面设计的概念

26 美容书籍立体效果

知识点： 编辑容器中的对象

设计理论： 装帧设计中文字间的内在联系

27 酒店书籍装帧设计

知识点： 均匀填充对象

设计理论： 装帧设计中文字造型特征

► 理论知识：装帧设计

一、基本概念

书籍作为信息的载体，伴随着漫长的人类历史发展过程，在将知识传播给读者的同时，也带给他们美的享受。因此，好的书籍不仅仅能提供静止的阅读，更应该是一部可供欣赏、品味、收藏的流动的静态戏剧。书籍的装帧设计作为一门独立的造型艺术，要求设计师在设计时不仅要突出书籍本身的知识源，更要巧妙利用装帧设计特有的艺术语言，为读者构筑丰富的审美空间，通过读者眼观、手触、味觉、心会，在领略书籍精华神韵的同时，得到连续畅快的精神享受。这正是书籍装帧设计整体性原则的根本宗旨。

普通书籍装帧

二、书籍装帧设计原则

书籍装帧设计要重视整体性原则，源于这一基本设计理念，装帧设计应为书稿服务，并且以完美体现书稿的整体面貌为任务。因此，设计者面对书稿时，首先就必须有实现这一目标的整体设计构思。

（1）设计者对已经达到“齐清定”的书稿，特别是书稿的特定题材及主题，要有足够的了解。

（2）对书稿的题材及主题，还要尽可能有广泛深入的理解，这个阶段常常被称为“案头时期”。这一时期的工作越充分，设计者就越可能尽快进入并形成整体构思。而设计师的知识结构、艺术修养，以及审美情趣，都会影响整体构思的面貌。

故宫书籍封面

三、装帧设计的误区

在误区中，内文版式的单一与国际水平的差距最为明显。这主要是观念问题，我国设计师往往偏重封面设计，对版式设计重视不够。主要体现在两个方面，一是毫无章法地密密麻麻将文字堆满纸张，另一方面则是走向相反的极端，大量使用插图导致装帧过度。不少出版社以书做得越花哨、版面填得越满、图片塞得越多为标准。有些书中的插图和内容完全没有半点关系，有些即使和内文相符，也因图片放置的过多或位置不当而严重影响了阅读。

文化书籍装帧

出版社盲目追求流行却没有专业审美眼光固然是造成这种情况的一个原因，而我国图书装帧设计者观念上的偏差也不容忽视。书籍设计是“带着镣铐跳舞”，对感性与理性的结合要求严格。而我国图书装帧人员90%以上所接受的专业教育为追求感性的艺术，因此不少设计人员就会不顾图书作为传递信息载体的身份而一味突出自己的艺术个性，以新奇、花哨为美。

其次，跟风和抄袭同样是当前非常严重的问题，一旦出现一种个性强烈的装帧风格，其他同类书立即会纷纷亮出同一扮相。

装帧礼盒设计

25 美容书籍装帧设计

Chapter 09	装帧设计	美容书籍装帧设计

技法表现 运用矩形工具绘制出书籍的基本外形，然后对背景应用射线渐变填充，再绘制其他图形，最后输入文字进行编辑。

包含知识 矩形工具、文字工具、编辑曲线、渐变填充等。

文件路径 Reader\Chapter09\25\complete\美容书籍装帧设计.cdr

设计分析——营造怡然自得的氛围

本案例制作的是一个美容书籍装帧设计。由于这是一本非常适合现代女性的书籍，它指导人们由内而外的美容保养，帮助爱美的女性在拥有亮丽的外表的同时，还能注意内在调理。所以书的封面及封底设计要求简洁大方，并且不失清新淡雅的感觉。

在设计书籍装帧的时候，我们采用了大面积的蓝色渐变效果为背景，给人一种清爽的视觉感受，在封面和封底的边缘分别都添加了一朵荷花图像，带给人一种清新的感觉。然后再绘制三个白色飘带图形，类似仙气萦绕的氛围，让人不禁联想到荷花飘香、怡然自得的生活，带给女性强烈的购买欲。

制作流程——先绘制背景，再添加书名

绘制渐变背景

添加素材图像

输入文字

完成效果

► 制作步骤

制作整体造型

背景是整个作品的主要色调，因此首先要选择好背景的颜色，这里选择的是蓝色渐变效果。这种颜色能最好的体现出书籍设计的主题。

1 绘制矩形

❶ 运行CorelDRAW X5，单击工具箱中的矩形工具□，按住鼠标左键在页面中拖动，绘制出一个矩形。

❷ 双击状态栏右下方的“填充”图标，打开“均匀填充”对话框，为矩形填充“冰蓝色”(C:40,M:0,Y:0,K:0)，并去除轮廓线。

2 绘制半边圆角矩形

❶ 单击矩形工具，在蓝色矩形中再绘制一个矩形。

❷ 在属性栏中单击“全部圆角” 按钮，取消其激活状态。然后分别设置右边上下两个角为15，得到右边圆角矩形。

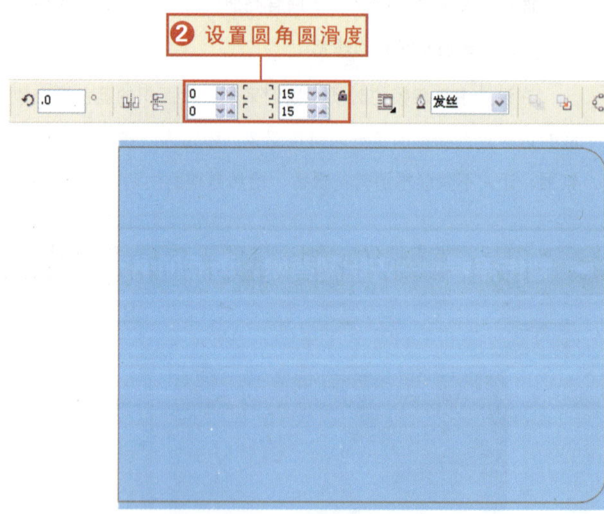

3 设置渐变填充

❶ 单击填充工具，选择渐变填充，打开“渐变填充”对话框。

❷ 设置渐变类型为射线，渐变颜色从0%“深蓝色”(C:92,M:51,Y:2,K:0)到56%“青色”(C:100,M:0,Y:0,K:0)到100%“冰蓝色”(C:40,M:0,Y:0,K:0)。

❸ 单击“确定”按钮，得到渐变填充效果。

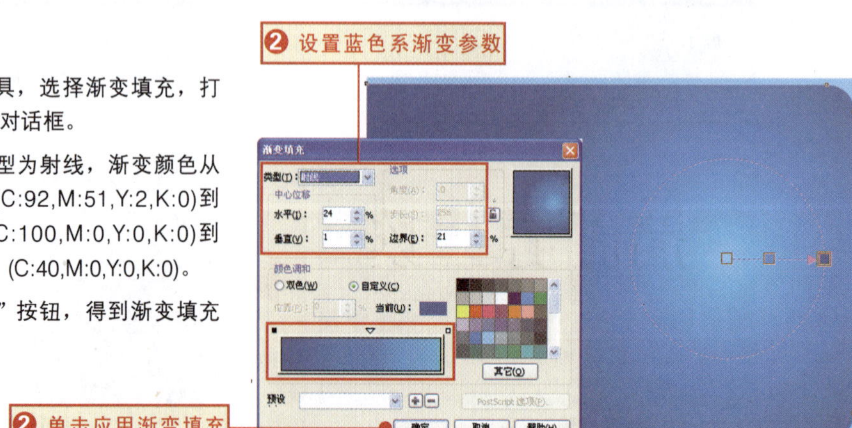

4 复制图形

❶ 单击渐变图形后面的冰蓝色矩形。

❷ 将鼠标放到右侧，按住【Shift】键单击中间的方块，向中间缩小图形。

❸ 当缩小到合适的位置后，在不松开左键的时候右击。

5 应用透明效果

❶ 单击透明度工具，对复制的矩形应用线性渐变效果。

❷ 在属性栏中设置渐变类型为线性，然后再设置其他参数，得到透明渐变效果。

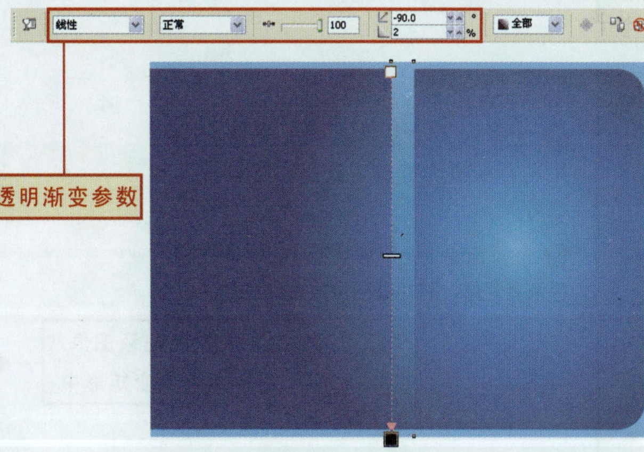

6 导入素材图像

❶ 选择“文件>导入”命令，在打开的“导入”对话框中，找到“花朵.psd”文件。

❷ 单击“确定”按钮，将素材图像导入进来，放到封面的右侧。

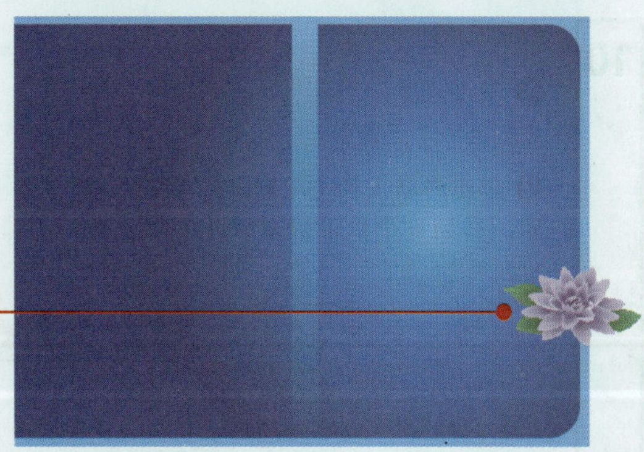

7 为图像添加阴影

❶ 单击阴影工具，为花朵图像添加投影。

❷ 在属性栏中设置投影颜色为“黑色”，再设置其他参数，得到投影效果。

8

复制图像

❶ 复制一次添加了投影的花朵图像。

❷ 将该图像适当缩小，放到封面的左侧。

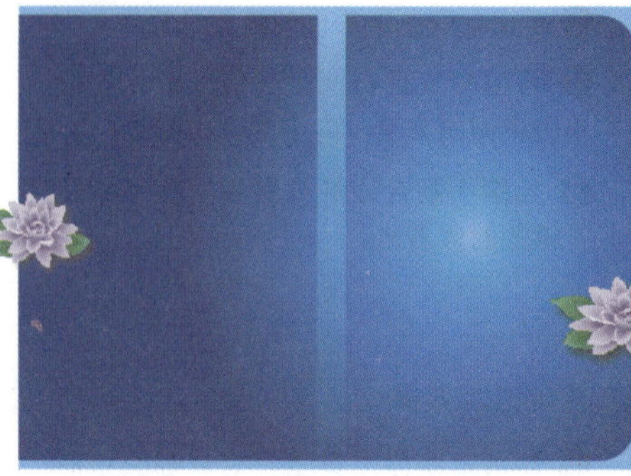

9

放置到容器中

❶ 选择这两个花朵图像，选择“效果>图框精确剪裁>放置在容器中”命令。

❷ 当鼠标变成一个黑色箭头时，单击蓝色渐变矩形，将花朵图像放置到容器中。

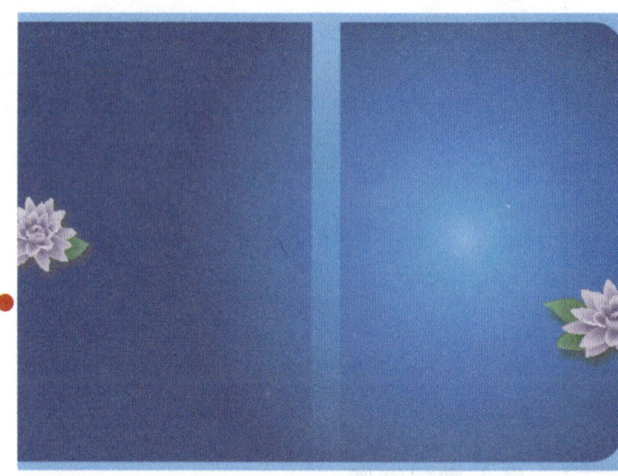

10

绘制图形

❶ 单击贝塞尔工具，在封面与封底中绘制一个三角形。

❷ 单击形状工具，对三角形进行编辑，得到一个飘带的形状，并填充为“白色”。

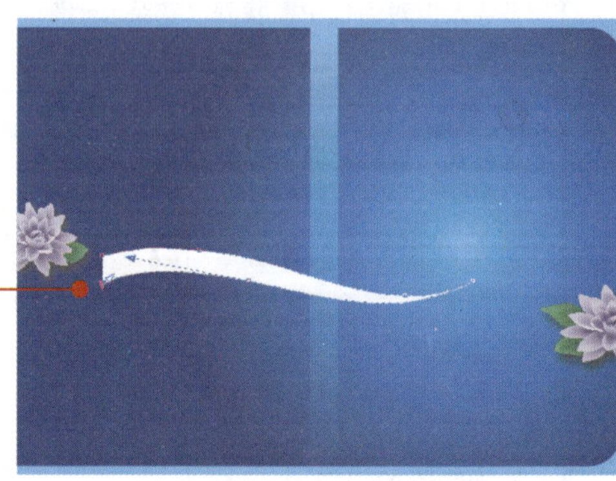

11

应用透明效果

❶ 单击透明度工具，为白色飘带应用透明效果。在属性栏中设置透明类型为线性，再设置其他参数。

❷ 设置好各选项后，得到渐变透明效果。

12 绘制图形

❶ 结合贝塞尔工具和形状工具的使用，在书籍封面再绘制两个白色飘带图形。

❷ 单击透明度工具，分别为这两个图形应用线性透明效果。

> **技巧点拨**
>
> 在CorelDRAW中为对象应用透明效果时，可以通过手动调整对象的透明度方向和中心点，也可以在属性栏中设置精确的参数。

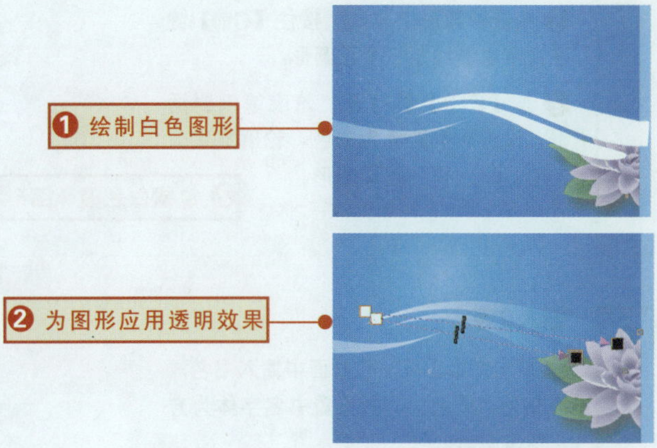

13 打开素材图形

❶ 选择“文件>打开”命令，在“打开”对话框中找到“花纹.cdr”文件。

❷ 将该图形复制到当前文件中，填充为白色，放到封底的左下角。

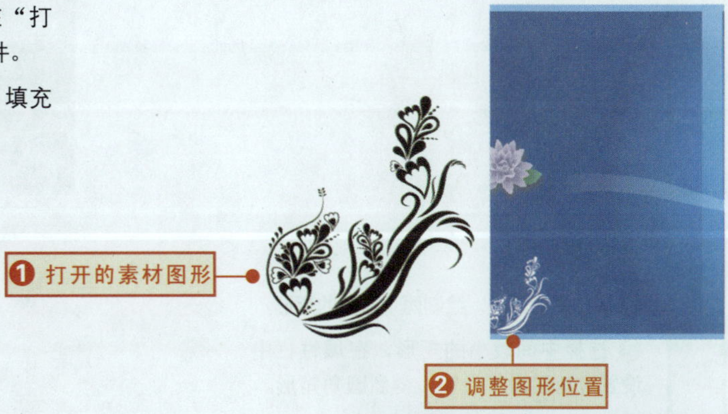

14 应用透明效果

❶ 单击透明度工具，为图形应用透明效果。

❷ 在属性栏中设置透明类型为标准，透明度为60，得到标准透明效果。

添加文字效果

编辑完背景图像后，下面来输入封面、封底和书脊中的文字。首先在封面中输入本书名称和作者名称，然后在封底中输入一些介绍文字，最后在书脊中输入书名和作者名。

1 输入文字

❶ 单击文本工具，在封底左上方输入文字，并填充为“白色”。

❷ 将中文文字设置为黑体，英文文字设置为方正大标宋体。

2 绘制圆环

❶ 单击椭圆形工具，按住【Ctrl】键在文字左侧绘制一个正圆形。

❷ 按【F12】键打开“轮廓笔”对话框，设置轮廓颜色为白色，轮廓宽度为0.706mm，得到圆环图形。

3 输入文字

❶ 单击文本工具，在封面中输入书名，填充为“黑色”，并设置书名字体为方正粗倩简体。

❷ 按【+】键原地复制一次对象，适当向上向左移动，并设置颜色为“白色”。

4 绘制矩形

❶ 单击矩形工具，绘制两个重叠的矩形。

❷ 选择中间较小的矩形，在属性栏中设置边角圆滑度为15，得到圆角矩形。

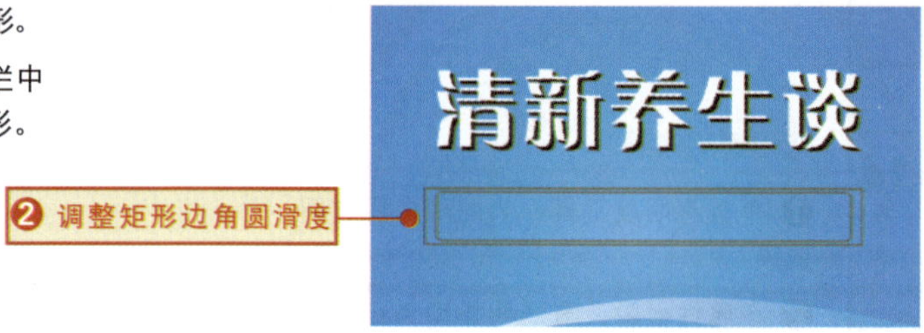

5 修剪图形

❶ 选择这两个图形，单击属性栏中的“修剪”按钮，然后将得到的图形填充为“黑色”。

❷ 复制一次黑色对象，适当向左向上移动，并改变颜色为“白色”。

6 输入文字

❶ 在修剪的图形中间输入一行文字，填充为白色，设置文字字体为方正粗圆简体。

❷ 在图形下方再输入一行英文文字，填充为“黑色”，复制一次对象并调整位置后，设置颜色为“白色”。

7 打开素材图形

❶ 选择“文件>打开”命令，打开“花纹2.cdr”文件。

❷ 将该文件复制到当前文件中，再复制一次对象，分别放到修剪图形的左右两侧。

❷ 复制的素材图形

8 打开素材图形

❶ 选择“文件>打开”命令，打开“花瓣.cdr”文件，将该文件复制到当前文件中，放到封面文字上方。

❷ 再复制一次对象，填充为“黑色”，并选择“排列>顺序>向后一层”命令，将黑色图形放到下一层。

❷ 复制素材图形并改变颜色

9 输入文字

❶ 在封面下方输入作者名称和出版社名称。

❷ 设置作者名称字体为方正粗圆简体，出版社名称字体为黑体。

❷ 输入作者和出版社名称

10 输入文字

❶ 在书籍中间的背脊中，也输入作者名称和书名中英文文字。

❷ 输入好后，单击属性栏中的“将文本更改为垂直方向”按钮，将文本变为竖式排列。

❷ 设置文本为竖式排列

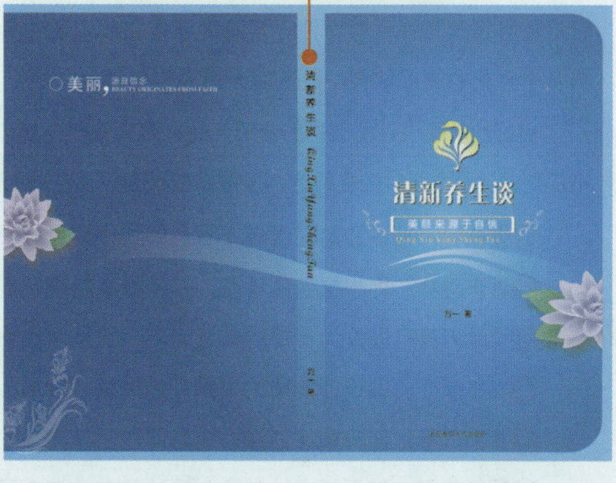

► 知识点总结——颜色模式的使用

CorelDRAW有多种颜色模式供用户选择，不同的颜色模式有不同的呈现效果。

在CMYK颜色模式中设置颜色时，使用如下图（左一）所示的对话框。在对话框的“模型”下拉列表框中可以选择其他颜色模式。

CMYK颜色模式中的C、M、Y、K为青色、品红、黄色和黑色的相应值，设置范围为0%～100%。当CMYK颜色模式中的C、M、Y、K值均为100，结果为黑色；C、M、Y、K值均为0，则结果为纯白。

RGB颜色模式中的R、G、B颜色为红色、绿色和蓝色的相应值，设置范围为0～255。在RGB颜色模式中，R、G、B值均为255，显示为白色；R、G、B值均为0，显示为纯黑。RGB颜色模式的图像应用于电视、网络、幻灯和多媒体等。

灰度颜色模式使用亮度（L）来定义颜色，定义范围为0～255。每种灰度颜色都有相对应的RGB颜色模式的红色、绿色和蓝色组件的值。

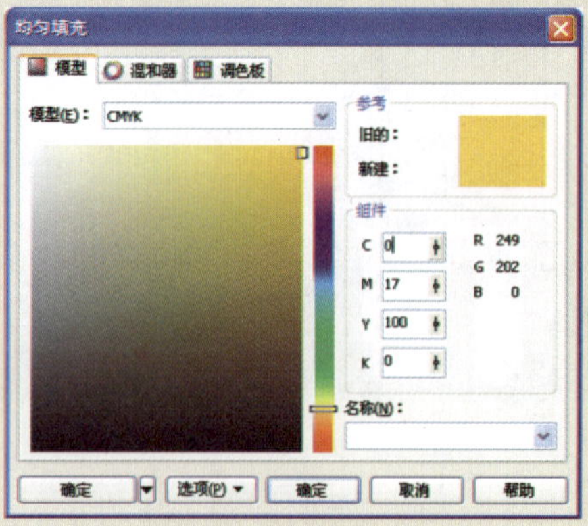

CMYK 模式的填充对话框

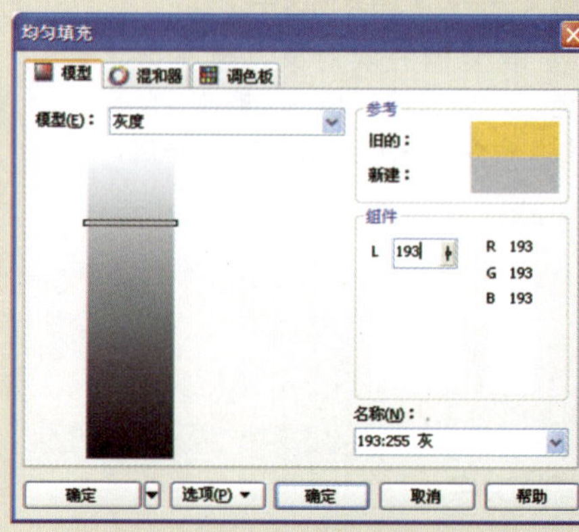

灰度模式填充对话框

Lab的颜色空间与设备无关，能产生与各种设备匹配的颜色。

HSB颜色模式使用H、S、B组件来定义颜色，色度描述颜色的色素，定义范围为0°～359°（如0°为红色，60°为黄色，120°为绿色，180°为青色，240°为蓝色，而300°则为品红）。饱和度描述颜色的鲜明度或阴暗度，定义范围为0%～100%（百分比越高，颜色就越鲜明）。亮度描述颜色包含的白色值，定义范围为0%～100%（百分比越高，颜色就越明亮）。

► 设计理论——版面设计的概念

在商业设计中，版面设计是一个建立在准确功能诉求与市场定位基础之上，以有效传播为导向的视觉传达艺术。它是将营销策略转化为一种能与消费者建立起沟通的具体视觉表现，通过将图、文、色等基本设计元素进行富有形式感及个性化的编排组合，以激发人们去相信事物。

良好的版面设计能准确的介绍产品、落实策略、推广品牌，建立起消费者对产品信赖感与忠诚度。现代商业版面设计不仅是设计师个人的独立行为，了解商业版面设计中的6大组成要素对设计的正确展开十分重要。这6大组成要素如下：

❶委托者：指商品的经营者或服务的提供者，即设计项目的委托方。

❷诉求对象：即根据商品特点，行销重点所确定的目标群体或目标受众。

❸设计内容：即设计传播的信息内容，包括商品信息、企业信息、活动信息、策略信息等。

❹发布媒介：即设计传播的载体，如报纸、杂志、电视、网站、户外广告等，不同媒介有其各自的特点。

❺营销目标：即行销计划在一定时间段预计完成的整体目标。

❻项目费用：即委托方计划投入设计环节的资金预算。

26 美容书籍立体效果

Chapter 09	装帧设计	美容书籍立体效果

技法表现 先分别将封面、封底和书脊图像组合起来，形成一个单独的图像，再对图像进行倾斜和透视变换。

包含知识 “放置在容器中”命令、倾斜功能、透视功能、复制功能。

文件路径 Reader\Chapter09\26\complete\美容书籍立体效果.cdr

设计分析——透视处理是关键

本案例是为上一个案例美容书籍制作的立体效果。在制作立体效果之前首先要在脑海中勾画出一个立体效果图，这样才能顺利地制作出透视效果。

书籍的透视效果，通常只能展示书籍的一部分图像，这里我们选择了以封面为主的立体效果展示。在制作过程中主要将封面和书脊部分做透视处理，调整大小和方向，然后复制一次对象，完成制作。

制作流程——先调整形状，再制作光影

调整对象

倾斜对象

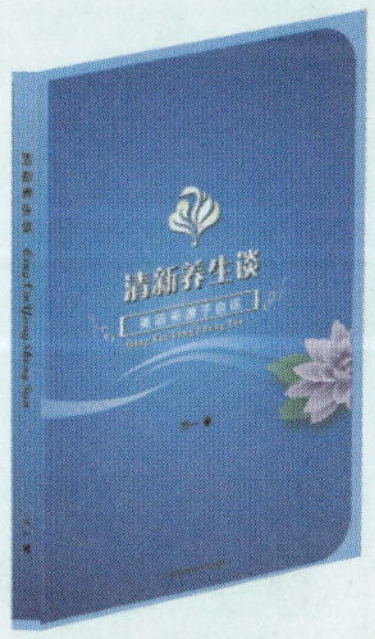
调整对象

渐变填充

完成效果

▶ 制作步骤

制作立体效果

立体效果通常会运用到视觉透视功能，在制作透视时，应当注意图像倾斜的方向，上下图像的对齐方式，以及一些图形的阴影、渐变等效果。

1 群组与复制对象

❶ 选择“文件>文件”命令，打开“美容书籍装帧设计.cdr”文件。

❷ 选择所有对象，按【Ctrl+G】组合键群组，复制两次对象后分别绘制两个与书脊和封面大小相同的矩形，选择“效果>图框精确剪裁>放置在容器中”命令，将封面和书脊图形放置到两个矩形中，并去除轮廓线。

2 添加透视效果

❶ 选择封面对象，再次单击该对象，进入旋转状态后，将鼠标放到右侧中间的方块中，按住鼠标左键向上拖动。

❷ 再次单击图形，回到选择状态，将鼠标放到右侧中间方块中，按住鼠标左键向内拖动。

3 调整透视效果

❶ 使用形状工具选择封面的右上角，适当调整其倾斜度。

❷ 调整好封面向上和向内的造型后，得到封面的透视效果。

技巧点拨

调整透视效果时，可以按住【Ctrl】键单击封面图形，进入到容器中对边角进行编辑。

4 添加书脊透视效果

❶ 选择书脊对象，并再次单击该对象，进入旋转状态后，将鼠标放到右侧中间的方块中，按住鼠标左键向上拖动。

❷ 同样向内压缩书脊图形，得到书脊的透视效果。

5 绘制多边形

❶ 单击贝塞尔工具，在书脊与封面的上方交汇处绘制一个多边形。

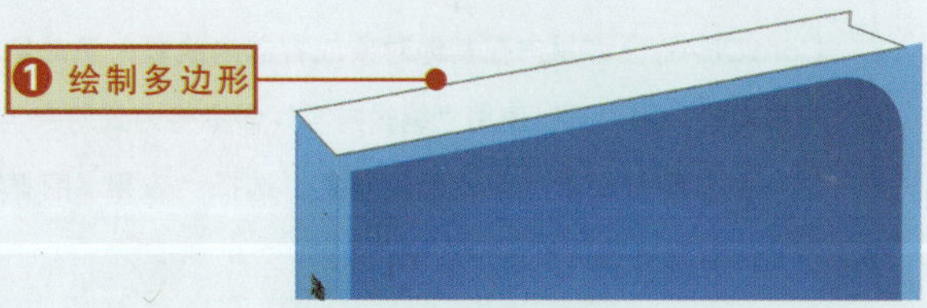

6 应用渐变填充

❶ 单击交互式填充工具，为对象做线性渐变填充，设置渐变颜色为从30%黑色到10%黑色。

❷ 右击调色板上方的“无填充”按钮，去除图形轮廓线。

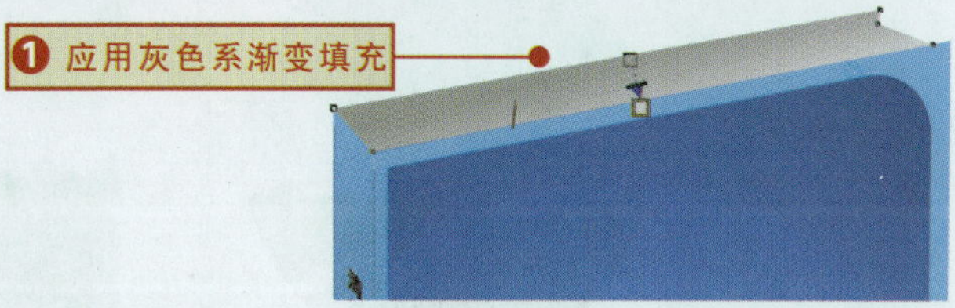

7 绘制四边形

❶ 使用贝塞尔工具在该渐变图形中再绘制一个四边形。

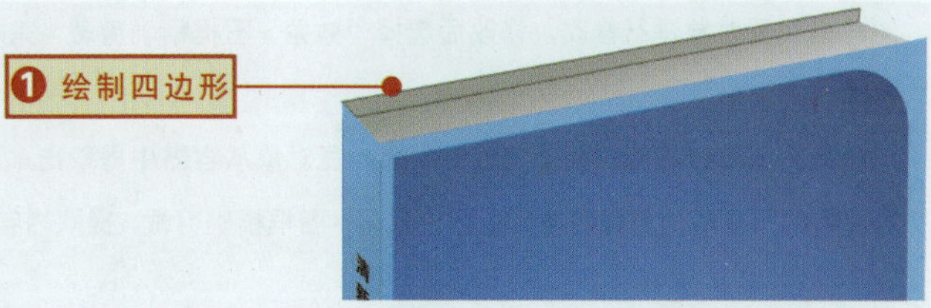

8 填充四边形

❶ 为该图形应用线性渐变填充，设置渐变颜色从30%黑色到60%黑色。

❷ 右击调色板上方的“无填充”按钮，去除图形轮廓线。

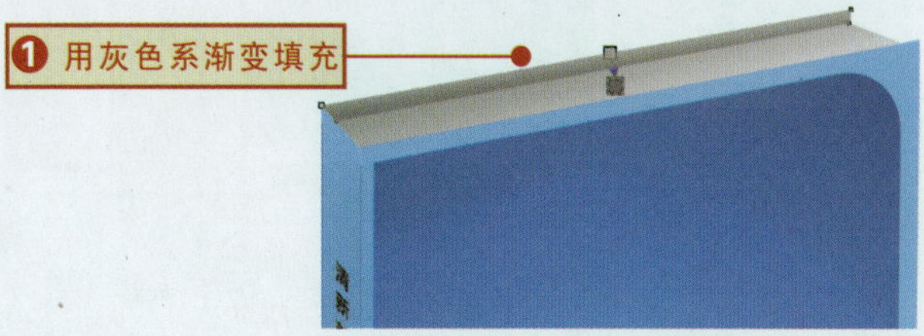

9

复制对象

❶ 选择绘制好的立体对象，按【Ctrl+G】组合键群组。

❷ 复制一次对象，调整立体图书位置，完成本实例的制作。

► 知识点总结——编辑容器中的对象

本例运用了“图框精确裁剪”命令将对象放置到容器中，下面来介绍如何在容器中编辑对象。

CorelDRAW允许用户在其他对象或容器内放置矢量对象和位图，如相片。容器可以是任何对象，如美术字或矩形。根据需要，用户可以使用“编辑内容”命令将内置对象与容器对象暂时分开，方便编辑内置对象的属性。

选中具有图框精确剪裁效果的对象，选择“效果>图框精确剪裁>编辑内容”命令，容器对象将变为浅色的轮廓，内置的对象将被完整显示出来。

放置在容器中的效果

显示容器中的图像

对内置对象进行修改，修改后选择“效果>图框精确剪裁>完成编辑这一级”命令，即可结束对内置对象的编辑操作。

用户还可以将图框精确剪裁对象的内置对象从容器中提取出来，成为独立的对象，具体方法是：选中需要提取内置对象的图框精确剪裁对象，选择“效果>图框精确剪裁>提取内容”命令，即可以将内置对象提取出来了。

容器中的图像

提取图像后的效果

► 设计理论——装帧设计中文字间的内在联系

书籍装帧中文字版式设计的主要功能是在读者与书籍之间构建信息传达的视觉桥梁，然而，在当今书籍装帧的某些设计作品中，文字的版式设计没有得到应有的重视。

书籍装帧中的文字有三重意义，一个是书写在表面的文字形态，另一个是语言学意义上的文字，还有一个就是激发人们艺术想象力的文字。对于设计师来说，第三重意义是最重要的。发掘不同字体之间的内在联系，可以以画面中使用的不同字体为基点，从字体的形态结构、字号大小、色彩层次、空间关系等方面入手。

文字的版式设计更多注重的是文字的传达性，除我们所关注的“文字”本身的一种寓意外，其本身的结构特征也可成为版式的素材。因而要特别关注文字的大小、曲直、粗细、笔画的组合关系，认真推敲它的字形结构，寻找字体间的内在联系。

环保主题装帧设计

文字版式设计应具有一个总的设计基调，除了对文字特性进行统一外，也可以从空间关系上达到统一基调的效果，即注意字体组合产生的黑、白、灰，明度上的版面视觉空间，它是视觉上的拓展，而不仅仅是视觉刺激的变化。

在视觉空间中，大小不等、多样的字体看似复杂，其实是有章可循的，其负形留白的感觉是一种轻松、巧妙地留白。讲究空白之美，是为了更好地衬托主题，集中视线和拓展版面的视觉空间层次。设计者在处理版面时，利用各种方式手段引导读者的视线，并给读者恰当留出视觉休息和自由想象的空间，使其在视觉上张弛有度。字体笔画之间巧妙地留有空白，有利于更加有效地烘托画面的主题、集中读者视线，使版面布局清晰，疏密有致。

菜谱封面

27 酒店书籍装帧设计

Chapter 09	装帧设计	酒店书籍装帧设计

技法表现 运用渐变工具绘制出画面背景，再通过椭圆形工具绘制出花瓣图形，填充为渐变颜色后，再制作透明效果。最后输入文字。

包含知识 矩形工具、椭圆形工具、渐变填充、文字工具等。

文件路径 Reader\Chapter09\27\complete\酒店书籍装帧设计.cdr

设计分析——简洁就是轻松

本案例制作的是一本酒店用品的介绍性书籍。这本书的内容很简单，主要是为了方便旅客对酒店用品的了解，所以在装帧设计上也要求以简单为主。

在设计封面时，我们采用了与酒店标志相似的花瓣图形作为背景图像，绘制出一朵大大的花瓣图像，并应用渐变填充，再添加透明效果，让图形占据了大半个封面，给人一种视觉冲击力，但同时却不会使封面显示过于复杂。而在封底仅用了一些文字说明，让大部分封底都为空白，只呈现出渐变颜色效果。

制作流程——先绘制图形，再放置到容器中

绘制渐变矩形

绘制花瓣图形

放置到容器中

制作标志

添加文字

► 制作步骤

绘制封面图形

一本书能让人第一眼看到的就是封面，所以封面的设计非常重要。好的封面设计能很快抓住人们的眼光，让人有翻阅它的欲望，从而达到营销的目的。

1 绘制矩形

❶ 运行CorelDRAW X5，单击矩形工具，在页面中绘制一个矩形，作为封面图形。

❷ 按【F11】键打开“渐变填充”对话框，设置渐变类型为射线，颜色从“深紫色”(C:100,M:100,Y:0,K:30)到“紫色”(C:0,M:100,Y:0,K:30)。

❸ 单击“确定”按钮后，得到图形的渐变效果。

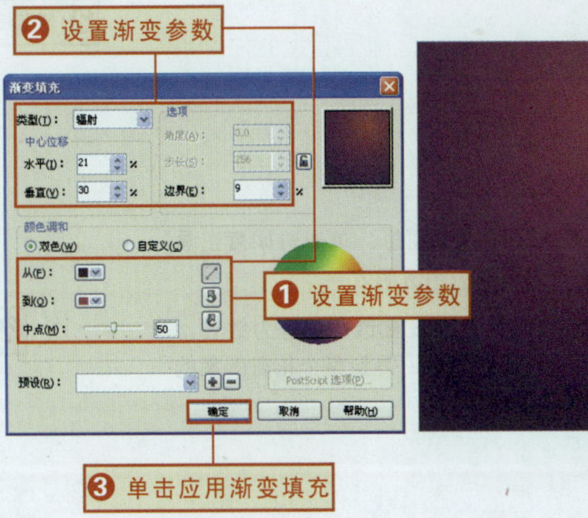

2 绘制椭圆形

❶ 单击椭圆形工具，在页面中绘制一个椭圆形。

❷ 再次单击椭圆形，做适当的旋转。

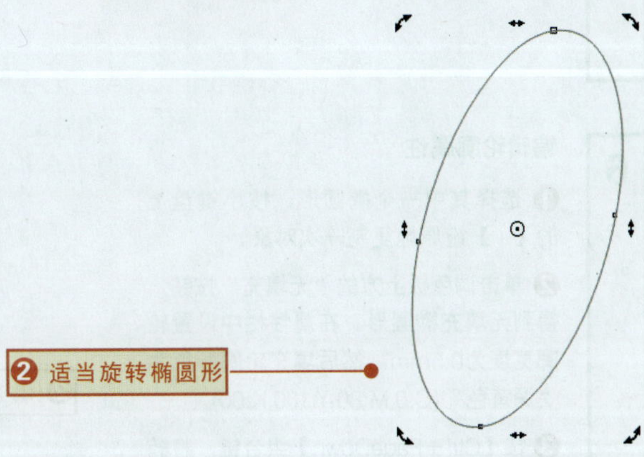

3 填充颜色

❶ 打开“渐变填充”对话框，对其应用射线渐变填充，并设置颜色从“土黄色”(C:0,M:20,Y:60,K:20)到“白色”。

❷ 单击“确定”按钮，为椭圆形应用渐变填充效果，并去除轮廓线。

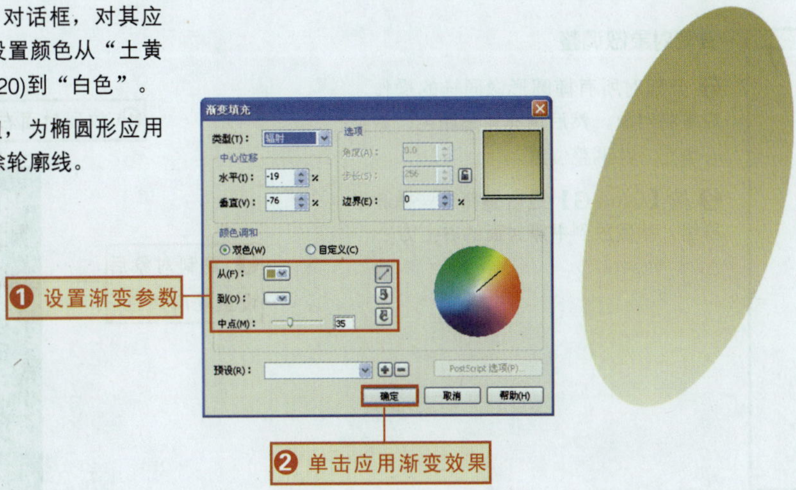

4 复制对象

❶ 复制多次椭圆形，适当调整其大小、高度和宽度。

❷ 参照如右图所示的方式进行排列，形成一个花瓣图案。

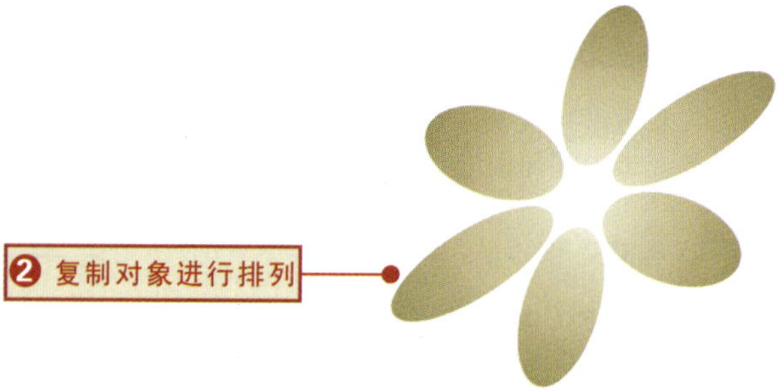

5 应用透明效果

❶ 选择所有椭圆形，单击透明度工具，对图形应用透明效果。

❷ 在属性栏中设置透明类型为线性，再设置其他参数，得到整个花瓣图案的透明效果。

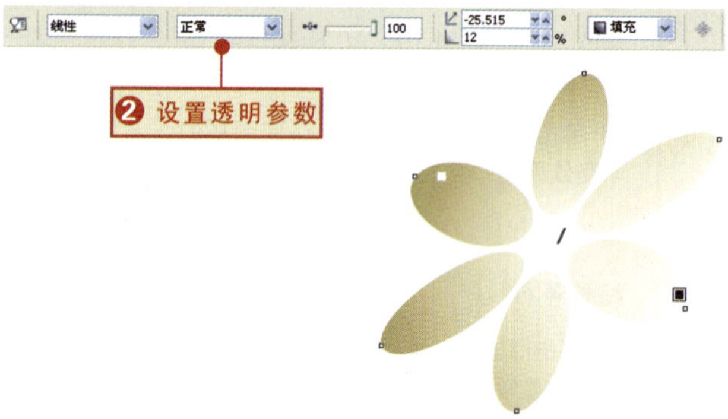

6 编辑轮廓属性

❶ 选择其中一个椭圆形，按小键盘上的【+】键原地复制一次对象。

❷ 单击调色板上方的“无填充”按钮，得到无填充椭圆形。在属性栏中设置轮廓宽度为0.5mm，然后填充轮廓颜色为“深黄色”(C:0,M:80,Y:100,K:60)。

❸ 按【Ctrl+PageDown】组合键，将椭圆形放到下一层，并适当调整其位置。

7 复制对象做调整

❶ 分别对所有椭圆形做同样的操作，先复制对象，然后填充轮廓颜色，做空心填充，并调整位置。

❷ 按【Ctrl+G】组合键将这些椭圆形群组，然后放到书籍封面的右上方。

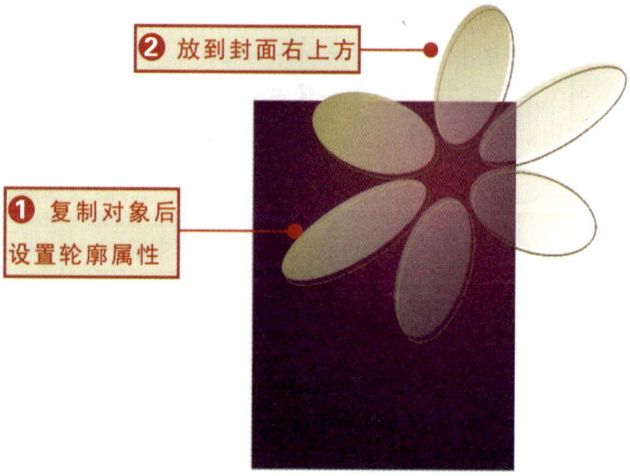

8

放置对象到容器中

❶ 选择“效果>图框精确剪裁>放置在容器中”命令。

❷ 当鼠标变为黑色箭头时，单击渐变矩形，将花瓣图案放置在封面中。

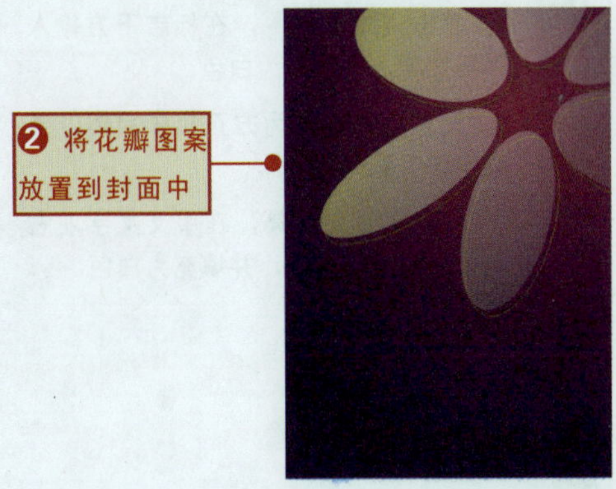

9

旋转复制对象

❶ 下面来绘制一个标志图形。单击椭圆形工具，绘制一个椭圆形，再次单击对象，将中心点放到图形底部。

❷ 按住鼠标左键向右旋转对象，到合适的位置后右击，得到复制的图形。

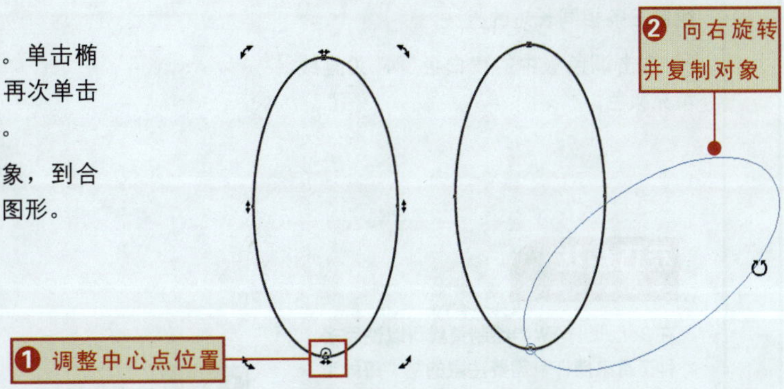

10

复制多个对象

❶ 按【Ctrl+R】组合键重复操作，可以旋转复制椭圆形，得到花瓣组合。

❷ 选择这些椭圆形，单击属性栏中的“结合”按钮。

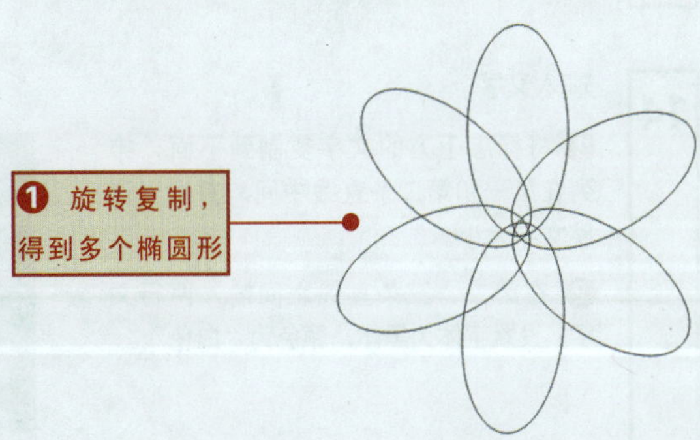

11

填充图形颜色

❶ 将结合后的对象填充为“白色”，并且去除轮廓线，得到标志图形。

❷ 缩小图形后，放到封面的透明花瓣图形中间。

12 输入文字

❶ 单击文本工具，在标志下方输入两行文字，并填充为白色。

❷ 设置中文字体为方正粗宋简体，英文字体为黑体。

❸ 单击贝塞尔工具，在中文文字左右两侧绘制两条直线，并填充为白色。

❸ 绘制白色直线

13 绘制直线

❶ 单击手绘工具，按住【Shift】键绘制三条相同长短的直线。

❷ 右击调色板中的“白色”，为直线填充颜色。

技巧点拨

在CorelDRAW中绘制直线可以使用多种工具来操作，需要注意的是，每种工具的使用方法有些不同，但快捷键都是一样的。

❶ 绘制三条直线

14 输入文字

❶ 将标志下方的文字复制到下面，排列在第一和第二条直线中间，并适当调整文字大小。

❷ 在第二、三条直线之间输入两行文字，设置字体为黑体，颜色为“白色”。

15 打开素材图形

❶ 使用椭圆形工具分别在最后一行文字中间绘制一个椭圆形，并填充为“白色”。

❷ 选择“文件>打开”命令，在“打开”对话框中找到“花边.cdr”文件，复制到当前文件中，并填充为白色。再复制一次对象，分别放到文字的左右两侧。

❷ 复制的花边素材图形

绘制封底和书脊图形

一般来说，封底和书脊的制作较为简单，只要在颜色和一些辅助素材图形中与封面能够呼应即可。这里直接复制封面背景作为封底，然后在上面添加一些说明文字。

1 绘制矩形

❶ 单击矩形工具，在封面图形右侧绘制一个矩形。

❷ 按【Shift+F11】组合键，打开“均匀填充”对话框，设置颜色为“紫色”(C:20,M:80,Y:0,K:20)，单击“确定”按钮得到填充效果。

❷ 填充紫色矩形

2 输入文字

❶ 单击文本工具，在紫色矩形中输入一行中文和英文文字。

❷ 设置文字颜色为“白色”，字体为黑体。

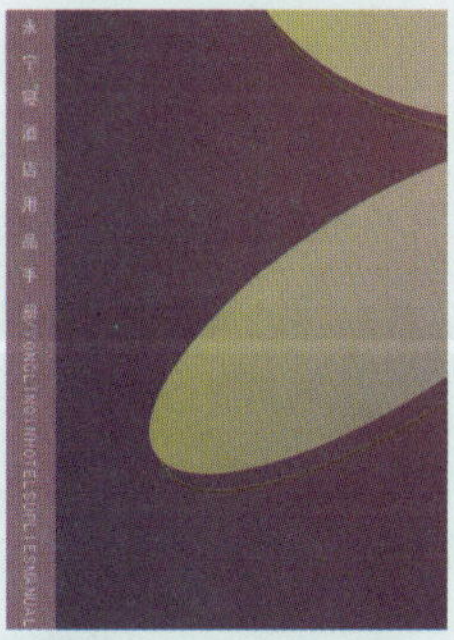

❷ 输入白色文字

3 复制对象

❶ 复制一次封面紫色渐变矩形，按住【Shift】键水平移动图形到右侧。

❷ 单击属性栏中的“水平镜像”按钮，翻转图形。

❷ 水平镜像对象

4 删除对象

❶ 选择“效果>图框精确剪裁>提取内容”命令，将提出的花瓣图形删除。

❶ 删除容器中的图形

5

输入文字

❶ 使用文本工具在封底图形的左上角输入文字。

❷ 填充文字为“白色”，并设置为不同的字体。然后在文字中间绘制一条“白色”直线，完成本实例的制作。

▶ 知识点总结——“均匀填充”对话框

本例多次使用了均匀填充功能为图形填充颜色，下面来介绍“均匀填充”对话框。

选中要进行标准填色的物件后，在工具箱的填色工具组中选择均匀填充工具，则会弹出“均匀填充”对话框。在该对话框中为用户提供了3种色彩选取方式：“模型”、“混合器”和“调色板”。

1. “模型”模式

在“模型”下拉列表中选择需要的色彩模式后，可任意选择所需色彩为图形填充。如果调色板中的颜色仍不能满足需求，还可以将自己设置的颜色添加到调色板中。单击“选项”按钮，展开“颜色查看器”菜单，选择其中的“HSB-基于色轮”选项，可以使用“色轮”模式来选择所需颜色。

2. “混合器”模式

利用混合器可以在一组特定的颜色中进行颜色的调配，用户可以通过拖动混合器滑动杆选择任意颜色，也可以在色彩变化显示表中选择所需色彩。

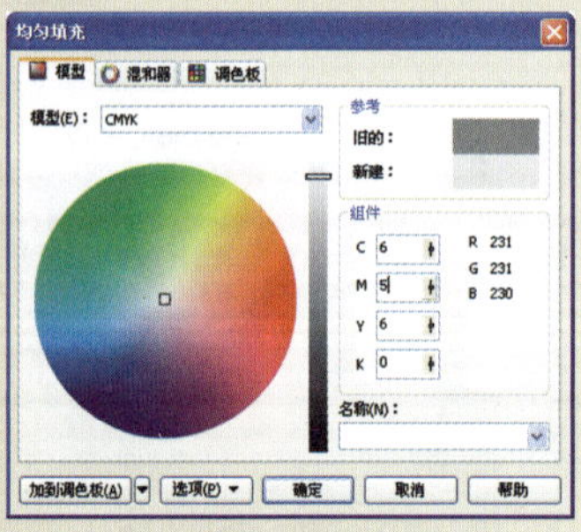

“模型”模式

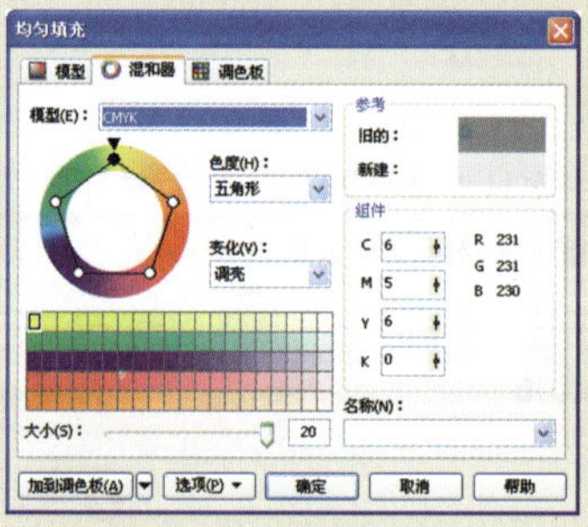

创建投影

3. “调色板”模式

“调色板”面板和“混合器”面板基本相似，但它比“混合器”面板多了“淡色”滑动条，组件值只显示目前所选色彩的数值但不能被自由编辑。另外，在“名称”下拉菜单中还为用户提供了不少的颜色样式。

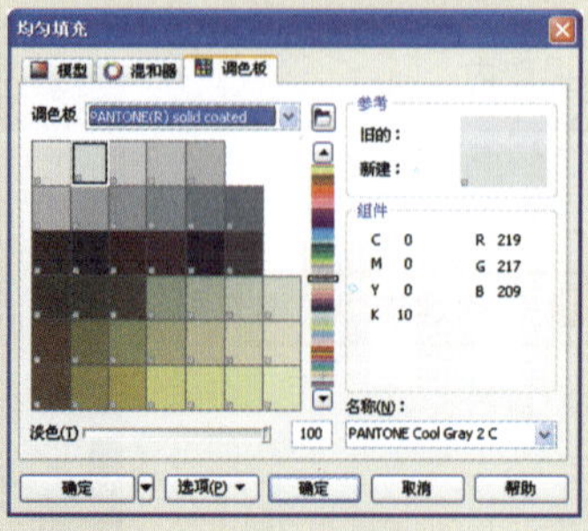

“调色板”模式

► 设计理论——装帧设计中文字造型特征

文字既是语言信息的载体，又是具有视觉识别特征的符号系统，其不仅表达概念，同时也通过诉之于视觉的方式传递情感。文字版式设计是现代书籍装帧不可分割的一部分，对书籍版式的视觉传达效果有着直接影响。

书籍离不开文字，而字体、字形、笔画、间距等则为文字的基本元素。目前，我国书籍装帧设计中的文字主要可归纳为两大类：一类是中文，另一类是外文（主要指英文），这里谈到的文字版式设计，主要是以中文字为主体的书籍装帧设计。文字要素的协调组合可以有效地向读者传达书籍的各种信息。而如果文字字体之间缺乏协调性，则会在某种程度上产生视觉的混乱与无序，从而形成阅读的障碍。要取得文字设计要素的和谐统一，关键在于要寻找出不同字体之间的内在联系。在对立的元素中利用其之间的内在联系予以组合，形成整体的协调与局部的对比，使统一中蕴含变化。

在书籍装帧中，字体首先作为造型元素出现，在运用中不同字体造型具有不同的独立品格，给予人不同的视觉感受和比较直接的视觉诉求力。举例来说，常用字体黑体的笔画粗直笔挺，整体呈现方形形态，给观者稳重、醒目、静止的视觉感受，很多类似字体也是在黑体基础上进行的创作变形。在我国，印刷字体由原始的宋体、黑体按设计空间的需要演变出了多种美术化的变体，派生出多种新的形态。儿童类读物具有知识性、趣味性的特点，此类书籍设计表现形式追求生动、活泼，采用变化形式多样而富有趣味的字体，如POP体、手写体等，比较符合儿童的视觉感受。

书籍封面

卡通封面

当今的时尚杂志出版速度快、信息量大，因而较多采用平装软封面。此时，合适的字体造型可以成为设计师的“灵感触角”，有利于创造出更符合书籍形式及内容的独特版式语言。

时尚杂志封面

杂志封面

读书笔记

NOTEPAPER

Chapter 10

包装设计

包装设计是平面设计领域内最复杂、涉及知识面最广的类型。包装设计需要考虑的因素有产品特点、包装方式、包装材质、制作工艺等。本章将制作两种不同类型的包装，包括礼品袋和饮料瓶贴。类型不同，包装的表现形式也不同。通过这两种包装的制作，读者可以学习包装的设计思路、设计原则和要点，以及不同类型包装的设计特点。在软件技法上，读者能够学习运用CorelDRAW X5制作透视效果、编辑表格和快速制作图形的方法。

28 礼品袋

知识点： “透镜”命令

设计理论： 点线面的构成

29 果汁瓶贴

知识点： 互式封套工具

设计理论： 图形在包装设计中的运用

理论知识：包装设计

一、什么是包装设计

包装设计是一些简单任务的集合，它可以使产品便于销售和保存；以最有效且最出彩的方式包装产品；告诉消费者产品的特点是什么，帮助消费者了解使用产品的方法。

酒类包装

二、包装设计的要求

1. 方便商品

顾客购物时都会寻求方便，如透明或开窗式包装的食品可以方便挑选；组合式包装的礼品篮可以方便使用；软包装饮料方便携带等。包装的方便易用不仅增添了商品的吸引力，而且能够满足所有人的消费心理。

2. 实用性

产品，包括包装，它的设计必须能够满足消费者的核心需求，也就是必须有实在的价值。例如，老年人最讲求质朴、实在，但是五花八门的老年人健康滋补品却普遍是“形式大于内容”的过度包装。这些产品即使能够吸引到偶然的礼品购买，也难以赢得消费者的忠诚，缺乏长远发展的动力。

软件包装

3. 制作技术

包装的选材、工艺、款式和装潢设计应该体现出技术的先进性。例如，采用凹凸工艺制作的立体式包装、无菌包装和防盗包装等，就可以通过新颖独特的包装来反映科学技术的优异成果，体现产品的优越性能。

4. 突出标志

在产品上突出厂名、商标，有助于减轻购买者对产品质量的怀疑心理。特别是有一定知名度的企业，这样又可以达到对产品和企业双重宣传的效果。

香水包装

5. 美观

商品的包装设计是装饰艺术的结晶。精美的包装能激起消费者高层次的社会性需求，深具艺术魅力的包装对购买者而言是一种美的享受，是促使潜在消费者变为显在消费者，以及长久型、习惯型消费者的驱动力量。

6. 差异化

有的消费者，特别是年轻人，喜欢与众不同，喜欢求异、求奇、求新，极力寻找机会表现自我。以这类消费为目标市场的产品包装，可以大胆采用禁忌用色，在造型上突破传统，在标识语中大肆宣扬“新一代的选择”，以求引导潮流，创造时尚。

MP4 包装

7. 创新

消费者的心理可以按生态心理和性别心理等标准细分。消费者心理市场细分的多层次性决定了包装促销也要从多角度进行。随着物质文化生活水平的提高，人们的消费观念也在不断地发生变化。今天的时尚，可能明天就会过时，所以商品的销售包装必须不断改进，在继承传统与创意中寻求平衡、和谐与统一。

销售包装是保护功能和艺术美感的融合，是实用性和新颖性的创新结合。成功的包装促销是生产者的意念心理、创造者的思维心理和购买者的需求心理的共鸣。

▶ 28 礼品袋

Chapter 10	包装设计	礼品袋

技法表现 主要运用变换再制的功能，制作等距排列的正圆，再运用“透镜”命令，制作出鱼眼效果。添加人物和排列矩形，完成手提袋的主要展示面。然后制作效果图和平面图。

包含知识 “变换”泊坞窗、“透镜”命令、贝塞尔工具、形状工具、椭圆形工具、矩形工具、交互式填充工具、渐变填充、轮廓笔对话框。

文件路径 Reader\Chapter10\28\complete\礼品袋.cdr

▶ 设计分析——插画突显时尚气息

礼品袋在日常生活中十分常见。礼品袋的设计主要分为两大类：VI应用和独立商品。VI应用是品牌视觉形象的一部分，如购买商品，商家会配以专用的礼品袋。独立商品是指将礼品袋作为商品进行设计、制作，以及销售。VI应用的礼品袋属于办公应用的一部分，要符合VI设计要求。作为独立商品，礼品袋则具有更大的设计空间，是日新月异的创意产业中常见的时尚商品。

本例是一款作为独立商品进行销售的纸质礼品袋，尺寸较长，且带有传统的打孔套线。该礼品袋设计的重点为正反两面画面的版式设计和插画绘制。版式设计以点、线、面的构图为基础，结合疏密对比的排列方式，再加上长条形的另类尺寸，让礼品袋时尚亮丽，在众多商品中能脱颖而出。

▶ 制作流程——先绘制背景，再添加书名

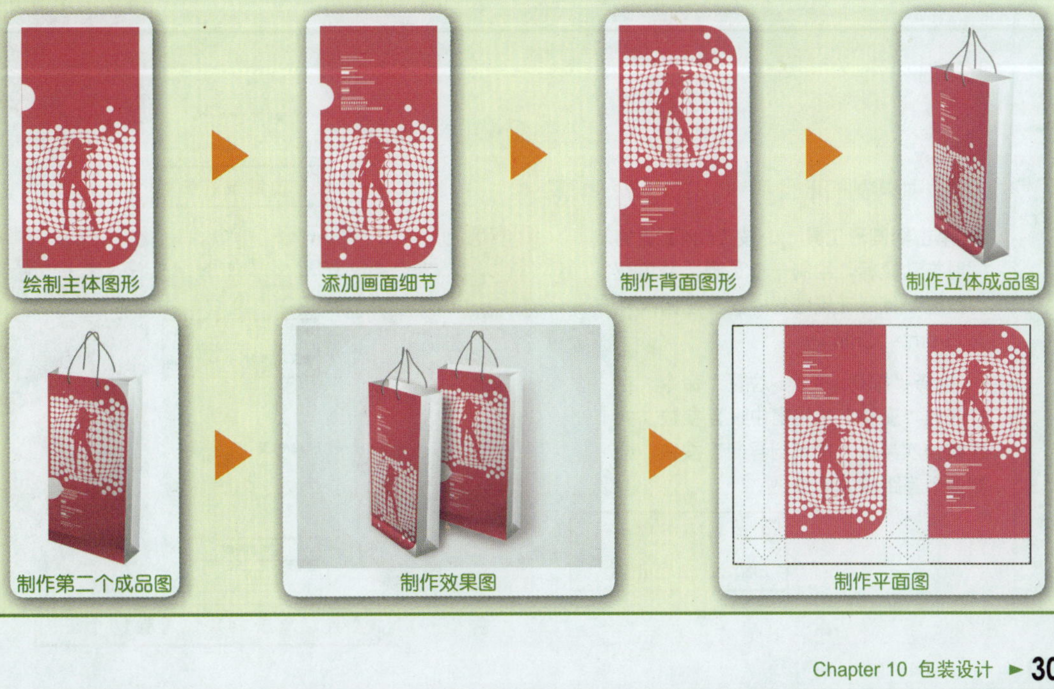

► 制作步骤

绘制礼品袋正面图形

设计礼品袋时，在确定尺寸后，通常从面积最大的两个平面入手。首先制作出两个平面的视觉效果，再制作侧面图形，最后制作整个礼品袋的立体效果图。

1 新建文件

❶ 运行CorelDRAW X5，单击工具栏中的“新建”按钮，新建“未命名-1”文件。

❷ 在属性栏中设置纸张库宽度和高度分别为250mm和500mm。

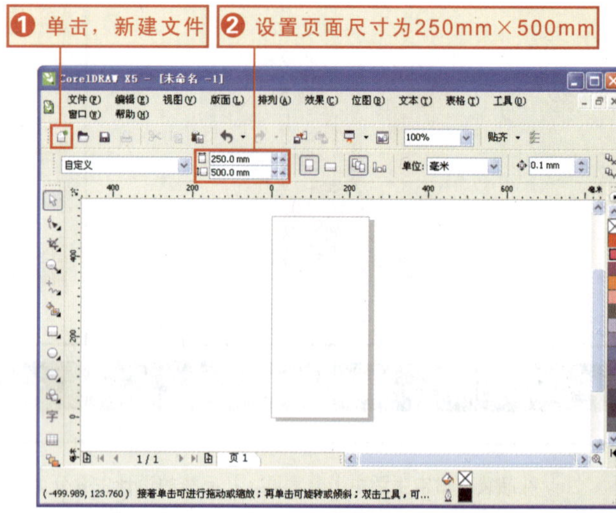

2 绘制基本图形

❶ 双击矩形工具，创建一个和页面同样大小的矩形，并填充为白色，去掉轮廓色。

❷ 选择矩形图形，按小键盘中的【+】键，复制一个矩形。然后在属性栏中设置右下角的“边角圆滑度”为60。最后填充矩形为洋红色。

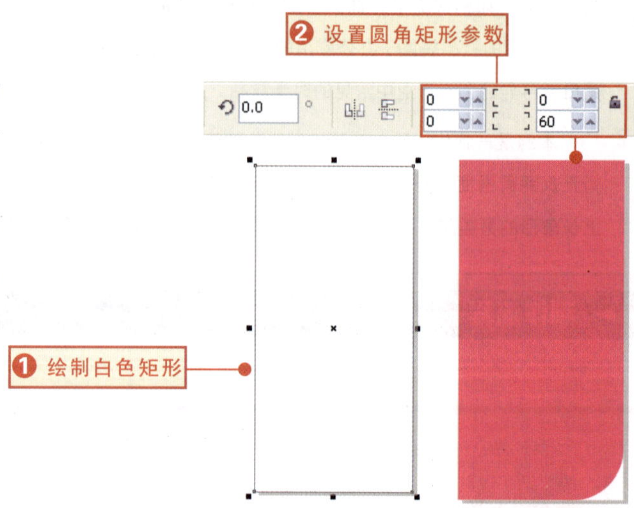

3 制作等距排列的正圆

❶ 单击椭圆形工具，按【Ctrl】键的同时拖动鼠标，绘制一个正圆，并填充为白色。然后在属性栏中设置正圆尺寸为15mm×15mm。

❷ 选择“排列>变换>位置”命令，在打开的“变换”泊坞窗中设置参数，并连续14次单击“应用到再制”按钮，绘制多个等距离的正圆。

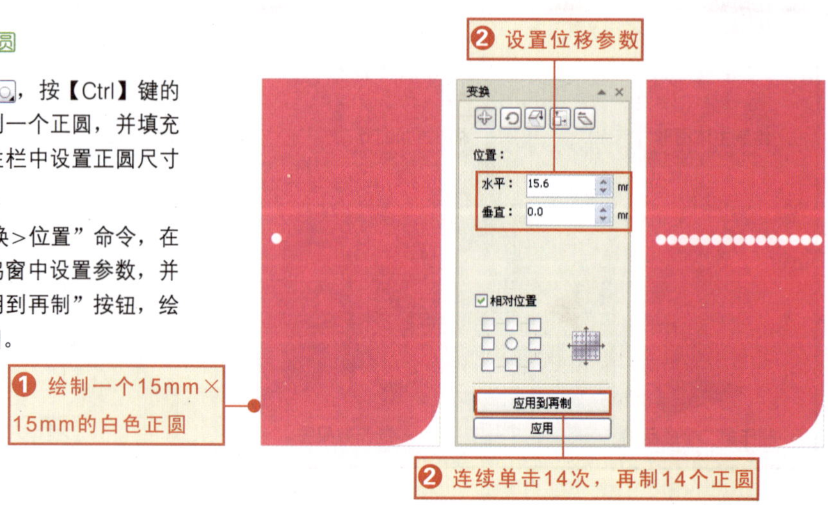

4 制作正圆排列的平面

❶ 框选所有的正圆，按【Ctrl+ G】组合键群组正圆。

❷ 在“变换”泊坞窗中修改参数，然后连续14次单击“应用到再制”按钮，再绘制多排正圆。

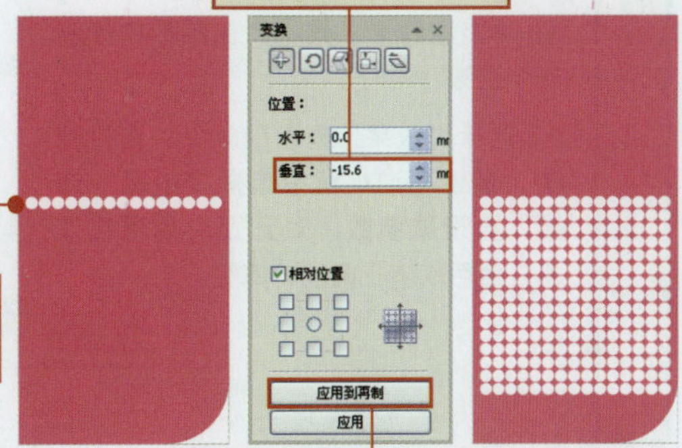

5 导入素材图像

❶ 单击属性栏中的“导入”按钮，在打开的“导入”对话框中选择本书配套光盘中的“礼品袋素材.jpg”文件，并将其导入。

❷ 导入文件后，右击图像，在打开的快捷菜单中选择“锁定对象”命令，锁定图像。

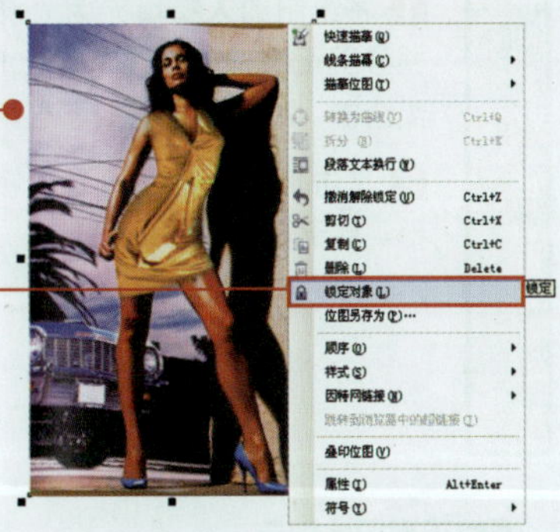

6 绘制人物轮廓

❶ 单击贝塞尔工具，沿着图像中人物轮廓绘制闭合路径。

❷ 继续沿着人物手臂镂空处的轮廓绘制两个图形。最后框选三个图形，单击属性栏中的“结合”按钮，结合图形。

7 制作平滑轮廓

❶ 单击形状工具，选择绘制的图形，再按【Ctrl+A】组合键，全选所有节点。

❷ 单击属性栏中的“到曲线”按钮，转换所有节点为曲线节点。再单击“平滑节点”按钮，让绘制的图形轮廓平滑。

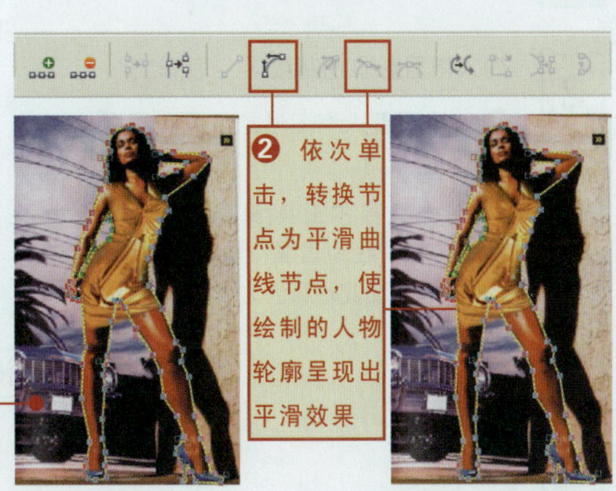

8

制作正圆的鱼眼效果

❶ 单击椭圆形工具，在图形中绘制一个正圆。

❷ 选择“效果>透镜”命令，在打开的“透镜”泊坞窗中选择“鱼眼”选项，再设置参数。对正圆应用透镜效果，然后取消正圆的轮廓线。

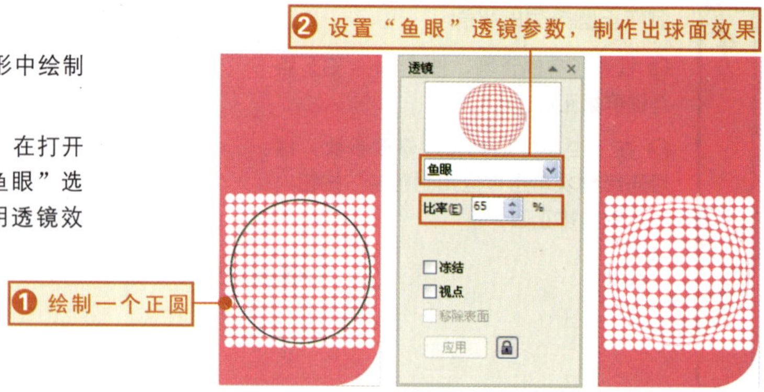

9

在鱼眼中添加人物剪影

❶ 将绘制的人物填充为“洋红色”，并移至正圆中。按【Shift+ PageUp】组合键，将人物移至最上层。

❷ 单击形状工具，适当修饰人物腿部、腰部和手部轮廓细节。

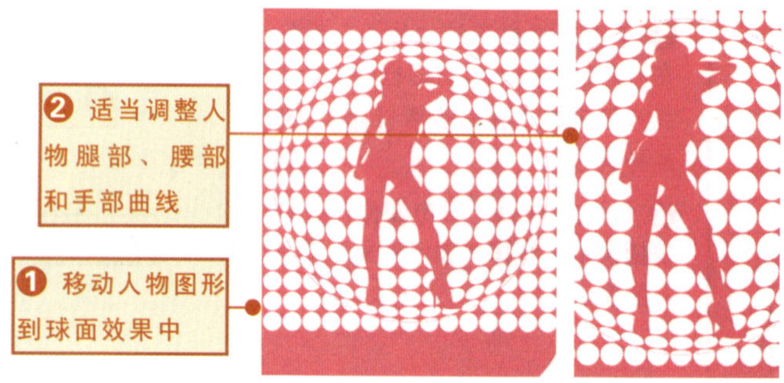

调整正面图像细节

制作完圆点背景和人物剪影后，正面图形的大体效果已经呈现出来。为了让画面不过于死板，在下面的操作中将适当打乱圆点的规整排列方式，并添加较大的圆形，增加画面的设计效果。

1

调整正圆分布

❶ 单击选择工具，按住【Shift】键不放，同时选择背景中的多排正圆，再单击属性栏中的“取消全部群组”按钮，取消群组。

❷ 适当移动部分正圆的位置，调整效果。

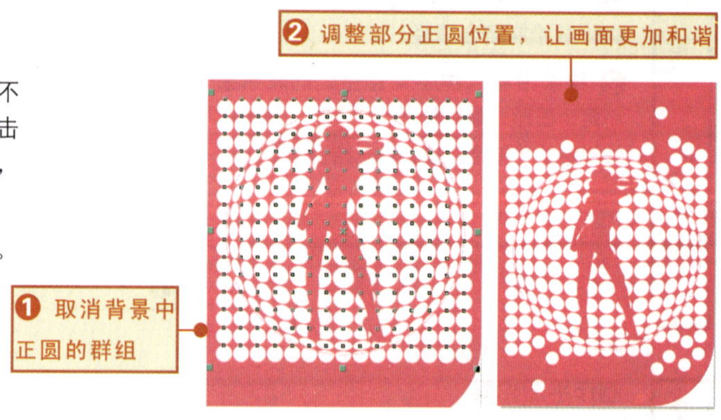

2

为人物剪影添加曲线

❶ 适当调整人物图形的位置和宽度，使其更有张力。

❷ 单击贝塞尔工具，绘制一条曲线。在属性栏中设置“轮廓宽度”为1.7mm，再设置轮廓色为“洋红色”。

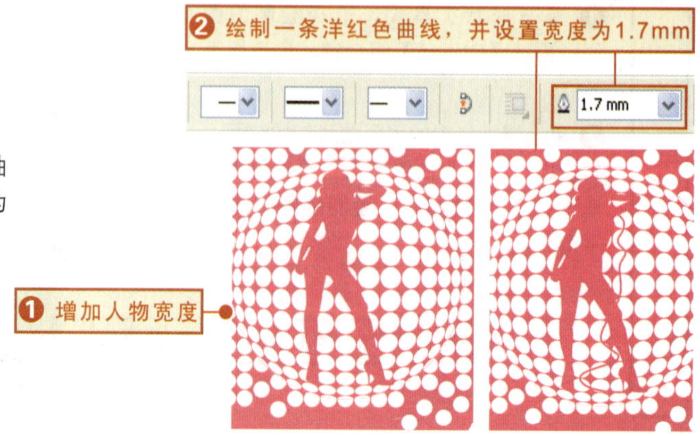

3 设置图库精确剪裁属性

❶ 选择“工具>选项”命令，在打开的“选项”对话框左边，选择“工作区”的“编辑”选项，然后在右边出现的选项中，取消对“新的图框精确剪裁内容居中”选项的勾选。最后单击“确定”按钮。

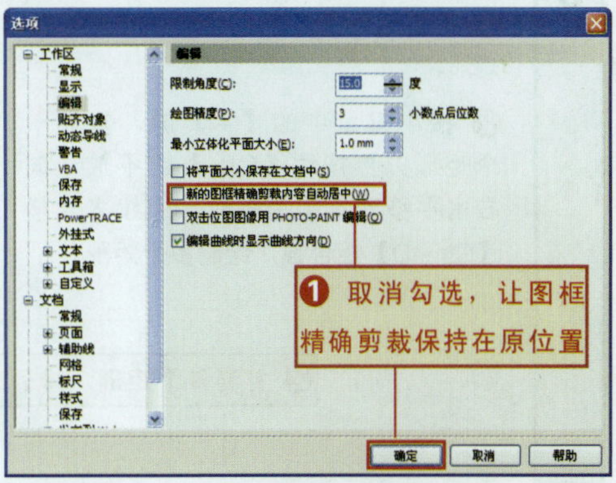

4 添加正圆

❶ 单击椭圆形工具，在图形左边绘制一个白色正圆。

❷ 选择“效果>图框精确剪裁>放置在容器中”命令，光标变成粗黑箭头后，单击洋红色的背景图形，将正圆图框精确剪裁于其中。

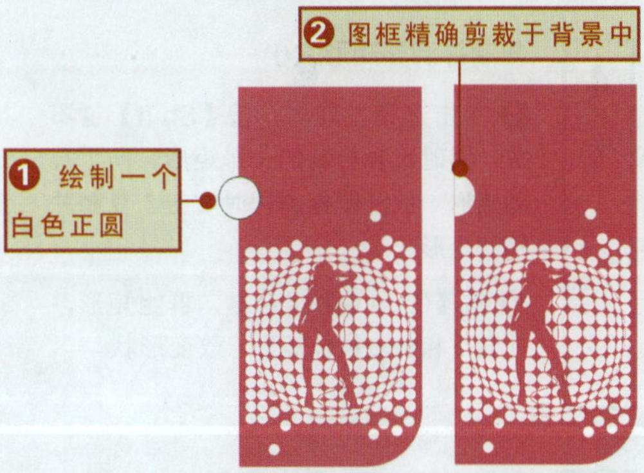

添加线条图形

完成圆点效果的制作后，图像上方大量的空白和其下密集的分布产生了强烈的疏密对比，让画面有一种不平衡感。下面的操作中，将在画面上方添加尺寸不同的矩形，使其与下方的圆点呼应，产生一种变动的节奏。

1 绘制矩形条

❶ 单击矩形工具，在图形上方绘制一个白色细长矩形。

❷ 复制两个矩形，向下移动，并增加矩形长度。

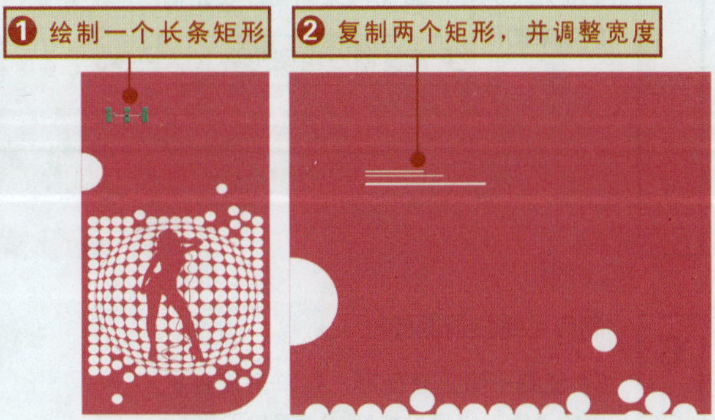

2 制作不同疏密排列的线条

❶ 运用同样方法，继续复制多个矩形，并向下移动，适当改变矩形的长度和宽度。

❷ 继续复制并移动、改变矩形，使矩形的排列形成一定节奏。

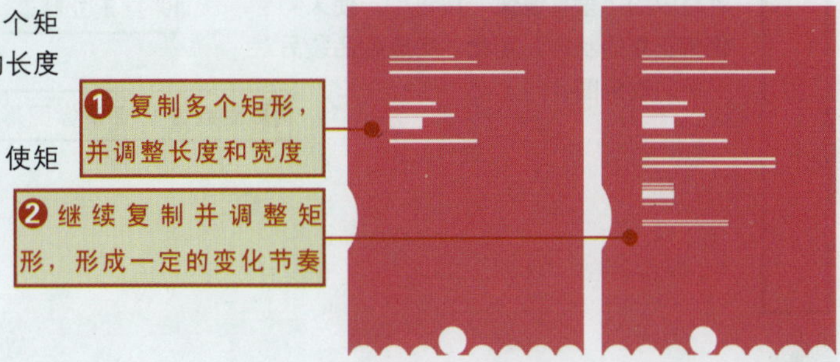

3

制作等距排列矩形

❶ 单击矩形工具，绘制一个较小的矩形。

❷ 按小键盘中的【+】键，复制一个矩形。再按住【Ctrl】键不放，向右水平移动复制的矩形。连续多次按【Ctrl+D】组合键，绘制多个矩形。

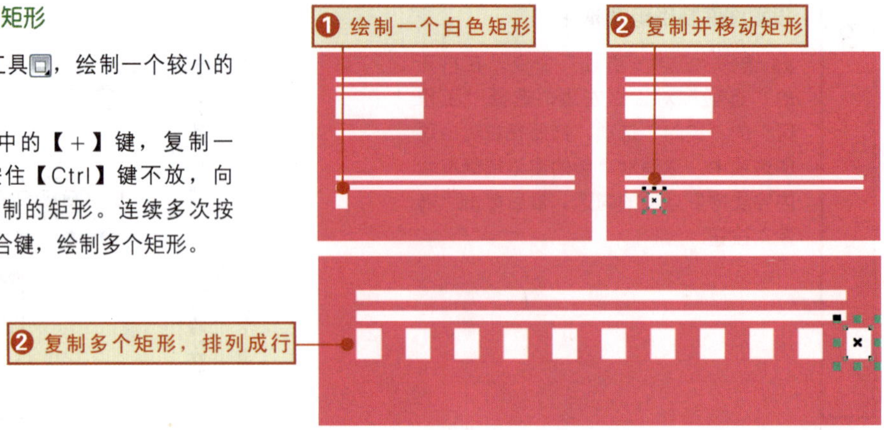

4

复制并调整矩形大小

❶ 单击选择工具，按【Shift】键不放，同时选择再制的一排矩形。向下移动矩形，放开鼠标的同时右击，复制并移动矩形。

❷ 按【Ctrl+G】组合键，群组矩形，并向下和向右拉伸矩形，改变形状。

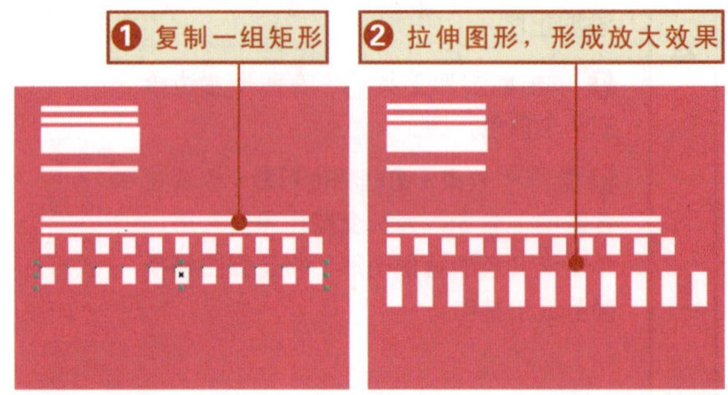

5

制作不同疏密排列的矩形

❶ 运用同样方法，复制一组矩形，并适当增加矩形的数量，然后适当缩小图形。

❷ 再复制一组矩形，并运用同样方法调整矩形大小。至此，完成礼品袋正面的效果图形。

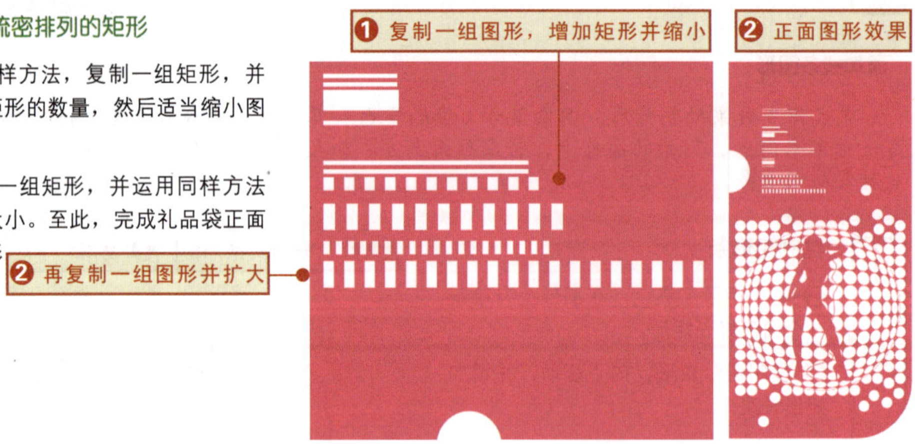

6

制作礼品袋背面图形

❶ 复制一组正面图形，再单击属性栏中的“垂直镜像”按钮，镜像图形。

❷ 单击复制图形中的人物，再单击属性栏中的“垂直镜像”按钮，使人物保持正立的状态。至此，完成礼品袋另一面的效果图。

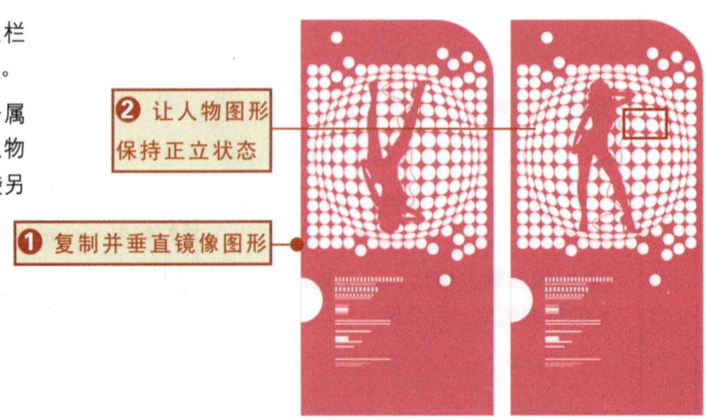

制作立体成品效果

完成礼品袋两个平面的主要画面后，接着开始制作礼品袋的立体效果图。制作立体效果图最快捷的方法为，首先运用贝塞尔工具，根据透视关系，绘制出立体线稿。然后根据设计和物体的受光，分别对不同侧面进行填充。

1 绘制立体效果线稿

❶ 单击贝塞尔工具，依次绘制礼品袋正面、上侧面和右侧面图形，形成礼品袋效果图线稿。

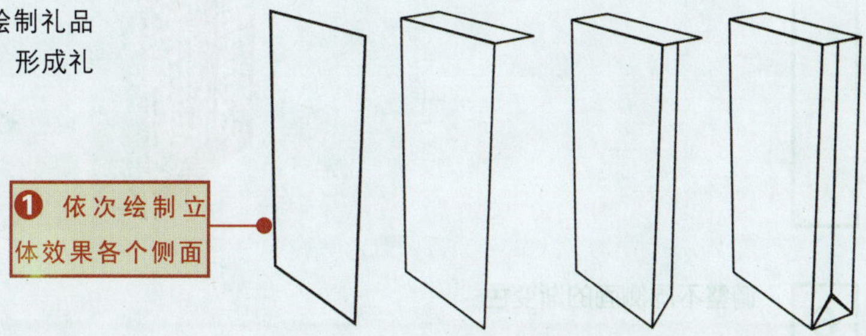

2 添加正面图形

❶ 复制一个正面图形，移至礼品袋效果图旁，并适当调整大小。

❷ 选择“效果>添加透视”命令，图形出现透视调整框。拖动透视调整框的四角，和绘制的立体图形重合。然后按空格键确认操作。

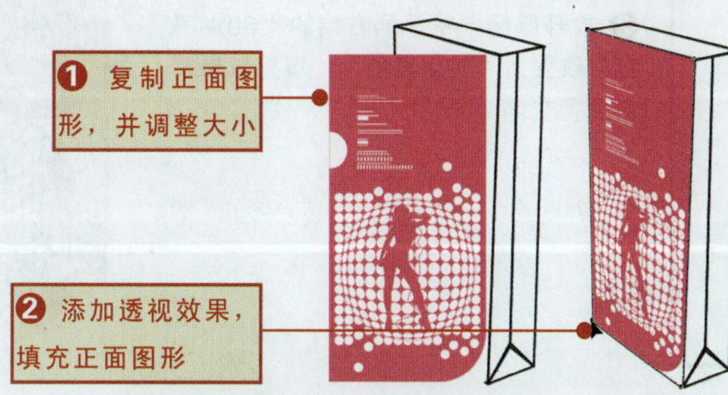

3 填充立体效果的侧面图形

❶ 选择效果图线稿右侧面左边的图形，按【F11】键，在打开的“渐变填充”对话框中设置各项参数，其中颜色设置为从“60%黑色”(C:0,M:0,Y:0,K:60)，到“白色”(C:0,M:0,Y:0,K:0)。完成后单击“确定”按钮。

❷ 右击调色板中的“无填充”图标☒，取消轮廓色。

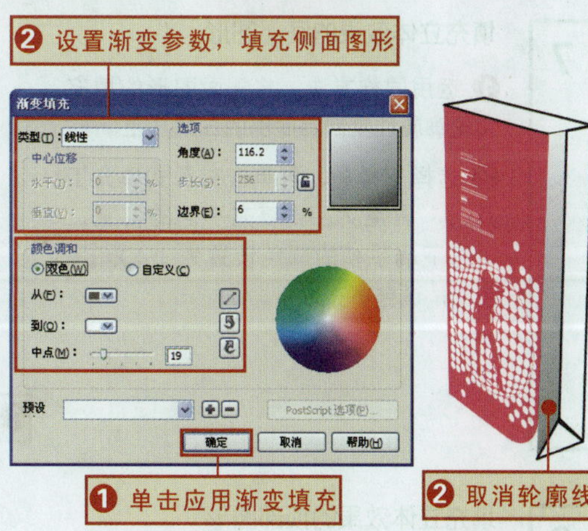

4 复制填充属性

❶ 右击填充的侧面图形不放，拖动到右侧的另一个图形上放开鼠标，在出现的快捷菜单中选择“复制所有属性”选项。

❷ 这时，图形的填充和轮廓属性都复制到右侧的另一个图形上了。

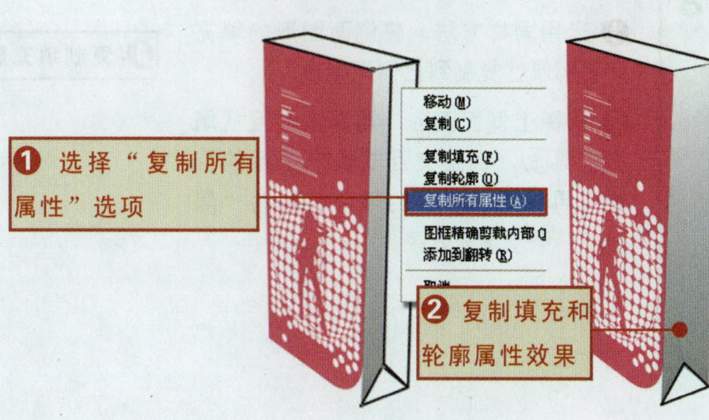

5 调整不同侧面的填充角度

❶ 按空格键，自动切换到选择工具。单击右侧图形，再单击交互式填充工具，出现交互式填充手柄。

❷ 调整填充手柄的位置，图形的填充效果得到相应变化。

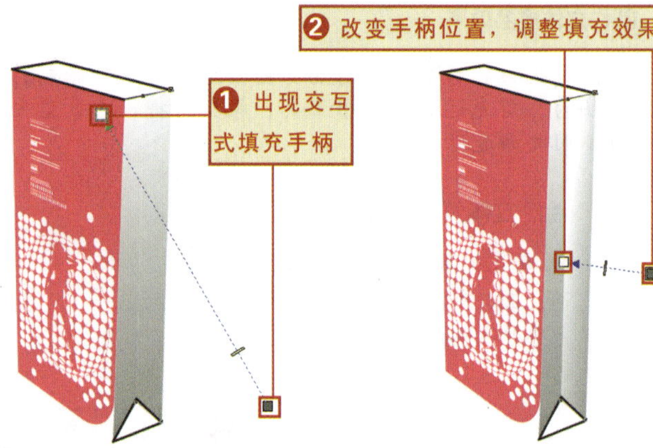

6 调整不同侧面的渐变色

❶ 拖动调色板中的“30%黑色”图标到交互式填充手柄的右端。

❷ 放开鼠标，将手柄右端的“60%黑色”改变为“30%黑色”，填充效果相应发生变化。

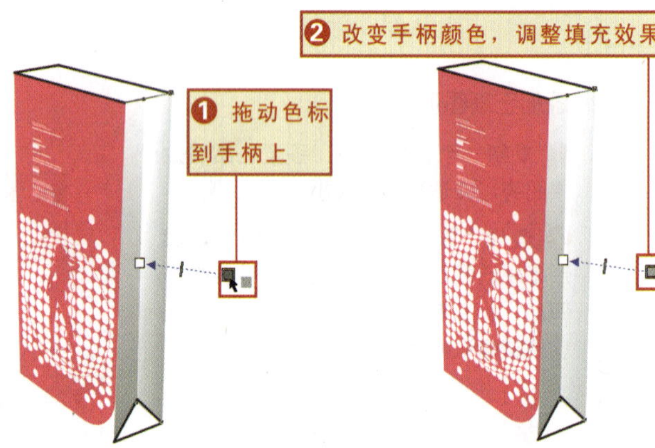

7 填充立体效果的底部图形

❶ 运用同样方法，将侧面图形的填充和轮廓属性复制到底部的三角形上。

❷ 选择三角形，再单击交互式填充工具，调整交互式填充手柄的位置，再将下端手柄的颜色设置为“40%黑色”，调整填充效果。

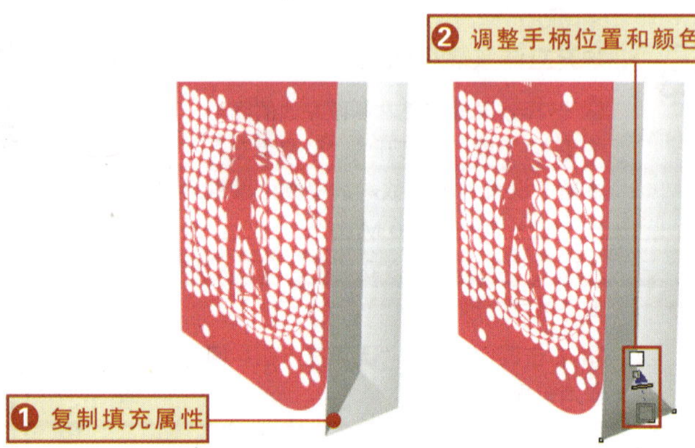

8 填充立体效果的顶部图形

❶ 运用同样方法，将侧面图形的填充和轮廓属性复制到上侧面图形。

❷ 选择上侧面图形，再单击交互式填充工具，调整交互式填充手柄的位置，再将上端手柄的颜色设置为“黑色”，调整填充效果。

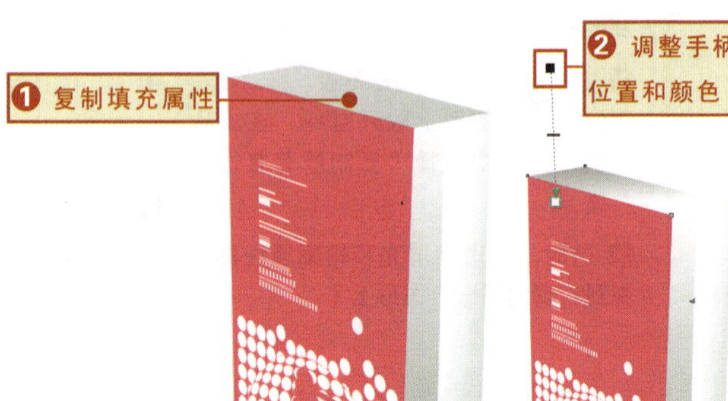

9 制作礼品袋的内侧面

❶ 单击贝塞尔工具，在礼品袋上侧面绘制一个不规则四边形，形成内侧面图形。

❷ 运用同样方法，复制侧面图形的填充和轮廓属性。然后单击交互式填充工具，调整填充手柄的位置，再将右端手柄的颜色设置为“30%黑色”。

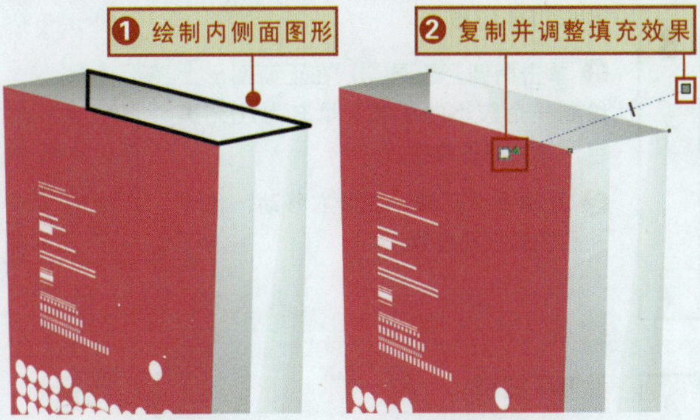

添加阴影和手提袋

绘制完成礼品袋每个侧面图形后，需要对正面图形的阴影效果进行修饰，增加逼真感。此外，礼品袋必不可少的手提袋，必须在效果图中显示出来。

1 添加正面图形的阴影效果

❶ 单击贝塞尔工具，沿礼品袋正面图形绘制一个不规则四边形。填充图形为30%黑色，去掉轮廓线。

❷ 单击透明度工具，在属性栏中设置参数，对图形应用白色到黑色的射线交互式透明，制作出适当的阴影效果。

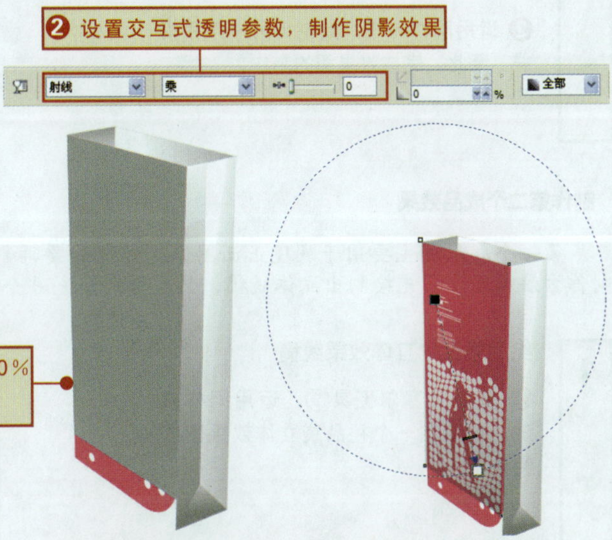

2 添加图形下部的阴影效果

❶ 运用同样方法，在正面图形绘制一个30%黑色的不规则四边形。

❷ 单击透明度工具，在属性栏中设置参数，对图形应用白色到黑色的线性交互式透明，制作出适当的阴影效果。

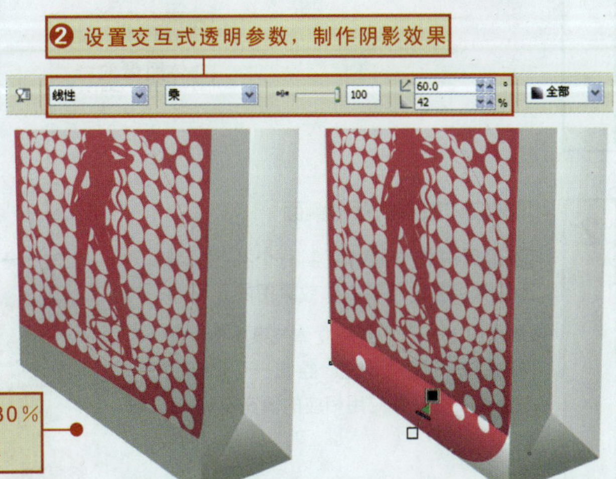

3 制作打孔位置

❶ 单击椭圆形工具，在正面图形上绘制一个较小的正圆，填充为70%黑色，并去掉轮廓线。

❷ 复制一个正圆，并向右移动，作为礼品袋的打孔位置。

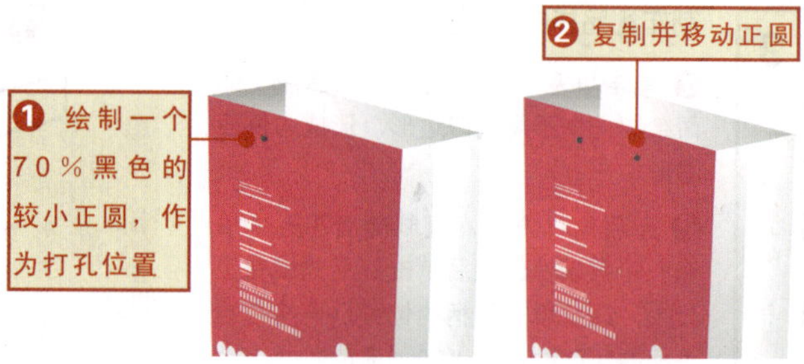

4 绘制手提袋

❶ 单击手绘工具，在画面上拖动鼠标，绘制出手提袋。再单击形状工具，适当调整手提袋形状。完成后在属性栏中设置“轮廓宽度”为3.0mm，轮廓色为“50%黑色”。

❷ 运用同样方法，绘制出另一条手提袋。至此，完成效果图的制作。

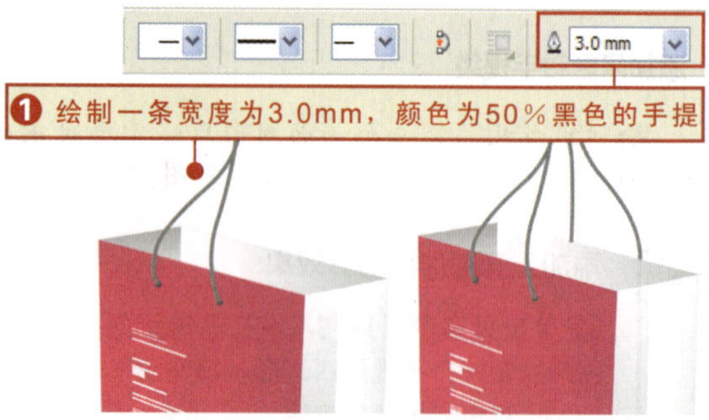

制作第二个成品效果

第一个效果图主要用于展现正面图像，因此需要再制作一个立体效果图，展示背面的图像效果。制作方法相同，首先绘制出立体线稿，然后分别填充每个侧面图形。

1 绘制第二个立体效果线稿

❶ 单击贝塞尔工具，运用同样方法，再绘制一个礼品袋立体效果图的线稿。

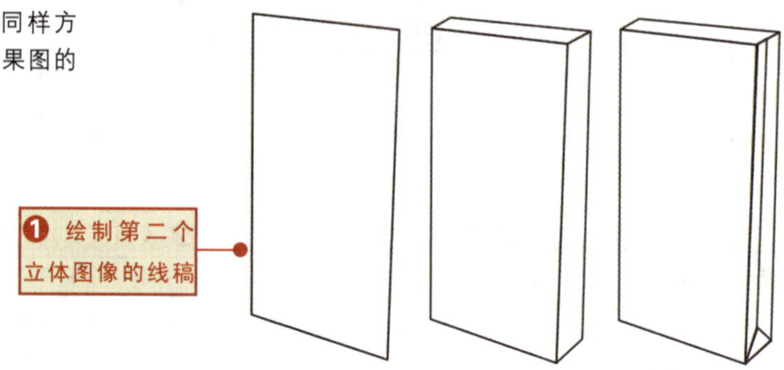

2 填充立体效果的各个侧面

❶ 运用同样方法，复制一个礼品袋背面图形，并应用到立体效果图的正面。

❷ 复制上一个礼品袋立体效果中侧面图形的填充和轮廓属性。绘制一个顶部的内侧面图形，并应用相应的填充属性。

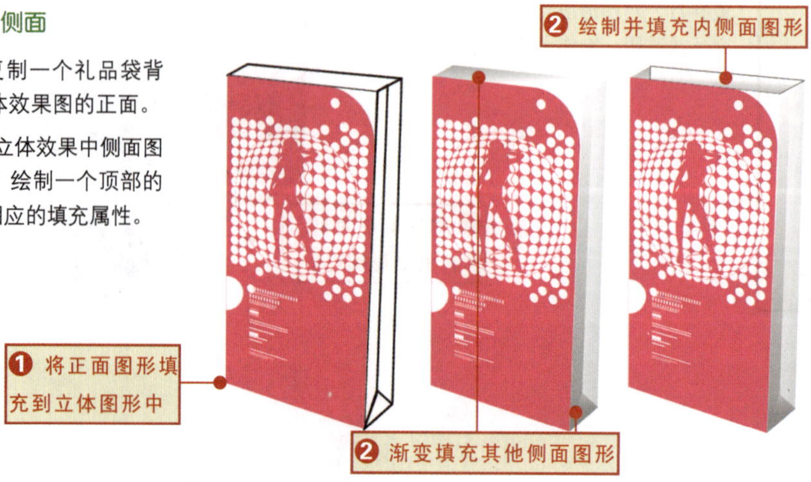

3

制作正面图形的阴影效果

❶ 运用同样方法，绘制出正面图形上方的阴影效果。

❷ 制作正面图形下方的阴影效果。

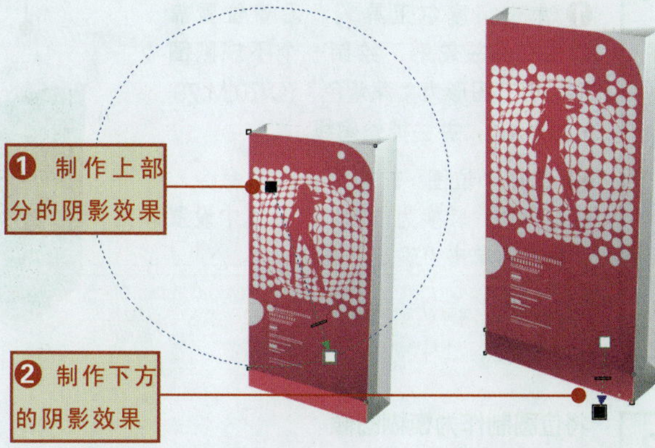

4

制作手提袋

❶ 复制上一个效果图中的打孔和手提袋图形。

❷ 运用挑选工具和形状工具，调整手提袋形状。

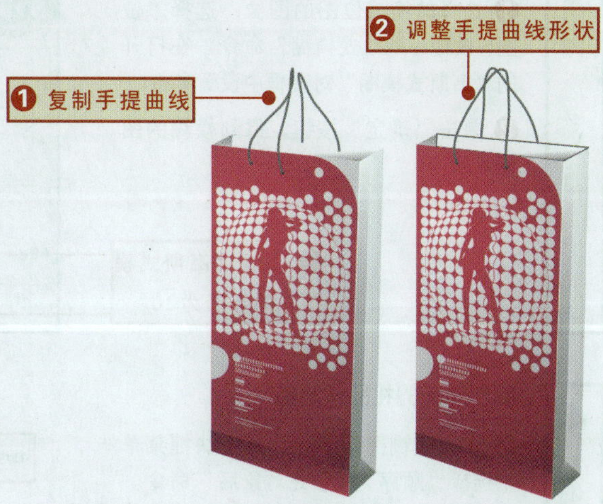

制作展示效果图

完成两个立体成品的效果图后，为了更好地展示礼品袋效果，可以制作简单的背景。此外，两个立体图形的摆放方式，会产生相应的阴影效果，需要在下面的步骤中加以体现。

1

绘制效果图背景

❶ 单击矩形工具，绘制一个较大的矩形作为背景。单击交互式填充工具，在矩形上拖动鼠标，然后在属性栏中设置参数，对矩形应用“白色”到“10%黑色”的渐变填充。

❷ 分别群组两个立体效果图，移至矩形中。

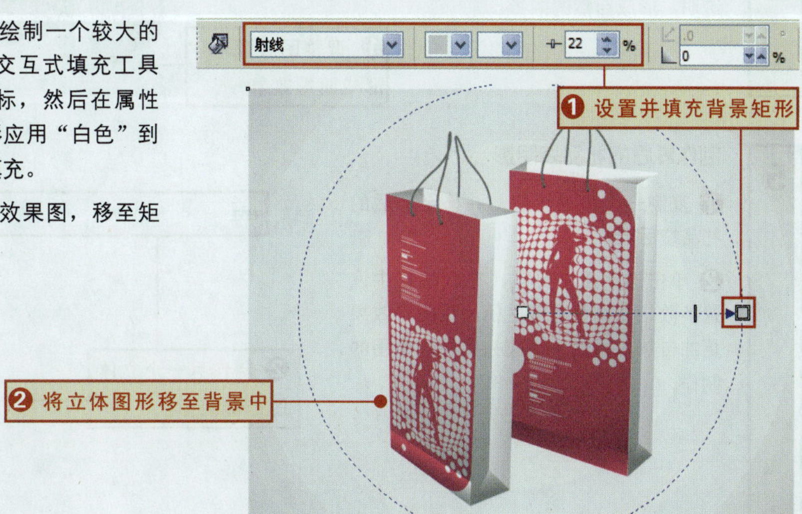

2

制作一个位图

❶ 单击贝塞尔工具，沿着位置靠前的礼品袋轮廓，绘制一个不规则图形。填充图形为“深紫色”(C:70,M:78,Y:57,K:12)，并去掉轮廓线。

❷ 选择“位图>转换为位图”命令，在打开的“转换为位图”对话框中设置参数，再单击“确定”按钮。

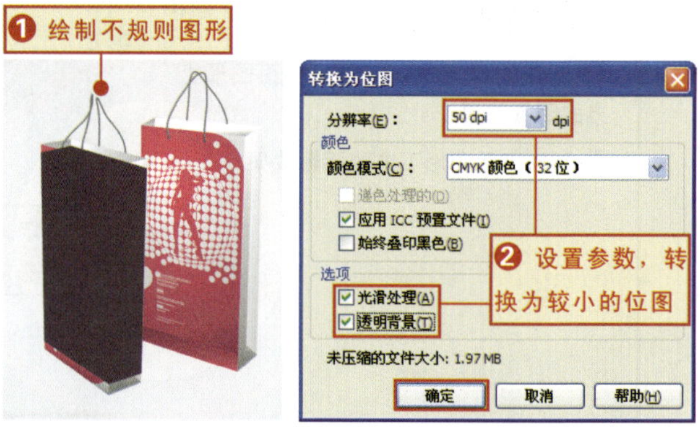

3

将位图制作为模糊图像

❶ 选择转换成位图的图像，选择“位图>模糊>高斯式模糊”命令，在打开的“高斯式模糊”对话框中设置参数。

❷ 单击“确定”按钮，得到模糊的图像效果。

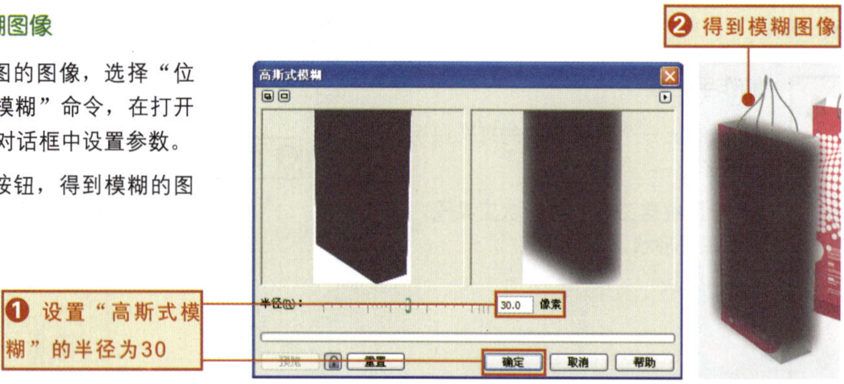

4

制作靠前的礼品袋阴影

❶ 右击模糊图像，在打开的快捷菜单中选择“顺序>置于此对象后”命令。光标变成粗黑箭头。单击靠前的礼品袋，将模糊图像置于其后。

❷ 选择模糊图像，再单击透明度工具，在图像上从左向右拖动鼠标，然后在属性栏中设置参数，对模糊图像应用“20%黑色”到“黑色”的线性交互式透明，形成自然的阴影。

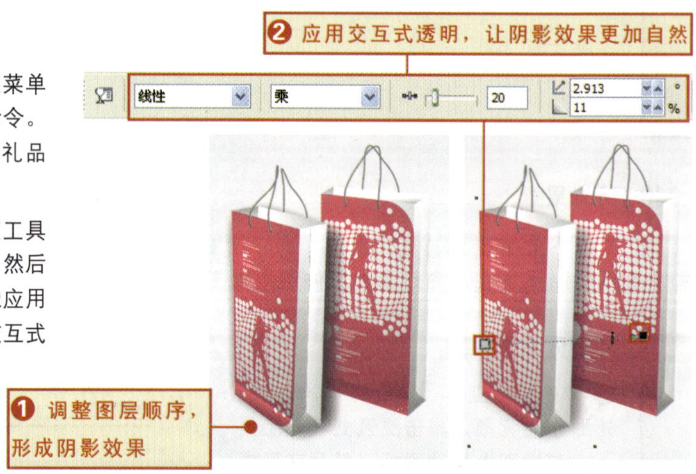

5

制作靠后的礼品袋阴影

❶ 复制一个模糊图像，并移至靠后的礼品袋后层。

❷ 单击透明度工具，在属性栏中设置参数，并调整透明手柄，让阴影效果更加自然。至此，完成礼品袋效果图的制作。

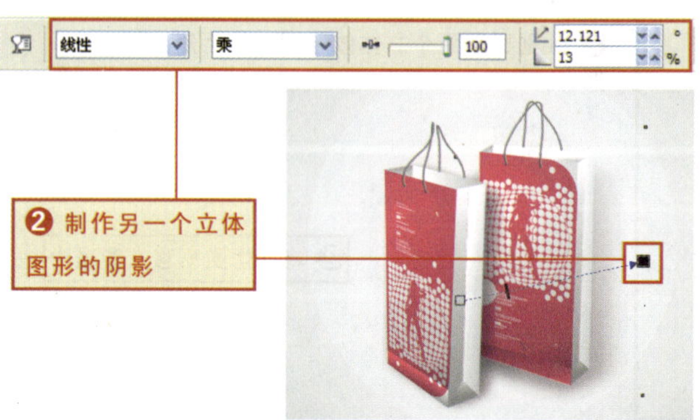

制作平面图

效果图主要用于展现设计理念，而要将礼品袋制作为成品，需要绘制完成其平面图。礼品袋是通过固定的方式粘贴和折叠而成。在平面图的制作中，需要计算和标示出各个面的尺寸、折叠的位置和用于粘贴的区域。

1 制作平面图的基本轮廓

❶ 单击矩形工具，绘制一个725mm×560mm的矩形。

❷ 移动背面图像到矩形右上角。按【Shift】键，同时选择两个图像，连续按【T】、【R】键，让两个图像上对齐和右对齐。

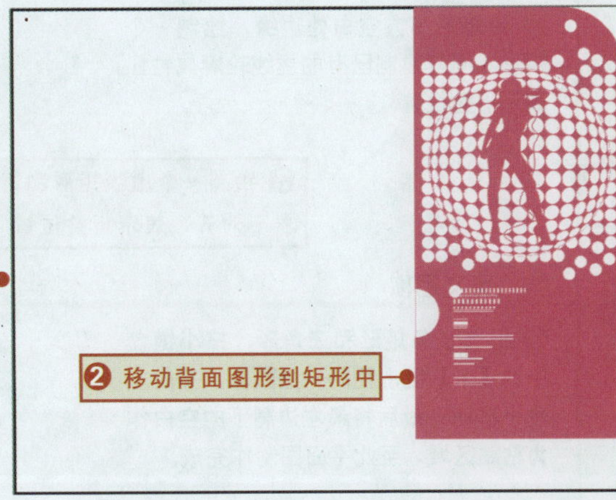

2 添加折叠位置

❶ 单击矩形工具，绘制一个50mm×560mm的矩形。复制一个矩形，并向左移动，让三个图像靠齐。

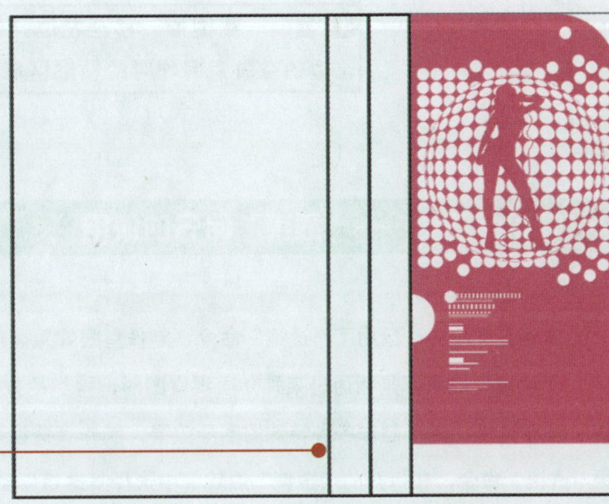

3 将折叠位置制作为虚线

❶ 同时选择两个长条矩形，按【F12】键，在打开的“轮廓笔”对话框中设置轮廓参数。单击“确定”按钮，应用轮廓属性，制作出虚线，表示折叠位置。

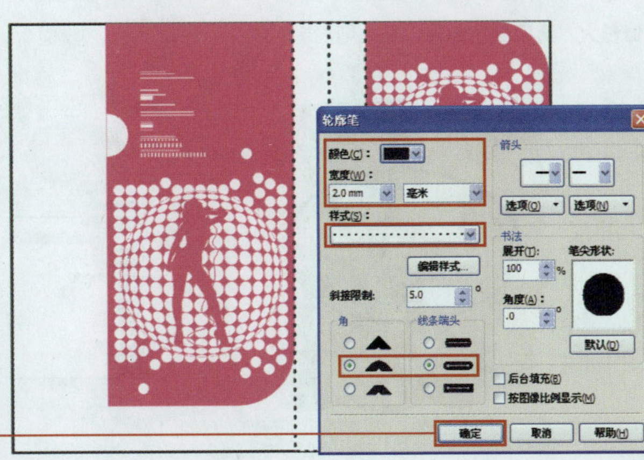

4

绘制折叠位置

❶ 单击贝塞尔工具，在矩形条中间绘制一个三角形。然后复制矩形条的轮廓属性到三角形，形成虚线效果。

❷ 复制一个三角形，垂直镜像后，向下移动，表示折叠位置。

❸ 沿矩形下方空白处边缘，绘制一个矩形。同样复制已有的虚线轮廓属性，表示折叠位置。

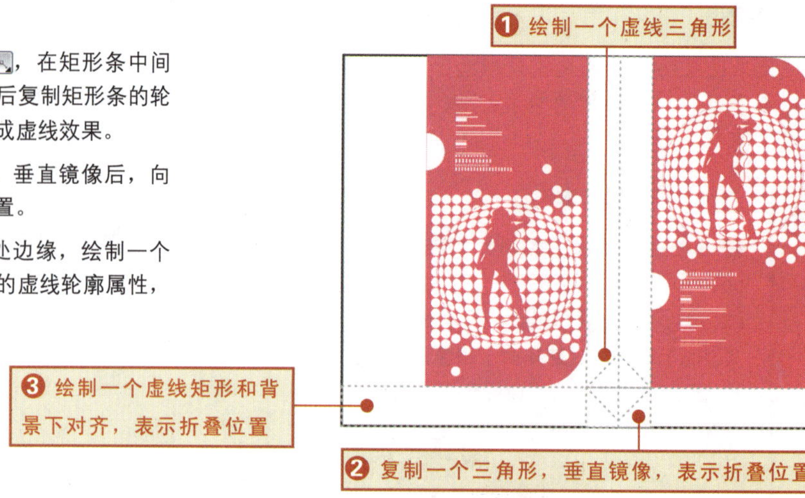

5

输入英文名称

❶ 框选长条矩形和三角形，按小键盘中的【+】键，复制一组图像，并向左水平移动。最后将最左边剩下的空白作为粘贴区域。至此平面图制作完成。

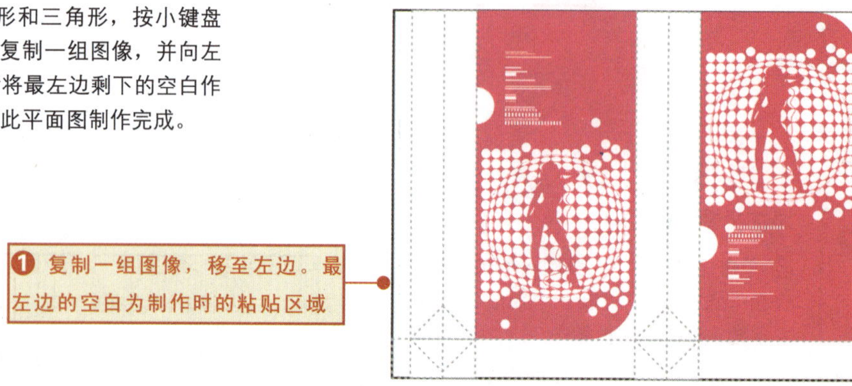

► 知识点总结——“透镜”命令的使用

本例在操作中，运用了“透镜”命令，制作鱼眼效果。

“透镜”效果，是指通过某种介质观察图形，得到的效果。这种介质被称为“透镜”。CorelDRAW X5为用户提供了12种透镜，用于制作各种特殊的图形效果。制作“透镜”效果的方法很简单，首先绘制透镜图形，然后选择“效果>透镜”命令，在打开的“透镜”泊坞窗中选择“透镜”类型即可。

1. “颜色添加”透镜

为对象添加指定颜色，就像在对象的上面加上一层有色滤镜一样。其对应“比率”的百分比值范围是0～100。比值越大，透镜颜色越深，反之则浅。

2. “色彩限度”透镜

把图形上的颜色都转换为指定的透镜颜色。并对应“比率”用于设置转换为透镜颜色的比例，百分比值范围是0～100。

“鱼眼”透镜

“颜色添加”透镜效果

“色彩限度”透镜效果

3. “鱼眼”透镜

可以使透镜下的对象产生扭曲的效果。通过改变“比率”来设置扭曲的程度，比例设置范围是-1000～1000。数值为正时向外突出，数值为负时向内下陷。

4. “热图”透镜

该透镜用以模拟为对象添加红外线成像的效果。显示的颜色由对象的颜色和“调色板旋转”的参数决定，旋转参数的范围是0～100。

5. “反显”透镜

通过按CMYK模式将透镜下对象的颜色转换为互补色，从而产生类似相片底片的特殊效果。

“鱼眼”透镜效果

“热图”透镜效果

“反显”透镜效果

6. “放大”透镜

产生放大镜一样的效果，可在“倍数”中设置放大倍数。其取值范围是0～100 。数值在0～1之间为缩小，数值在1～100之间为放大。

7. “灰度浓淡”透镜

应用该透镜可以将透镜下的对象颜色转换成透镜色的灰度等效色。

8. “透明度”滤镜

应用该透镜时，就像透过有色玻璃看物体一样。可在“比率”中调节有色透镜的透明度，取值范围为0%～100%；在“颜色”中选择透镜颜色。

“放大”透镜效果

“灰度浓淡”透镜效果

“透明度”透镜效果

► 设计理论——点、线、面的构成

基本要素的构成原则是我们研究其他视觉元素的起点。点、线、面是一切视觉构成中最基本的要素，存在于任何造型设计之中，通常被称之为“构成三要素”。

在几何学上，点只有位置，没有面积。但在设计中，点的面积主要通过和画面整体面积的对比来确定。点在构成中具有集中、吸引视线的功能。点的连续会产生线的感觉，点的集合会产生面的感觉，点的大小不同会产生深度感，几个点会有虚面的效果。

散点排列

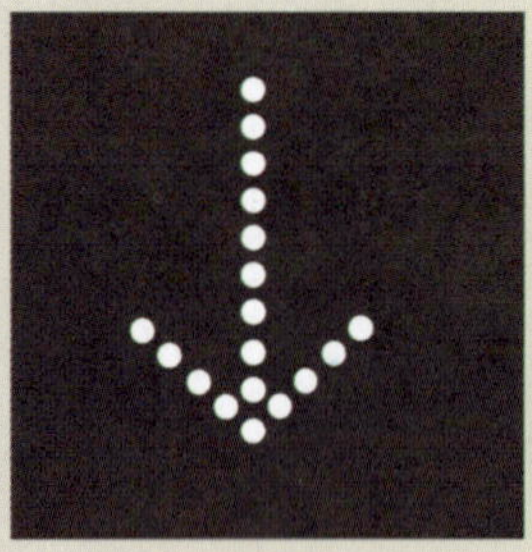
连续排列

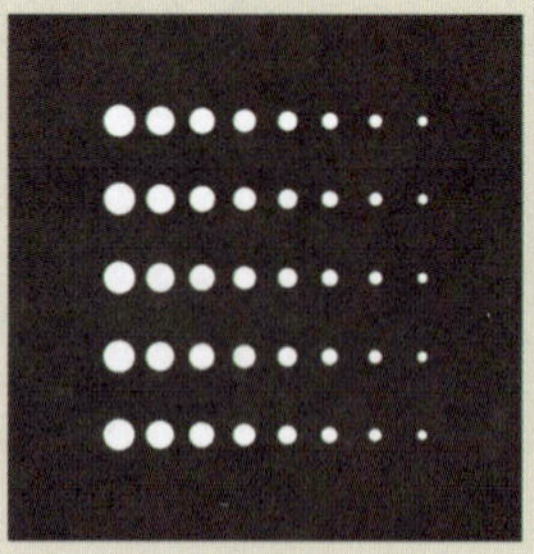
渐变排列

虚面效果

几何学上的线只有长度，而构成中的线在图面上有粗细长短之分。线在东方的绘画中被广泛运用，并有很强的表现力。画面中的线主要分为直线和曲线，直线包括平行线、垂直线、折线和斜线等；曲线包括弧线、抛物线、双曲线和圆等。

线在造型中的地位十分重要，因为面的形是由线来界定的，也就是形的轮廓线。不同的线表现不同的意念。粗线有力，细线锐利，同时线的粗细可产生远近关系。此外，线还有很强的方向性，垂直线有庄重、上升之感；水平线有静止、安宁之感；斜线有运动、速度之感；而曲线则有自由流动、柔美之感。

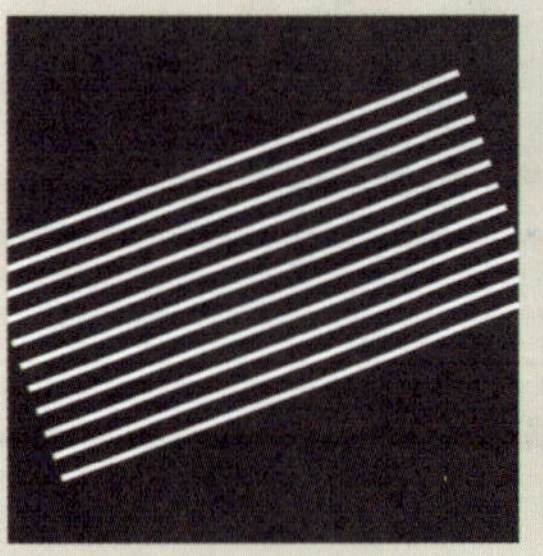
斜线

垂直排列

错落排列

曲线

面有长度、宽度，但无厚度，是体的表面，它受线的界定，具有一定的形状，如几何形、有机形、偶然形等。面可分为两大类：一类是实面，另一类是虚面。实面是指有明确形状且能实在看到的；虚面是指不真实存在但能被我们感觉到的，由点、线密集机动形成。

几何形

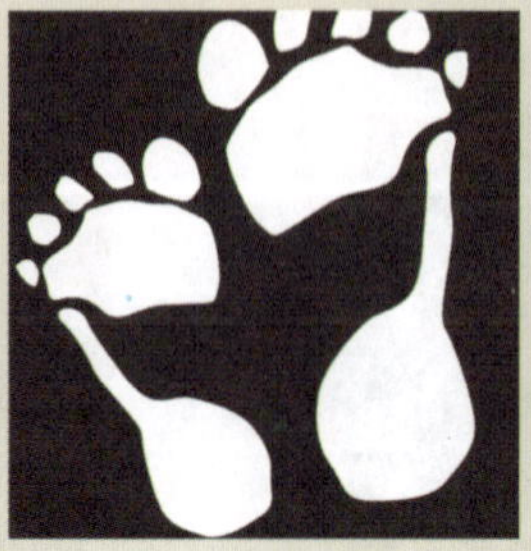
有机形

抽象形

自然形

29 果汁瓶贴

Chapter 10	包装设计	果汁瓶贴

技法表现 绘制瓶贴图形，再依次绘制箭头形状、标题形状等各部分。移至瓶贴图形中进行排列即可。

包含知识 箭头形状工具、标题形状工具、渐变填充、图框精确剪裁、交互式轮廓图工具、交互式阴影工具、交互式透明工具、表格工具、文字工具等。

文件路径 Reader\Chapter10\29\complete\果汁瓶贴.cdr

设计分析——新鲜和直观的食欲

瓶贴是包装设计的一种类型，用于瓶装产品，如酒类、瓶装饮料、瓶装药品等。瓶贴的设计较灵活多变，除了要考虑产品定位以外，还要结合瓶形的特点，以及装入产品后的瓶身效果，如长条或矮胖的瓶身、装入有色饮品后瓶身的色彩等。

本例制作的是一款果汁饮料的瓶贴。结合瓶形，首先确定出瓶贴的位置、尺寸和基本形状，然后在CorelDRAW中进行绘制。瓶贴正面直接采用新鲜草莓的具体形象，给消费者新鲜和直观的感觉，同时结合略带POP风格的形状和文字，契合快销品流行时尚的产品定位。瓶身背面的瓶贴为信息载体，包括产品的营养成分和生产信息等。

制作流程——先制作图案，再拼贴效果图

制作正面瓶贴主要图形

制作主要文字

制作其他文字

制作背面瓶贴背景

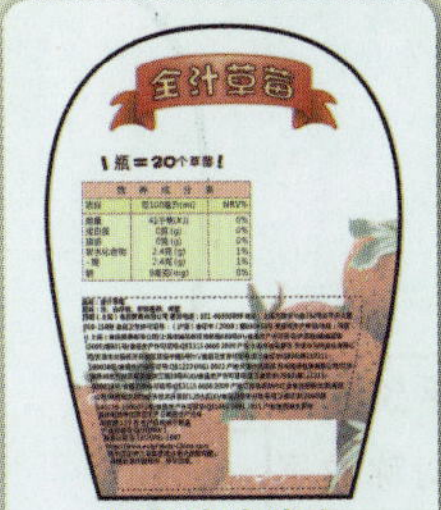

添加文字信息

制作瓶贴效果图

▶ 制作步骤

制作正面瓶贴背景

确定瓶贴尺寸后，首先绘制瓶贴轮廓及背景图形。在本例中，瓶贴形状为一个对称的不规则半圆形。为了绘制出精确的对称图形，采用首先绘制一半图形，再通过复制、焊接的方式进行制作。

1 **新建文件**

❶ 运行CorelDRAW X5，单击工具栏中的“新建”按钮，新建“未命名 -1”文件。

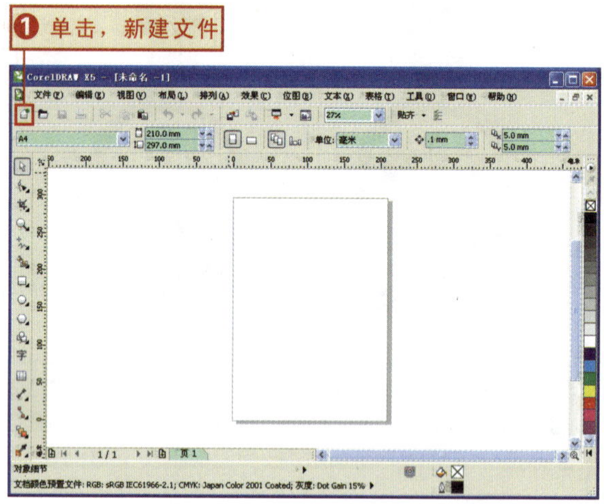

2 **绘制瓶贴图形**

❶ 单击矩形工具，在窗口中绘制一个矩形，并在属性栏中设置矩形大小为65mm×170mm。

❷ 按【Ctrl+Q】组合键，转换矩形为曲线。再单击形状工具，调整形状。

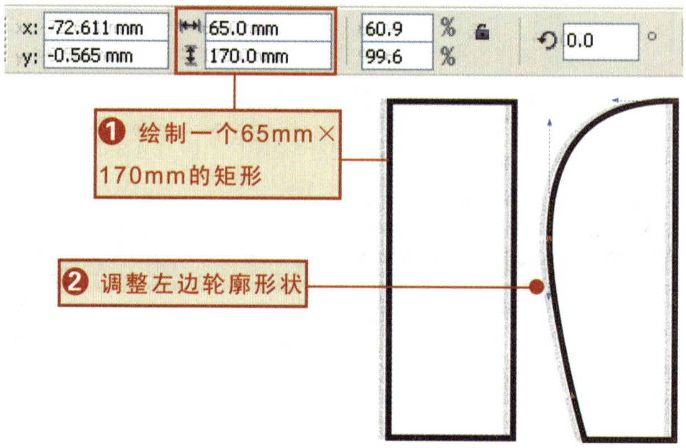

3 **制作对称图形**

❶ 单击选择工具，然后单击图形左边控制点不放，按【Ctrl】键的同时向右拖动鼠标，放开鼠标的同时右击，复制并水平镜像图形。

❷ 同时选择两个图形，单击属性栏中的“合并”按钮，焊接图形。

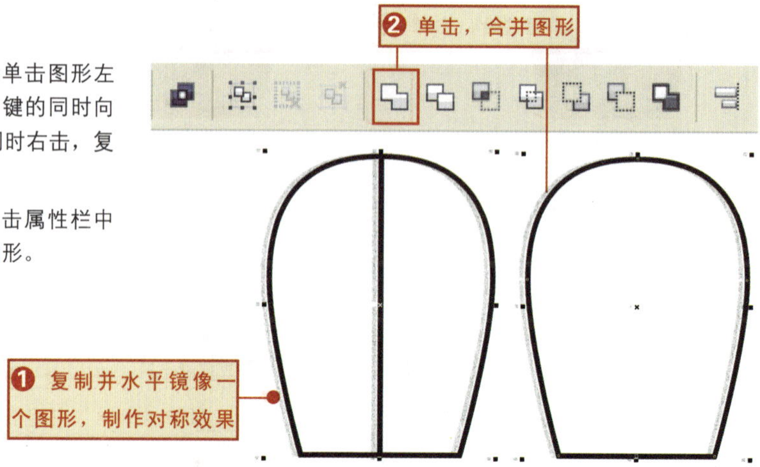

4 渐变填充图形

❶ 按【F11】键，在打开的“渐变填充”对话框中设置各项参数，其中颜色设置为从“淡红色”(C:4,M:17,Y:24,K:0)到“白色”（C:0,M:0,Y:0,K0）。

❷ 完成后单击“确定”按钮，填充图形。

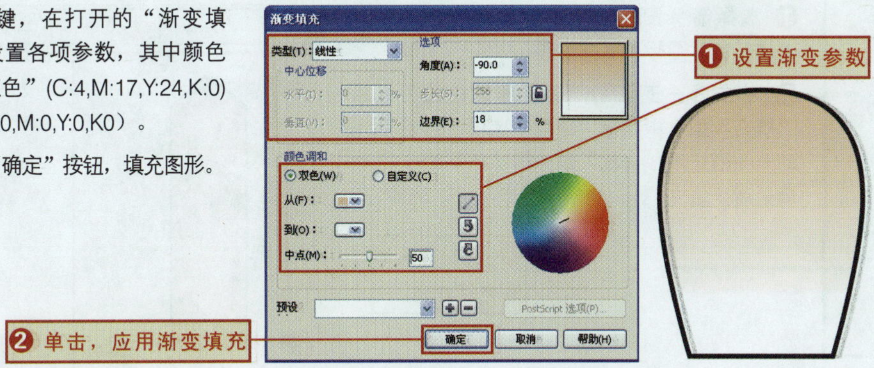

5 导入草莓素材

❶ 右击调色板中的“无填充”图标，取消图形的轮廓色。导入本书配套光盘中的素材文件“草莓.psd”，调整图像大小，并移至图形下方。

❷ 单击阴影工具，然后单击图像中心并向下拖动鼠标，最后在属性栏中设置参数，调整阴影效果。

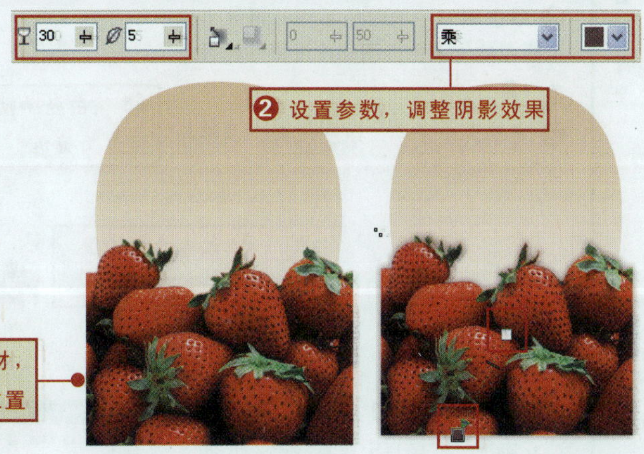

绘制箭头图形

制作完背景后，需要将瓶贴进行版式分割，即确定瓶贴包含的各个部分的位置和大小。下面首先绘制一个箭头图形，用于添加品牌标志和文字。

1 绘制箭头图形

❶ 单击草莓图像，选择“效果>图框精确剪裁”命令，再单击背景图形，将草莓图像剪裁于图形中。

❷ 单击箭头形状工具，再单击属性栏中的“完美形状”按钮，在打开的列表中选择需要的图形，并在窗口中拖动鼠标进行绘制。完成后将图形旋转90°，移至瓶贴图形上。

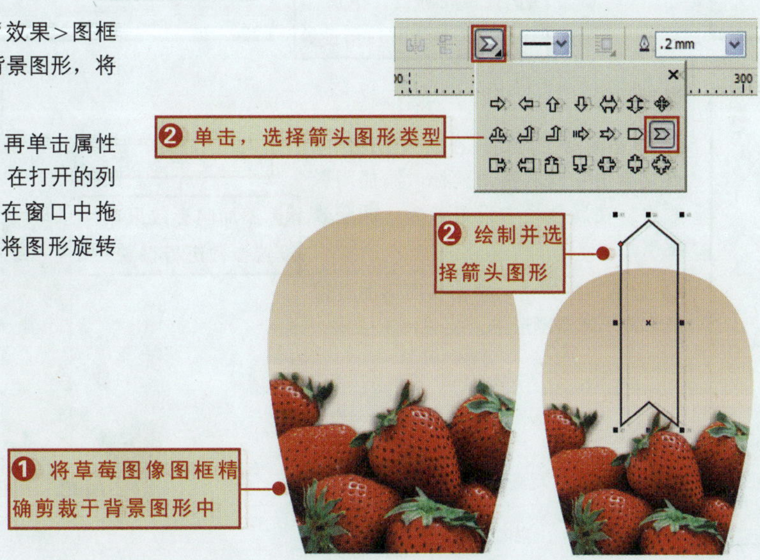

2 应用交互式填充

❶ 选择箭头图形，单击调色板中的“橘红色”图标，填充图形。

❷ 单击填充工具，并在属性栏的“填充类型”中选择“辐射”选项，自动对图形应用“白色”到“橘红色”的辐射渐变填充。

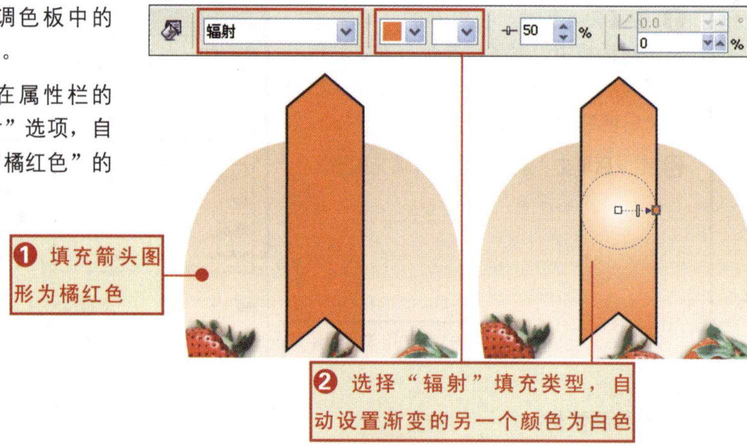

3 设置渐变色和角度

❶ 单击图形中的白色手柄，再单击调色板中的“黄色”图标，设置手柄颜色为“黄色”。

❷ 拖动两个手柄，改变位置，调整渐变填充角度。

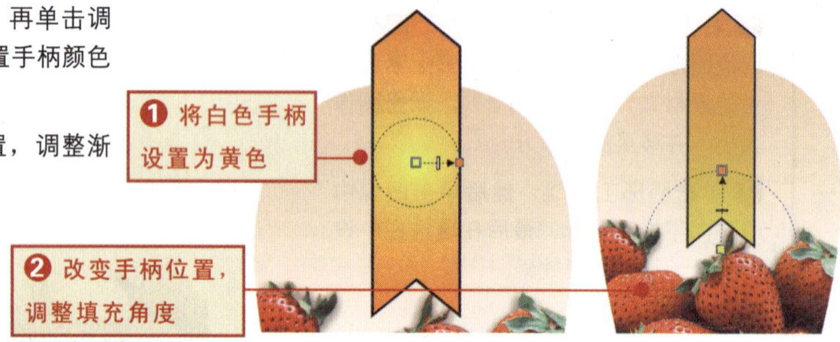

4 设置轮廓色

❶ 按【Shift+F12】组合键，在打开的“轮廓色”对话框中设置颜色。完成后单击“确定”按钮，改变图形轮廓色。

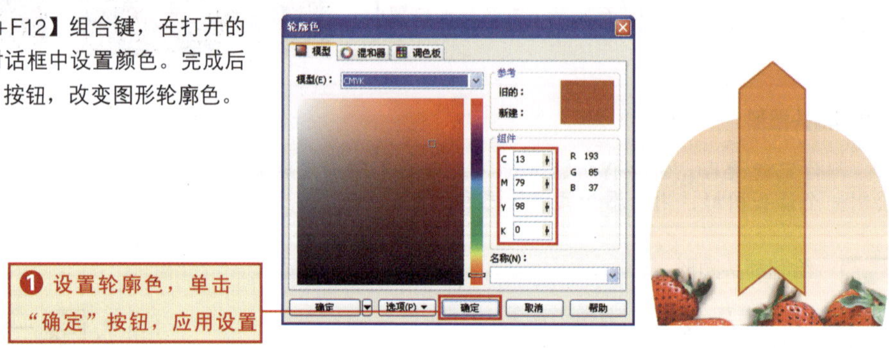

5 添加阴影

❶ 单击阴影工具，在箭头图形的中点处单击并向右拖动鼠标，添加阴影效果。在属性栏中设置参数，调整效果色。

❷ 运用同样方法，将箭头图形图框精确剪裁于背景图形中。

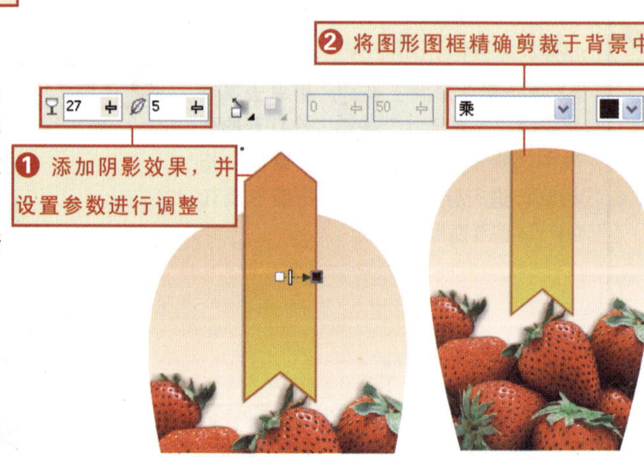

绘制标题图形

标题图形主要用于添加果汁名称。CorelDRAW中提供了各种类型的标题图形，可以直接选择需要的标题类型进行绘制，绘制完成后，再对图形形状进行简单修改，以达到画面的要求。

1 绘制标题图形

❶ 单击标题形状工具，并在属性栏中选择需要的标题图形。

❷ 在窗口中拖动鼠标，绘制图形。

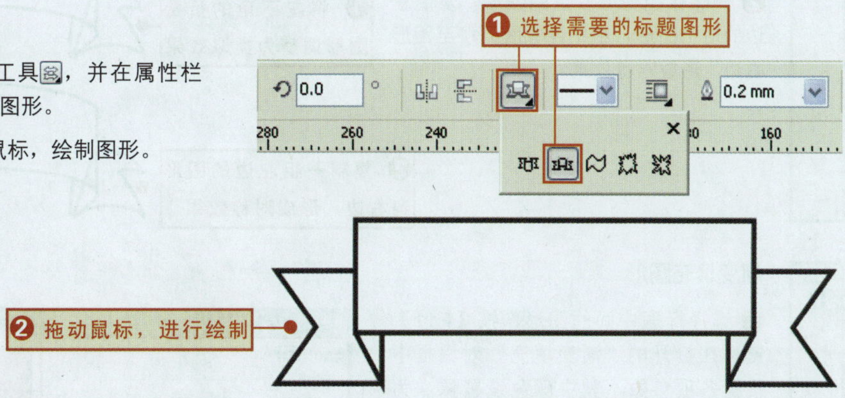

2 转曲并拆分图形

❶ 按【Ctrl+Q】组合键，转换图形为曲线。

❷ 按【Ctrl+K】组合键，将标题图形各个部分拆分为独立对象。

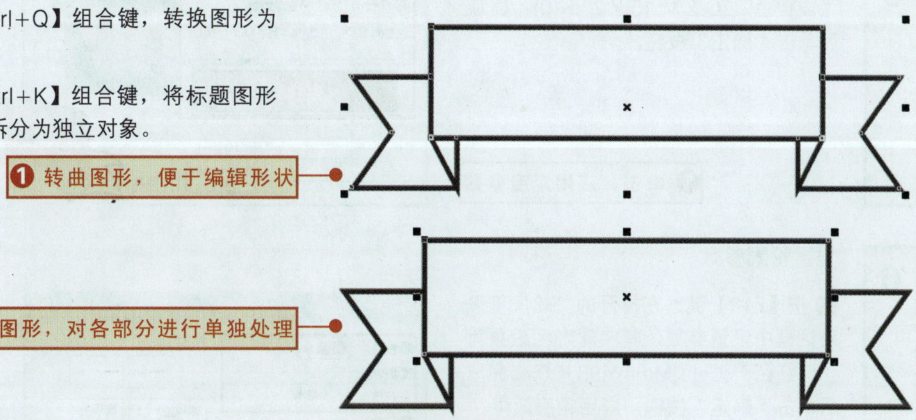

3 修改图形形状

❶ 单击形状工具，选择标题图形中间的矩形，将矩形的四个节点转换为曲线节点，并调整图形。

❷ 运用同样的方法，调整图形左下角的图形形状。

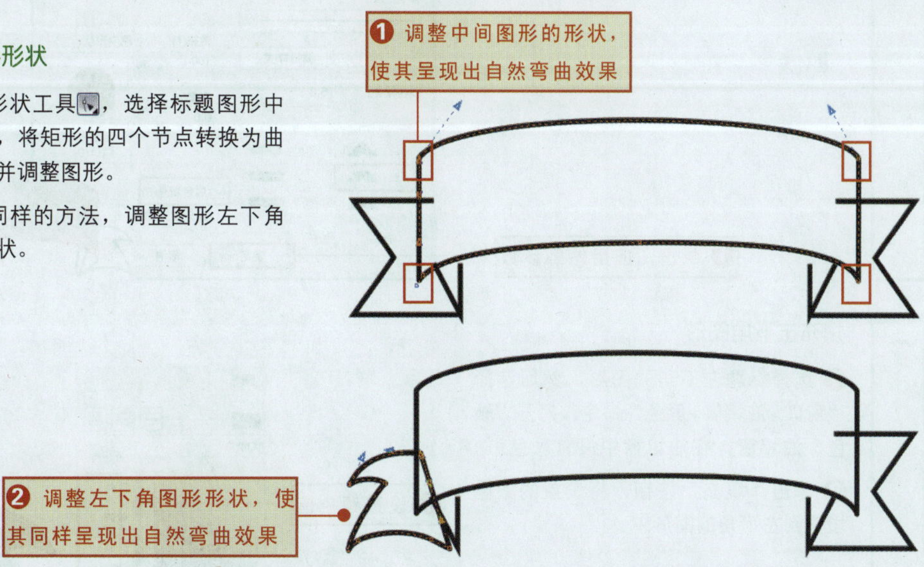

4 调整折叠图形

❶ 继续运用同样方法，调整左下方折叠的图形。

❷ 删除标题图形右边的图形，复制左边的两个图形，水平镜像后，移至图形右边，形成对称效果。

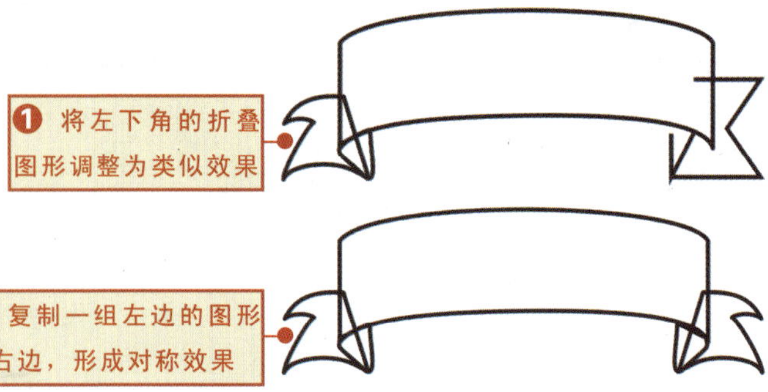

5 渐变填充图形

❶ 选择标题中间的图形，按【F11】键，在打开的“渐变填充”对话框中设置各项参数，其中颜色设置依次为0%“红色”(C:4,M:94,Y:96,K:0)、75%“淡橙色”(C:1,M:28,Y:36,K:0)、100%“浅橙色”(C:2,M:15,Y:20,K:0)。完成后单击“确定”按钮。

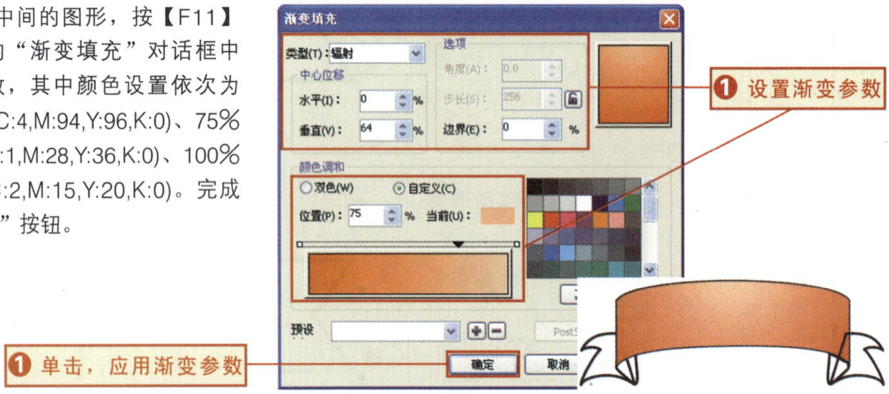

6 设置轮廓参数

❶ 按【F12】键，在打开的“轮廓笔”对话框中设置参数，其中轮廓色设置为“深红色”(C:11,M:84,Y:98,K:0)。完成后单击“确定”按钮，应用轮廓效果。

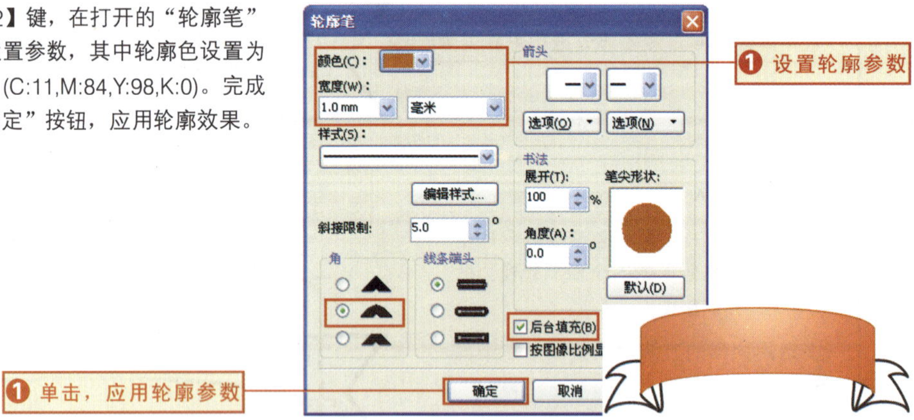

7 填充左下角图形

❶ 选择标题左下角的图形，然后选择“窗口>泊坞窗>颜色”命令，打开“颜色”泊坞窗，在泊坞窗中设置颜色。

❷ 单击“填充”按钮，将设置的颜色填充到左下角的图形中。

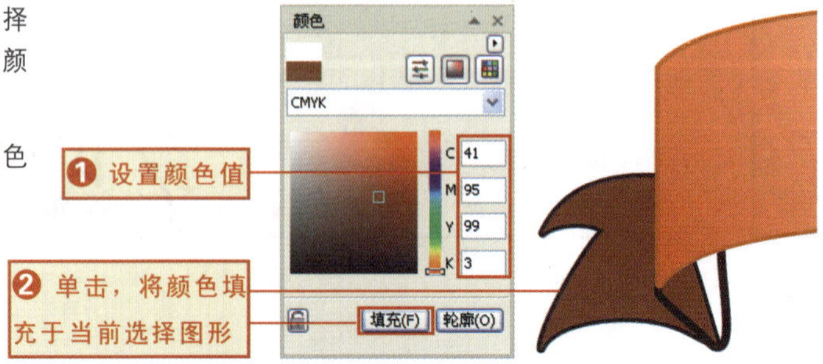

8 设置交互式渐变填充

❶ 单击交互式填充工具，再单击标题左下角图形，从下往上拖动鼠标，对图形应用从填充色到白色的线性渐变填充。

❷ 单击白色手柄，然后在“颜色”泊坞窗中设置颜色，完成后单击“填充”按钮，改变白色手柄颜色。

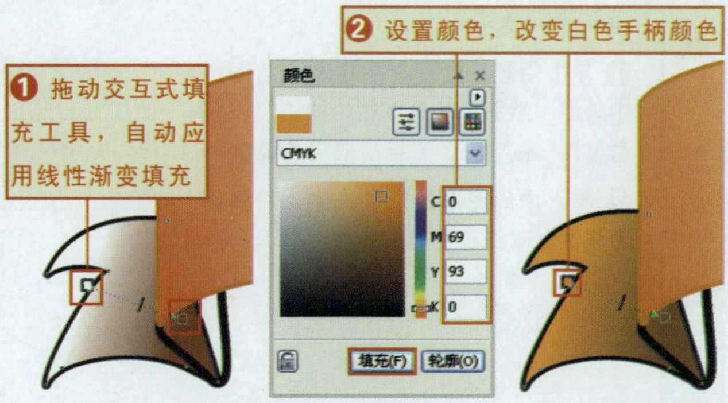

9 复制轮廓和填充参数

❶ 右击并拖动标题中间的图形，在左下角图形上放开鼠标，弹出快捷菜单。在菜单中选择“复制轮廓”选项，复制标题中间的图形轮廓。

❷ 运用同样方法，右击并拖动左下角图形，在其右的折叠图形上放开鼠标，弹出快捷菜单。在菜单中选择“复制所有属性”选项，复制标题左下角图形的填充和轮廓。

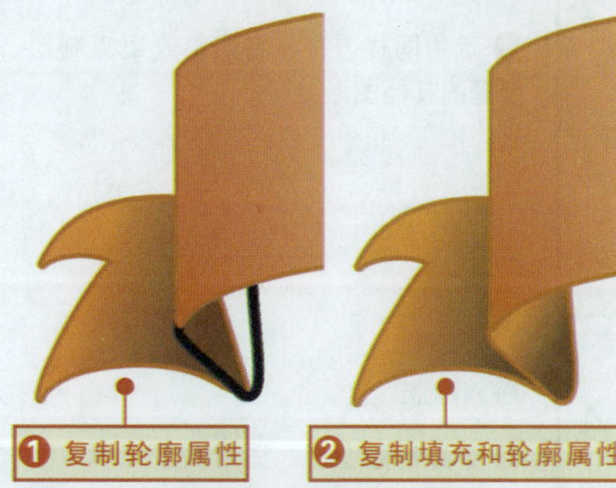

10 制作对称的标题图形

❶ 单击交互式填充工具，再单击左下方的折叠图形，出现填充手柄。改变这两个手柄的位置，以调整渐变效果。

❷ 删除标题右边的两个图形，同时复制左边的图形，并进行水平镜像，移至右边。

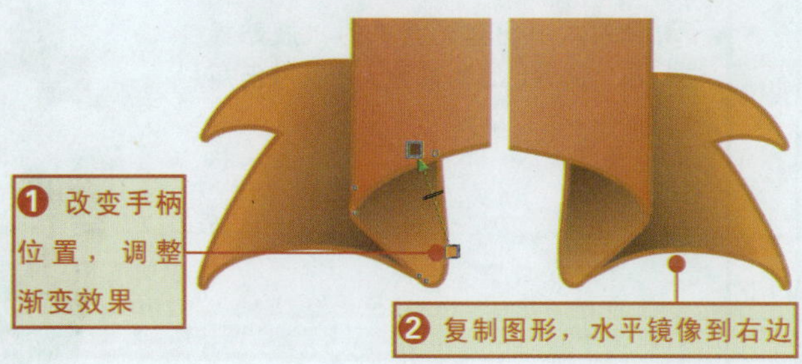

结合标题图形和背景

由于标题图形的制作过程较复杂，因此首先在空白窗口中绘制，然后将其移至瓶贴图形中。此外，对标题图形添加适当的阴影效果，可以调和图形和背景之间的色彩过度，让画面显得更加和谐。

1 添加阴影效果

❶ 单击阴影工具，再单击标题中间图形的中点，并向右拖动鼠标，对其添加阴影效果。

❷ 在属性栏中设置参数，调整阴影效果。

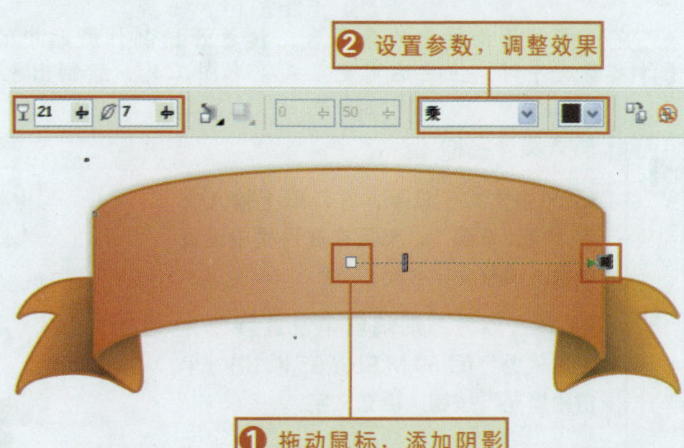

2 复制阴影效果

❶ 单击阴影工具，并在左下角图形中单击，然后单击属性栏中的“复制阴影属性”按钮，光标变成粗黑箭头。

❷ 单击中间图形的阴影效果，将其阴影属性复制到右下角图形上。

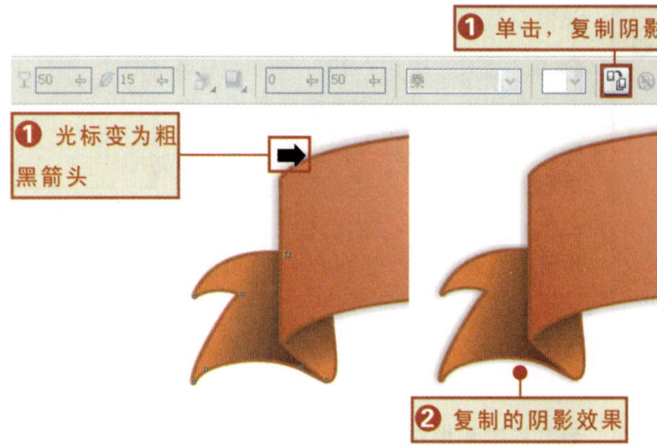

3 复制阴影效果到所有图形上

❶ 运用同样方法，将阴影效果复制到标题的其他图形上。

4 导入标志

❶ 群组标题图形，适当调整大小，移至瓶贴中。

❷ 导入本书配套光盘中的“瓶贴标志.cdr”文件，适当调整大小，移至瓶贴上。

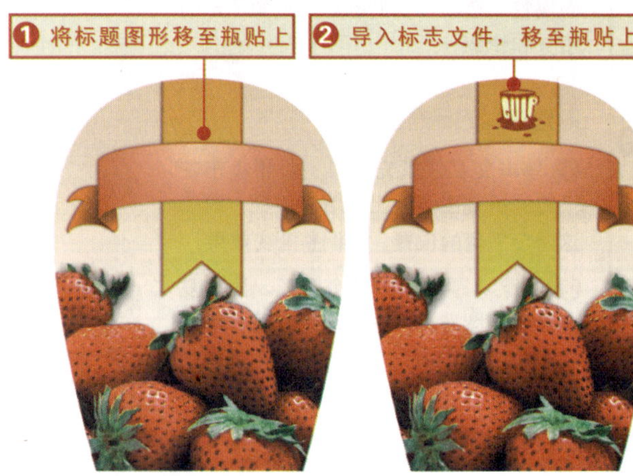

制作主要文字

完成瓶贴画面的大致分布后，接着开始制作瓶贴中的主要文字，即果汁名称和主要广告词。制作果汁名称文字时，主要运用交互式轮廓图工具，绘制出色彩和形状重叠变化的效果。

1 输入果汁名称

❶ 单击文本工具，在标题上输入文字“全汁草莓”，然后在属性栏中设置参数，调整文字效果。

❷ 在“颜色”泊坞窗中设置颜色为“深褐色”(C:59,M:96,Y:95,K:19)。单击“填充”按钮，填充文字。

2 调整文字造型

❶ 选择文字，单击交互式封套工具，文字四周出现交互式封套。

❷ 依次选择封套每边中间的节点，按【Delete】键将其删除。再拖动封套四角节点的曲率控制手柄，调整形状。

3 制作双层文字

❶ 单击交互式轮廓图工具，再单击文字中心并向下拖动，对其应用交互式轮廓图。完成后在属性栏中设置参数，其中“填充”设置为“沙黄色”(C:0,M:20,Y:40,K:0)，调整轮廓图效果。

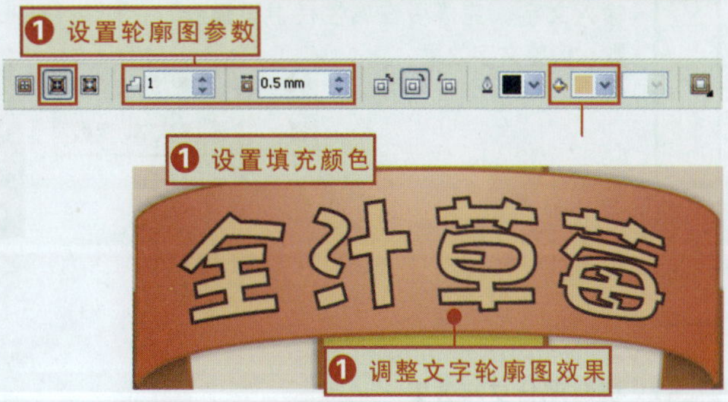

4 进一步制作双层文字

❶ 选择文字，按【Ctrl+K】组合键，拆分轮廓图效果，并复制一个中间较细的文字。

❷ 运用同样方法，对复制的较细文字再次应用交互式轮廓图，并在属性栏中设置参数，其中“填充”设置为“淡黄色”(C:0,M:0,Y:20,K:0)，调整效果。完成后将轮廓图拆分。

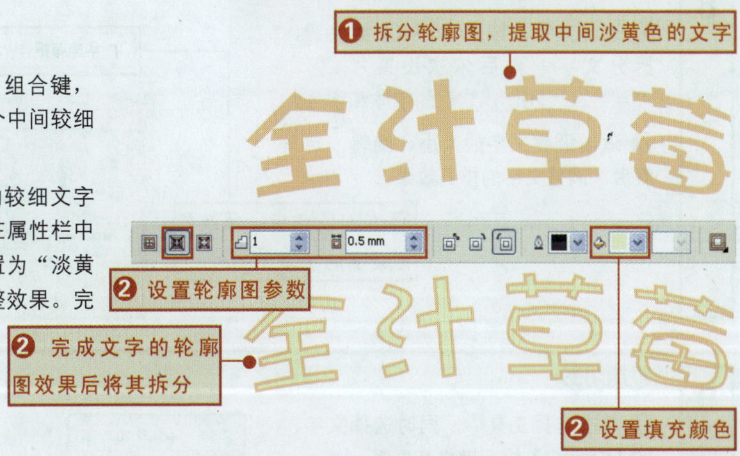

5 添加透明效果

❶ 将第二次运用轮廓图拆分后较细的文字，移至标题的文字中，适当调整位置。

❷ 单击透明度工具，再单击较细的文字。从上到下拖动鼠标，并在属性栏在中设置参数，对其应用白色到黑色的“线性”交互式透明，缓和浅色效果。

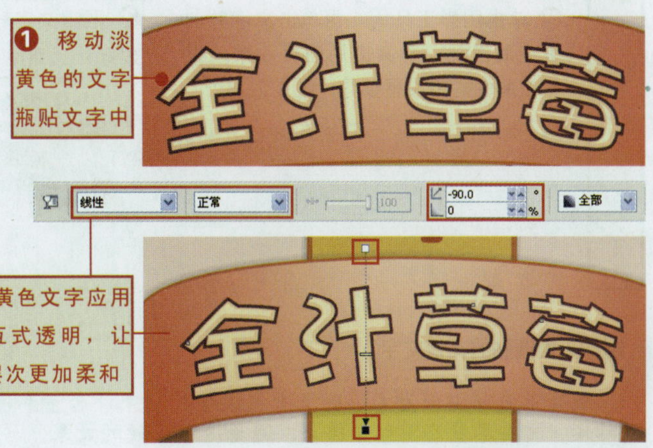

6 添加阴影效果

❶ 单击最底层的较大的文字，再单击阴影工具，运用同样方法，对文字应用阴影效果，并在属性栏中设置参数，调整效果。

7 输入文字内容

❶ 单击文本工具，在标题图形下方输入文字。完成后在属性栏中设置参数，调整文字效果。

8 调整部分文字效果

❶ 选择文字，按【Ctrl+K】组合键，拆分文字。然后依次设置“1”、“=”、“20”“！”的字体和字号。

❷ 适当调整文字的大小，旋转一定角度后，调整文字的排列效果。

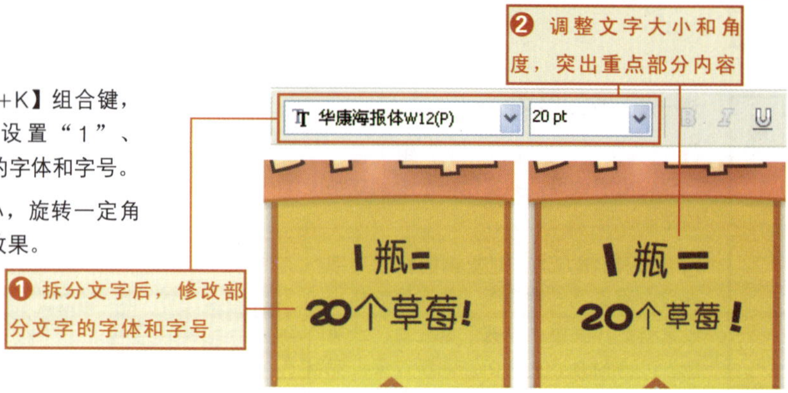

9 添加阴影

❶ 单击选择工具，同时选择文字，按【Ctrl+G】组合键将其群组。

❷ 单击阴影工具，再单击文字并向下拖动鼠标，对其应用阴影效果。然后在属性栏中设置参数，调整效果。

制作正面瓶贴的其他文字

瓶贴正面以画面为主，除了主要文字外，果汁含量和净含量等信息也必不可少，这些文字在添加的时候，需要尽量和图形相结合，避免造成生硬的效果。

1

绘制倾斜图形

❶ 单击3点矩形工具，在瓶贴图形左边绘制一个倾斜的矩形。

❷ 按【Ctrl+Q】组合键，将矩形转化为曲线。再单击形状工具，调整矩形形状。

2

渐变填充图形

❶ 单击交互式填充工具，在图形上拖动鼠标，对其应用线性渐变填充。完成后在属性栏中设置参数，调整渐变效果。其中颜色设置为从“深粉色”(C:0,M:60,Y:40,K:0)到“沙黄色”(C:0,M:20,Y:40,K:0)。

❷ 右击调色板上方的“无填充”图标☒，取消轮廓色。

3

设置轮廓参数

❶ 按【F12】键，在打开的“轮廓笔”对话框中设置参数，其中轮廓色设置为“深黄色”(C:0,M:20,Y:100,K:0)。

❷ 单击“确定”按钮，应用轮廓效果。

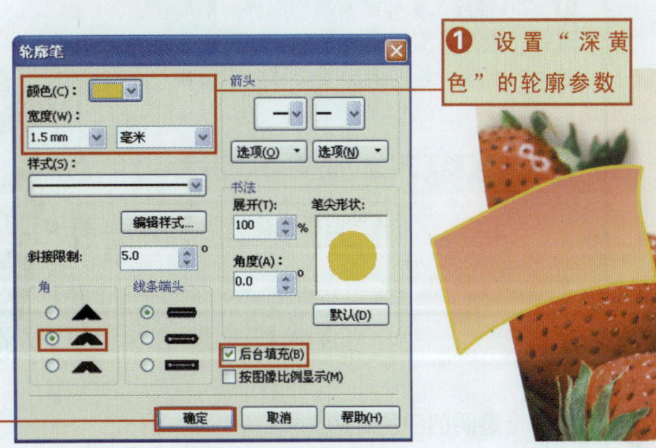

4

添加阴影效果

❶ 单击阴影工具，再单击图形左上角，并向右下角拖动鼠标，应用阴影效果。然后在属性栏中设置参数，调整效果。

5

输入文字

❶ 单击文本工具，在图形上输入文字。完成后在属性栏中设置参数，调整文字效果。

❷ 单击选择工具，适当增加文字高度，再单击形状工具，缩小文字间距。

6

制作文字效果

❶ 在“颜色”泊坞窗中设置颜色值，单击“填充”按钮，填充文字颜色。

❷ 单击选择工具，适当旋转文字。使其和图形的曲度相吻合。

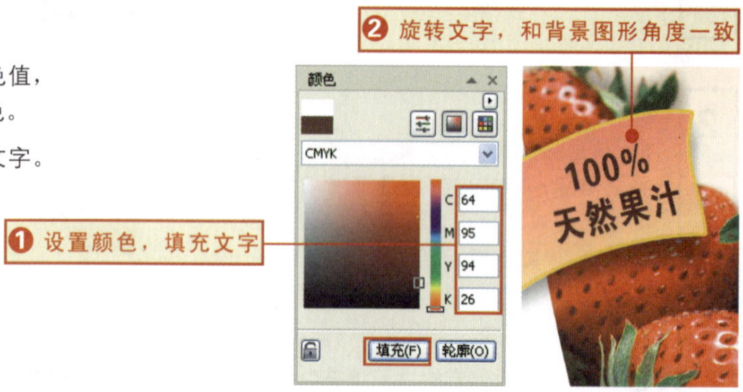

7

绘制底边矩形

❶ 同时选择文字和其背后的图形，然后选择“效果>图框精确剪裁>放置在容器中”命令，将图形和文字剪裁于背景图形中。

❷ 单击矩形工具，在图形底部绘制一个矩形。

8

制作半透明的白色矩形

❶ 选择绘制的矩形，填充为白色，并去掉轮廓线。

❷ 单击透明度工具，在属性栏中设置参数，对矩形应用“标准”交互式透明。

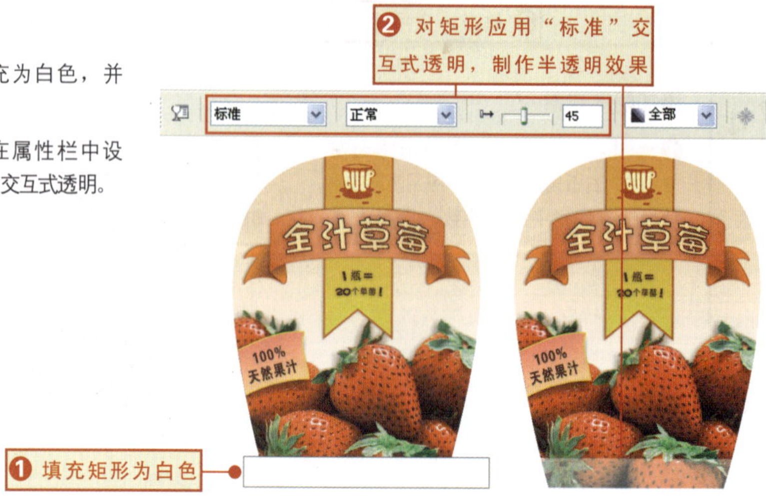

9 输入净含量

❶ 单击文本工具，在半透明的矩形上输入文字。完成后在属性栏中设置参数，调整文字效果。

❷ 运用同样方法，将半透明的矩形图框精确剪裁于背景图形中，并将图形群组。至此正面的瓶贴制作完成。

制作背面瓶贴

正面瓶贴主要以画面为主，而背面瓶贴则主要以文字信息为主，其制作方式相对简单，复制一个正面瓶贴图形，删除背面瓶贴不需要的图形对象，并对画面进行简单处理即可。

1 制作背面瓶贴的背景图形

❶ 复制一个正面的瓶贴，按【Ctrl+U】组合键，取消群组。右击背景图形，在打开的快捷菜单中选择“提取内容”选项，使图库精确剪裁于内的图形全部显示出来。

❷ 删除不需要的图形对象，保留标题图形文字和草莓图像。

2 制作倾斜的半透明草莓底纹

❶ 单击选择工具，旋转草莓图像，并将图像放大。

❷ 单击透明度工具，在属性栏中设置参数，对草莓图像应用“标准”交互式透明。完成后将图像图框精确剪裁于背景图形中。

3 绘制表格

❶ 单击表格工具，在属性栏中设置一个表格，其行数和列数均设置为3。

❷ 在图形上拖动鼠标，绘制一个表格。

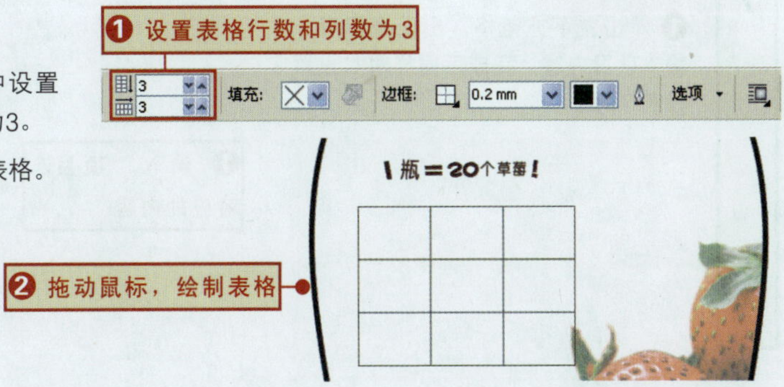

4 输入文字

❶ 单击第一排中间的空格，出现光标后输入文字。然后选择文字，在属性栏中设置字体和字号，并设置其排列方式为“居中对齐”，然后调整文字效果。

❷ 将光标移至表格中垂直的分割线上，向两边拖动分割线，增加中间一栏的宽度。

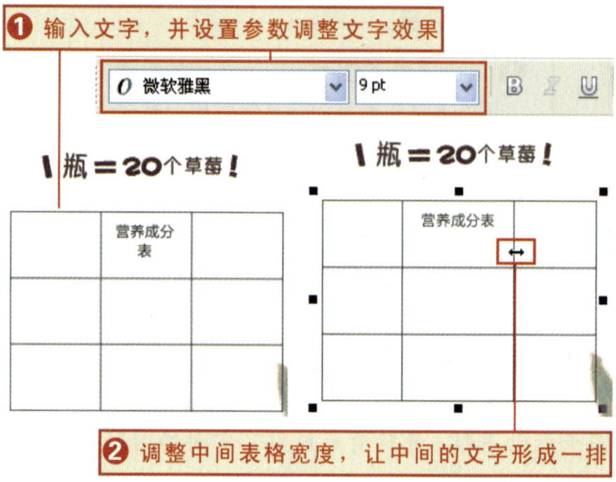

5 设置文本边距

❶ 从表格左上角向右下角拖动鼠标，选择全部表格。

❷ 单击属性栏中的“文本边距”按钮，在打开的下拉列表中设置边距为0.6mm。完成后单击表格，取消选择。然后运用同样方法，向上拖动水平分割线，调整表格宽度。

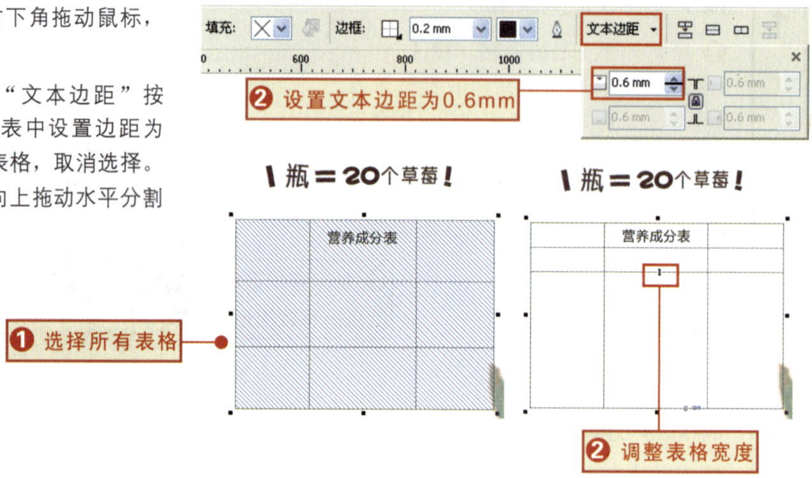

6 输入表格内容

❶ 依次单击第二排的三个空格，出现光标后依次输入“项目”、“每100毫升（ml）”、“NRL%”，并对其设置同样的字体和字号。排列方式从左到右依次为“左对齐”、“居中对齐”、“右对齐”。

❶ 输入内容。中间行的文字设置为“居中对齐”、左边的文字为“左对齐”，右边的为“右对齐”，让文字的排列规范化

	营养成分表	
项目	每100毫升(ml)	NRV%

7 输入项目内容

❶ 单击左下方空格，出现光标后依次输入项目内容。完成后同样对其设置字体和字号。

❶ 输入“项目”对应的内容

	营养成分表	
项目	每100毫升(ml)	NRV%
能量 蛋白质 脂肪 碳水化合物 - 糖 钠		

8 输入所有文字内容

❶ 运用同样方法，在第三排的另外两个空格内输入文字内容，并对其应用同样的字体和字号。

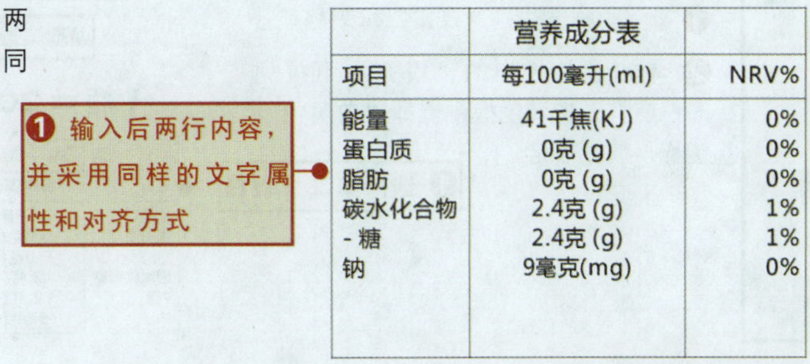

9 合并第一排表格

❶ 从第一排的左上角向右下角拖动鼠标，将其选择。

❷ 单击属性栏中的“合并选定单元格”按钮，合并表格。

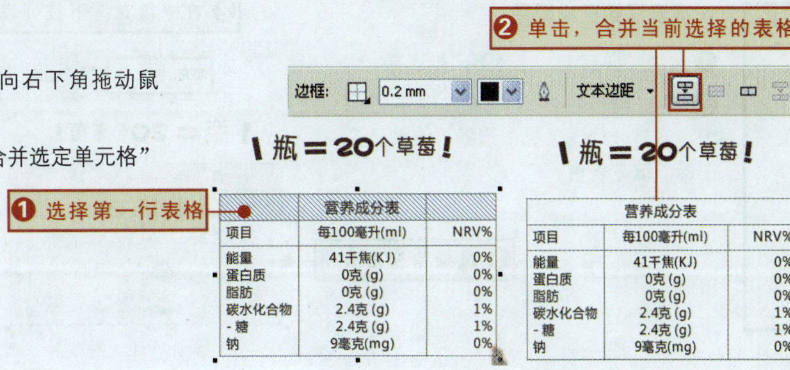

10 设置表格名称文字间距

❶ 选择第一排中的文字，单击属性栏中的“字符格式化”按钮，在打开的“字符格式化”泊坞窗中设置“字距调整范围”为500%，调整字距。

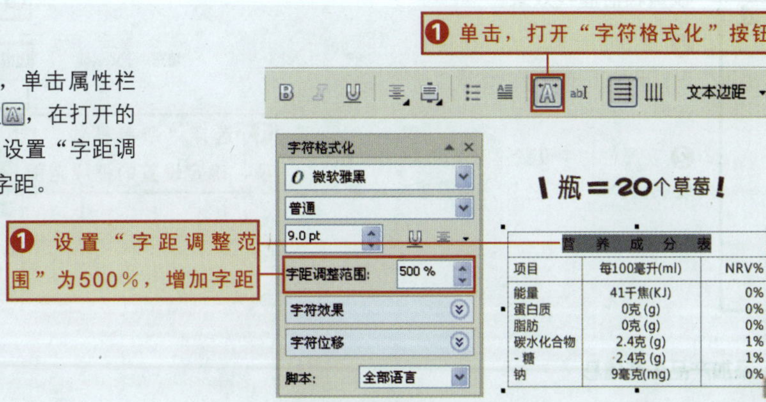

制作彩色表格

果汁营养成分的信息十分重要，因此将其制作成彩色，这样既可以和瓶贴的设计风格相呼应，同时也更鲜明突出。制作彩色表格的方法十分简单，选择需要填充的表格后，在属性栏中设置填充颜色即可。

1 设置表格第一排颜色

❶ 运用同样方法，再次选择第一排表格。

❷ 单击属性栏中的“填充”下拉列表，在打开的调色板中选择“浅粉色”图标，填充表格。

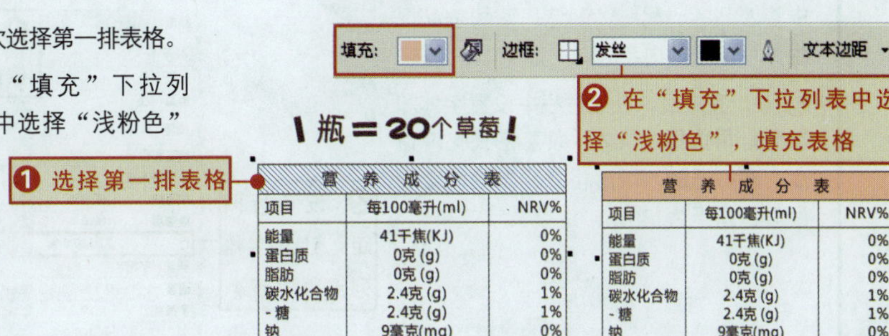

2 设置表格第二排颜色

❶ 运用同样方法，选择第二排表格。

❷ 单击属性栏中的“填充”下拉列表，在打开的调色板中选择“白黄色”图标，填充表格。

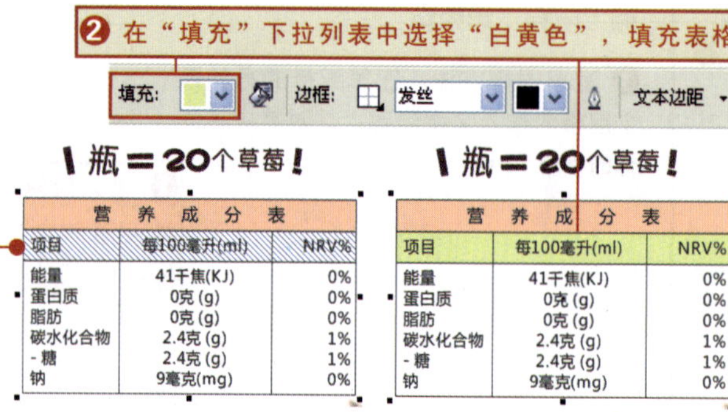

3 设置表格第三排颜色

❶ 运用同样方法，选择第三排表格。

❷ 单击属性栏中的“填充”下拉列表，在打开的调色板中选择“淡黄色”图标，填充表格。

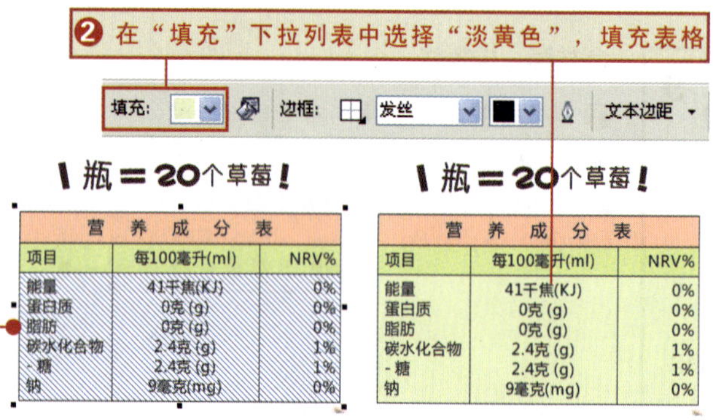

4 设置表格框线效果

❶ 单击属性栏中的“边框”按钮，在打开的下拉列表中选择“所有框线”选项。

❷ 在属性栏中设置轮廓宽度为0.5mm，轮廓色为“深红色”，调整表格效果。

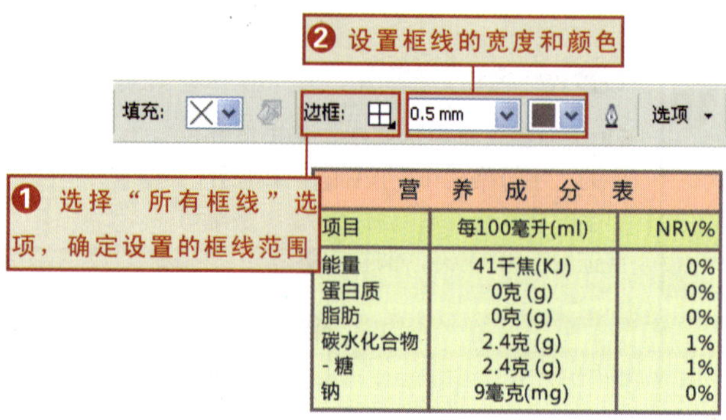

添加产品生产信息

食品生产信息是食品包装中必不可少的，其内容包括产品名称、配料、生产厂商、食品卫生许可证号等。该部分的文字通常作为一个整体进行排列，排列时注意和瓶贴形状相一致。

1 输入产品名等相关文字信息

❶ 单击文本工具，在表格下方拖动鼠标，创建一个段落文本框。在文本框中输入品名、配料、制造厂商和食品卫生许可证号等内容。

❷ 输入完成后，在属性栏中设置字体和字号。再选择“文本>段落格式化”命令，在打开的“段落格式化”泊坞窗中设置行间距为130%，调整文字效果。

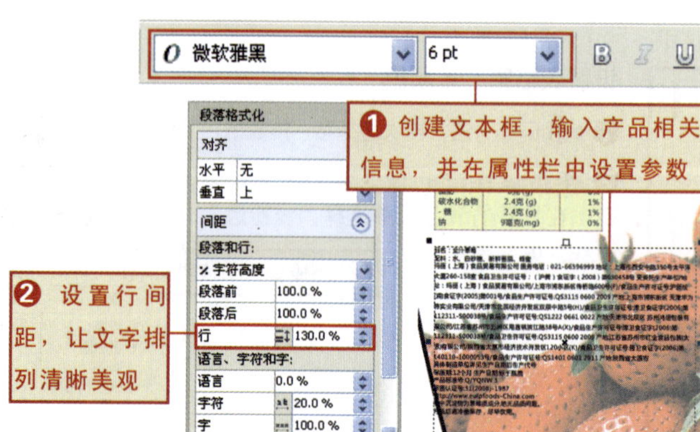

2 调整文字排列形状

❶ 选择段落文本，再单击交互式封套工具，此时文本框四周出现封套。

❷ 删除封套两个垂直边的中间节点，再适当调整垂直边，使其和背景的曲线相协调。

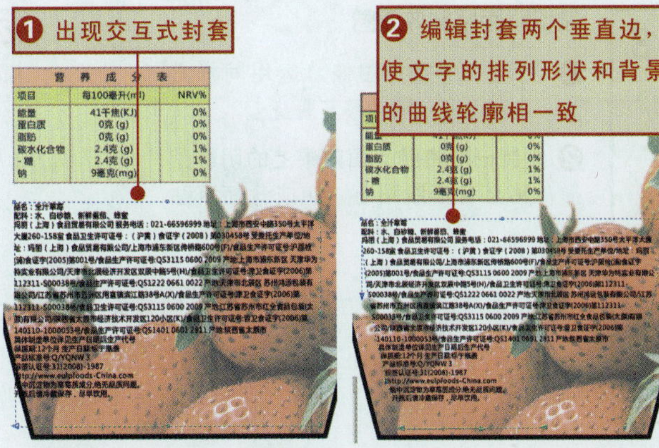

3 标出条形码位置

❶ 单击矩形工具，在瓶贴右下角绘制一个矩形，并填充为白色。然后右击调色板中的“无填充”图标，取消轮廓线。

❷ 在属性栏中设置矩形大小为40mm×20mm，作为添加条形码的位置，并将图形群组。至此背面瓶贴制作完成。

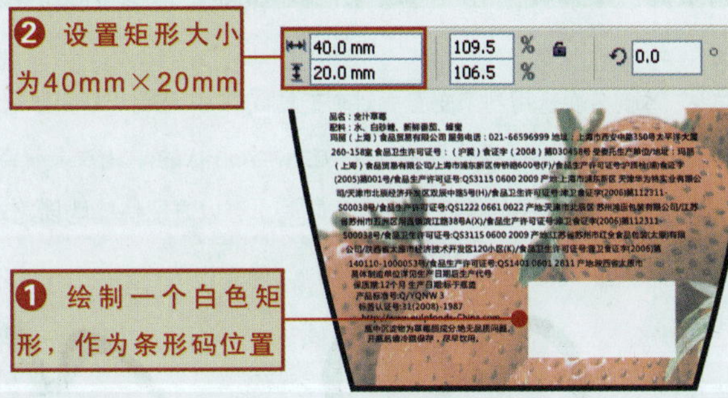

制作拼贴效果图

完成瓶贴文件的制作后，需要制作效果图。导入装有果汁的瓶身照片，然后将瓶贴图形移至瓶身相应的位置，并适当调整光影效果即可。

1 导入瓶身图像

❶ 导入本书配套光盘中的素材“瓶身.jpg”文件。

❷ 复制一个制作好的正面瓶贴图形，将其移至瓶身上，并适当调整位置和大小。

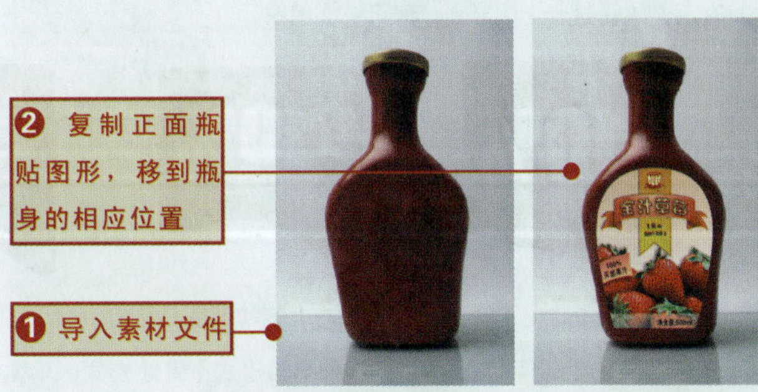

2 制作正面瓶贴的光影效果

❶ 复制一个瓶贴背景图形，运用同样方法，提取其内的图框精确剪裁的对象，并全部删除，然后填充图形为20%黑色，并取消轮廓线。

❷ 单击透明度工具，在属性栏中设置参数，对图形应用“线性”交互式透明，制作一定的阴影效果，使其和瓶身的光影效果一致。至此瓶贴的正面效果制作完成。

3 制作背面瓶贴效果图

❶ 复制一个瓶身图像，运用同样方法，将背面瓶贴图像移至瓶身上。

❷ 复制一个瓶贴正面效果上的阴影图形，移至背面瓶贴上，完成背面瓶贴效果。

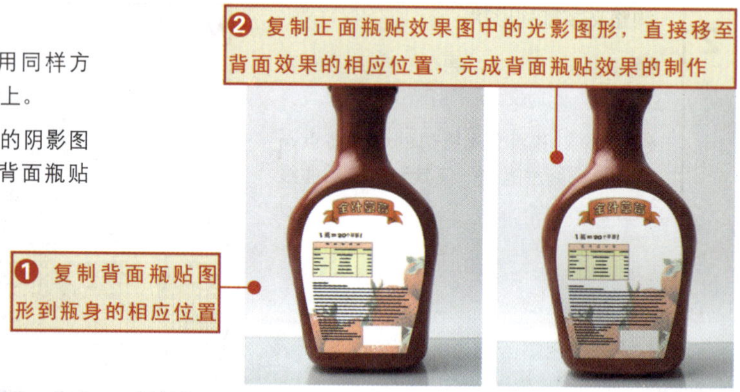

► 知识点总结——交互式封套工具

本例多次运用到了交互式封套工具。

封套是通过操纵边界框，来改变对象形状的，其效果有点类似于印在橡皮上的图案，扯动橡皮则图案会随之变形。使用工具箱中的交互式封套工具，可以方便快捷地创建对象的封套效果。

原图

圆形封套

多边形封套

交互式封套工具的使用方法十分简单：选择图形后，单击工具箱中的交互式封套工具，待图形四周出现控制封套后，编辑封套上的节点，即可变换图形。

原图

向上拖动节点

变换为对称节点

删除右上角节点

交互式封套工具中，提供了4种编辑模式：直线模式、单弧模式、双弧模式和非强制模式。默认情况下为非强制模式。单击属性栏中的按钮，可以切换到相应的模式下进行快捷编辑。

交互式封套属性栏

直线模式封套效果

单弧模式封套效果

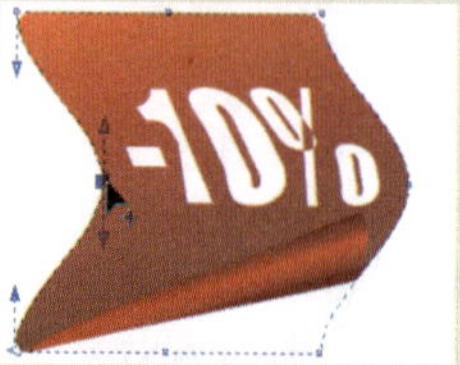
双弧模式封套效果

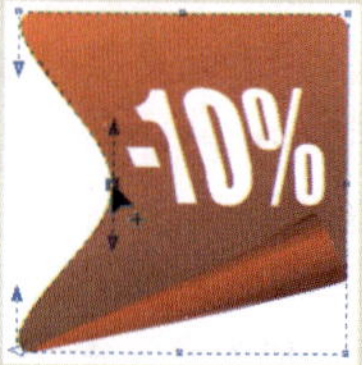
非强制模式封套效果

► 设计理论——图形在包装设计中的运用

图形是通过对代表不同词义的形象进行组合而使其含义连接，进而构成完整的视觉语句，传达完善的信息，即其最终目的是以形象来传递信息的。因而在创意的过程中必须考虑如何“以形达意”，努力创造出一种与想象相一致的、能有效传播信息的新颖的外在形式。

纸杯包装

咖啡包装

餐具包装

饮料包装

一个完整的视觉语句主要由形象元素组织而成，所以在图形的形式创造中首先要注意的是收集与整理所需的表现元素，然后再将这些元素构建成完美的视觉语句。 唯有独特的设计表现元素才能构成独特的视觉语句，才能成为一件新颖的设计作品。包装图形所运用的表现元素，一般分为4个方面：线形、面形、纹理形、摄影形。

线形是依靠明确的笔线组成形象，如尖锐的、宽和的、硬朗的、朦胧的、粗细均一的形象设计。

面形是借各种面的邻接、叠合构成形象，如大面造型、大小面对比造型、小面刻画形、色彩透叠面形形象设计。

线形的 CD 包装

线面结合的牛奶包装

面形的红酒包装

纹理形是以不同纹理刻画并区分不同的面，如利用不同的点线排列成干笔画法、捶印；利用布料、金属网版、皮革、塑料质感效果；利用报纸、杂志、图纹印刷媒介物来塑造型；利用印刷网版技巧来构造型等。

摄影最大的功能是能够真实、正确地再现商品的质感及形状的静态表达，能够表现瞬间捕捉到的动态形象，而包装图形只有与产品之间具有相关性，才能充分地传达产品的特性。

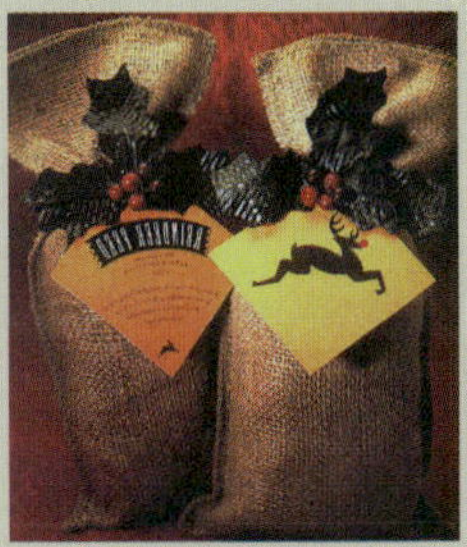

纹理形包装

摄影形包装

摄影形包装

什么样的产品包装，需要什么样的图形模式，应根据商品特性而定，如罐头食品、蛋糕、玩具、家用电器等使用摄影图形为宜；药品、香烟、清洁用品等使用线形、面形、纹理形等抽象图形为宜。

读者意见反馈表

亲爱的读者：

感谢您对中国铁道出版社的支持，您的建议是我们不断改进工作的信息来源，您的需求是我们不断开拓创新的基础。为了更好地服务读者，出版更多的精品图书，希望您能在百忙之中抽出时间填写这份意见反馈表发给我们。随书纸制表格请在填好后剪下寄到：**北京市宣武区右安门西街8号中国铁道出版社综合编辑部 苏茜 收（邮编：100054）**。或者采用**传真（010-63549458）**方式发送。此外，读者也可以直接通过电子邮件把意见反馈给我们，E-mail地址是：**suqian@tqbooks.net**。我们将选出意见中肯的热心读者，赠送本社的其他图书作为奖励。同时，我们将充分考虑您的意见和建议，并尽可能地给您满意的答复。谢谢！

所购书名：____________________

个人资料：

姓名：__________性别：________年龄：________文化程度：________

职业：____________电话：__________E-mail：__________

通信地址：____________________邮编：__________

您是如何得知本书的：

□书店宣传 □网络宣传 □展会促销 □出版社图书目录 □老师指定 □杂志、报纸等的介绍 □别人推荐

□其他（请指明）____________________

您从何处得到本书的：

□书店 □邮购 □商场、超市等卖场 □图书销售的网站 □培训学校 □其他

影响您购买本书的因素（可多选）：

□内容实用 □价格合理 □装帧设计精美 □带多媒体教学光盘 □优惠促销 □书评广告 □出版社知名度

□作者名气 □工作、生活和学习的需要 □其他

您对本书封面设计的满意程度：

□很满意 □比较满意 □一般 □不满意 □改进建议

您对本书的总体满意程度：

从文字的角度 □很满意 □比较满意 □一般 □不满意

从技术的角度 □很满意 □比较满意 □一般 □不满意

您希望书中图的比例是多少：

□少量的图片辅以大量的文字 □图文比例相当 □大量的图片辅以少量的文字

您希望本书的定价是多少：

本书最令您满意的是：

1.

2.

您在使用本书时遇到哪些困难：

1.

2.

您希望本书在哪些方面进行改进：

1.

2.

您需要购买哪些方面的图书？对我社现有图书有什么好的建议？

您更喜欢阅读哪些类型和层次的计算机书籍（可多选）？

□入门类 □精通类 □综合类 □问答类 □图解类 □查询手册类 □实例教程类

您在学习计算机的过程中有什么困难？

您的其他要求：